Grundlagen der Mathematik, der Statistik und des Operations Research für Wirtschaftswissenschaftler

Von
Professor
Dr. Gert Heinrich

3., durchgesehene Auflage

R. Oldenbourg Verlag München Wien

Bibliografische Information Der Deutschen Bibliothek

Die Deutsche Bibliothek verzeichnet diese Publikation in der Deutschen Nationalbibliografie; detaillierte bibliografische Daten sind im Internet über <http://dnb.ddb.de> abrufbar

Rosenheimer Straße 145, D-81671 München
Telefon: (089) 45051-0
www.oldenbourg.de

Gedruckt auf säure- und chlorfreiem Papier
Druck: Oldenbourg Druckerei Vertriebs GmbH & Co. KG
Bindung: R. Oldenbourg Graphische Betriebe Binderei GmbH

ISBN 3-486-58013-2
ISBN 978-3-486-58013-6

Vorwort zur Zweiten Auflage

Bei dieser Neuauflage wurde das Grundkonzept dieses Buchs nicht verändert. Entfernt wurden lediglich Druckfehler und Ungenauigkeiten im Text, in den Theorieteilen und den Aufgaben. Bedingt durch die Währungsumstellung zum 01.01.2002 wurde in sämtlichen Kapiteln, in denen Geldeinheiten eine Rolle spielen, eine Anpassung auf das neue Zahlungsmittel Euro (= EUR) vorgenommen.

Alle in diesem Buch behandelten Themen sind nach wie vor die Inhalte der Grundausbildung in Mathematik, Statistik und OR für den Studiengang Wirtschaft für alle Fachrichtungen einschließlich Wirtschaftsinformatik an den Berufsakademien in Baden-Württemberg.

Bedanken möchte ich mich bei allen Kollegen und Studierenden an den Berufsakademien in Stuttgart und Villingen-Schwenningen, die mich auf Fehler und Verbesserungsmöglichkeiten aufmerksam gemacht haben.

Gert Heinrich

Vorwort zur ersten Auflage

Dieses Buch ist aus Vorlesungen und Übungen entstanden, die der Autor wiederholt an der Berufsakademie Stuttgart für Studierende der Betriebswirtschaft abgehalten hat. Es soll mathematische und statistische Grundlagen schaffen, die in vielen wirtschaftswissenschaftlichen Teilgebieten unerläßliche Hilfsmittel sind.

Dabei wurde dem didaktischen Prinzip gefolgt, die mathematischen und statistischen Sachverhalte an Beispielen klarzumachen und auf überflüssige mathematische Formalismen und unnötige Beweisführungen zu verzichten. Aus diesem Grund können die drei Teile Mathematik, Statistik und Operations Research in einem dreisemestrigen Vorlesungszyklus behandelt werden.

Die Übungsaufgaben, die jedes Kapitel abschließen, sind für vorlesungsbegleitende Übungen konzipiert. Aus diesem Grund müßte man eigentlich auf ausführlich ausgearbeitete Lösungen verzichten, um den Studierenden die Möglichkeit zu geben, die Aufgaben wirklich selbständig zu lösen. Daß diesem Weg hier nicht gefolgt wurde, hat mehrere wichtige Gründe. Zum einen können bei weitem nicht alle Aufgaben in den Übungen behandelt werden. Zum anderen ist die Nachfrage nach ausführlichen Lösungen von Seiten der Studierenden überaus groß und sollte befriedigt werden. Schließlich soll auch allen anderen interessierten Lesern die Möglichkeit gegeben werden, die angefertigten Lösungen mit den richtigen Lösungen zu vergleichen.

Der erste Teil dieses Buchs behandelt die vielfältigen Teilgebiete der Mathematik. Ausgehend von elementaren Grundlagen werden die fünf Bereiche Lineare Algebra mit Matrizen, Vektoren, Determinanten und linearen Gleichungssystemen, lineare Optimierung, Finanzmathematik, Differentialrechnung und Integralrechnung vorgestellt.

Im zweiten Teil wird das immer wichtiger werdende Aufgabengebiet der Statistik besprochen. Vorgestellt werden hier die Teilgebiete beschreibende Statistik, Wirtschaftsstatistik, Wahrscheinlichkeitsrechnung und beurteilende Statistik.

Im abschließenden dritten Teil wird eines der wichtigsten Aufgabengebiete des Operations Research, die lineare Optimierung mit mehr als zwei Variablen ausführlich behandelt.

Das Manuskript dieses Buchs wurde mit Hilfe des Textverarbeitungssystems **EXP** erstellt. Dieses phantastische Textverarbeitungssytem ist relativ unbekannt und deshalb nicht allzu stark verbreitet.

Bedanken möchte ich mich bei allen Freunden und Menschen, die mich bei der Anfertigung dieses Buchs tatkräftig unterstützt haben. Bei Herrn Diplom-Volkswirt M. Weigert vom Oldenbourg-Verlag möchte ich mich für die angenehme Zusammenarbeit während der Entstehungsphase des Buchs bedanken. Mein allergrößter Dank aber gilt meiner Frau Susanne Heinrich für das unermüdliche Korrekturlesen des Manuskripts und das große Verständnis für diese wissenschaftliche und didaktische Arbeit.

Gert Heinrich

Inhaltsverzeichnis

Bildverzeichnis

Teil I Mathematik

Abbildungen in Kapitel 1

Abbildungen in Kapitel 4

Abbildungen in Kapitel 6

Abbildungen in Kapitel 7

Abbildungen in Kapitel 8

Abbildungen in Kapitel 9

Abbildungen in Kapitel 10

Teil I Mathematik

Kapitel 1

Elementare Grundlagen

Im ersten Kapitel werden elementare Sachverhalte, Prinzipien und Formeln zusammengestellt, die in den folgenden Kapiteln immer wieder als mathematische Handwerkszeuge benötigt werden.
Behandelt werden hier die Gebiete Mengenlehre, Zahlenbereiche und ihre Rechenregeln, Potenzen und Logarithmen, Summen, Produkte, binomische Formeln, Beträge, Gleichungen und Ungleichungen.

1.1 Grundzüge der Mengenlehre

Mengen sind in fast allen mathematischen Teilgebieten von zentraler Bedeutung. Sie gestatten es häufig, komplizierte und umfangreiche Probleme mathematisch strukturiert und deshalb meist übersichtlich darzustellen.

Im täglichen Leben begegnet man häufig Mengen, ohne dies explizit zu bemerken. Als Beispiele seien hier genannt:

- alle Einwohner der Stadt Stuttgart.
- alle roten Autos in Europa.
- ein Korb Kartoffeln.
- alle Fische im Neckar mit mehr als 500 kg Körpergewicht.

Der Begründer der Mengenlehre, Georg Cantor, ist durch solche Beispiele motiviert worden, den Begriff der Menge mathematisch zu erfassen.

Definition 1.1:

Eine *Menge* M ist eine Zusammenfassung von wohlbestimmten und wohlunterschiedenen Objekten unserer Anschauung oder unseres Denkens zu einem Ganzen.

Bezeichnungen:

1. Diese Objekte werden *Elemente* genannt.
2. Mengen werden üblicherweise mit großen lateinischen Buchstaben bezeichnet, die Elemente dagegen mit kleinen lateinischen Buchstaben.
3. Gehört das Element x zur Menge M, schreibt man:

   $$x \in M \text{ (x ist Element von M).}$$

   Gehört das Element x nicht zur Menge M, schreibt man:

   $$x \notin M \text{ (x ist nicht Element von M).}$$

1.1.1 Darstellungsmöglichkeiten von Mengen

Mengen werden üblicherweise in beschreibender Form, in aufzählender Form oder mittels Venn-Diagrammen dargestellt.

- Bei der *beschreibenden Form* werden die Elemente der Menge durch Kennzeichnung ihrer Eigenschaften in Worten beschrieben.
- Bei der *aufzählenden Form* werden die Elemente in irgendeiner Reihenfolge zwischen zwei geschweiften Klammern aufgeschrieben.
- Bei *Venn-Diagrammen* werden die Elemente graphisch als Punkte innerhalb einer geschlossenen Kurve dargestellt.

In der Anwendung wird man diejenige Darstellung wählen, welche die darzustellende Menge am besten beschreibt.

Beispiel 1.1:

1. M sei die Menge der Lottozahlen vom 1.1.1994.

   $$M = \{x \mid x \text{ ist Lottozahl vom 1.1.1994}\}$$

   ist eine Darstellung in beschreibender Form. Die Sprechweise hierbei ist: M ist die Menge aller x, für die gilt: x ist Lottozahl vom 1.1.1994.

   $$M = \{5,\ 15,\ 38,\ 41,\ 42,\ 49\}$$

   ist ein Darstellung in aufzählender Form.

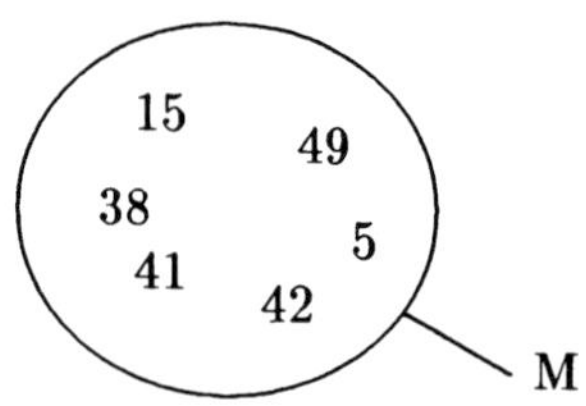

   ist ein Venn – Diagramm.

2. M sei die Menge aller weiblichen Vornamen in der BRD.

   $M = \{x \mid x \text{ ist ein weibl. Vorname in der BRD}\}$

   $M = \{\text{Sabine, Susanne, Elisabeth, Ute}, \ldots\}$

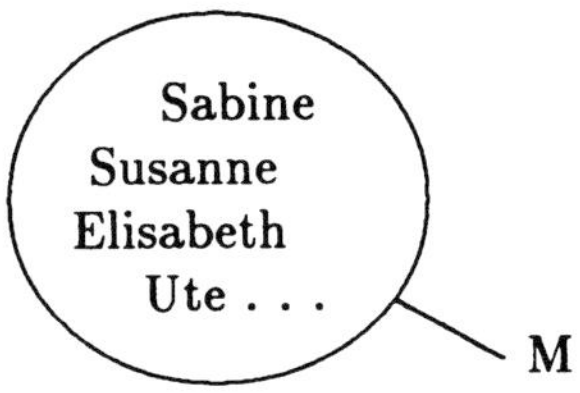

   Die beschreibende Form ist hier den beiden anderen Darstellungsmöglichkeiten vorzuziehen.

Definition 1.2:

1. Eine Menge A heißt *Teilmenge* einer Menge B, falls jedes Element von A auch zu B gehört. Die Schreibweise ist: $A \subseteq B$.
2. Die *Grundmenge* G ist eine Menge, die alle betrachteten Mengen als Teilmengen enthält.
3. Die *leere Menge* ist diejenige Menge, welche kein Element enthält. Sie wird mit $\emptyset$ bezeichnet.
4. Zwei Mengen heißen *gleich*, falls sie aus denselben Elementen bestehen. Die Schreibweise ist: $A = B$.

Beispiel 1.2:

Gegeben seien die Mengen $G = \{1, 2, 3, 4, 5, 6\}$, $A = \{1, 3, 5, 6\}$, $B = \{2, 3, 4\}$, $C = \{6, 3, 1, 5\}$, $D = \{1, 3\}$ und $E = \emptyset$.

Dann gilt:

$A \subseteq G$, $B \subseteq G$, $C \subseteq G$, $D \subseteq G$ und $E \subseteq G$,

$D \subseteq A$ und $D \subseteq C$,

$E \subseteq A$, $E \subseteq B$, $E \subseteq C$ und $E \subseteq D$,

$A = C$ und

$A \nsubseteq B$, $A \nsubseteq D$, $A \nsubseteq E$, $B \nsubseteq A$, $B \nsubseteq C$, $B \nsubseteq D$, $B \nsubseteq E$, $C \nsubseteq B$, $C \nsubseteq D$,

$C \nsubseteq E$, $D \nsubseteq B$, $D \nsubseteq E$.

1.1.2 Mengenverknüpfungen

Genauso wie es für das Rechnen mit Zahlen Vorschriften gibt, werden für

Mengen sinnvolle Rechenoperationen definiert.

Beispiel 1.3:

Fünf Schulkameraden treffen sich zufällig und man tauscht folgende Sachverhalte aus: Helmut, Tim und Doris studieren an der Berufsakademie, Sven ist Bankangestellter und Anita ist Friseuse.

Dann interessieren z. B. die Fragen:

Wer studiert an der Berufsakademie?
Welche Frauen (Männer) studieren an der Berufsakademie?
Welche Frauen (Männer) studieren nicht an der Berufsakademie?

Solche und ähnliche Beispiele führen zur folgenden Definition.

Definition 1.3:

1. Die *Schnittmenge* zweier Mengen A und B ist die Menge aller Elemente, die zu A und zu B gehören.

   Die Schreibweise ist: $A \cap B = \{x \mid x \in A \text{ und } x \in B\}$.

2. Die *Vereinigungsmenge* zweier Mengen A und B ist die Menge aller Elemente, die mindestens zu einer der beiden Mengen A oder B gehören.

   Die Schreibweise ist: $A \cup B = \{x \mid x \in A \text{ oder } x \in B\}$.

   Dabei ist das hier verwendete oder ein einschließendes oder, also kein entweder oder.

3. Die *Differenzmenge* $A \backslash B$ (Sprechweise: A ohne B) ist die Menge aller Elemente, die zu A, aber nicht zu B gehören.

   Die Schreibweise ist: $A \backslash B = \{x \mid x \in A \text{ und } x \notin B\}$.

4. Die *Komplementärmenge* $\overline{A}$ von A bezüglich der Grundmenge G ist die Menge aller Elemente von G, die nicht zu A gehören.

   Die Schreibweise ist: $\overline{A} = \{x \mid x \in G \text{ und } x \notin A\}$.

Beispiel 1.3 (Fortsetzung):

$G = \{\text{Anita, Doris, Helmut, Sven, Tim}\}$ ist die Grundmenge.
$A = \{\text{Doris, Tim, Helmut}\}$ ist die Menge der Studierenden an der Berufsakademie und $B = \{\text{Doris, Anita}\}$ ist die Menge der Frauen.

Dann gilt:

$C = A \cap B = \{\text{Doris}\}$ ist die Menge der Frauen, die an der Berufsakademie studieren.

D = A\B = {Helmut, Tim} ist die Menge der Männer, die an der Berufsakademie studieren.

E = B\A = {Anita} ist die Menge der Frauen, die nicht an der Berufsakademie studieren.

$\overline{A \cup B}$ = {Sven} die Menge der Männer, die nicht an der Berufsakademie studieren.

In einem Schaubild sieht der Sachverhalt so aus:

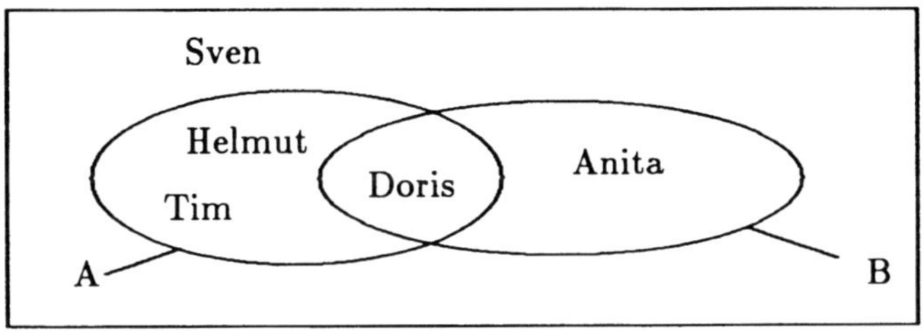

Abbildung 1.1: Mengen

Beispiel 1.4:

Gegeben seien die Mengen G = {1, 2, 3, 4, 5, 6, 7} und
A = {1, 2, 3, 4, 5}, B = {1, 2, 6} und C = {1, 3}.

Dann gilt:

$A \cap B = \{1, 2\}$, $A \cap C = \{1, 3\}$, $B \cap C = \{1\}$.

$A \cup B = \{1, 2, 3, 4, 5, 6\}$, $A \cup C = A$, $B \cup C = \{1, 2, 3, 6\}$.

$A \backslash B = \{3, 4, 5\}$, $B \backslash A = \{6\}$, $A \backslash C = \{2, 4, 5\}$, $C \backslash A = \emptyset$,

$B \backslash C = \{2, 6\}$, $C \backslash B = \{3\}$.

$\overline{A} = \{6, 7\}$, $\overline{B} = \{3, 4, 5, 7\}$, $\overline{C} = \{2, 4, 5, 6, 7\}$.

Für die oben definierten Mengenverknüpfungen gibt es viele Formeln und Eigenschaften. Einige der wichtigsten Zusammenhänge sollen hier erwähnt werden:

$A \cap B = B \cap A$ und $A \cup B = B \cup A$.

$(A \cap B) \cap C = A \cap (B \cap C)$ und $(A \cup B) \cup C = A \cup (B \cup C)$.

$(A \cap B) \cup C = (A \cup C) \cap (B \cup C)$ und

$(A \cup B) \cap C = (A \cap C) \cup (B \cap C)$.

$A \backslash (B \cap C) = (A \backslash B) \cap (A \backslash C)$ und $A \backslash (B \cup C) = (A \backslash B) \cup (A \backslash C)$.

$A \cup \emptyset = A$, $A \cap \emptyset = \emptyset$ und $A \cup G = G$, $A \cap G = A$.

$A \cup \overline{A} = G$, $A \cap \overline{A} = \emptyset$, $\overline{\overline{A}} = A$, $\overline{G} = \emptyset$ und $\overline{\emptyset} = G$.

$\overline{A \cap B} = \overline{A} \cup \overline{B}$ und $\overline{A \cup B} = \overline{A} \cap \overline{B}$.

Definition 1.4:

Eine Zerlegung einer Menge C in zwei Mengen A und B heißt *disjunkt*, falls gilt:

$$A \cup B = C \text{ und } A \cap B = \emptyset.$$

Beispiel 1.5:

Es gilt: $A \cup B = (A \backslash B) \cup (B \backslash A) \cup (A \cap B)$.
Deshalb sind die drei Mengen $A \backslash B$, $B \backslash A$ und $A \cap B$ eine disjunkte Zerlegung von $A \cup B$.

Definition 1.5:

Seien a und b Zahlen aus einer vorgegebenen Menge mit $a \leq b$.

1. $[a, b] = \{x \mid a \leq x \leq b\}$ heißt ein *abgeschlossenes Intervall.*
2. $(a, b) = \{x \mid a < x < b\}$ heißt ein *offenes Intervall.*
3. $(a, b] = \{x \mid a < x \leq b\}$ und $[a, b) = \{x \mid a \leq x < b\}$ heißen *halboffene Intervalle.*

1.1.3 Produktmengen

Eine ganz andere Verknüpfung als die oben eingeführten Operationen ist die Produktbildung von Mengen.

Beispiel 1.6:

Ein Autohersteller bietet 3 verschiedene Typen A, B und C in den unterschiedlichen Farben r, g und s an. Dann gibt es neun verschiedene Möglichkeiten, sich für ein Auto zu entscheiden:

$$(A, r), (A, g), (A, s), (B, r), (B, g), (B, s), (C, r), (C, g) \text{ und } (C, s).$$

Definition 1.6:

Gegeben seien zwei Mengen A und B. Dann heißt die Menge

$$A \times B = \{(a, b) \mid a \in A \text{ und } b \in B\}$$

die *Produktmenge* von A und B.

Beispiel 1.7:

1. $[2, 5] \times [5, 8]$ ist ein Rechteck mit den Eckpunkten $(2, 5)$, $(2, 8)$, $(5, 5)$ und $(5, 8)$.
2. $[0, 2] \times \{-1, 0, 1\}$ besteht aus drei Strecken der Länge 2.

1.2 Zahlenbereiche und Rechenregeln

Bei vielen praktischen Problemen sind Zahlen unerläßliche Hilfsmittel, etwa beim Abzählen, beim Festlegen von Reihenfolgen oder beim Messen.

1.2.1 Die natürlichen Zahlen

Der erste Zahlenbereich, mit dem man konfrontiert wird, sind die natürlichen Zahlen. Sie treten besonders bei Abzählproblemen und Rang- bzw. Reihenfolgen auf.

Definition 1.7:

Die *natürlichen Zahlen* sind definiert durch

$$\mathbb{N} = \{1, 2, 3, \ldots\}.$$

Oftmals benötigt man auch noch die Zahl 0. Diese Menge wird mit

$$\mathbb{N}_0 = \{0, 1, 2, 3, \ldots\}$$

bezeichnet.

1.2.2 Die ganzen Zahlen

Schon bei einfachen Berechnungen, wie der Differenz $5 - 7$, stellt man fest, daß es keine natürliche Zahl gibt, die dieses Problem löst. Ebenso sollte es einen Weg geben, um zu unterscheiden, ob jemand 3 EUR Guthaben oder 3 EUR Schulden hat.

Definition 1.8:

Die *ganzen Zahlen* sind definiert durch

$$\mathbb{Z} = \{\ldots, -3, -2, -1, 0, 1, 2, 3, \ldots\}.$$

Mit Hilfe der ganzen Zahlen kann $5 - 7 = -2$ ebenso beschrieben werden wie das Guthaben ($+3$ EUR) und die Schulden (-3 EUR).

1.2.3 Die rationalen Zahlen

Sucht man eine Zahl x, welche die Gleichung $2 \cdot x = 5$ löst, oder will man einen Kuchen in 5 gleich große Stücke teilen, wird man keine ganzen Zahlen finden, welche die beiden Probleme lösen.

Definition 1.9:

Die *rationalen Zahlen* oder die Menge der *Brüche* sind definiert durch

$$\mathbb{Q} = \left\{\frac{p}{q} \,\middle|\, p \in \mathbb{Z},\ q \in \mathbb{N}\right\}.$$

Mit Hilfe der rationalen Zahlen kann sowohl die Gleichung $2 \cdot x = 5$ durch $x = \frac{5}{2}$ als auch das Kuchenproblem durch die Zahl $\frac{1}{5}$ gelöst werden.

Rechenregeln für Brüche:

1. $\frac{a}{b} = \frac{k \cdot a}{k \cdot b}$, $b, k \neq 0$ (Kürzen bzw. Erweitern).

2. $\frac{a}{b} \pm \frac{c}{b} = \frac{a \pm c}{b}$ (Addition und Subtraktion mittels Hauptnenner).

   Nichtgleichnamige Brüche sind durch Erweitern gleichnamig zu machen.

3. $\frac{a}{b} \cdot \frac{c}{d} = \frac{a \cdot c}{b \cdot d}$, $b, d \neq 0$ (Multiplikation).

4. $\frac{a}{b} : \frac{c}{d} = \frac{a \cdot d}{b \cdot c}$, $b, c \neq 0$ (Division).

Jede rationale Zahl läßt sich als endliche oder unendliche periodische Dezimalzahl darstellen:

$$\frac{2}{5} = 0.4 \text{ oder } \frac{3}{7} = 0.\overline{428571}.$$

1.2.4 Die reellen Zahlen

Obwohl die rationalen Zahlen den Zahlenstrahl ziemlich dicht bevölkern, gibt es doch sehr viele Zahlen, die nicht durch Brüche dargestellt werden können. Will man die Gleichung $x^2 = 2$ lösen, so stellt man fest, daß kein Bruch diese Gleichung löst. Deshalb definiert man die reellen Zahlen.

Definition 1.10:

Die *reellen Zahlen* sind die Menge aller Dezimalbrüche. Sie füllen den Zahlenstrahl vollständig aus. Es gilt:

$$\mathbb{R} = \{a \mid a = a_0{,}a_1a_2\ldots \text{ mit } a_0 \in \mathbb{Z} \text{ und } a_i \in \{0, 1, \ldots, 9\} \text{ für alle } i \in \mathbb{N}\}.$$

Für die verschiedenen Zahlenbereiche gilt: $\mathbb{N} \subseteq \mathbb{Z} \subseteq \mathbb{Q} \subseteq \mathbb{R}$.

1.3 Beträge

Beschäftigt man sich mit Abständen von Zahlen, so stößt man zwangsläufig auf den Begriff des Betrages.

Definition 1.11:

Der *Betrag* $|x|$ einer reellen Zahl x ist

$$|x| = \begin{cases} x \text{ für } x \geq 0 \\ -x \text{ für } x < 0. \end{cases}$$

$|x|$ wird als Abstand der Zahl x zur Null interpretiert.

Eigenschaften von Beträgen:

1. $|x| \geq 0$.
2. $|-x| = |x|$.
3. $|x \cdot y| = |x| \cdot |y|$.
4. $-|x| \leq x \leq |x|$.
5. $|x+y| \leq |x| + |y|$.

Von großer Bedeutung sind noch zwei elementare Ungleichungen mit Beträgen, die besonders beim Lösen von Ungleichungen hilfreich sind.

1. Gesucht sind alle Zahlen x, deren Abstand zur Zahl a kleiner ist als d. Dies führt auf die Ungleichung $|x-a| < d$ mit der Lösung

   $$a - d < x < a + d \text{ für } d > 0.$$

   Im Spezialfall $a = 0$ führt dies auf $|x| < d$ mit der Lösung

   $$-d < x < d.$$

2. Gesucht sind alle Zahlen x, deren Abstand zur Zahl a größer ist als d. Dies führt auf die Ungleichung $|x-a| > d$ mit der Lösung

   $$x < a - d \text{ oder } x > a + d \text{ für } d > 0.$$

   Im Spezialfall $a = 0$ führt dies auf $|x| > d$ mit der Lösung

   $$x < -d \text{ oder } x > d.$$

Beispiel 1.8:

1. Gesucht sind alle Zahlen x, für die $|x-2|<5$ gilt. Die Lösung ist dann: $2-5<x<2+5$ oder $-3<x<7$.

2. Gesucht sind alle Zahlen x, für die $|x-2|<-5$ gilt. Da Beträge nie negativ werden, gibt es solche Zahlen nicht.

1.4 Potenzen und Logarithmen

Definition 1.12:

Sei $a \in \mathbb{R}$ und $n \in \mathbb{N}$. Die *Potenz* a^n ist dann definiert durch

$$a^n = a \cdot a \cdot a \cdot \; \ldots \; \cdot a,$$

wobei das Produkt auf der rechten Seite aus n Faktoren besteht. Dabei heißt a die *Basis* und n der *Exponent.*

Durch die zusätzliche Definition $a^{-n} = \frac{1}{a^n}$ sind Potenzen auch für negative Exponenten erklärt.

Die Erweiterung auf rationale Exponenten erfolgt mittels der Definition von Wurzeln.

Definition 1.13:

Die Zahl $x = \sqrt[n]{a}$ ist eine Lösung der Gleichung $x^n = a$, falls diese existiert.

Setzt man $\sqrt[n]{a} = a^{\frac{1}{n}}$ und beachtet $a^{\frac{m}{n}} = (\sqrt[n]{a})^m$, so hat man Potenzen auch für rationale Exponenten erklärt.

Für alle $a, b \in \mathbb{R}$ und alle $r, s \in \mathbb{Q}$ gelten die **fünf Potenzgesetze**, sofern die auftretenden Potenzen erklärt sind:

1. $a^r \cdot a^s = a^{r+s}$.

2. $a^r : a^s = a^{r-s}$.

3. $a^r \cdot b^r = (a \cdot b)^r$.

4. $a^r : b^r = (a : b)^r$.

5. $(a^r)^s = a^{r \cdot s}$.

Beispiel 1.9:

$$\frac{3 \cdot x^2 \cdot y^{1.5} \cdot z}{2 \cdot x \cdot y^4 \cdot z^{0.3}} = 1.5 \cdot x \cdot y^{-2.5} \cdot z^{0.7}.$$

Definition 1.14:

Die Lösung der Gleichung $a^x = b$ ist die Zahl $x = \log_a b$ für alle $a, b > 0$ mit $a \neq 1$ (Sprechweise: Logarithmus von b zur Basis a).

Für alle $a, x, y > 0$ und $r \in \mathbb{R}$ gelten die **drei Logarithmengesetze**:

1. $\log_a x \cdot y = \log_a x + \log_a y$,
2. $\log_a x : y = \log_a x - \log_a y$ und
3. $\log_a x^r = r \cdot \log_a x$.

Außerdem gilt: $\log_a 1 = 0$ und $\log_a a = 1$.

Für das Rechnen mit Logarithmen zu verschiedenen Basen gibt es die folgende Umrechnungsformel.

Sind die Logarithmen $\log_a x$ zur Basis a bekannt und die Logarithmen $\log_b x$ zur Basis b gesucht, so gilt:

$$\log_b x = \frac{\log_a x}{\log_a b}.$$

Zwischen den Potenzen und den Logarithmen bestehen die Zusammenhänge

$$\log_a a^x = x \quad \text{und} \quad x^{\log_a x} = x.$$

Logarithmen können näherungsweise mit numerischen Methoden berechnet werden. Außerdem können Logarithmentafeln oder Taschenrechner eingesetzt werden.

Beispiel 1.10:

1. $2^x = 7 \;\Rightarrow\; x = \log_2 7 \approx 2.8073549.$
2. $3 \cdot \log_a x^2 + \log_a \sqrt{x} - \log_a\left(\frac{1}{x^4}\right) + \log_a \sqrt{\frac{1}{x}} =$

$$= \log_a x^6 + \log_a x^{\frac{1}{2}} - \log_a x^{-4} + \log_a x^{-\frac{1}{2}} =$$

$$= \log_a\left(x^6 \cdot x^{\frac{1}{2}} : x^{-4} \cdot x^{-\frac{1}{2}}\right) = \log_a x^{10}.$$

3. $6^{x-2} = 5^{2 \cdot x + 3}$. Nach Anwendung von $\log_{10}$ auf beiden Seiten folgt: $(x - 2) \cdot \log_{10} 6 = (2 \cdot x + 3) \cdot \log_{10} 5$. Diese lineare Gleichung hat die Lösung $x = \dfrac{3 \cdot \log_{10} 5 + 2 \cdot \log_{10} 6}{\log_{10} 6 - 2 \cdot \log_{10} 5} \approx -5.8942865.$

1.5 Summen und Produkte

In diesem Abschnitt werden Kurzschreibweisen für Summen und Produkte eingeführt, die aus vielen Summanden bestehen.

Definition 1.15:

1. $a_m + a_{m+1} + a_{m+2} + \ \dots \ + a_n = \sum\limits_{i=m}^{n} a_i$.

2. $a_m \cdot a_{m+1} \cdot a_{m+2} \cdot \ \dots \ \cdot a_n = \prod\limits_{i=m}^{n} a_i$.

Beispiel 1.11:

1. $1 + 2 + 3 + \ \dots \ + 100 = \sum\limits_{i=1}^{100} i = 5\,050$.

2. $1 + \frac{1}{2} + \frac{1}{4} + \frac{1}{8} + \ \dots \ + \frac{1}{1\,024} = \sum\limits_{i=1}^{10} \left(\frac{1}{2}\right)^i = \frac{2\,047}{1\,024} \approx 1.99902$.

3. $\frac{1}{2} \cdot \frac{2}{3} \cdot \frac{3}{4} \cdot \ \dots \ \cdot \frac{49}{50} = \prod\limits_{i=1}^{49} \frac{i}{i+1} = \frac{1}{50}$.

1.6 Die binomischen Formeln

Die drei *binomischen Formeln* lauten:

1. $(a+b)^2 = a^2 + 2ab + b^2$.
2. $(a-b)^2 = a^2 - 2ab + b^2$.
3. $(a+b) \cdot (a-b) = a^2 - b^2$.

Die binomischen Formeln werden bei praktischen Zahlberechnungen und besonders zum Faktorisieren von Summen eingesetzt.

Beispiel 1.12:

1. $71^2 = (70+1)^2 = 70^2 + 2 \cdot 70 + 1^2 = 5\,041$.

2. $125 \cdot 135 = (130-5) \cdot (130+5) = 130^2 - 5^2 =$

   $= 16\,900 - 25 = 16\,875$.

3. $56ab + 16 \cdot a^2 + 49 \cdot b^2 = 16 \cdot a^2 + 56ab + 49 \cdot b^2 = (4a + 7b)^2$.

4. $\frac{5a+2}{b} \cdot \frac{(a-1) \cdot b}{25 \cdot a^2 - 4} \cdot \frac{2}{7 - 7a} = \frac{5a+2}{b} \cdot \frac{(a-1) \cdot b}{(5a-2)(5a+2)} \cdot \frac{2}{7(1-a)} =$

$$= -\frac{2}{7 \cdot (5a-2)}.$$

Natürlich ist es unbefriedigend, nur die Potenz $(a+b)^2$ berechnen zu können. Was ist zu tun, wenn man z. B. $(a+b)^{1\,000}$ berechnen muß? Dies wird auf eine Verallgemeinerung der binomischen Formeln, den binomischen Lehrsatz führen.

Definition 1.16:

Der *Binomialkoeffizient* $\binom{n}{k}$ für $k \leq n$, $(k, n \in \mathbb{N}_0)$ ist definiert durch

$$\binom{n}{k} = \frac{n \cdot (n-1) \cdot (n-2) \cdot \ldots \cdot (n-k+1)}{1 \cdot 2 \cdot 3 \cdot \ldots \cdot k} = \frac{n!}{k! \cdot (n-k)!}.$$

Beispiel 1.13:

$$(a+b)^4 = a^4 + 4 \cdot a^3b + 6 \cdot a^2b^2 + 4 \cdot ab^3 + b^4 =$$
$$= \binom{4}{0} \cdot a^4 + \binom{4}{1} \cdot a^3b + \binom{4}{2} \cdot a^2b^2 + \binom{4}{3} \cdot ab^3 + \binom{4}{4} \cdot b^4.$$

Dieses Beispiel führt auf den **binomischen Lehrsatz**.
Für alle $n \in \mathbb{N}$ gilt:

$$(a+b)^n = \binom{n}{0} \cdot a^n \cdot b^0 + \binom{n}{1} \cdot a^{n-1} \cdot b^1 + \ldots +$$
$$+ \binom{n}{n-1} \cdot a^1 \cdot b^{n-1} + \binom{n}{n} \cdot a^0 \cdot b^n = \sum_{k=0}^{n} \binom{n}{k} \cdot a^{n-k} \cdot b^k.$$

1.7 Gleichungen und Ungleichungen

1.7.1 Lineare Gleichungen

Gesucht sind alle $x \in \mathbb{R}$, welche die Gleichung $a \cdot x = b$ erfüllen.

Ist $a \neq 0$, so folgt $x = \frac{b}{a}$.

Ist $a = 0$ und ist $b \neq 0$, so gibt es keine Lösung.

Ist $b = 0$ und $a = 0$, so sind alle $x \in \mathbb{R}$ Lösung.

1.7.2 Quadratische Gleichungen

Gesucht sind alle $x \in \mathbb{R}$, welche die Gleichung $a \cdot x^2 + b \cdot x + c = 0$, $a \neq 0$, erfüllen.

Die Anwendung der quadratischen Ergänzung führt auf die Lösungsformel für quadratische Gleichungen mit den Fallunterscheidungen

1. $b^2 - 4ac < 0 \Rightarrow$ keine Lösung.

2. $b^2 - 4ac = 0 \Rightarrow x = \frac{-b}{2a}$.

3. $b^2 - 4ac > 0 \Rightarrow x_{1/2} = \frac{-b \pm \sqrt{b^2 - 4ac}}{2a}$.

Beispiel 1.14:

1. $4x = 13 \Rightarrow x = \frac{13}{4}$.

2. $7 \cdot x^2 + 2 \cdot x - 3 = 0 \Rightarrow x_{1/2} = \frac{-2 \pm \sqrt{88}}{14} = \frac{-1 \pm \sqrt{22}}{7}$.

1.7.3 Andere Gleichungstypen

Außer den oben beschriebenen linearen und quadratischen Gleichungen gibt es viele andere Typen. Ein Versuch, diese zu charakterisieren wäre zum Scheitern verurteilt, ebensowenig kann man Lösungswege für beliebige Gleichungen angeben. Das bedeutet, daß die meisten komplizierten Gleichungen mit Hilfe von Rechentricks oder aber mit numerischen Methoden gelöst werden.

1.7.4 Ungleichungen

Das Lösen von Ungleichungen verläuft ähnlich wie das Lösen von Gleichungen. Dennoch gibt es grundlegende Unterschiede:

1. Multipliziert man eine Ungleichung mit einer negativen Zahl oder dividiert man eine Ungleichung durch eine negative Zahl, so dreht sich das Ungleichheitszeichen um.

2. Bildet man bei einer Ungleichung die Kehrwerte auf beiden Seiten, so dreht sich das Ungleichheitszeichen um.

Aus diesen Gründen führt das Lösen von Ungleichungen oftmals auf Fallunterscheidungen.

Da das Lösen von Ungleichungen nicht schematisiert werden kann, werden einige charakteristische Beispiele vorgeführt, die viele Fälle abdecken.

Beispiel 1.15:

1. $2x < -5 \Rightarrow x < -\frac{5}{2}$.
2. $-2x < -5 \Rightarrow x > \frac{-5}{-2} \Rightarrow x > \frac{5}{2}$.
3. $|x+4| \leq 8 \Rightarrow -8 \leq x+4 \leq 8 \Rightarrow -12 \leq x \leq 4$.
4. $|x-3| \geq |2x+1|$.

   Wegen $|x-3| = \begin{cases} x-3 & \text{für } x \geq 3 \\ -x+3 & \text{für } x < 3 \end{cases}$

   und $|2x+1| = \begin{cases} 2x+1 & \text{für } x \geq -0.5 \\ -2x-1 & \text{für } x < -0.5 \end{cases}$

   müssen 3 Fälle unterschieden werden.

   1. Fall: $x < -0.5$.

   Für die Ungleichung gilt dann : $-x+3 \geq -2x-1$.

   $\Rightarrow x \geq -4$. Deshalb sind alle $x \in \mathbb{R}$, für die gleichzeitig $x < -0.5$ und $x \geq -4$ gilt, Lösung, also ist $\mathbb{L}_1 = [-4, -0.5)$.

   2. Fall: $-0.5 \leq x < 3$.

   Für die Ungleichung gilt dann : $-x+3 \geq 2x+1$.

   $\Rightarrow x \leq \frac{2}{3}$. Deshalb sind alle $x \in \mathbb{R}$, für die gleichzeitig $-0.5 \leq x < 3$ und $x \leq \frac{2}{3}$ gilt, Lösung, also $\mathbb{L}_2 = \left[-0.5, \frac{2}{3}\right]$.

   3. Fall: $x \geq 3$.

   Für die Ungleichung gilt dann : $x-3 \geq 2x+1$.

   $\Rightarrow x \leq -4$. Da es keine $x \in \mathbb{R}$, für die gleichzeitig $x \geq 3$ und $x \leq -4$ gilt, ist $\mathbb{L}_3 = \emptyset$.

   Insgesamt folgt dann $\mathbb{L} = \mathbb{L}_1 \cup \mathbb{L}_2 \cup \mathbb{L}_3 = \left[-4, \frac{2}{3}\right]$.

5. $\frac{2x-2}{x+1} \leq 1$.

   Da der Nenner sowohl positiv als auch negativ werden kann, muß eine Fallunterscheidung $x < -1$ und $x > -1$ erfolgen.

   1.Fall: $x < -1$.

   Die Ungleichung wird mit $x+1$ durchmultipliziert. Da $x+1$ dann negativ ist, dreht sich das Ungleichheitszeichen und es folgt

   $2x-2 \geq x+1$. Also gilt $x \geq 3$. Also ist $\mathbb{L}_1 = \emptyset$.

2.Fall: $x > -1$.

Die Ungleichung wird mit $x+1$ durchmultipliziert und es folgt

$2x-2 \leq x+1$. Also gilt $x \leq 3$. Also ist $\mathbb{L}_2 = (-1,\ 3]$.

Insgesamt folgt dann $\mathbb{L} = (-1,\ 3]$.

6. $\dfrac{|9x+3|}{1+x^2} \geq 3 \;\Rightarrow\; |9x+3| \geq 3\cdot(1+x^2) \;\Rightarrow\; |3x+1| \geq 1+x^2$.

$$\text{Wegen } |3x+1| = \begin{cases} 3x+1 & \text{für } x \geq -\frac{1}{3} \\ -3x-1 & \text{für } x < -\frac{1}{3} \end{cases}$$

muß eine Fallunterscheidung erfolgen.

1. Fall: $x \geq -\frac{1}{3}$.

Für die Ungleichung gilt dann: $3x+1 \geq 1+x^2$.

Dies ist eine quadratische Ungleichung: $x^2-3x \leq 0$.

Addiert man auf beiden Seiten 2.25, so folgt

$x^2-3x+2.25 \leq 2.25$. Dadurch ist auf der linken Seite eine binomische Formel entstanden. Es folgt $(x-1.5)^2 \leq 2.25$.

$\Rightarrow\; -1.5 \leq x-1.5 \leq 1.5 \;\Rightarrow\; 0 \leq x \leq 3$.

Also ist $\mathbb{L}_1 = [0,\ 3]$.

2. Fall: $x < -\frac{1}{3}$.

Für die Ungleichung gilt dann: $-3x-1 \geq 1+x^2$.

Dies ist eine quadratische Ungleichung: $x^2+3x+2 \leq 0$.

Addiert man auf beiden Seiten 0.25, so folgt

$x^2+3x+2.25 \leq 0.25$. Dadurch ist auf der linken Seite erneut eine binomische Formel entstanden. Es folgt $(x+1.5)^2 \leq 0.25$.

$\Rightarrow\; -0.5 \leq x+1.5 \leq 0.5 \;\Rightarrow\; -2 \leq x \leq -1$.

Also ist $\mathbb{L}_1 = [-2,\ -1]$.

Insgesamt folgt dann $\mathbb{L} = [-2,\ -1] \cup [0,\ 3]$.

7. $|16 - \frac{4 \cdot x^2}{9}| < 20.$

Es folgt $-20 < 16 - \frac{4 \cdot x^2}{9} < 20 \Rightarrow -36 < -\frac{4 \cdot x^2}{9} < 4.$

Bei der folgenden Multiplikation mit $-\frac{4}{9}$ drehen sich die Ungleichheitszeichen um: $81 > x^2 > -9.$

Da Quadrate nie negativ werden, ist dies gleichbedeutend mit

$0 \leq x^2 < 81$. Daraus folgt aber $-9 < x < 9.$

Also ist $\mathbb{L} = (-9, 9)$.

Aufgaben zu Kapitel 1

Aufgaben zur Mengenlehre

Aufgabe 1

Welche der folgenden Ausdrücke sind Mengen?

a) $M_1 = \{1, 3, 4\}$ b) $M_2 = \{A, *\}$ c) $M_3 = (1, 2, 3)$

d) $M_4 = \{\{\emptyset\}\}$ e) $M_5 = \{a, b, f, b, e\}$ f) $M_6 = [W, B, 12]$.

Aufgabe 2

Stellen Sie die Menge $A = \{a, d, 11, \bigstar\}$ auf andere Weisen dar.

Aufgabe 3

Gegeben seien die Mengen $A = \{1, 4, 9\}$, $B = \{3, 4, 5\}$, $C = \{2, 4, 6, 8\}$ und $D = \{1, 3, 5, 7, 9\}$. Berechnen Sie $A \cap B$, $A \cup B$, $B \backslash C$, $C \backslash B$ und $A \cap (B \cup C)$.

Aufgabe 4

Gegeben seien drei Mengen A, B und C durch:

A ist der Kreis mit Mittelpunkt (3, 3) und Radius 2,
B ist das Quadrat mit den Eckpunkten (3, 0), (3, 3), (6, 0) und (6, 3) und
C ist das Dreieck mit den Eckpunkten (1, 1), (2, 4), (4, 1).

Skizzieren Sie die Mengen $A \cap B$, $A \cap C$, $B \cap C$, $A \cup B$, $A \cup C$, $B \cup C$, $\overline{A \cup B}$, $\overline{A \cup C}$, $\overline{B \cup C}$, $\overline{A \cap B}$, $\overline{A \cap C}$, $\overline{B \cap C}$ und $\overline{A \cap B \cap C}$.

Aufgabe 5

Skizzieren Sie die Menge $A = \{(x, y) \mid y > 2 + x \text{ und } y < 1 - x\}$.

Aufgabe 6

Gegeben sei die Menge $A = [-3, 7]$. Skizzieren Sie diese Menge auf dem Zahlenstrahl für die Grundmengen $\mathbb{R}$, $\mathbb{Z}$ und $\mathbb{N}$.

Aufgabe 7

Zeichnen sie in zwei verschiedene Venn-Diagramme die Mengen $A \cup B$ und $A \cap B$ ein. Was fällt dabei auf?

Aufgabe 8

Gegeben seien die Mengen A und B als Teilmengen einer Grundmenge G. Stellen Sie in einem Venn-Diagramm die Menge $C = (A \backslash B) \cup (B \backslash A)$ dar.

Aufgabe 9

Gegeben seien die Mengen $A = \{a, b\}$ und $B = \{b, c, d\}$.

Welche der folgenden Aussagen sind richtig?

$A \subseteq B$, $A \neq B$, $A \supseteq B$, $A = B$, $\{b, d\} \subseteq B$, $b \in A$, $d \subseteq B$, $\{b, \{c, d\}\} \subseteq B$.

Aufgabe 10

Gegeben seien die Mengen $A = \{a, b, c, d, e, f\}$, $B = \{e, f\}$, $C = \{a, b, g\}$ und $D = \{e\}$. Geben Sie alle Teilmengenbeziehungen an.

Aufgabe 11

Gegeben seien in einer Grundmenge G drei Mengen A, B und C. Zeichnen Sie ein Venn-Diagramm und stellen Sie alle auftretenden 8 Teilmengen mittels Mengenverknüpfungen dar.

Aufgabe 12

Gegeben sei die Menge $A = \{1, 2, 3, 4, 5\}$. Geben sie alle möglichen Teilmengen von A an.

Aufgabe 13

Gegeben seien die Mengen $\mathbb{R}$, $\mathbb{Q}$, $\mathbb{Z}$ und $\mathbb{N}$. Bestimmen Sie alle möglichen Teilmengenbeziehungen.

Aufgabe 14

Sei A die Menge aller möglichen Augenzahlen des Würfels.
Bestimmen Sie $A \times A$.
Wie viele Elemente hat diese Menge?

Aufgabe 15

Seien $A = \{x \mid 2 \leq x \leq 5,\ x \in \mathbb{R}\}$ und $B = \{x \mid 1 \leq x \leq 4,\ x \in \mathbb{R}\}$. Zeichnen Sie die Menge $A \times B$ in ein Koordinatensystem ein.

Aufgabe 16

Gegeben seien die Mengen $A = \{-1, 0, 1, 2\}$, $B = \{3, 4, 5, 6, 7\}$ und $C = \{1, 10\}$.
Aus wie vielen Elementen bestehen die Mengen $A \times B$, $A \times C$ und $C \times B$?

Geben Sie die Menge $C \times C$ in aufzählender Form an!

Aufgabe 17

Gegeben seien die Mengen $A = [0, 4] \times [1, 5]$ und $B = [2, 3] \times [3, 7]$. Skizzieren Sie die Mengen A, B, $A \cup B$ und $A \cap B$.

Aufgabe 18

Gegeben seien die Mengen $A = \{x \mid 0 \leq x < 2\}$ und $B = \{-2, -1, 0, 1\}$. Skizzieren Sie die Mengen $A \times B$.

Aufgabe 19

In einem Tierbestand, der auf Umwelteinflüsse untersucht wurde, waren 20% der Tiere gesund, 50% leicht belastet und 30% schwer belastet. 30% aller belasteten Tier wurden nicht behandelt. 80% aller schwer belasteten Tiere wurden behandelt.

a) Welcher Anteil der leicht belasteten Tiere wurde nicht behandelt?

b) Wie groß ist der Anteil der nicht behandelten schwer belasteten Tiere am gesamten Tierbestand?

Aufgabe 20

Bei einer Umfrage unter Sportlern wurden 80 Personen, von denen jede mindestens eine der Sportarten Tennis, Fußball oder Schwimmen ausübt, befragt. 12 spielten nur Fußball, 17 schwammen nur und 14 spielten nur Tennis. 10 Personen betrieben genau zwei Sportarten und 50 spielten insgesamt Tennis.

a) Wie viele Personen übten alle drei Sportarten aus?

b) Wie viele Personen betrieben Fußball und Schwimmen?

Aufgaben zu den rationalen Zahlen

Aufgabe 21

Kürzen Sie:

a) $\frac{407}{777}$ b) $\frac{32ab - 10cb}{48ad - 15cd}$ c) $\frac{3b - 2a}{2a - 3b}$ d) $\frac{\frac{1}{a} + \frac{1}{b}}{\frac{1}{a} - \frac{1}{b}}$.

Aufgabe 22

Berechnen Sie:

a) $-\frac{b-a}{b} + \frac{bc}{b} + \frac{ab}{b} - \frac{a \cdot (b+1)}{b}$ b) $\left(\frac{3}{4a} + \frac{2z}{3a} - \frac{2y}{6a}\right) \cdot \frac{48 \cdot a}{18 + 16z - 8y}$

c) $\dfrac{x + 2y}{\frac{x}{y} + 4 + \frac{4y}{x}}$ d) $\dfrac{\frac{x-1}{x^2-1} - \frac{1}{x-1} + \frac{x}{x+1}}{-\frac{1}{x+3} + \frac{x}{4x+2}}$.

Aufgaben zu Beträgen

Aufgabe 23

Stellen Sie betragsfrei dar:

a) $|2x + 25|$ b) $|x - 0.33|$ c) $|x^2 - 3x + 2|$ d) $|u - v|$.

Aufgabe 24

Lösen Sie die Ungleichungen:

a) $|3x + 7| \leq 4$ b) $|2x - 3| > 10$.

Aufgabe 25

Lösen Sie die Ungleichungen:

a) $|x + 2| \leq |x - 7|$ b) $|2x + 3| > |3x|$.

Aufgaben zu Potenzen und Logarithmen

Aufgabe 26

Vereinfachen Sie:

a) $3^2 \cdot 3^{15}$ b) $(-5)^{-12} : (-5)^4$ c) $(-7)^4$ d) -7^4.

Aufgabe 27

Berechnen Sie:

a) $\sqrt{2^7}$ b) $\sqrt[3]{9^2}$ c) $\sqrt[3]{\sqrt[4]{2^{10}}}$.

Aufgabe 28

Entfernen Sie die Wurzeln im Nenner der Brüche:

a) $\dfrac{1}{\sqrt{x}}$ b) $\dfrac{a}{\sqrt{a} - \sqrt{b}}$ c) $\dfrac{\sqrt[3]{b^2 \cdot y^2} - \sqrt{ax}}{\sqrt[3]{b \cdot y} + \sqrt[4]{a \cdot x}}$.

Aufgabe 29

Lösen Sie folgende Gleichungen:

a) $x^5 - 32 = 0$ b) $5 \cdot x^{12} = 0$ c) $x^7 - 34 = 0$.

Aufgabe 30

Berechnen Sie:

a) $\log_2 16$ b) $\log_3 \frac{1}{27}$ c) $\log_{0.5} 0.5$ d) $\log_a \sqrt{a}$.

Aufgabe 31

Fassen Sie zusammen:

a) $5 \cdot \log_a v - 3 \cdot \log_a w$

b) $\log_a \frac{x}{y} + 5 \cdot \log_a (x - y^2) - 2 \cdot \log_a (x - y^2)^2$.

Aufgabe 32

Berechnen Sie die Größe x:

a) $\log_2 x = 16$ b) $\log_5 (2x - 1) = -4$ c) $\log_a x + \log_a \sqrt{x} = 3 \cdot \log_a 2$.

Aufgaben zu Summen und Produkten

Aufgabe 33

Berechnen Sie:

a) $\sum_{i=1}^{6} \frac{i+3}{i}$ b) $\sum_{i=3}^{10} (i^2 + 5i - 2)$ c) $\sum_{i=0}^{9} \left(\frac{1}{2}\right)^i$.

Aufgabe 34

Schreiben Sie mit Hilfe des Summenzeichens:

a) $3 + 6 + 9 + 12 + 15 + 18 + 21$

b) $4 + 13 + 22 + 31 + 40 + 49 + 58$

c) $\frac{5}{6} + \frac{6}{7} + \frac{7}{8} + \frac{8}{9} + \frac{9}{10} + \frac{10}{11} + \frac{11}{12}$

d) $3 + 8 + 15 + 24 + 35 + 48 + 63 + 80 + 99$.

Aufgabe 35

Berechnen Sie:

a) $\prod_{i=1}^{7} i$ b) $\prod_{i=3}^{22} \frac{i}{i-2}$ c) $\prod_{i=5}^{100} (i^2 - 36)$.

Aufgaben zu den binomischen Formeln

Aufgabe 36

Berechnen Sie:

a) $(x+y)^2+(x-y)^2$ b) $(4ax+3by)\cdot(4ax-3by)$

c) $(\sqrt{x}-\sqrt{y})^2$ d) $(\sqrt{x}-\sqrt{y})\cdot(\sqrt{x}+\sqrt{y})$.

Aufgabe 37

Schreiben Sie folgende Summen mit Hilfe der binomischen Formeln als Produkte:

a) $16\cdot x^2+56xy+49\cdot y^2$ b) $-25\cdot a^2\cdot x^4+36\cdot b^2\cdot y^6$

c) $4x+12\sqrt{xy}+9y$.

Aufgabe 38

Vereinfachen Sie:

a) $(a^2+b^2)\cdot(a^2-b^2)-(a^2+b^2)^2$

b) $-(2a-8b)^2+(4a+3b)^2-(5a-6b)\cdot(5a+6b)$.

Aufgabe 39

Kürzen Sie:

a) $\dfrac{9\cdot x^2+30xy+25\cdot y^2}{3x+5y}$ b) $\dfrac{x-1}{\sqrt{x}-1}$.

Aufgabe 40

Berechnen Sie folgende Binomialkoeffizienten:

a) $\binom{20}{2}$ b) $\binom{40}{3}$ c) $\binom{100}{4}$ d) $\binom{100}{96}$.

Aufgabe 41

Berechnen Sie mit Hilfe des binomischen Lehrsatzes:

a) $(a+b)^9$ b) $(a-b)^{10}$.

Aufgabe 42

Berechnen Sie die folgenden Summen mit Hilfe des binomischen Lehrsatzes:

a) $\sum_{i=0}^{n}\binom{n}{i}$ b) $\sum_{i=0}^{n}(-1)^i\cdot\binom{n}{i}$.

Aufgaben zu Gleichungen und Ungleichungen

Aufgabe 43

Lösen Sie folgende Gleichungen:

a) $7x - 13 = 18 + 2x$ b) $2x + 5 = -3 + 2x$.

Aufgabe 44

Lösen Sie folgende Gleichungen:

a) $\frac{1}{x+6} = \frac{2}{x-1}$ b) $\frac{2x-1}{x+6} = \frac{2x+9}{x-5}$ c) $\frac{2-x}{x} = \frac{x+3}{4-x}$

d) $4 \cdot (2x - 3) + \frac{1}{2} \cdot (x + 1) = (x - 1) \cdot 12$.

Aufgabe 45

Lösen Sie folgende Gleichungen:

a) $x^2 - 8 = -2x$ b) $16 \cdot x^2 - 5x = 7 \cdot x^2 + 6x + 20$

c) $\frac{x-1}{2} + \frac{x-1}{x-4} = -2 + \frac{3}{x-4}$.

Aufgabe 46

Lösen Sie folgende Gleichungen:

a) $\log_3 x = 9$ b) $\log_4 x = 14$ c) $\log_2 (x^2 - 4) = 5$.

Aufgabe 47

Lösen Sie folgende Gleichungen:

a) $3^x = \frac{1}{27}$ b) $10^{-x} = 0.001$ c) $5^x = 12$.

Aufgabe 48

Lösen Sie folgende Gleichungen:

a) $5^{2x} = 2^x$ b) $6^{x+2} = 3^{2x-5}$ c) $2 \cdot 5^x = 7^x$.

Aufgabe 49

Lösen Sie folgende Gleichungen:

a) $2^{2x} + 2^x - \log_2 (2^2) = 0$ b) $7 \cdot 2^x = \frac{5^{x-1}}{3}$.

Aufgabe 50

Lösen Sie folgende Ungleichungen:

a) $3x - 4 < 2x + 1$ b) $\frac{1}{x} \leq 4$ c) $\frac{5x+2}{3x-7} \geq 2$

d) $-x < \frac{1-2x}{x}$ e) $x^2 - 1 \leq x + 1$ f) $\frac{1}{x} + \frac{3}{2x} \geq 5.$

Aufgabe 51

Lösen Sie folgende Ungleichungen:

a) $|x - 5| < 2$ b) $\frac{2x+3}{|4x-5|} \geq 2$ c) $|x + 3| < |x - 7|$

d) $|x| < 2x + 3$ e) $\frac{1}{|x| - 1} > 1.$

Aufgabe 52

Lösen Sie folgende Ungleichungen:

a) $\frac{|4 + 12x|}{1 + x^2} \geq 4$ b) $\frac{x - 11}{x - 1} \geq -1$ c) $\frac{1}{1 - x^2} \leq 2.$

Kapitel 2

Vektoren, Matrizen und Determinanten

Im zweiten Kapitel werden die wichtigsten Hilfsmittel aus der linearen Algebra besprochen. Dies sind Vektoren, Matrizen und Determinanten. Diese Grundelemente werden definiert und ihre Bedeutung anhand von Beispielen erläutert.

2.1 Vektoren

Vektoren spielen in der Mathematik eine große Rolle. Motiviert durch physikalische Anwendungen sind Vektoren gerichtete Größen, die durch Betrag und Richtung eindeutig definiert sind. Aber auch aus schreib- und darstellungstechnischen Gründen sind Vektoren nützlich.

Anhand der folgenden Beispiele und Definitionen werden Vektoren eingeführt und Rechenregeln für Vektoren erklärt.

Beispiel 2.1:

Ein Versand verschickt 7 verschiedene Artikel. Die Bestellmengen m_1, m_2, m_3, . . ., m_7 sind in folgende Tabelle einzutragen:

Artikel-nummer	Bestell-menge
1	m_1
2	m_2
3	m_3
4	m_4
5	m_5
6	m_6
7	m_7

Ist die Reihenfolge der 7 Artikel eindeutig vorgegeben, genügt die Angabe der Zahlen $m_1, m_2, m_3, \ldots, m_7$ zur Bestellung.

Definition 2.1:

Sind $a_1, a_2, \ldots, a_n$ reelle Zahlen, so heißt

1. $\vec{a} = \begin{pmatrix} a_1 \\ a_2 \\ \vdots \\ a_n \end{pmatrix}$ ein *Spaltenvektor* und

2. $\vec{a}^T = (a_1, a_2, \ldots, a_n)$ ein *Zeilenvektor.*

Die Zahlen $a_1, a_2, \ldots, a_n$ heißen die *Komponenten* des Vektors.

Beispiel 2.2:

Gegeben sei eine Bestellmenge $\vec{m} = \begin{pmatrix} m_1 \\ m_2 \\ \vdots \\ m_n \end{pmatrix}$.

Wird die Bestellmenge für jeden Artikel um 25% erhöht, so wird jede Zahl m_i, $1 \leq i \leq n$, mit 1.25 multipliziert. Auf diese Weise wird die Multiplikation eines Vektors mit einer Zahl erklärt.

Definition 2.2:

Sei $k \in \mathbb{R}$ und sei $\vec{a}$ ein Vektor.

Dann ist $k \cdot \vec{a} = k \cdot \begin{pmatrix} a_1 \\ a_2 \\ \vdots \\ a_n \end{pmatrix} = \begin{pmatrix} k \cdot a_1 \\ k \cdot a_2 \\ \vdots \\ k \cdot a_n \end{pmatrix}$.

Eine Zahl und ein Vektor werden *multipliziert*, indem jede Komponente des Vektors mit der Zahl multipliziert wird.

Beispiel 2.3:

Gegeben seien zwei Bestellmengen $\vec{m} = \begin{pmatrix} m_1 \\ m_2 \\ \vdots \\ m_n \end{pmatrix}$ und $\vec{q} = \begin{pmatrix} q_1 \\ q_2 \\ \vdots \\ q_n \end{pmatrix}$.

Dann muß für jeden Artikel i die Menge $r_i = m_i + q_i$ im Auslieferungslager vorhanden sein. Auf diese Weise wird die Addition und die Subtraktion von Vektoren erklärt.

Definition 2.3:

Seien $\vec{a}$ und $\vec{b}$ zwei Vektoren mit jeweils n Komponenten.

$$\text{Dann ist } \vec{a} \pm \vec{b} = \begin{pmatrix} a_1 \\ a_2 \\ \vdots \\ a_n \end{pmatrix} \pm \begin{pmatrix} b_1 \\ b_2 \\ \vdots \\ b_n \end{pmatrix} = \begin{pmatrix} a_1 \pm b_1 \\ a_2 \pm b_2 \\ \vdots \\ a_n \pm b_n \end{pmatrix}$$

die *Summe* bzw. die *Differenz* der zwei Vektoren.
Die Addition und die Subtraktion erfolgen komponentenweise.

Beispiel 2.4:

Der Preis pro Mengeneinheit des Artikels i sei p_i. Für den Mengenvektor $\vec{m}$ und den Preisvektor $\vec{p}$ können die Kosten der Bestellung gemäß

$$m_1 \cdot p_1 + m_2 \cdot p_2 + \ldots + m_n \cdot p_n$$

berechnet werden. Auf diese Weise wird die skalare Multiplikation zweier Vektoren erklärt.

Definition 2.4:

Das *skalare Produkt* zweier Vektoren $\vec{a}^T$ und $\vec{b}$, die aus jeweils n Komponenten bestehen, ist gegeben durch

$$\vec{a}^T \cdot \vec{b} = (a_1, a_2, \ldots, a_n) \cdot \begin{pmatrix} b_1 \\ b_2 \\ \vdots \\ b_n \end{pmatrix} = a_1 \cdot b_1 + a_2 \cdot b_2 + \ldots + a_n \cdot b_n .$$

Aus formalen Gründen wird diese Multiplikation nur in der Form Zeilenvektor × Spaltenvektor erklärt.

Alle eingeführten Rechenregeln außer dem Skalarprodukt werden völlig analog für mehr als zwei Vektoren erklärt.

Beispiel 2.5:

Gegeben sei der Vektor $\vec{a} = \begin{pmatrix} 1 \\ 2 \end{pmatrix}$. Dieser ist geometrisch nichts anderes als ein Pfeil, der vom Punkt (0, 0) zum Punkt (1, 2) zeigt. Will man dessen Länge berechnen, so folgt nach dem Satz von Pythagoras

$$|\vec{a}| = \sqrt{1^2 + 2^2} = \sqrt{5}.$$

Diese Eigenschaft wird auch auf Vektoren mit n Komponenten übertragen.

Definition 2.5:

$$|\vec{a}| = \sqrt{a_1{}^2 + a_2{}^2 + \ldots + a_n{}^2} = \sqrt{\sum_{i=1}^{n} a_i{}^2}$$

heißt die *Länge* oder der *Betrag* des Vektors $\vec{a}$.

Oftmals ist es erforderlich, einen Vektor aus gegebenen Vektoren zusammenzusetzen. Dazu wird eine Menge von Vektoren vorgegeben, die zuerst einzeln mit reellen Zahlen multipliziert und anschließend addiert werden.

Definition 2.6:

Gegeben seien n Vektoren $\vec{a_1}, \vec{a_2}, \ldots, \vec{a_n}$.

Dann heißt jeder Vektor $\vec{b}$ mit

$$\vec{b} = \sum_{i=1}^{n} \lambda_i \cdot \vec{a_i} = \lambda_1 \cdot \vec{a_1} + \lambda_2 \cdot \vec{a_2} + \ldots + \lambda_n \cdot \vec{a_n},\ \lambda_i \in \mathbb{R},$$

eine *Linearkombination* der Vektoren $\vec{a_1}, \vec{a_2}, \ldots, \vec{a_n}$.

Die Menge aller Linearkombinationen der Vektoren $\vec{a_1}, \vec{a_2}, \ldots, \vec{a_n}$ heißt *lineare Hülle.*

Beispiel 2.6:

Seien $\vec{a} = \begin{pmatrix} 1 \\ 4 \\ 2 \end{pmatrix}$ und $\vec{b} = \begin{pmatrix} 0 \\ 6 \\ 3 \end{pmatrix}$.

Dann ist $\vec{c} = 4 \cdot \begin{pmatrix} 1 \\ 4 \\ 2 \end{pmatrix} + 7 \cdot \begin{pmatrix} 0 \\ 6 \\ 3 \end{pmatrix} = \begin{pmatrix} 4 \\ 58 \\ 29 \end{pmatrix}$ eine Linearkombination der Vektoren $\vec{a}$ und $\vec{b}$.

Beispiel 2.7:

Oft stellt sich die Frage, ob ein gegebener Vektor als Linearkombination von anderen Vektoren dargestellt werden kann oder nicht.

Seien $\vec{a} = \begin{pmatrix} 1 \\ 4 \\ 2 \end{pmatrix}$ und $\vec{b} = \begin{pmatrix} 0 \\ 6 \\ 3 \end{pmatrix}$.

Ist $\vec{c} = \begin{pmatrix} 4 \\ 1 \\ 2 \end{pmatrix}$ eine Linearkombination von $\vec{a}$ und $\vec{b}$?

Es müßten Zahlen λ_1 und λ_2 gefunden werden, so daß gilt:

$$\begin{pmatrix} 4 \\ 1 \\ 2 \end{pmatrix} = \lambda_1 \cdot \begin{pmatrix} 1 \\ 4 \\ 2 \end{pmatrix} + \lambda_2 \cdot \begin{pmatrix} 0 \\ 6 \\ 3 \end{pmatrix}.$$

Dies führt auf das lineare Gleichungssystem

$$\begin{aligned} 4 &= \lambda_1 \\ 1 &= 4 \cdot \lambda_1 + 6 \cdot \lambda_2 \\ 2 &= 2 \cdot \lambda_1 + 3 \cdot \lambda_2 . \end{aligned}$$

Setzt man $\lambda_1 = 4$ in die zweite Gleichung ein, so folgt $\lambda_2 = -\frac{5}{2}$.

Setzt man $\lambda_1 = 4$ in die dritte Gleichung ein, so folgt $\lambda_2 = -2$.

Dies ist ein Widerspruch und es folgt, daß $\vec{c}$ keine Linearkombination von $\vec{a}$ und $\vec{b}$ ist.

Definition 2.7

1. Ein Vektor, dessen Komponenten alle Null sind, heißt *Nullvektor.*
2. Vektoren, deren i-te Komponente eins ist und alle anderen Komponenten Null sind, heißen *Einheitsvektoren.*

Es folgen zwei geometrische Eigenschaften von Vektoren:

- Zwei Vektoren sind parallel, wenn sie Vielfache voneinander sind.
- Zwei Vektoren stehen aufeinander senkrecht, wenn ihr Skalarprodukt gleich Null ist.

Die folgende Definition trennt Mengen von Vektoren, bei denen sich ein Vektor als Linearkombination der restlichen Vektoren darstellen läßt von Mengen von Vektoren, bei denen dies nicht möglich ist.

Definition 2.8:

1. n Vektoren $\vec{a_1}, \vec{a_2}, \ldots, \vec{a_n}$ heißen *linear unabhängig* (l.u.), falls die Gleichung

$$\lambda_1 \cdot \vec{a_1} + \lambda_2 \cdot \vec{a_2} + \ldots + \lambda_n \cdot \vec{a_n} = \vec{0}$$

nur richtig ist wenn gilt: $\lambda_1 = \lambda_2 = \ldots = \lambda_n = 0$.

2. n Vektoren $\vec{a_1}, \vec{a_2}, \ldots, \vec{a_n}$ heißen *linear abhängig* (l.a.), falls die Gleichung

$$\lambda_1 \cdot \vec{a_1} + \lambda_2 \cdot \vec{a_2} + \ldots + \lambda_n \cdot \vec{a_n} = \vec{0}$$

mindestens eine weitere Lösung besitzt, bei der mindestens ein λ_i, $1 \leq i \leq n$, nicht gleich Null ist.

Der Begriff linear abhängig läßt sich folgendermaßen deuten.
Hat die Gleichung $\lambda_1 \cdot \vec{a_1} + \lambda_2 \cdot \vec{a_2} + \ldots + \lambda_n \cdot \vec{a_n} = \vec{0}$ eine Lösung, bei der nicht alle $\lambda_i = 0$ sind, kann man eventuell nach einer Umsortierung $\lambda_1 \neq 0$ annehmen. Dann kann aber die Gleichung nach $\vec{a_1}$ aufgelöst werden:

$$\vec{a_1} = -\frac{\lambda_2}{\lambda_1} \cdot \vec{a_2} - \ldots - \frac{\lambda_n}{\lambda_1} \cdot \vec{a_n}$$

Dies hat aber zur Folge, daß der Vektor $\vec{a_1}$ eine Linearkombination der Vektoren $\vec{a_2}, \vec{a_3}, \ldots, \vec{a_n}$ ist, es also einen linearen Zusammenhang, eine Abhängigkeit der Vektoren gibt.

Beispiel 2.8:

1. Die Vektoren $\vec{a} = \begin{pmatrix} 1 \\ 2 \\ 3 \end{pmatrix}, \vec{b} = \begin{pmatrix} -2 \\ 1 \\ 2 \end{pmatrix}$ und $\vec{c} = \begin{pmatrix} 6 \\ 7 \\ 10 \end{pmatrix}$ sind linear abhängig.

Aus $\lambda_1 \cdot \begin{pmatrix} 1 \\ 2 \\ 3 \end{pmatrix} + \lambda_2 \cdot \begin{pmatrix} -2 \\ 1 \\ 2 \end{pmatrix} + \lambda_3 \cdot \begin{pmatrix} 6 \\ 7 \\ 10 \end{pmatrix} = \begin{pmatrix} 0 \\ 0 \\ 0 \end{pmatrix}$ folgt

$$\begin{aligned} \lambda_1 - 2 \cdot \lambda_2 + 6 \cdot \lambda_3 &= 0 \\ 2 \cdot \lambda_1 + \lambda_2 + 7 \cdot \lambda_3 &= 0 \\ 3 \cdot \lambda_1 + 2 \cdot \lambda_2 + 10 \cdot \lambda_3 &= 0. \end{aligned}$$

Multipliziert man die erste Gleichung mit -2 und addiert sie zur zweiten Gleichung, so erhält man $5 \cdot \lambda_2 - 5 \cdot \lambda_3 = 0$.

Multipliziert man die erste Gleichung mit -3 und addiert sie zur dritten

Gleichung, so erhält man $8 \cdot \lambda_2 - 8 \cdot \lambda_3 = 0.$

Dividiert man diese Gleichungen durch 5 bzw. 8, erhält man zwei identische Gleichungen: $\lambda_2 - \lambda_3 = 0.$

Also ist z. B. $\lambda_2 = \lambda_3 = 1$ eine Lösung, woraus $\lambda_1 = -4$ folgt.

Deshalb sind die Vektoren linear abhängig.

2. Die Vektoren $\vec{a} = \begin{pmatrix} 1 \\ 2 \\ 3 \end{pmatrix}, \vec{b} = \begin{pmatrix} -2 \\ 1 \\ 2 \end{pmatrix}$ und $\vec{c} = \begin{pmatrix} 6 \\ 17 \\ 10 \end{pmatrix}$

   sind linear unabhängig.

Aus $\lambda_1 \cdot \begin{pmatrix} 1 \\ 2 \\ 3 \end{pmatrix} + \lambda_2 \cdot \begin{pmatrix} -2 \\ 1 \\ 2 \end{pmatrix} + \lambda_3 \cdot \begin{pmatrix} 6 \\ 17 \\ 10 \end{pmatrix} = \begin{pmatrix} 0 \\ 0 \\ 0 \end{pmatrix}$ folgt

$$\begin{aligned} \lambda_1 - 2 \cdot \lambda_2 + 6 \cdot \lambda_3 &= 0 \\ 2 \cdot \lambda_1 + \lambda_2 + 17 \cdot \lambda_3 &= 0 \\ 3 \cdot \lambda_1 + 2 \cdot \lambda_2 + 10 \cdot \lambda_3 &= 0. \end{aligned}$$

Multipliziert man die erste Gleichung mit -2 und addiert sie zur zweiten Gleichung, so erhält man $5 \cdot \lambda_2 + 5 \cdot \lambda_3 = 0.$

Multipliziert man die erste Gleichung mit -3 und addiert sie zur dritten Gleichung, so erhält man $8 \cdot \lambda_2 - 8 \cdot \lambda_3 = 0.$

Dividiert man diese Gleichungen durch 5 bzw. 8, erhält man die zwei Gleichungen $\lambda_2 + \lambda_3 = 0$ und $\lambda_2 - \lambda_3 = 0.$

Addiert man diese zwei Gleichungen, so folgt $\lambda_2 = 0$ und daraus $\lambda_3 = \lambda_1 = 0$. Deshalb sind die Vektoren linear unabhängig.

Mit Hilfe der Vektoren können zwei der wichtigsten Grundgebilde der linearen Algebra, die **Geraden und Ebenen**, dargestellt werden.

Definition 2.9:

Ein Vektor, der vom Ursprung zum Punkt X zeigt, heißt *Ortsvektor*:

$$\vec{x} = \overrightarrow{OX}.$$

Definition 2.10:

Für die *Parameterdarstellung* einer *Geraden*, die durch den Punkt P und den Richtungsvektor $\vec{q}$ definiert ist, gilt:

$$\overrightarrow{OX} = \vec{x} = \vec{p} + \lambda \cdot \vec{q}, \ \lambda \in \mathbb{R}.$$

Ist die Gerade durch die zwei Punkte P_1 und P_2 gegeben, so ist der Vektor $\vec{q} = \overrightarrow{P_1P_2}$ ein Richtungsvektor und es gilt:

$$\vec{x} = \vec{p_1} + \lambda \cdot (\vec{p_2} - \vec{p_1}), \ \lambda \in \mathbb{R}.$$

Beispiel 2.9:

Die Gerade durch die zwei Punkte $P_1 = (4,\ 6,\ 2)$ und $P_2 = (-2,\ 0,\ -1)$ lautet:

$$\vec{x} = \begin{pmatrix} 4 \\ 6 \\ 2 \end{pmatrix} + \lambda \cdot \begin{pmatrix} -6 \\ -6 \\ -3 \end{pmatrix}.$$

Definition 2.11:

Für die *Parameterdarstellung* einer *Ebene*, die den Punkt P beinhaltet und die zwei linear unabhängige Richtungsvektoren $\vec{q}$ und $\vec{r}$ besitzt, gilt:

$$\overrightarrow{OX} = \vec{x} = \vec{p} + \lambda \cdot \vec{q} + \mu \cdot \vec{r}, \ \lambda \in \mathbb{R}, \ \mu \in \mathbb{R}.$$

Ist die Ebene durch die drei Punkte P_1, P_2 und P_3 gegeben, dann sind zum Beispiel die Vektoren $\vec{q} = \overrightarrow{P_1P_2}$ und $\vec{r} = \overrightarrow{P_1P_3}$ zwei Richtungsvektoren und es gilt:

$$\vec{x} = \vec{p_1} + \lambda \cdot (\vec{p_2} - \vec{p_1}) + \mu \cdot (\vec{p_3} - \vec{p_1}), \ \lambda \in \mathbb{R}, \ \mu \in \mathbb{R}.$$

Aus dieser Parameterdarstellung kann die sogenannte **Koordinatengleichung** abgeleitet werden. Schreibt man diese Vektorgleichung als Gleichungssystem für die einzelnen Koordinaten, so folgt

$$\begin{aligned} x_1 &= p_1 + \lambda \cdot q_1 + \mu \cdot r_1 \\ x_2 &= p_2 + \lambda \cdot q_2 + \mu \cdot r_2 \\ x_3 &= p_3 + \lambda \cdot q_3 + \mu \cdot r_3. \end{aligned}$$

Eliminiert man die beiden Parameter λ und μ, so bleibt eine Gleichung der Form

$$a \cdot x_1 + b \cdot x_2 + c \cdot x_3 = d \quad \text{mit } a,\ b,\ c,\ d \in \mathbb{R}$$

übrig, welche die Parameter λ und μ nicht mehr enthält, sondern nur noch die Koordinaten (x_1, x_2, x_3) der Punkte der Ebene.

Beispiel 2.10:

Gegeben seien die Punkte $P = (1, 2, 1)$, $Q = (-1, 1, -3)$ und $R = (2, -1, -4)$. Dann gilt für die Parameterdarstellung der Ebene, die diese drei Punkte enthält:

$$\vec{x} = \begin{pmatrix} 1 \\ 2 \\ 1 \end{pmatrix} + \lambda \cdot \begin{pmatrix} -2 \\ -1 \\ -4 \end{pmatrix} + \mu \cdot \begin{pmatrix} 1 \\ -3 \\ -5 \end{pmatrix}, \; \lambda \in \mathbb{R}, \; \mu \in \mathbb{R}.$$

Um die Koordinatengleichung zu ermitteln, muß das Gleichungssystem

$$\begin{aligned} x_1 &= 1 - 2 \cdot \lambda + \mu \\ x_2 &= 2 - \lambda - 3 \cdot \mu \\ x_3 &= 1 - 4 \cdot \lambda - 5 \cdot \mu \end{aligned}$$

umgeformt werden.

Multipliziert man die erste Gleichung mit 3 und addiert sie zur zweiten Gleichung, so folgt $3 \cdot x_1 + x_2 = 5 - 7 \cdot \lambda$.

Multipliziert man die erste Gleichung mit 5 und addiert sie zur dritten Gleichung, so folgt $5 \cdot x_1 + x_3 = 6 - 14 \cdot \lambda$.

Multipliziert man die erste der zwei neuen Gleichungen mit -2 und addiert dazu die zweite neue Gleichung, so folgt

$$-x_1 - 2 \cdot x_2 + x_3 = -4 \quad \text{oder} \quad x_1 + 2 \cdot x_2 - x_3 = 4.$$

2.2 Matrizen

Matrizen sind eine Verallgemeinerung der Vektoren. Sie werden besonders aus schreib- und darstellungstechnischen Gründen und beim Lösen von linearen Gleichungssystemen eingesetzt.

Beispiel 2.11:

Aus einem Zentrallager werden 5 verschiedene Filialen mit insgesamt 7 verschiedenen Artikeln beliefert. Die Bestellungen können dann in einer Tabelle zusammengefaßt werden:

Artikel-nummer	Bestellmengen der 1. Filiale	2. Filiale	3. Filiale	4. Filiale	5. Filiale
1	m_{11}	m_{12}	m_{13}	m_{14}	m_{15}
2	m_{21}	m_{22}	m_{23}	m_{24}	m_{25}
3	m_{31}	m_{32}	m_{33}	m_{34}	m_{35}
4	m_{41}	m_{42}	m_{43}	m_{44}	m_{45}
5	m_{51}	m_{52}	m_{53}	m_{54}	m_{55}
6	m_{61}	m_{62}	m_{63}	m_{64}	m_{65}
7	m_{71}	m_{72}	m_{73}	m_{74}	m_{75}

Ist die Reihenfolge der Artikel eindeutig vorgegeben, genügt die Angabe der 35 Zahlen $m_{11}, m_{12}, m_{13}, m_{14}, \ldots, m_{73}, m_{74}$ und m_{75}.

Definition 2.12:

Sind $a_{11}, a_{12}, a_{13}, \ldots, a_{m-1,n}, a_{mn}$ reelle Zahlen, so heißt

$$A = (a_{ij}) = \begin{pmatrix} a_{11} & a_{12} & a_{13} & \cdots\cdots & a_{1n} \\ a_{21} & a_{22} & a_{23} & \cdots\cdots & a_{2n} \\ \vdots & \vdots & \vdots & \vdots\vdots\vdots & \vdots \\ a_{m1} & a_{m2} & a_{m3} & \cdots\cdots & a_{mn} \end{pmatrix}.$$

eine $m \times n$ – *Matrix.*

Eine Matrix ist also ein rechteckiges Zahlenschema mit m Zeilen und n Spalten. Dabei ist a_{ij}, $1 \le i \le m$, $1 \le j \le n$, das *Matrixelement,* welches in der i-ten Zeile und der j-ten Spalte steht.

Definition 2.13:

Vertauscht man die Zeilen und die Spalten einer $m \times n$ – Matrix, so entsteht eine $n \times m$ – Matrix A^T, die *transponierte Matrix.*

Beispiel 2.12:

Gegeben sei eine Bestellmenge wie in Beispiel 2.11 durch eine Matrix

$$A = (a_{ij}),\ 1 \le i \le m,\ 1 \le j \le n.$$

Werden alle Bestellungen um 25% erhöht, so wird jedes Matrixelement mit 1.25 multipliziert. Damit wird die Multiplikation einer Matrix mit einer Zahl erklärt.

Definition 2.14:

Sei $k \in \mathbb{R}$ und sei $A = (a_{ij})$ eine Matrix.

$$\text{Dann ist } k \cdot A = \begin{pmatrix} k \cdot a_{11} & k \cdot a_{12} & \cdots\cdots & k \cdot a_{1n} \\ k \cdot a_{21} & k \cdot a_{22} & \cdots\cdots & k \cdot a_{2n} \\ \vdots & \vdots & \vdots\vdots\vdots & \vdots \\ k \cdot a_{m1} & k \cdot a_{m2} & \cdots\cdots & k \cdot a_{mn} \end{pmatrix}.$$

Eine Zahl und eine Matrix werden *multipliziert*, indem jedes Matrixelement mit der Zahl multipliziert wird.

Beispiel 2.13:

Gegeben seien zwei Bestellmengen A und B von zwei verschiedenen Tagen. Wird die Matrix gesucht, welche die gesamte Bestellmenge angibt, so müssen die Matrixelemente von A und B, die an der gleichen Position in den Matrizen stehen, addiert werden. Damit werden Addition und Subtraktion von Matrizen erklärt.

Definition 2.15:

Seien $A = (a_{ij})$ und $B = (b_{ij})$ $m \times n$ – Matrizen.

Dann gilt für die *Summe* bzw. die *Differenz* von A und B:

$$A \pm B = \begin{pmatrix} a_{11} \pm b_{11} & a_{12} \pm b_{12} & \cdots\cdots & a_{1n} \pm b_{1n} \\ a_{21} \pm b_{21} & a_{22} \pm b_{22} & \cdots\cdots & a_{2n} \pm b_{2n} \\ \vdots & \vdots & \vdots\vdots\vdots & \vdots \\ a_{m1} \pm b_{m1} & a_{m2} \pm b_{m2} & \cdots\cdots & a_{mn} \pm b_{mn} \end{pmatrix}.$$

Die Addition und Subtraktion erfolgen komponentenweise.

Beispiel 2.14:

Eine Firma stellt aus 2 Rohstoffen über 3 Zwischenprodukte 3 Endprodukte her.
Die Mengeneinheiten der Rohstoffe, die für die jeweiligen Zwischenprodukte benötigt werden, sind durch folgende Tabelle gegeben:

	Z_1	Z_2	Z_3
R_1	1	2	3
R_2	4	1	5

.

Die Mengeneinheiten der Zwischenprodukte, die für die jeweiligen Endprodukte benötigt werden, sind durch folgende Tabelle gegeben:

	E_1	E_2	E_3
Z_1	4	1	2
Z_2	3	1	1
Z_3	2	3	0

.

Gesucht sind die Mengeneinheiten der Rohstoffe, die zur Herstellung der Endprodukte benötigt werden, also eine Tabelle, die den Rohstoffbedarf für die Endprodukte angibt.

Gesucht sind die Mengeneinheiten der einzelnen Rohstoffe, die für die Herstellung der einzelnen Endprodukte benötigt werden. Also interessiert zum Beispiel die Frage, wie viele Mengeneinheiten von Rohstoff 1 zur Produktion von Endprodukt 1 notwendig sind.

Für E_1 werden 4 Mengeneinheiten von Z_1 benötigt und für Z_1 wird 1 Mengeneinheit von R_1 benötigt, also werden $1 \cdot 4$ Mengeneinheiten von R_1 benötigt, um über Z_1 zu E_1 zu gelangen. Analog werden $2 \cdot 3$ bzw. $3 \cdot 2$ Mengeneinheiten von R_1 benötigt, um über Z_2 bzw. Z_3 zu E_1 zu gelangen. Insgesamt folgt dann, daß $1 \cdot 4 + 2 \cdot 3 + 3 \cdot 2$ Mengeneinheiten benötigt werden, um von R_1 zu E_1 zu gelangen.

Dies ist aber gerade das Skalarprodukt der Vektoren

$$(1,\, 2,\, 3) \text{ und } \begin{pmatrix} 4 \\ 3 \\ 2 \end{pmatrix},$$

also der Vektoren, die aus der ersten Zeile der ersten Matrix (Tabelle!) und der ersten Spalte der zweiten Matrix (Tabelle!) gebildet werden.

Faßt man die erste Matrix als untereinander geschriebene Zeilenvektoren und die zweite Matrix als nebeneinander geschriebene Spaltenvektoren auf, so können alle möglichen Skalarprodukte von Zeilenvektoren der ersten Matrix mit Spaltenvektoren der zweiten Matrix gebildet werden.
Damit ist die Multiplikation von Matrizen auf die Skalarmultiplikation von Vektoren zurückgeführt.

Definition 2.16:

Die *Multiplikation* $A \cdot B$ zweier Matrizen A und B ist genau dann durchführbar, wenn die Anzahl der Spalten der Matrix A gleich der Anzahl der Zeilen der Matrix B ist. Ist A eine $m \times n$ – Matrix und B eine $n \times r$ – Matrix, so ist $C = A \cdot B$ eine $m \times r$ – Matrix und es gilt:

$$c_{ik} = \sum_{j=1}^{n} a_{ij} \cdot b_{jk} \text{ für alle } 1 \leq i \leq m,\ 1 \leq k \leq r.$$

Beispiel 2.15:

$$A \cdot B = \begin{pmatrix} 4 & 8 & 1 & 4 \\ 1 & 1 & 1 & 0 \\ -2 & 9 & 3 & 2 \end{pmatrix} \cdot \begin{pmatrix} 1 & 3 \\ -1 & 0 \\ -1 & 4 \\ 2 & 2 \end{pmatrix} = \begin{pmatrix} 3 & 24 \\ -1 & 7 \\ -10 & 10 \end{pmatrix}.$$

Da A eine 3×4 – Matrix und B eine 4×2 – Matrix ist, ist $A \cdot B$ eine 3×2 – Matrix.
Das Produkt $B \cdot A$ dagegen ist nicht erklärt.

In der folgenden Definition werden einige spezielle Matrizen erklärt.

Definition 2.17:

1. Eine $m \times n$ – Matrix heißt *quadratisch*, falls $m = n$ gilt.
2. Die *Nullmatrix* O ist eine Matrix mit

   $a_{ij} = 0$ für alle $1 \leq i \leq m$, $1 \leq j \leq n$.
3. Eine quadratische Matrix heißt *Einheitsmatrix*, falls gilt:

   $a_{ij} = 1$ für $i = j$ und $a_{ij} = 0$ für $i \neq j$, $1 \leq i \leq n$, $1 \leq j \leq n$.

   Das bedeutet daß die Hauptdiagonale der Matrix mit der Zahl 1 belegt ist und alle anderen Matrixelemente 0 sind.
4. Eine quadratische Matrix heißt *Diagonalmatrix*, falls gilt:

   $a_{ij} \neq 0$ für $i = j$ und $a_{ij} = 0$ für $i \neq j$, $1 \leq i \leq n$, $1 \leq j \leq n$.

   Das bedeutet, daß nur die Hauptdiagonale der Matrix mit von 0 verschiedenen Zahlen belegt ist.
5. Eine quadratische Matrix heißt *Dreiecksmatrix*, falls nur die Matrixelemente auf und oberhalb bzw. auf und unterhalb der Hauptdiagonalen von 0 verschieden sind.

Für Matrizen gelten folgende Gesetze:

$$A + B = B + A.$$
$$A + (B + C) = (A + B) + C.$$
$$A \cdot (B \cdot C) = (A \cdot B) \cdot C.$$
$$A \cdot (B + C) = A \cdot B + A \cdot C.$$
$$A + O = O + A = A.$$
$$A \cdot E = E \cdot A = A.$$
$$A \cdot O = O \cdot A = O.$$
$$(A \cdot B)^T = B^T \cdot A^T.$$

Das nächste Beispiel zeigt zwei Sachverhalte auf, die vom Rechnen mit reellen Zahlen nicht bekannt sind.

Beispiel 2.16:

1. $A \cdot B = \begin{pmatrix} 2 & 2 \\ 2 & 2 \end{pmatrix} \cdot \begin{pmatrix} 1 & -1 \\ -1 & 1 \end{pmatrix} = \begin{pmatrix} 0 & 0 \\ 0 & 0 \end{pmatrix}.$

   $A \cdot B$ ist die Nullmatrix, ohne daß A oder B gleich der Nullmatrix sind.

2. $A \cdot B = \begin{pmatrix} 1 & 4 \\ 2 & 1 \end{pmatrix} \cdot \begin{pmatrix} 5 & 2 \\ -1 & -2 \end{pmatrix} = \begin{pmatrix} 1 & -6 \\ 9 & 2 \end{pmatrix}$

   $B \cdot A = \begin{pmatrix} 5 & 2 \\ -1 & -2 \end{pmatrix} \cdot \begin{pmatrix} 1 & 4 \\ 2 & 1 \end{pmatrix} = \begin{pmatrix} 9 & 22 \\ -5 & -6 \end{pmatrix}.$

   Hier gilt $A \cdot B \neq B \cdot A$, d. h. die Matrizenmultiplikation ist nicht kommutativ.

Beispiel 2.17:

Seien $A = \begin{pmatrix} 3 & -1 \\ 0 & -3 \end{pmatrix}$ und $B = \begin{pmatrix} 2 & 7 \\ 12 & -2 \end{pmatrix}$.

Dann gilt $(A + B)^2 = \begin{pmatrix} 5 & 6 \\ 12 & -5 \end{pmatrix} \cdot \begin{pmatrix} 5 & 6 \\ 12 & -5 \end{pmatrix} = \begin{pmatrix} 97 & 0 \\ 0 & 97 \end{pmatrix}$

und $A^2 + B^2 = \begin{pmatrix} 9 & 0 \\ 0 & 9 \end{pmatrix} + \begin{pmatrix} 88 & 0 \\ 0 & 88 \end{pmatrix} = \begin{pmatrix} 97 & 0 \\ 0 & 97 \end{pmatrix}$.

Also gilt hier $(A + B)^2 = A^2 + B^2$.

Dieser Fehler beim Berechnen von binomischen Formeln wird übrigens beim Rechnen mit reellen Zahlen häufig gemacht!

Eine wichtige Anwendung der Matrizenrechnung wird im nächsten Kapitel beim Lösen von linearen Gleichungssystemen gezeigt. Dort werden auch die nächsten beiden Definitionen benötigt.

Definition 2.18:

Der *Rang* rg(A) einer Matrix ist die maximale Anzahl linear unabhängiger Zeilen oder Spalten.

Eine Möglichkeit, den Rang einer Matrix zu bestimmen, ohne auf lineare Unabhängigkeit zu prüfen, wird im nächsten Kapitel beschrieben (S. 55).

Definition 2.19:

Sei A eine quadratische Matrix. Existiert eine Matrix A^{-1} mit

$$A \cdot A^{-1} = A^{-1} \cdot A = E,$$

so heißt A^{-1} die *inverse Matrix* von A.

Beispiel 2.18:

Sei $A = \begin{pmatrix} 0 & 1 & -1 \\ -2 & 3 & -2 \\ -1 & 1 & 0 \end{pmatrix}$.

Dann ist $A^{-1} = \begin{pmatrix} 2 & -1 & 1 \\ 2 & -1 & 2 \\ 1 & -1 & 2 \end{pmatrix}$,

was durch elementare Multiplikation leicht zu bestätigen ist.

Ein Verfahren zur Berechnung von A^{-1} wird im nächsten Kapitel angegeben.

2.3 Determinanten

Die Determinante ist eine Abbildung, die einer $n \times n$ – Matrix eine reelle Zahl zuordnet. Die tiefere mathematische Bedeutung der Determinanten kann hier nicht aufgezeigt werden. Die Determinanten werden im nächsten Kapitel beim Nachweis der Lösbarkeit und beim expliziten Lösen von linearen Gleichungssystemen eingesetzt.

Die Bezeichnung für *Determinanten* ist

$$\det(A) = |A| = \begin{vmatrix} a_{11} & a_{12} & a_{13} & \cdots\cdots & a_{1n} \\ a_{21} & a_{22} & a_{23} & \cdots\cdots & a_{2n} \\ \vdots & \vdots & \vdots & \vdots & \vdots \\ a_{m1} & a_{m2} & a_{m3} & \cdots\cdots & a_{mn} \end{vmatrix}.$$

Definition 2.20:

1. Für n = 2 gilt: $|A| = \begin{vmatrix} a_{11} & a_{12} \\ a_{21} & a_{22} \end{vmatrix} = a_{11} \cdot a_{22} - a_{12} \cdot a_{21}$.

2. Für n = 3 gilt: $|A| = \begin{vmatrix} a_{11} & a_{12} & a_{13} \\ a_{21} & a_{22} & a_{23} \\ a_{31} & a_{32} & a_{33} \end{vmatrix} =$

$$= a_{11} \cdot a_{22} \cdot a_{33} + a_{12} \cdot a_{23} \cdot a_{31} + a_{13} \cdot a_{21} \cdot a_{32} +$$
$$- a_{13} \cdot a_{22} \cdot a_{31} - a_{11} \cdot a_{23} \cdot a_{32} - a_{12} \cdot a_{21} \cdot a_{33}.$$

Dies ist die Regel von Sarrus: Man fügt der Ausgangsmatrix die ersten beiden Spalten nochmals hinzu und subtrahiert von der Summe der 3 Produkte der Hauptdiagonalen die Summe der 3 Produkte der Nebendiagonalen.

Für $n \geq 4$ wird die folgende Definition benötigt.

Definition 2.21:

1. Entfernt man aus der Determinante einer $n \times n$ – Matrix die i-te Zeile und die k-te Spalte, so entsteht die Determinante einer $(n-1) \times (n-1)$ – Matrix, die sogenannte *Unterdeterminante* U_{ik}.
2. Multipliziert man die Unterdeterminante U_{ik} mit $(-1)^{i+k}$, so ergibt sich die sogenannte *Adjunkte* $A_{ik} = (-1)^{i+k} \cdot U_{ik}$.

Definition 2.22:

Für $n \geq 4$ gilt: $|A| = \sum_{k=1}^{n} a_{ik} \cdot A_{ik} = \sum_{i=1}^{n} a_{ik} \cdot A_{ik}$

für jedes feste i bei der ersten Summe oder jedes feste k bei der zweiten Summe. Es erfolgt eine sogenannte Entwicklung nach einer Zeile oder einer Spalte.

Beispiel 2.19:

1. $\begin{vmatrix} 1 & 5 \\ 4 & 3 \end{vmatrix} = 1 \cdot 3 - 4 \cdot 5 = -17.$

2. $\begin{vmatrix} 2 & 1 & -1 \\ 5 & 12 & -3 \\ -2 & 8 & 5 \end{vmatrix} =$

$$= 2 \cdot 12 \cdot 5 + 1 \cdot (-3) \cdot (-2) + (-1) \cdot 5 \cdot 8 - (-2) \cdot 12 \cdot (-1)$$
$$-8 \cdot (-3) \cdot 2 - 5 \cdot 5 \cdot 1 = 85.$$

3. $\begin{vmatrix} 4 & 1 & -3 & 8 \\ 2 & 2 & -5 & 2 \\ 5 & -2 & 1 & 1 \\ 3 & -1 & 5 & -1 \end{vmatrix} =$

$$= 5 \cdot \begin{vmatrix} 1 & -3 & 8 \\ 2 & -5 & 2 \\ -1 & 5 & -1 \end{vmatrix} - (-2) \cdot \begin{vmatrix} 4 & -3 & 8 \\ 2 & -5 & 2 \\ 3 & 5 & -1 \end{vmatrix} +$$

$$+1 \cdot \begin{vmatrix} 4 & 1 & 8 \\ 2 & 2 & 2 \\ 3 & -1 & -1 \end{vmatrix} \quad -1 \cdot \begin{vmatrix} 4 & 1 & -3 \\ 2 & 2 & -5 \\ 3 & -1 & 5 \end{vmatrix} =$$

$$\begin{aligned}
&= 5 \cdot \big(1 \cdot (-5) \cdot (-1) + (-3) \cdot 2 \cdot (-1) + 8 \cdot 2 \cdot 5 + \\
&\quad -(-1) \cdot (-5) \cdot 8 - 5 \cdot 2 \cdot 1 - (-1) \cdot 2 \cdot (-3)\big) + \\
&\quad 2 \cdot \big(4 \cdot (-5) \cdot (-1) + (-3) \cdot 2 \cdot 3 + 8 \cdot 2 \cdot 5 + \\
&\quad -3 \cdot (-5) \cdot 8 - 5 \cdot 2 \cdot 4 - (-1) \cdot 2 \cdot (-3)\big) + \\
&\quad 1 \cdot \big(4 \cdot 2 \cdot (-1) + 1 \cdot 2 \cdot 3 + 8 \cdot 2 \cdot (-1) + \\
&\quad -3 \cdot 2 \cdot 8 - (-1) \cdot 2 \cdot 4 - (-1) \cdot 2 \cdot 1\big) - \\
&\quad 1 \cdot \big(4 \cdot 2 \cdot 5 + 1 \cdot (-5) \cdot 3 + (-3) \cdot 2 \cdot (-1) + \\
&\quad -3 \cdot 2 \cdot (-3) - (-1) \cdot (-5) \cdot 4 - 5 \cdot 2 \cdot 1\big) = \\
&= 5 \cdot 35 + 2 \cdot 156 + 1 \cdot (-56) - 1 \cdot 19 = \\
&= 412.
\end{aligned}$$

Aufgaben zu Kapitel 2

Aufgaben zu Vektoren

Aufgabe 1

Gegeben seien die Vektoren

$$\vec{a} = \begin{pmatrix} 1 \\ 0 \\ 2 \end{pmatrix}, \vec{b} = \begin{pmatrix} 1 \\ 0 \\ 3 \end{pmatrix} \text{ und } \vec{c} = \begin{pmatrix} 0 \\ 2 \\ 0 \end{pmatrix}.$$

a) Berechnen Sie $5 \cdot \vec{a}$, $\vec{a} + \vec{b}$, $3 \cdot \vec{c} - 7 \cdot \vec{b}$ und $4 \cdot \vec{a} + 3 \cdot \vec{b} - 5 \cdot \vec{c}$.

b) Berechnen Sie die Längen der Vektoren $\vec{a}$, $\vec{b}$ und $\vec{c}$.

c) Berechnen Sie alle möglichen Skalarprodukte.

Aufgabe 2

Bestimmen Sie $a \in \mathbb{R}$ so, daß der Vektor

$$\vec{a} = \begin{pmatrix} a \\ 2a \\ 2 \end{pmatrix} \text{ die Länge 5 hat.}$$

Aufgabe 3

Gegeben seien die Vektoren

$$\vec{a} = \begin{pmatrix} a \\ 2 \\ -c \end{pmatrix}, \vec{b} = \begin{pmatrix} 1 \\ -1 \\ 0 \end{pmatrix} \text{ und } \vec{c} = \begin{pmatrix} 3 \\ b \\ 1 \end{pmatrix}.$$

Bestimmen Sie a, b und $c \in \mathbb{R}$ so, daß gilt:

$\vec{a} \cdot \vec{b} = 0$, $\vec{a} \cdot \vec{c} = 0$ und $\vec{b} \cdot \vec{c} = 0$.

Aufgabe 4

Für welche $t \in \mathbb{R}$ sind die Vektoren

$$\vec{a} = \begin{pmatrix} t \\ 1 \\ 1 \end{pmatrix} \text{ und } \vec{b} = \begin{pmatrix} 1 \\ 2 \\ 2t \end{pmatrix} \text{ senkrecht zueinander?}$$

Aufgabe 5

Sind die Vektoren

$$\vec{a} = \begin{pmatrix} -2 \\ 5 \\ 17 \end{pmatrix}, \vec{b} = \begin{pmatrix} -2 \\ 2 \\ 3 \end{pmatrix} \text{ und } \vec{c} = \begin{pmatrix} 1 \\ 2 \\ 0 \end{pmatrix}$$

linear unabhängig?

Aufgabe 6

Stellen Sie die Vektoren

$$\vec{a} = \begin{pmatrix} -1 \\ 5 \\ 7 \end{pmatrix}, \vec{b} = \begin{pmatrix} 2 \\ 12 \\ -3 \end{pmatrix} \text{ und } \vec{c} = \begin{pmatrix} 1 \\ 2 \\ 0 \end{pmatrix}$$

als Linearkombination der Vektoren

$$\vec{x} = \begin{pmatrix} 1 \\ 0 \\ 0 \end{pmatrix}, \vec{y} = \begin{pmatrix} 1 \\ 1 \\ 0 \end{pmatrix} \text{ und } \vec{z} = \begin{pmatrix} 1 \\ 1 \\ 1 \end{pmatrix} \text{ dar.}$$

Aufgabe 7

Für welche $a \in \mathbb{R}$ hat der Vektor $\vec{x} = \begin{pmatrix} 2 \\ a \\ 3 \end{pmatrix}$ die Länge 7?

Aufgabe 8

Geben Sie zwei linear unabhängige Vektoren $\vec{x}$ und $\vec{y}$ an, die auf

$\vec{a} = \begin{pmatrix} 1 \\ 2 \\ 2 \end{pmatrix}$ senkrecht stehen.

Aufgabe 9

Stellen Sie den Vektor

$\vec{a} = \begin{pmatrix} 13 \\ 7 \\ -2 \end{pmatrix}$ als Linearkombination der Vektoren

$$\vec{x} = \begin{pmatrix} 2 \\ 2 \\ -1 \end{pmatrix} \text{ und } \vec{y} = \begin{pmatrix} -9 \\ -7 \\ 3 \end{pmatrix} \text{ dar.}$$

Welche Eigenschaft folgt aus dieser Darstellung für die drei Vektoren $\vec{a}$, $\vec{x}$ und $\vec{y}$?

Aufgabe 10

Gegeben seien die vier Punkte $A = (1,\ 4,\ -2)$, $B = (3,\ 0,\ 1)$, $C = (-3,\ 12,\ -8)$ und $D = (-1,\ 10,\ 1)$.

a) Warum wird durch die drei Punkte A, B und C keine eindeutige Ebene bestimmt?
Welches geometrische Objekt wird durch diese Punkte eindeutig bestimmt?
Geben Sie dieses Objekt in Parameterform an.

b) Geben Sie die Ebene, in der die drei Punkte A, B und D liegen, in Parameterform und in einer Koordinatengleichung an.

Aufgabe 11

Die drei Punkte $P = (0,\ -1,\ 2)$, $Q = (1,\ 0,\ 1)$ und $R = (2,\ -1,\ -4)$ liegen auf einer Ebene E. Geben Sie diese Ebene in Parameterdarstellung an. Geben Sie auch eine Koordinatengleichung dieser Ebene an.

Aufgaben zu Matrizen

Aufgabe 12

Gegeben ist die Matrix

$$A = \begin{pmatrix} -2 & -1 & 1 \\ 1 & -5 & 3 \\ 3 & 1 & 0 \end{pmatrix}.$$

a) Berechnen Sie $A^2 - 3 \cdot A$.

b) Berechnen Sie $A + A^T$.

c) Berechnen Sie $A \cdot A^T$.

Aufgabe 13

Berechnen Sie die Matrix $D = (A - 2 \cdot B)^T \cdot C$ falls

$$A = \begin{pmatrix} 2 & 3 \\ 1 & 2 \end{pmatrix},\ B = \begin{pmatrix} 1 & 2 \\ 3 & -1 \end{pmatrix} \text{ und } C = \begin{pmatrix} 1 & 0 & 2 \\ -1 & 5 & -2 \end{pmatrix}.$$

Aufgabe 14

Gegeben seien die Matrizen A und B durch

$$A = \begin{pmatrix} 5 & 1 \\ 3 & -5 \\ -2 & 13 \end{pmatrix} \text{ und } B = \begin{pmatrix} 7 & 5 & -4 \\ 12 & 0 & 1 \end{pmatrix}.$$

a) Welche der Matrizenprodukte $A \cdot B$, $A^T \cdot B$, $B^T \cdot A$ und $A^T \cdot B^T$ sind durchführbar? Geben Sie eine Begründung dafür an.

b) Berechnen Sie $A^T \cdot A - B \cdot B^T$.

Aufgabe 15

Gegeben sind

$$\vec{a} = \begin{pmatrix} 0 \\ 1 \\ 4 \end{pmatrix}, \vec{b} = \begin{pmatrix} 1 \\ 1 \\ 2 \end{pmatrix}, \vec{c}^T = (-1, 0, 3, -2),$$

$$A = \begin{pmatrix} 1 & 4 & 3 \\ 1 & -1 & 6 \\ 2 & 2 & 7 \end{pmatrix}, B = \begin{pmatrix} 0 & 1 & 3 & 4 \\ 0 & 1 & -1 & 0 \\ 2 & 0 & -1 & 0 \end{pmatrix} \text{ und}$$

$$C = \begin{pmatrix} 3 & -2 & 0 \\ 3 & -3 & 1 \\ -1 & 4 & 4 \end{pmatrix}.$$

a) Berechnen Sie $D = 2 \cdot (A - C)$.

b) Berechnen Sie $\vec{d} = \vec{a}^T \cdot C$, $\vec{e} = A \cdot \vec{b}$ und $f = \vec{a}^T \cdot C \cdot \vec{b}$.

c) Berechnen Sie $\vec{g} = B \cdot \vec{c}$, $E = A \cdot C$, $F = C \cdot A$ und $G = A \cdot B$.

Aufgabe 16

Eine Firma stellt aus 3 Rohstoffen über 3 Zwischenprodukte 3 Endprodukte her.
Die Mengeneinheiten der Rohstoffe, die für die jeweiligen Zwischenprodukte benötigt werden, sind durch folgende Tabelle gegeben:

	Z_1	Z_2	Z_3
R_1	2	1	4
R_2	3	6	7
R_3	0	2	5

.

Die Mengeneinheiten der Zwischenprodukte, die für die jeweiligen Endprodukte benötigt werden, sind durch folgende Tabelle gegeben:

	Z_1	Z_2	Z_3
E_1	2	0	5
E_2	1	6	4
E_3	0	4	8

Geben Sie die Mengeneinheiten der Rohstoffe an, welche zur Herstellung der Endprodukte benötigt werden.

Aufgaben zu Determinanten

Aufgabe 17

Berechnen Sie die Determinanten der Matrizen A und B aus Aufgabe 13.

Aufgabe 18

Berechnen Sie die Determinanten der Matrix A aus Aufgabe 12.

Aufgabe 19

Berechnen Sie die Determinanten der Matrizen A und C aus Aufgabe 15.

Aufgabe 20

Berechnen Sie folgende Determinante:

$$\begin{vmatrix} 2 & 0 & -1 & 2 \\ 4 & 3 & 0 & 1 \\ 6 & 8 & 0 & 2 \\ 1 & -1 & 7 & -4 \end{vmatrix} .$$

Aufgabe 21

Berechnen Sie folgende Determinante in Abhängigkeit von $a \in \mathbb{R}$:

$$\begin{vmatrix} a & 4 & -1 & 0 \\ 4 & 0 & 4 & 1 \\ 2 & 2 & 1 & 0 \\ a & -3 & 4 & -4 \end{vmatrix} .$$

Gibt es Werte für a, so daß diese Determinante gleich 4 bzw. -6 ist?

Kapitel 3

Lineare Gleichungssysteme

Lineare Gleichungssysteme kommen in der Praxis häufig vor, da viele Aufgabenstellungen das Lösen von linearen Gleichungssystemen erfordern.

3.1 Einführung

Die folgenden zwei Beispiele zeigen den oben genannten Sachverhalt auf.

Beispiel 3.1:

Ein Produkt kann durch zwei unterschiedliche Verfahren V_1 und V_2 aus zwei verschiedenen Materialien M_1 und M_2 hergestellt werden. Bei der Herstellung nach Verfahren V_1 werden 20 ME von M_1 und 40 ME von M_2 benötigt, während bei der Herstellung nach Verfahren V_2 60 ME von M_1 und 50 ME von M_2 benötigt werden. Der Materialvorrat beläuft sich auf 1500 ME von M_1 und 1600 ME von M_2. Wieviele Produkte kann man mittels der zwei unterschiedlichen Verfahren herstellen, wenn das gesamte Material verbraucht werden soll?
Die Anzahl der hergestellten Produkte nach Verfahren V_1 sei x_1, die nach Verfahren V_2 sei x_2. Dann gilt:

$$x_1 \cdot 20 + x_2 \cdot 60 = 1500$$

$$x_1 \cdot 40 + x_2 \cdot 50 = 1600.$$

Gesucht sind zwei Zahlen x_1 und x_2, die beide Gleichungen gleichzeitig erfüllen.

Beispiel 3.2:

Die Produkte P_1, P_2, P_3 und P_4 werden auf 4 verschiedenen Maschinen produziert, wobei jedes Produkt von jeder Maschine bearbeitet werden muß. Die Fertigungszeiten (in min) sind in der folgenden Tabelle zusammengestellt:

	P_1	P_2	P_3	P_4
M_1	5.0	2.5	4.5	2.0
M_2	4.0	4.5	3.0	3.0
M_3	5.0	3.5	4.0	2.0
M_4	2.5	2.5	2.0	5.5

Die Betriebszeit beträgt 4 Stunden für jede Maschine. Wieviel Stück von jedem Produkt können produziert werden, falls die Maschinen voll ausgelastet werden?

Die Anzahlen der hergestellten Produkte P_1, P_2, P_3 und P_4 seien x_1, x_2, x_3 und x_4. Dann gilt für die Betriebszeit der einzelnen Maschinen:

Maschine 1: $5.0 \cdot x_1 + 2.5 \cdot x_2 + 4.5 \cdot x_3 + 2.0 \cdot x_4 = 240$

Maschine 2: $4.0 \cdot x_1 + 4.5 \cdot x_2 + 3.0 \cdot x_3 + 3.0 \cdot x_4 = 240$

Maschine 3: $5.0 \cdot x_1 + 3.5 \cdot x_2 + 4.0 \cdot x_3 + 2.0 \cdot x_4 = 240$

Maschine 4: $2.5 \cdot x_1 + 2.5 \cdot x_2 + 2.0 \cdot x_3 + 5.5 \cdot x_4 = 240.$

Gesucht sind vier Zahlen x_1, x_2, x_3 und x_4, die alle vier Gleichungen gleichzeitig erfüllen.

Das Gemeinsame an beiden Beispielen ist, daß nicht eine Gleichung mit einer Unbekannten, sondern m Gleichungen mit n Unbekannten gleichzeitig gelöst werden müssen.
So müssen in Beispiel 2 die Zahlen x_1, x_2, x_3 und x_4 so gefunden werden, daß **alle** 4 Gleichungen erfüllt sind.

Diese Beispiele geben Anlaß zur folgenden Definition.

Definition 3.1:

Ein *lineares Gleichungssystem* ist ein System von m linearen Gleichungen für n Unbekannte der Form:

$$\begin{array}{l} a_{11} \cdot x_1 + a_{12} \cdot x_2 + a_{13} \cdot x_3 + \ldots\ldots + a_{1n} \cdot x_n = b_1 \\ a_{21} \cdot x_1 + a_{22} \cdot x_2 + a_{23} \cdot x_3 + \ldots\ldots + a_{2n} \cdot x_n = b_2 \\ a_{31} \cdot x_1 + a_{32} \cdot x_2 + a_{33} \cdot x_3 + \ldots\ldots + a_{3n} \cdot x_n = b_3 \\ \vdots \\ a_{m1} \cdot x_1 + a_{m2} \cdot x_2 + a_{m3} \cdot x_3 + \ldots\ldots + a_{mn} \cdot x_n = b_m, \end{array}$$

wobei für die Zahlen a_{ij}, $1 \leq i \leq m$, $1 \leq j \leq n$ und b_i, $1 \leq i \leq m$ gilt:

$a_{ij} \in \mathbb{R}$, $b_i \in \mathbb{R}$.

Die Zahlen a_{ij} werden die *Koeffizienten* genannt.

Betrachtet man die linken Seiten zusammen, so sieht man, daß es sich um eine Multiplikation einer Matrix mit einem Vektor handelt:

$$\begin{pmatrix} a_{11} & a_{12} & a_{13} & \cdots\cdots & a_{1n} \\ a_{21} & a_{22} & a_{23} & \cdots\cdots & a_{2n} \\ \vdots & \vdots & \vdots & \vdots\vdots\vdots & \vdots \\ a_{m1} & a_{m2} & a_{m3} & \cdots\cdots & a_{mn} \end{pmatrix} \cdot \begin{pmatrix} x_1 \\ x_2 \\ \vdots \\ x_n \end{pmatrix} = \begin{pmatrix} b_1 \\ b_2 \\ \vdots \\ b_m \end{pmatrix}$$

oder $A \cdot \vec{x} = \vec{b}$.

Dies ist die *Matrix-Darstellung* eines linearen Gleichungssystems.

A heißt dabei die *Koeffizientenmatrix*, $\vec{x}$ der *Lösungsvektor* und $\vec{b}$ der Vektor der *rechten Seiten*.

Im nächsten Beispiel wird die Anzahl der Lösungen untersucht, die ein lineares Gleichungssystem haben kann.

Beispiel 3.3:

1. Gegeben sei das lineare Gleichungssystem

$$\begin{aligned} x_1 + x_2 &= 3 \\ -x_1 + x_2 &= 1. \end{aligned}$$

Addiert man beide Gleichungen, so folgt

$2 \cdot x_2 = 4$ und daraus $x_2 = 2$.

Dies wird in eine der beiden Ausgangsgleichungen eingesetzt und es folgt $x_1 = 1$.

Das lineare Gleichungssystem hat genau eine Lösung:

$(x_1, x_2) = (1, 2)$.

2. Gegeben sei das lineare Gleichungssystem

$$\begin{aligned} x_1 + \quad x_2 &= 3 \\ 2 \cdot x_1 + 2 \cdot x_2 &= 7. \end{aligned}$$

Multipliziert man die erste Gleichung mit -2 und addiert dazu die zweite Gleichung, so folgt $0 = 1$.
Da dies offensichtlich falsch ist, hat das lineare Gleichungssystem keine Lösung.

3. Gegeben sei das lineare Gleichungssystem

$$\begin{aligned} x_1 + \quad x_2 &= 3 \\ 2 \cdot x_1 + 2 \cdot x_2 &= 6. \end{aligned}$$

Multipliziert man die erste Gleichung mit -2 und addiert dazu die zweite Gleichung, so folgt $0 = 0$. Da dies allgemeingültig ist und da die beiden Gleichungen Vielfache voneinander sind, ist eine Gleichung überflüssig. Es bleibt nur noch eine Gleichung mit zwei Unbekannten übrig. Diese kann auf unendlich viele Arten gelöst werden. Man gibt die eine Unbekannte als Zahl vor und berechnet dann die andere Unbekannte. Deshalb hat das lineare Gleichungssystem unendlich viele Lösungen.

Dieses Beispiel ist charakteristisch für die Lösungsvielfachheit der linearen Gleichungssysteme.

Ein lineares Gleichungssystem hat entweder **keine Lösung, genau eine Lösung** oder **unendlich viele Lösungen.**

3.2 Lösungskriterien für lineare Gleichungssysteme

Definition 3.2:

Gegeben sei ein lineares Gleichungssystem $A \cdot \vec{x} = \vec{b}$.

Ist $\vec{b} = \vec{0}$, so heißt das lineare Gleichungssystem *homogen.*

Ist $\vec{b} \neq \vec{0}$, so heißt das lineare Gleichungssystem *inhomogen.*

Definition 3.3:

Gegeben sei ein lineares Gleichungssystem $A \cdot \vec{x} = \vec{b}$.
Die Koeffizientenmatrix A sei eine $m \times n$ – Matrix. Wird dieser Matrix als letzte Spalte der Vektor $\vec{b}$ hinzugefügt, so erhält man eine $m \times (n+1)$ – Matrix, die *erweiterte Matrix* A_{erw}.

Mit Hilfe dieser Definitionen kann das **Lösungskriterium** für lineare Gleichungssysteme formuliert werden.

Ein lineares Gleichungssystem ist genau dann lösbar, falls

$$\text{rg}\,(A) = \text{rg}\,(A_{erw}) = r \leq n \quad \text{gilt.}$$

a_1) Gilt zusätzlich $r = n$, dann gibt es genau eine Lösung.

a_2) Gilt zusätzlich $r < n$, dann gibt es unendlich viele Lösungen, die $n - r$ freie Parameter enthalten.

Für den Spezialfall $m = n$ (Anzahl der Gleichungen = Anzahl der Unbekannten) gilt, da dann auch Determinanten mit einbezogen werden können:

Es gibt genau eine Lösung, falls $\text{rg}\,(A) = n$ oder äquivalent $|\,A\,| \neq 0$.

Ein Verfahren zur Rangbestimmung von Matrizen, ohne auf lineare Abhängigkeit zu prüfen, wird im nächsten Abschnitt als Nebenprodukt vorgestellt (S. 55).

3.3 Lösungsmöglichkeiten für lineare Gleichungssysteme

Es gibt unterschiedliche Möglichkeiten, lineare Gleichungssysteme zu lösen. Als erstes seien das Einsetzungsverfahren und das Gleichsetzungsverfahren genannt. Diese sind bei kleineren Systemen durchaus sinnvoll. Bei größeren Systemen ist das Additions- bzw. Subtraktionsverfahren, das sogenannte Gauß'sche Eliminationsverfahren oder der Gauß-Algorithmus, vor allem vom Zeitaufwand her gesehen, vorzuziehen.

3.3.1 Der Gauß-Algorithmus

Der Gauß-Algorithmus oder das Gauß'sche Eliminationsverfahren beruht auf folgenden Eigenschaften der Lösungen eines linearen Gleichungssystems.

Die Lösungsmenge eines linearen Gleichungssystems ändert sich nicht, falls zwei Gleichungen vertauscht werden, falls eine Gleichung mit einer Konstanten $c \neq 0$ multipliziert wird oder falls das Vielfache einer Gleichung zum Vielfachen einer anderen Gleichung addiert wird.

Beispiel 3.4:

Gegeben sei das lineare Gleichungssystem

$$\begin{array}{rrrrl} 2\cdot x_1 + & x_2 - & x_3 = & 1 & \text{I} \\ x_1 - & x_2 + & 3\cdot x_3 = & 8 & \text{II} \\ -x_1 + & 2\cdot x_2 - & x_3 = & 0 & \text{III.} \end{array}$$

Der Gauß-Algorithmus verläuft nach folgendem Plan.

Die erste Gleichung bleibt erhalten:

$$2\cdot x_1 + x_2 - x_3 = 1 \qquad \text{I.}$$

Durch geeignetes Verknüpfen von jeweils zwei der drei Gleichungen werden neue Gleichungen gebildet, welche die Variable x_1 nicht mehr enthalten.

Multipliziert man die 3. Gleichung mit 2 und addiert diese dann zur ersten Gleichung, so folgt

$$5\cdot x_2 - 3\cdot x_3 = 1 \qquad \text{IV.}$$

Addiert man die zweite und die dritte Gleichung, so folgt

$$x_2 + 2\cdot x_3 = 8 \qquad \text{V.}$$

Es bleibt also ein reduziertes System übrig:

$$\begin{array}{rrrrll} 2\cdot x_1 + & x_2 - & x_3 = & 1 & \text{I} & \\ & 5\cdot x_2 - & 3\cdot x_3 = & 1 & 2\cdot\text{III}+\text{I} & \widehat{=}\ \text{IV} \\ & x_2 + & 2\cdot x_3 = & 8 & \text{II}+\text{III} & \widehat{=}\ \text{V.} \end{array}$$

Jetzt wird das obige Verfahren auf das (auf 2 Gleichungen mit 2 Unbekannten) reduzierte System der Gleichungen IV und V angewendet.

Multipliziert man die Gleichung V mit (-5) und addiert diese zur Gleichung IV, so folgt

$$-13\cdot x_3 = -39 \qquad \text{VI.}$$

Es bleibt also wieder ein noch weiter reduziertes System übrig:

$$\begin{array}{rrrrll} 2\cdot x_1 + & x_2 - & x_3 = & 1 & \text{I} & \\ & 5\cdot x_2 - & 3\cdot x_3 = & 1 & \text{IV} & \\ & & -13\cdot x_3 = & -39 & (-5)\cdot\text{V}+\text{IV} & \widehat{=}\ \text{VI.} \end{array}$$

Aus der letzten Gleichung folgt aber sofort $x_3 = 3$.

Setzt man $x_3 = 3$ in Gleichung IV ein, so folgt $x_2 = 2$.

Setzt man $x_2 = 2$ und $x_3 = 3$ in Gleichung I ein, so folgt $x_1 = 1$.

Da sich bei den ganzen Umformungen die Berechnungen nur auf die Koeffizienten, nicht aber auf die Unbekannten auswirken, genügt die folgende Kurzschreibweise:

$$\left(\begin{array}{rrr|r} 2 & 1 & -1 & 1 \\ 1 & -1 & 3 & 8 \\ -1 & 2 & -1 & 0 \end{array}\right) \begin{array}{l} \text{I} \\ \text{II} \\ \text{III} \end{array} \sim$$

$$\left(\begin{array}{rrr|r} 2 & 1 & -1 & 1 \\ 0 & 5 & -3 & 1 \\ 0 & 1 & 2 & 8 \end{array}\right) \begin{array}{l} \text{I} \\ 2\cdot\text{III}+\text{I} \mathrel{\hat=} \text{IV} \\ \text{II}+\text{III} \mathrel{\hat=} \text{V} \end{array} \sim$$

$$\left(\begin{array}{rrr|r} 2 & 1 & -1 & 1 \\ 0 & 5 & -3 & 1 \\ 0 & 0 & -13 & -39 \end{array}\right) \begin{array}{l} \text{I} \\ \text{IV} \\ (-5)\cdot\text{V}+\text{IV} \mathrel{\hat=} \text{VI}. \end{array}$$

Die Vorgehensweise im letzten Beispiel kann auf beliebige lineare Gleichungssysteme angewendet werden. Das Ziel ist es, durch die oben genannten Umformungen möglichst viele der Unbekannten aus den Gleichungen zu entfernen. Dies bedeutet, daß man die Koeffizientenmatrix so lange umformen muß, bis sich unterhalb der Hauptdiagonalen lauter Nullen befinden.
Dieses Verfahren wird der *Gauß-Algorithmus* genannt.

Das Ausgangsschema

$$\begin{array}{ccccc|c} x_1 & x_2 & x_3 & \cdots\cdots & x_n & \\ \hline \end{array}$$
$$\left(\begin{array}{ccccc|c} a_{11} & a_{12} & a_{13} & \cdots\cdots & a_{1n} & b_1 \\ a_{21} & a_{22} & a_{23} & \cdots\cdots & a_{2n} & b_2 \\ \vdots & \vdots & \vdots & \vdots\vdots\vdots\vdots\vdots\vdots & \vdots & \vdots \\ a_{m1} & a_{m2} & a_{m3} & \cdots\cdots & a_{mn} & b_m \end{array}\right)$$

wird mittels der Umformungen so lange bearbeitet, bis sich folgendes Endschema ergibt:

$$
\begin{array}{cccccccc}
x_1 & x_2 & \cdots\cdots & x_r & x_{r+1} & \cdots & x_n & \\
\hline
\end{array}
$$

$$
\left(\begin{array}{cccc|ccc|c}
a_{11}^* & a_{12}^* & \cdots\cdots & a_{1r}^* & a_{1,r+1}^* & \cdots & a_{1n}^* & b_1^* \\
0 & a_{22}^* & \cdots\cdots & a_{2r}^* & a_{2,r+1}^* & \cdots & a_{2n}^* & b_2^* \\
\vdots & \vdots & \vdots\vdots\vdots & \vdots & \vdots & \vdots\vdots & \vdots & \vdots \\
0 & 0 & \cdots\cdots & a_{r,r}^* & a_{r,r+1}^* & \cdots & a_{rn}^* & b_r^* \\
\hline
0 & 0 & \cdots\cdots & 0 & 0 & \cdots & 0 & b_{r+1}^* \\
\vdots & \vdots & \vdots\vdots\vdots & \vdots & \vdots & \vdots\vdots & \vdots & \vdots \\
0 & 0 & \cdots\cdots & 0 & 0 & \cdots & 0 & b_m^*
\end{array}\right).
$$

Dabei entsteht links oben eine $r \times r$ – Dreiecksmatrix und rechts oben eine $r \times (n-r)$ – Matrix.

Die Anzahl der Lösungen kann aus diesem Schema abgelesen werden.

1. Ist mindestens eine der Zahlen b_i^*, $r+1 \leq i \leq m$ von 0 verschieden, so gibt es keine Lösung.

2. Gilt $b_{r+1}^* = b_{r+2}^* = \ldots = b_m^* = 0$ und ist zusätzlich $r = n$, so gibt es genau eine Lösung.

3. Gilt $b_{r+1}^* = b_{r+2}^* = \ldots = b_m^* = 0$ und ist zusätzlich $r < n$, so gibt es unendlich viele Lösungen. Die Anzahl der freien Parameter ist dann $n - r$.

Die Lösungen werden dann sukzessive von der letzten Gleichung ausgehend berechnet.

Aus diesem Schema kann jetzt der Rang einer Matrix abgelesen werden. Der Rang der Matrix A ist r und der Rang der Matrix A_{erw} ist r (falls $b_{r+1}^* = b_{r+2}^* = \ldots = b_m^* = 0$) bzw. $r+1$ (falls ein b_i^*, $r+1 \leq i \leq m$ von 0 verschieden ist.).

An den folgenden 5 grundlegend verschiedenen Beispielen wird der Gauß-Algorithmus vorgeführt.

Beispiel 3.5:

Gegeben sei das lineare Gleichungssystem

$$
\begin{array}{rcrcrcll}
x_1 & + & 4\cdot x_2 & + & 2\cdot x_3 & = & 4 & \quad \text{I} \\
3\cdot x_1 & - & x_2 & - & x_3 & = & 4 & \quad \text{II} \\
-x_1 & & & + & 3\cdot x_3 & = & 7 & \quad \text{III.}
\end{array}
$$

Die Lösung erfolgt in der Kurzschreibweise:

$$\left(\begin{array}{rrr|r} 1 & 4 & 2 & 4 \\ 3 & -1 & -1 & 4 \\ -1 & 0 & 3 & 7 \end{array}\right) \begin{array}{l} \mathrm{I} \\ \mathrm{II} \\ \mathrm{III} \end{array} \quad \sim$$

$$\left(\begin{array}{rrr|r} 1 & 4 & 2 & 4 \\ 0 & 13 & 7 & 8 \\ 0 & 4 & 5 & 11 \end{array}\right) \begin{array}{ll} \mathrm{I} & \\ 3\cdot\mathrm{I}-\mathrm{II} & \widehat{=}\ \mathrm{IV} \\ \mathrm{I}+\mathrm{III} & \widehat{=}\ \mathrm{V} \end{array} \quad \sim$$

$$\left(\begin{array}{rrr|r} 1 & 4 & 2 & 4 \\ 0 & 13 & 7 & 8 \\ 0 & 0 & -37 & -111 \end{array}\right) \begin{array}{l} \mathrm{I} \\ \mathrm{IV} \\ 4\cdot\mathrm{IV}-13\cdot\mathrm{V}. \end{array}$$

Aus der letzten Gleichung folgt

$$-37\cdot x_3 = -111 \Rightarrow x_3 = 3.$$

Setzt man $x_3 = 3$ in Gleichung IV ein, so folgt

$$13\cdot x_2 + 21 = 8 \Rightarrow x_2 = -1.$$

Setzt man $x_2 = -1$ und $x_3 = 3$ in Gleichung I ein, so folgt

$$x_1 - 4 + 6 = 4 \Rightarrow x_1 = 2.$$

Also hat das lineare Gleichungssystem genau eine Lösung:

$$(x_1, x_2, x_3) = (2, -1, 3).$$

Beispiel 3.6:

Gegeben sei das lineare Gleichungssystem

$$\begin{array}{rrrrl} 5\cdot x_1 + & x_2 + & 2\cdot x_3 = & 6 & \mathrm{I} \\ -x_1 + & x_2 + & x_3 = & 8 & \mathrm{II} \\ 11\cdot x_1 + & x_2 + & 3\cdot x_3 = & 4 & \mathrm{III}. \end{array}$$

Die Lösung erfolgt wieder in der Kurzschreibweise:

$$\left(\begin{array}{rrr|r} 5 & 1 & 2 & 6 \\ -1 & 1 & 1 & 8 \\ 11 & 1 & 3 & 4 \end{array}\right) \begin{array}{l} \mathrm{I} \\ \mathrm{II} \\ \mathrm{III} \end{array} \quad \sim$$

$$\left(\begin{array}{rrr|r} 5 & 1 & 2 & 6 \\ 0 & 6 & 7 & 46 \\ 0 & 12 & 14 & 92 \end{array}\right) \begin{array}{ll} \mathrm{I} & \\ 5\cdot\mathrm{II}+\mathrm{I} & \widehat{=}\ \mathrm{IV} \\ 11\cdot\mathrm{II}+\mathrm{III} & \widehat{=}\ \mathrm{V} \end{array} \quad \sim$$

$$\left(\begin{array}{ccc|c} 5 & 1 & 2 & 6 \\ 0 & 6 & 7 & 46 \\ 0 & 0 & 0 & 0 \end{array}\right) \begin{array}{l} \text{I} \\ \text{IV} \\ 2\cdot\text{IV}-\text{V}. \end{array}$$

Die letzte Gleichung ist allgemeingültig. Daher muß die vorletzte Gleichung interpretiert werden:

$$6 \cdot x_2 + 7 \cdot x_3 = 46.$$

Es wird $x_2 = \lambda \in \mathbb{R}$ beliebig gesetzt.

Aus $x_3 = \frac{46}{7} - \frac{6}{7} \cdot x_2$ folgt $x_3 = \frac{46}{7} - \frac{6}{7} \cdot \lambda$.

Aus Gleichung I folgt dann

$$x_1 = \frac{6}{5} - \frac{1}{5} \cdot x_2 - \frac{2}{5} \cdot x_3 = \frac{6}{5} - \frac{\lambda}{5} - \frac{2}{5} \cdot \left(\frac{46}{7} - \frac{6}{7} \cdot \lambda\right) = -\frac{10}{7} + \frac{1}{7} \cdot \lambda.$$

Also hat das lineare Gleichungssystem unendlich viele Lösungen:

$$(x_1, x_2, x_3) = \left(-\frac{10}{7} + \frac{1}{7} \cdot \lambda,\ \lambda,\ \frac{46}{7} - \frac{6}{7} \cdot \lambda\right),\ \lambda \in \mathbb{R}.$$

Da dies aber die Parameterdarstellung einer Geraden ist, liegen alle Lösungen auf dieser Geraden.

Beispiel 3.7:

Gegeben sei das lineare Gleichungssystem

$$\begin{array}{rrrrl} 2 \cdot x_1 + & x_2 + & x_3 = & 3 & \text{I} \\ 5 \cdot x_1 - & x_2 - & x_3 = & 2 & \text{II} \\ 3 \cdot x_1 - & 2 \cdot x_2 - & 2 \cdot x_3 = & 8 & \text{III.} \end{array}$$

Die Lösung erfolgt wieder in der Kurzschreibweise:

$$\left(\begin{array}{ccc|c} 2 & 1 & 1 & 3 \\ 5 & -1 & -1 & 2 \\ 3 & -2 & -2 & 8 \end{array}\right) \begin{array}{l} \text{I} \\ \text{II} \\ \text{III} \end{array} \sim$$

$$\left(\begin{array}{ccc|c} 2 & 1 & 1 & 3 \\ 0 & 7 & 7 & 11 \\ 0 & 7 & 7 & -7 \end{array}\right) \begin{array}{l} \text{I} \\ 5\cdot\text{I} - 2\cdot\text{II} \mathrel{\widehat{=}} \text{IV} \\ 3\cdot\text{I} - 2\cdot\text{III} \mathrel{\widehat{=}} \text{V} \end{array} \sim$$

$$\left(\begin{array}{ccc|c} 2 & 1 & 1 & 3 \\ 0 & 7 & 7 & 11 \\ 0 & 0 & 0 & 18 \end{array}\right) \begin{array}{l} \text{I} \\ \text{IV} \\ \text{IV} - \text{V}. \end{array}$$

Da die Gleichung $0 = 18$ falsch ist, hat das lineare Gleichungssystem keine Lösung.

Definition 3.4:

Gegeben sei ein lineares Gleichungssystem mit einer $m \times n$ – Koeffizientenmatrix A.

1. Falls $m < n$ gilt, heißt das lineare Gleichungssystem *unterbestimmt*. Die Anzahl der Gleichungen ist dann kleiner als die Anzahl der Unbekannten.
2. Falls $m > n$ gilt, heißt das lineare Gleichungssystem *überbestimmt*. Die Anzahl der Gleichungen ist dann größer als die Anzahl der Unbekannten.

Unterbestimmte lineare Gleichungssysteme haben entweder keine Lösung oder unendlich viele Lösungen. Der Fall, daß es genau eine Lösung gibt, ist nicht möglich. Überbestimmte lineare Gleichungssysteme haben entweder keine Lösung, genau eine Lösung oder unendlich viele Lösungen.

Beispiel 3.8:

Gegeben sei das lineare Gleichungssystem

$$\begin{array}{rrrrrrl} 2\cdot x_1 & + 2\cdot x_2 & + 4\cdot x_3 & - \quad x_4 & = & 2 & \quad \text{I} \\ 4\cdot x_1 & - 3\cdot x_2 & + \quad x_3 & + 2\cdot x_4 & = & -9 & \quad \text{II.} \end{array}$$

Die Lösung erfolgt wieder in der Kurzschreibweise:

$$\left(\begin{array}{rrrr|r} 2 & 2 & 4 & -1 & 2 \\ 4 & -3 & 1 & 2 & -9 \end{array}\right) \begin{array}{l} \text{I} \\ \text{II} \end{array} \qquad \sim$$

$$\left(\begin{array}{rrrr|r} 2 & 2 & 4 & -1 & 2 \\ 0 & 7 & 7 & -4 & 13 \end{array}\right) \begin{array}{l} \text{I} \\ 2\cdot\text{I}-\text{II.} \end{array}$$

Die letzte Gleichung wird interpretiert:

$$7\cdot x_2 + 7\cdot x_3 - 4\cdot x_4 = 13.$$

Da dies eine Gleichung mit drei Unbekannten ist, müssen zwei der Unbekannten beliebig vorgegeben werden.

Es wird $x_2 = \lambda \in \mathbb{R}$ und $x_3 = \mu \in \mathbb{R}$ beliebig gesetzt.

Aus der letzten Gleichung folgt dann

$$x_4 = -\frac{13}{4} + \frac{7}{4}\cdot x_2 + \frac{7}{4}\cdot x_3 = -\frac{13}{4} + \frac{7}{4}\cdot\lambda + \frac{7}{4}\cdot\mu.$$

Aus Gleichung I folgt dann

$$\begin{aligned} x_1 &= 1 - x_2 - 2\cdot x_3 + \frac{1}{2}\cdot x_4 = 1 - \lambda - 2\cdot\mu + \frac{1}{2}\cdot\left(-\frac{13}{4} + \frac{7}{4}\cdot\lambda + \frac{7}{4}\cdot\mu\right) = \\ &= -\frac{5}{8} - \frac{1}{8}\cdot\lambda - \frac{9}{8}\cdot\mu. \end{aligned}$$

Also hat das lineare Gleichungssystem unendlich viele Lösungen

$$(x_1, x_2, x_3, x_4) = \left(-\frac{5}{8} - \frac{1}{8}\cdot\lambda - \frac{9}{8}\cdot\mu,\ \lambda,\ \mu,\ -\frac{13}{4} + \frac{7}{4}\cdot\lambda + \frac{7}{4}\cdot\mu\right),$$
$$\lambda \in \mathbb{R},\ \mu \in \mathbb{R}.$$

Da dies aber die Parameterdarstellung einer Ebene ist, liegen alle Lösungen auf dieser Ebene.

Beispiel 3.9:

Gegeben sei das lineare Gleichungssystem

$$\begin{array}{rrrrl} 3\cdot x_1 & -\ 4\cdot x_2 & +\ \ x_3 = & 20 & \text{I} \\ 5\cdot x_1 & -\ 3\cdot x_2 & -\ 2\cdot x_3 = & -18 & \text{II} \\ x_1 & +\ 6\cdot x_2 & -\ 7\cdot x_3 = & -96 & \text{III} \\ x_1 & -\ \ x_2 & +\ 3\cdot x_3 = & 50 & \text{IV}. \end{array}$$

Die Lösung erfolgt wieder in der Kurzschreibweise:

$$\left(\begin{array}{rrr|r} 3 & -4 & 1 & 20 \\ 5 & -3 & -2 & -18 \\ 1 & 6 & -7 & -96 \\ 1 & -1 & 3 & 50 \end{array}\right) \begin{array}{l} \text{I} \\ \text{II} \\ \text{III} \\ \text{IV} \end{array} \sim$$

$$\left(\begin{array}{rrr|r} 3 & -4 & 1 & 20 \\ 0 & -33 & 33 & 462 \\ 0 & -22 & 22 & 308 \\ 0 & 7 & -10 & -146 \end{array}\right) \begin{array}{ll} \text{I} & \\ \text{II} - 5\cdot\text{III} & \hat{=}\ \text{V} \\ \text{I} - 3\cdot\text{III} & \hat{=}\ \text{VI} \\ \text{III} - \text{IV} & \hat{=}\ \text{VII} \end{array} \sim$$

$$\left(\begin{array}{rrr|r} 3 & -4 & 1 & 20 \\ 0 & -1 & 1 & 14 \\ 0 & 0 & -3 & -48 \\ 0 & 0 & 0 & 0 \end{array}\right) \begin{array}{l} \text{I} \\ \text{V:33} \\ (\text{V:33})\cdot 7 + \text{VII} \\ \text{V:33} - \text{VI:22}. \end{array}$$

Die letzte allgemeingültige Gleichung entfällt. Aus den restlichen drei Gleichungen folgt sukzessive $x_3 = 16$, $x_2 = 2$ und $x_1 = 4$.

3.4 Spezielle Lösungsmethoden im Fall n = m

Im Fall n = m, also wenn die Anzahl der Gleichungen gleich der Anzahl der Unbekannten ist, gibt es noch zwei weitere Lösungsmethoden, die auf inversen Matrizen oder Determinanten beruhen. Beide Methoden sind nur dann anwendbar, wenn das lineare Gleichungssystem genau eine Lösung hat!

3.4.1 Lösung mittels inverser Matrizen

Gegeben sei das lineare Gleichungssystem $A \cdot \vec{x} = \vec{b}$. Da dies eine (Matrizen-) Gleichung ist, müßte diese formal nach dem unbekannten Vektor $\vec{x}$ aufgelöst werden. Dies ist mit Hilfe der inversen Matrizen möglich.

Existiert zur Matrix A die inverse Matrix A^{-1}, so wird die Ausgangsgleichung $A \cdot \vec{x} = \vec{b}$ von links mit der inversen Matrix A^{-1} durchmultipliziert:

$$A^{-1} \cdot (A \cdot \vec{x}) = A^{-1} \cdot \vec{b} \Leftrightarrow$$
$$(A^{-1} \cdot A) \cdot \vec{x} = A^{-1} \cdot \vec{b} \Leftrightarrow$$
$$E \cdot \vec{x} = A^{-1} \cdot \vec{b} \Leftrightarrow$$
$$\vec{x} = A^{-1} \cdot \vec{b}.$$

Damit ist die Ausgangsgleichung nach dem unbekannten Vektor $\vec{x}$ aufgelöst worden. Die Lösung des linearen Gleichungssystems folgt jetzt mittels einer Multiplikation der Matrix A^{-1} mit dem Vektor $\vec{b}$.

Bei dieser Vorgehensweise muß die inverse Matrix A^{-1} entweder bekannt sein oder sie muß berechnet werden.

Ein Verfahren, inverse Matrizen zu bestimmen, wird im nächsten Beispiel gezeigt.

Beispiel 3.10:

Gegeben sei die Matrix $A = \begin{pmatrix} 1 & 2 \\ 3 & 4 \end{pmatrix}$.

Gesucht ist die Matrix A^{-1}.

A^{-1} ist ebenfalls eine 2×2 – Matrix, also kann

$A^{-1} = \begin{pmatrix} a & b \\ c & d \end{pmatrix}$ gesetzt werden.

$$\text{Aus } A^{-1} \cdot A = \begin{pmatrix} 1 & 2 \\ 3 & 4 \end{pmatrix} \cdot \begin{pmatrix} a & b \\ c & d \end{pmatrix} = \begin{pmatrix} a+2c & b+2d \\ 3a+4c & 3b+4d \end{pmatrix}$$

$$= \begin{pmatrix} 1 & 0 \\ 0 & 1 \end{pmatrix} \text{ folgt dann}$$

$$\begin{aligned} a + 2c &= 1 \\ b + 2d &= 0 \\ 3a + 4c &= 0 \\ 3b + 4d &= 1. \end{aligned}$$

Dies ist ein lineares Gleichungssystem bestehend aus vier Gleichungen und vier Unbekannten. Es kann jedoch in zwei lineare Gleichungssysteme mit jeweils zwei Unbekannten zerlegt werden:

System 1:

$$\begin{aligned} a + 2c &= 1 \\ 3a + 4c &= 0 \end{aligned}$$

System 2:

$$\begin{aligned} b + 2d &= 0 \\ 3b + 4d &= 1 \end{aligned}$$

Diese beiden linearen Gleichungssysteme unterscheiden sich, abgesehen von den unterschiedlichen Variablen, nur in den rechten Seiten, die Koeffizientenmatrix ist gleich.
Deshalb können diese beiden linearen Gleichungssysteme simultan gelöst werden, beim Gauß-Algorithmus werden statt einer rechten Seite eben zwei rechte Seiten nebeneinander geschrieben.

$$\left(\begin{array}{cc|cc} 1 & 2 & 1 & 0 \\ 3 & 4 & 0 & 1 \end{array}\right) \begin{array}{l} \text{I} \\ \text{II} \end{array} \quad \sim$$

$$\left(\begin{array}{cc|cc} 1 & 2 & 1 & 0 \\ 0 & 2 & 3 & -1 \end{array}\right) \begin{array}{l} \text{I} \\ 3 \cdot \text{I} - \text{II} \mathrel{\widehat{=}} \text{III} \end{array} \quad \sim$$

$$\left(\begin{array}{cc|cc} 1 & 0 & -2 & 1 \\ 0 & 2 & 3 & -1 \end{array}\right) \begin{array}{l} \text{I} - \text{III} \mathrel{\widehat{=}} \text{IV} \\ \text{III} \end{array} \quad \sim$$

$$\left(\begin{array}{cc|cc} 1 & 0 & -2 & 1 \\ 0 & 1 & 1.5 & -0.5 \end{array}\right) \begin{array}{l} \text{IV} \\ \text{III:2.} \end{array}$$

Also gilt $A^{-1} = \begin{pmatrix} -2 & 1 \\ 1.5 & -0.5 \end{pmatrix}$.

Die Vorgehensweise zur Bestimmung der inversen Matrix im vorhergehenden Beispiel kann für beliebige $n \times n$ – Matrizen angewendet werden.

Verfahren zur Bestimmung von A^{-1}:

Man beginnt im Gauß-Algorithmus mit dem Ausgangsschema $(A \mid E)$ und formt mit den zulässigen Operationen solange um, bis statt der Matrix A die Einheitsmatrix E auf der linken Seite steht. Dann befindet sich auf der rechten Seite die gesuchte Matrix A^{-1}.

Das Endschema sieht dann so aus: $(E \mid A^{-1})$.

Beispiel 3.11:

Gegeben sei das lineare Gleichungssystem aus Beispiel 3.5:

$$\begin{array}{rrrrl} x_1 & + 4\cdot x_2 & + 2\cdot x_3 = & 4 & \quad \mathrm{I} \\ 3\cdot x_1 & - \quad x_2 & - \quad x_3 = & 4 & \quad \mathrm{II} \\ -x_1 & & + 3\cdot x_3 = & 7 & \quad \mathrm{III.} \end{array}$$

Berechnung der inversen Matrix A^{-1}:

$$\left(\begin{array}{rrr|rrr} 1 & 4 & 2 & 1 & 0 & 0 \\ 3 & -1 & -1 & 0 & 1 & 0 \\ -1 & 0 & 3 & 0 & 0 & 1 \end{array}\right) \begin{array}{l} \mathrm{I} \\ \mathrm{II} \\ \mathrm{III} \end{array} \sim$$

$$\left(\begin{array}{rrr|rrr} 1 & 4 & 2 & 1 & 0 & 0 \\ 0 & 13 & 7 & 3 & -1 & 0 \\ 0 & 4 & 5 & 1 & 0 & 1 \end{array}\right) \begin{array}{l} \mathrm{I} \\ 3\cdot\mathrm{I}-\mathrm{II} \mathrel{\hat{=}} \mathrm{IV} \sim \\ \mathrm{I}+\mathrm{III} \mathrel{\hat{=}} \mathrm{V} \end{array}$$

$$\left(\begin{array}{rrr|rrr} 1 & 0 & -3 & 0 & 0 & -1 \\ 0 & 13 & 7 & 3 & -1 & 0 \\ 0 & 0 & -37 & -1 & -4 & -13 \end{array}\right) \begin{array}{l} \mathrm{I}-\mathrm{V} \mathrel{\hat{=}} \mathrm{VI} \\ \mathrm{IV} \sim \\ 4\cdot\mathrm{IV}-13\cdot\mathrm{V} \mathrel{\hat{=}} \mathrm{VII} \end{array}$$

$$\left(\begin{array}{rrr|rrr} 37 & 0 & 0 & 3 & 12 & 2 \\ 0 & 481 & 0 & 104 & -65 & -91 \\ 0 & 0 & -37 & -1 & -4 & -13 \end{array}\right) \begin{array}{l} 37\cdot\mathrm{I}-3\cdot\mathrm{VII} \\ 37\cdot\mathrm{IV}+7\cdot\mathrm{VII} \\ \mathrm{VII.} \end{array}$$

Dividiert man diese Zeilen durch 37, 481 bzw. -37, so folgt

$$A^{-1} = \begin{pmatrix} \frac{3}{37} & \frac{12}{37} & \frac{2}{37} \\ \frac{8}{37} & -\frac{5}{37} & -\frac{7}{37} \\ \frac{1}{37} & \frac{4}{37} & \frac{13}{37} \end{pmatrix} \quad \text{und damit}$$

$$\vec{x} = \begin{pmatrix} \frac{3}{37} & \frac{12}{37} & \frac{2}{37} \\ \frac{8}{37} & -\frac{5}{37} & -\frac{7}{37} \\ \frac{1}{37} & \frac{4}{37} & \frac{13}{37} \end{pmatrix} \cdot \begin{pmatrix} 4 \\ 4 \\ 7 \end{pmatrix} = \begin{pmatrix} 2 \\ -1 \\ 3 \end{pmatrix}.$$

Vergleicht man den Aufwand beim Lösen eines linearen Gleichungssystems mittels des Gauß-Algorithmus mit der Methode der inversen Matrix, so wird der Gauß-Algorithmus im Normalfall die schnellere Methode sein.

Hat man jedoch, was in der Praxis insbesondere bei Meßreihen vorkommt, dasselbe lineare Gleichungssystem mit vielen verschiedenen rechten Seiten zu lösen, wird die Methode mit der inversen Matrix effektiver sein.

3.4.2 Lösung mittels Determinanten

Ein weiterer Lösungsweg ist die sogenannte *Cramer-Regel.*

Gegeben sei das lineare Gleichungssystem $A \cdot \vec{x} = \vec{b}$.

Sind $D = |A|$ und $D_i = |A_i|$, wobei die Matrix A_i aus A hervorgeht, indem die i-te Spalte durch den Vektor $\vec{b}$ ersetzt wird, so gilt für die Lösungen:

$$x_i = \frac{D_i}{D} \text{ für alle } 1 \leq i \leq n.$$

Beispiel 3.12:

Gegeben sei wieder das lineare Gleichungssystem aus Beispiel 3.5:

$$\begin{array}{rrrrl} x_1 & + 4 \cdot x_2 & + 2 \cdot x_3 = & 4 & \quad \text{I} \\ 3 \cdot x_1 & - \quad x_2 & - \quad x_3 = & 4 & \quad \text{II} \\ -x_1 & & + 3 \cdot x_3 = & 7 & \quad \text{III.} \end{array}$$

Berechnung der notwendigen Determinanten:

$$D = \begin{vmatrix} 1 & 4 & 2 \\ 3 & -1 & -1 \\ -1 & 0 & 3 \end{vmatrix} = -37.$$

$$D_1 = \begin{vmatrix} 4 & 4 & 2 \\ 4 & -1 & -1 \\ 7 & 0 & 3 \end{vmatrix} = -74.$$

$$D_2 = \begin{vmatrix} 1 & 4 & 2 \\ 3 & 4 & -1 \\ -1 & 7 & 3 \end{vmatrix} = 37.$$

$$D_3 = \begin{vmatrix} 1 & 4 & 4 \\ 3 & -1 & 4 \\ -1 & 0 & 7 \end{vmatrix} = -111.$$

Daraus folgt $x_1 = \frac{-74}{-37} = 2$, $x_2 = \frac{37}{-37} = -1$ und $x_3 = \frac{-111}{-37} = 3$.

3.5 Lineare Gleichungssysteme mit Parametern

Beinhalten lineare Gleichungssysteme Parameter, so beeinflussen die Parameter nicht nur die explizite Gestalt der Lösung. Die Lösungsvielfachheit hängt ebenfalls von diesen Parametern ab.
Im folgenden Beispiel wird der Sachverhalt beschrieben, zusätzliche mathematische Hilfsmittel werden dazu nicht mehr benötigt.

Beispiel 3.13:

Gegeben sei das lineare Gleichungssystem

$$\begin{array}{rrrcrl} x_1 + & x_2 - & x_3 & = & 4 & \quad \text{I} \\ -x_1 + & 2\cdot x_2 + & 4\cdot x_3 & = & 2 & \quad \text{II} \\ x_1 + & 3\cdot x_2 + & (2\cdot a^2+4\cdot a+1)\cdot x_3 & = & a+8 & \quad \text{III} \end{array}$$

mit $a \in \mathbb{R}$.

Für welche $a \in \mathbb{R}$ hat das lineare Gleichungssystem keine Lösung bzw. genau eine Lösung bzw. unendlich viele Lösungen?
Wie sehen die Lösungen im Falle der Existenz aus?

Die Lösung des linearen Gleichungssystems erfolgt in der Kurzschreibweise in Abhängigkeit von a:

$$\left(\begin{array}{rrr|r} 1 & 1 & -1 & 4 \\ -1 & 2 & 4 & 2 \\ 1 & 3 & 2\cdot a^2+4\cdot a+1 & a+8 \end{array}\right) \begin{array}{l} \text{I} \\ \text{II} \\ \text{III} \end{array} \sim$$

$$\left(\begin{array}{rrr|r} 1 & 1 & -1 & 4 \\ 0 & 3 & 3 & 6 \\ 0 & 5 & 2\cdot a^2+4\cdot a+5 & a+10 \end{array}\right) \begin{array}{l} \text{I} \\ \text{I}+\text{II} \mathrel{\hat=} \text{IV} \\ \text{II}+\text{III} \mathrel{\hat=} \text{V} \end{array} \sim$$

$$\left(\begin{array}{rrr|r} 1 & 1 & -1 & 4 \\ 0 & 1 & 1 & 2 \\ 0 & 0 & 2\cdot a^2+4\cdot a & a \end{array}\right) \begin{array}{l} \text{I} \\ \text{IV:3} \\ (\text{IV:3})\cdot(-5)+\text{V}. \end{array}$$

Die Interpretation der letzten Zeile liefert:

$$(2a^2+4a)\cdot x_3 = a.$$

Danach muß eine Fallunterscheidung erfolgen, denn um die Gleichung nach x_3 aufzulösen, muß durch $2a^2 + 4 \cdot a$ geteilt werden. Dies ist nur dann möglich, falls $2a^2 + 4a \neq 0$ ist.

$$2a^2 + 4a = 0 \;\Rightarrow\; 2a(a+2) = 0 \;\Rightarrow\; a = 0 \text{ oder } a = -2.$$

1. Fall: $a \in \mathbb{R}\backslash\{0, -2\}$.

Dann gibt es genau eine Lösung und nach Division folgt

$$x_3 = \frac{a}{2a^2 + 4a} = \frac{1}{2a+4}.$$

Daraus folgt dann

$$x_2 = 2 - x_3 = 2 - \frac{1}{2a+4} = \frac{4a+7}{2a+4} \text{ und}$$

$$x_1 = 4 - x_2 + x_3 = 4 - \frac{4a+7}{2a+4} + \frac{1}{2a+4} = \frac{4a+10}{2a+4}.$$

2. Fall: $a = 0$.

Die letzte Zeile lautet dann: $0 \cdot x_3 = 0$, also ist $x_3 = \lambda \in \mathbb{R}$ beliebig und es gibt deshalb unendlich viele Lösungen.

$$x_3 = \lambda \;\Rightarrow\; x_2 = 2 - x_3 = 2 - \lambda \;\Rightarrow\; x_1 = 4 - x_2 + x_3 = 2 + 2\lambda.$$

Also gilt $(x_1, x_2, x_3) = (2 + 2\lambda, 2 - \lambda, \lambda)$.

3. Fall: $a = -2$.

Die letzte Zeile lautet dann: $0 \cdot x_3 = -2$, also $0 = -2$.

Also gibt es keine Lösung.

Aufgaben zu Kapitel 3

Aufgabe 1

Bestimmen Sie den Rang der folgenden Matrizen.

a) $A = \begin{pmatrix} 1 & 1 \\ 1 & 2 \end{pmatrix}$ b) $B = \begin{pmatrix} 1 & 1.5 \\ 4 & 6 \end{pmatrix}$

c) $C = \begin{pmatrix} 1 & 3 & -2 \\ 2 & 7 & -5 \\ 1 & 4 & -3 \end{pmatrix}$ d) $D = \begin{pmatrix} 1 & -2 & -4 \\ -1 & 2 & 3 \\ 2 & -5 & -8 \end{pmatrix}$

e) $E = \begin{pmatrix} 1 & 2 & 1 & 1 \\ 3 & 4 & 1 & 1 \\ -2 & 0 & -3 & 3 \end{pmatrix}.$

Aufgabe 2

Ermitteln Sie den Rang der Matrix A in Abhängigkeit von a und b.

$$A = \begin{pmatrix} 2 & 4 & 0 & 3 \\ -1 & 1 & 1 & 1 \\ -5 & -1 & 3 & a \\ -1 & 4 & 2 & b \end{pmatrix}.$$

Aufgabe 3

Bestimmen Sie die inversen Matrizen von

a) $A = \begin{pmatrix} 2 & 3 \\ 5 & 7 \end{pmatrix}$ b) $B = \begin{pmatrix} 1 & 0 \\ 4 & 2 \end{pmatrix}.$

Aufgabe 4

Bestimmen Sie die inversen Matrizen von

a) $C = \begin{pmatrix} 1 & 4 & 6 \\ 0 & 1 & 1 \\ 3 & 1 & 7 \end{pmatrix}$ b) $D = \begin{pmatrix} -1 & -3 & 2 \\ 1 & 5 & -3 \\ 0 & -1 & 1 \end{pmatrix}.$

Aufgabe 5

Bestimmen Sie die inversen Matrizen von

a) $E = \begin{pmatrix} -1 & 0 & 0 & 0 \\ 0 & 0 & 0 & -1 \\ 0 & 1 & 0 & 0 \\ 0 & 0 & 1 & 0 \end{pmatrix}$

b) $F = \begin{pmatrix} 1 & 2 & 4 & 2 \\ 0 & 1 & 1 & -1 \\ -1 & 3 & 1 & 0 \\ 1 & 1 & 1 & 0 \end{pmatrix}.$

Aufgabe 6

Bestimmen Sie die Anzahl der Lösungen der folgenden linearen Gleichungssysteme, ohne deren Lösung zu berechnen.

a)
$$\begin{aligned} 4\cdot x_1 + 2\cdot x_2 - 4\cdot x_3 &= -18 \\ -10\cdot x_1 - 3\cdot x_2 + 3\cdot x_3 &= 19 \\ 18\cdot x_1 + 4\cdot x_2 - 10\cdot x_3 &= -54 \end{aligned}$$

b)
$$\begin{aligned} x_1 - x_2 + 2\cdot x_3 &= 3 \\ -2\cdot x_1 + x_2 + 5\cdot x_3 &= 7 \\ -2\cdot x_1 + 14\cdot x_3 &= 16. \end{aligned}$$

Aufgabe 7

Lösen Sie die linearen Gleichungssysteme aus Aufgabe 6.

Aufgabe 8

Lösen Sie die folgenden linearen Gleichungssysteme.

a)
$$\begin{aligned} 3\cdot x_1 + 20\cdot x_2 + x_3 &= 7 \\ x_1 + 5\cdot x_2 - x_3 &= 4 \\ x_1 + 7.5\cdot x_2 + x_3 &= 5 \end{aligned}$$

b)
$$\begin{aligned} 2\cdot x_1 + 2\cdot x_2 + x_3 &= 20 \\ 6\cdot x_1 + x_2 + x_3 &= 30 \\ 4\cdot x_1 + 3\cdot x_2 + x_3 &= 28. \end{aligned}$$

Aufgabe 9

Lösen Sie die folgenden linearen Gleichungssysteme.

a)
$$\begin{aligned} 3\cdot x_1 - x_2 + x_3 &= 9 \\ -2\cdot x_1 + 4\cdot x_2 - x_3 &= 3 \end{aligned}$$

b)
$$\begin{aligned} x_1 + 4\cdot x_2 + 7\cdot x_3 + 16\cdot x_4 &= 2 \\ x_1 + 3\cdot x_4 &= 4. \end{aligned}$$

Aufgabe 10

Lösen Sie die folgenden linearen Gleichungssysteme.

a)
$$\begin{aligned} x_1 - x_3 &= 1 \\ 3\cdot x_1 + x_2 - 3\cdot x_3 &= 0 \\ x_1 + 2\cdot x_2 - 2\cdot x_3 &= 2 \end{aligned}$$

b)
$$\begin{aligned} x_1 + 3\cdot x_2 - 3\cdot x_3 + 2\cdot x_4 &= 2 \\ -x_1 - 4\cdot x_2 + 5\cdot x_3 - 3\cdot x_4 &= 1 \\ 2\cdot x_1 + 8\cdot x_2 - 12\cdot x_3 + 7\cdot x_4 &= -5 \\ x_1 + 4\cdot x_2 - x_3 + 2\cdot x_4 &= 7. \end{aligned}$$

Aufgabe 11

Die folgenden linearen Gleichungssysteme haben genau eine Lösung. Bestimmen Sie diese

1. mit dem Gauß – Algorithmus
2. mit Hilfe der Cramer – Regel
3. mit Hilfe der inversen Matrix.

a)
$$\begin{aligned} 2\cdot x_1 - x_2 - x_3 &= -7 \\ -x_1 - 3\cdot x_2 + 4\cdot x_3 &= 10 \\ x_1 - 2\cdot x_2 &= -6 \end{aligned}$$

b)
$$\begin{aligned} x_1 - x_3 &= 5 \\ 3\cdot x_1 + x_2 - 3\cdot x_3 &= 17 \\ x_1 + 2\cdot x_2 - 2\cdot x_3 &= -6. \end{aligned}$$

Aufgabe 12

Gegeben sei das lineare Gleichungssystem

$$\begin{aligned} 0.5 \cdot x_1 - 1.5 \cdot x_2 + 0.5 \cdot x_3 &= a_1 \\ x_1 - 0.5 \cdot x_2 - 0.5 \cdot x_3 &= a_2 \\ -0.5 \cdot x_1 + x_2 \phantom{{}- 0.5 \cdot x_3} &= a_3. \end{aligned}$$

Lösen Sie dieses lineare Gleichungssystem für die 5 verschiedenen rechten Seiten:

a) $a_1 = 0$, $a_2 = 1$ und $a_3 = 1$

b) $a_1 = 5$, $a_2 = 9$ und $a_3 = 0$

c) $a_1 = -1$, $a_2 = -2$ und $a_3 = 21$

d) $a_1 = \frac{1}{2}$, $a_2 = \frac{2}{3}$ und $a_3 = 12$

e) $a_1 = \pi$, $a_2 = 1$ und $a_3 = 0$.

Aufgabe 13

Für welche Werte von t hat das lineare Gleichungssystem

$$\begin{aligned} x_1 + 2 \cdot x_2 - x_3 &= 0 \\ -2 \cdot x_1 - 3 \cdot x_2 \phantom{{}- x_3} &= -3 \\ x_1 + 3 \cdot x_2 + t \cdot x_3 &= t \end{aligned}$$

genau eine, bzw. keine, bzw. unendlich viele Lösungen? Geben Sie im Falle existierender Lösungen diese an.

Aufgabe 14

Für welche Werte von s und t hat das lineare Gleichungssystem

$$\begin{aligned} x_1 + 2 \cdot x_2 + x_3 &= -200 \\ 2 \cdot x_1 + 8 \cdot x_2 + 6 \cdot x_3 &= -600 \\ 3 \cdot x_1 - 2 \cdot x_2 + s \cdot x_3 &= 50 \cdot t - 500 \end{aligned}$$

genau eine, bzw. keine, bzw. unendlich viele Lösungen?
Geben Sie im Falle existierender Lösungen diese an.

Kapitel 4

Lineare Optimierung mit 2 Variablen

In diesem Kapitel wird folgende Problemstellung betrachtet: Gesucht sind Extremwerte von linearen Funktionen mit zwei Variablen unter bestimmten Nebenbedingungen, die als Ungleichungssystem mit ebenfalls zwei Variablen gegeben sind.
Die Lösung wird rechnerisch wie auch graphisch möglich sein.

4.1 Lineare Ungleichungssysteme mit zwei Variablen

Gegeben sei eine lineare Ungleichung $a_1 \cdot x_1 + a_2 \cdot x_2 \leq b$, mit $a_1, a_2 \neq 0$.

Löst man diese Ungleichung nach x_2 auf, so ergibt sich:

$$x_2 \leq \frac{b}{a_2} - \frac{a_1}{a_2} \cdot x_1 \text{ falls } a_2 > 0 \text{ und}$$

$$x_2 \geq \frac{b}{a_2} - \frac{a_1}{a_2} \cdot x_1 \text{ falls } a_2 < 0.$$

Da $x_2 = \frac{b}{a_2} - \frac{a_1}{a_2} \cdot x_1$ die Gleichung einer Geraden ist, folgt:

Im ersten Fall sind alle Punkte (x_1, x_2) Lösung, die auf oder unterhalb der Geraden mit der Gleichung $x_2 = \frac{b}{a_2} - \frac{a_1}{a_2} \cdot x_1$ liegen.

Im zweiten Fall sind alle Punkte (x_1, x_2) Lösung, die auf oder oberhalb der Geraden mit der Gleichung $x_2 = \frac{b}{a_2} - \frac{a_1}{a_2} \cdot x_1$ liegen.

Beispiel 4.1:

Welche Punkte erfüllen die Ungleichung $2x_1 + 2x_2 \leq 7$?

Es gilt: $x_2 \leq \frac{7}{2} - x_1$.

Also erfüllen alle Punkte auf und unterhalb der Geraden $x_2 = \frac{7}{2} - x_1$ die Ungleichung.

Dieser Bereich ist im folgenden Schaubild schraffiert dargestellt.

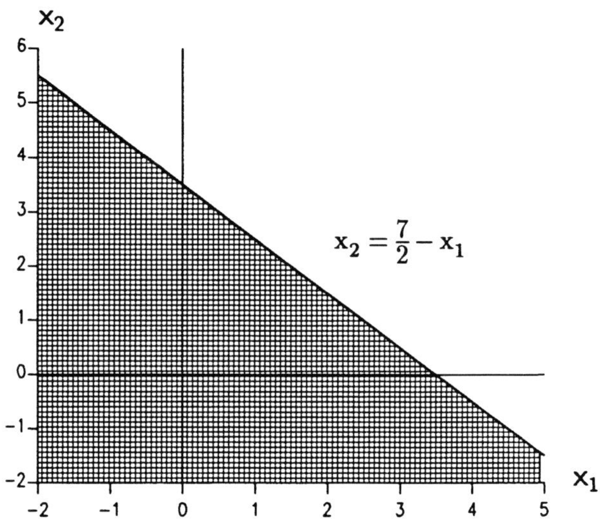

Abbildung 4.1: Lösungsmenge einer Ungleichung

Hat man dagegen mehrere lineare Ungleichungen simultan zu lösen, so liegt ein lineares Ungleichungssystem vor:

$$\begin{aligned}
a_{11} \cdot x_1 + \; & a_{12} \cdot x_2 \leq b_1 \\
a_{21} \cdot x_1 + \; & a_{22} \cdot x_2 \leq b_2 \\
a_{31} \cdot x_1 + \; & a_{32} \cdot x_2 \leq b_3 \\
& \vdots \\
a_{m1} \cdot x_1 + \; & a_{m2} \cdot x_2 \leq b_m,
\end{aligned}$$

wobei für die Zahlen a_{ij}, $1 \leq i \leq m$, $1 \leq j \leq 2$ und b_i, $1 \leq i \leq m$ gilt:

$$a_{ij} \in \mathbb{R},\ b_i \in \mathbb{R}.$$

Geometrisch bedeutet dies: Man sucht alle Punkte, die gleichzeitig in m Halbebenen liegen.

Meistens ist dieser Bereich ein n – Eck oder ein von Geraden berandeter unbeschränkter Bereich.

Beispiel 4.2:

Welche Punkte erfüllen das folgende lineare Ungleichungssystem?

$$\begin{aligned} x_1 - 3x_2 &\leq -2 \\ -x_1 + x_2 &\leq 0 \\ x_1 + 2x_2 &\leq 8 \\ -x_1 + 2x_2 &\leq 2. \end{aligned}$$

Diese 4 Gleichungen werden nach x_2 aufgelöst:

$$x_2 \geq \frac{2}{3} + \frac{1}{3} \cdot x_1 \qquad \text{I}$$

$$x_2 \leq x_1 \qquad \text{II}$$

$$x_2 \leq 4 - \frac{1}{2} \cdot x_1 \qquad \text{III}$$

$$x_2 \leq 1 + \frac{1}{2} \cdot x_1 \qquad \text{IV.}$$

Dadurch erhält man 4 Geraden:

$$g_1: \quad x_2 = \frac{2}{3} + \frac{1}{3} \cdot x_1$$

$$g_2: \quad x_2 = x_1$$

$$g_3: \quad x_2 = 4 - \frac{1}{2} \cdot x_1 \quad \text{und} \quad g_4: \quad x_2 = 1 + \frac{1}{2} \cdot x_1.$$

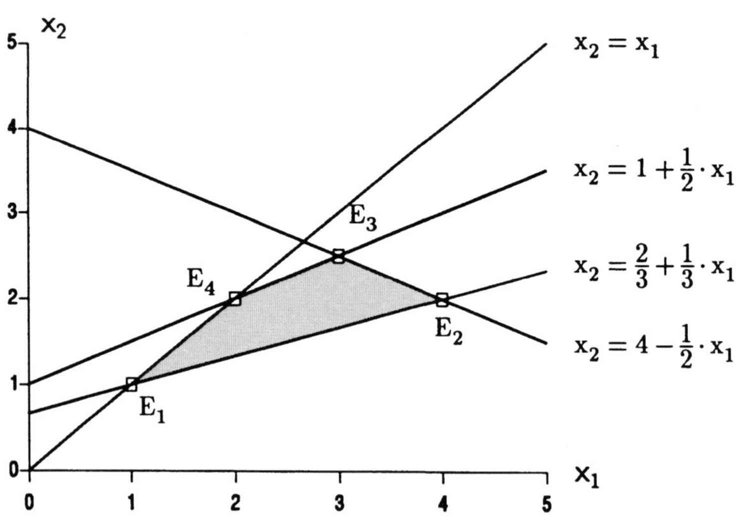

Abbildung 4.2: Lösungsmenge eines Ungleichungssystems

Zieht man jetzt die dazugehörigen Ungleichungen in Betracht, so ergibt sich als Lösungsmenge das graue Rechteck mit den Eckpunkten E_1, E_2, E_3 und E_4.

Die Eckpunkte werden mit den Geradenschnittpunkten identifiziert:

$$g_1 \cap g_2 = \{E_1\},$$

$$g_1 \cap g_3 = \{E_2\},$$

$$g_3 \cap g_4 = \{E_3\} \text{ und}$$

$$g_2 \cap g_4 = \{E_4\}.$$

Berechnung von E_1:

Setzt man die beiden rechten Seiten der Geraden g_1 und g_2 gleich, so folgt

$$\frac{2}{3} + \frac{1}{3} \cdot x_1 = x_1 \Rightarrow \frac{2}{3} = \frac{2}{3} \cdot x_1 \Rightarrow x_1 = 1 \Rightarrow x_2 = 1.$$

Also gilt: $E_1 = (1, 1)$.

Analog folgen dann $E_2 = (4, 2)$, $E_3 = (3, 2.5)$ und $E_4 = (2, 2)$.

Beispiel 4.3:

Welche Punkte erfüllen das folgende lineare Ungleichungssystem?

$$\begin{aligned} x_1 - 3x_2 &\leq -2 \\ -x_1 + x_2 &\leq 0 \\ -x_1 + 2x_2 &\leq 2. \end{aligned}$$

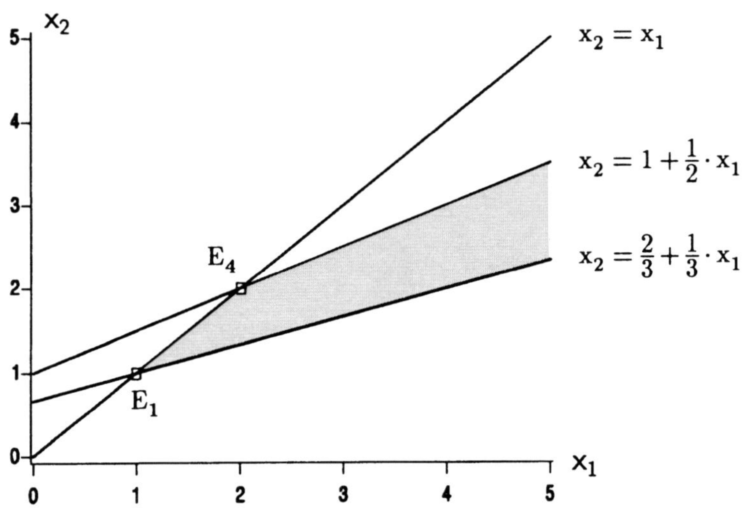

Abbildung 4.3: unbeschränkter Bereich

Die dritte Ungleichung aus Beispiel 2 fehlt hier. Deshalb fehlt die Begrenzung durch g_3 nach rechts. Man erhält so einen nach rechts unbeschränkten Bereich als Lösungsmenge.

Dieser Bereich ist im Schaubild wieder grau dargestellt.

4.2 Lineare Optimierung mit zwei Variablen

Im folgenden Beispiel werden die Problemstellung und die Lösungsmöglichkeiten vorgestellt.

Beispiel 4.4:

Ein Lackierbetrieb soll Stühle lackieren. Es sollen zwei verschiedene Farbversionen (hell und dunkel) hergestellt werden. Insgesamt stehen 20 Stühle zur Verfügung. Von der hellen Version können höchstens 12 Stühle hergestellt werden. Für die helle Version werden 2 Arbeitsstunden benötigt, für die dunkle Version dagegen nur eine Arbeitsstunde. Insgesamt stehen 30 Arbeitsstunden zur Verfügung.
Beim anschließenden Verkauf bringt ein Stuhl der dunklen Version 75 EUR, ein Stuhl der hellen Version 100 EUR Gewinn.
Ermitteln Sie die Produktionsmengen der beiden Stuhlversionen, die den Gesamtgewinn maximieren.

Formulierung des mathematischen Modells:

Sei x_1 die Anzahl der hergestellten hellen Stühle und sei
x_2 die Anzahl der hergestellten dunklen Stühle.

Dann folgt, da 20 Stühle zur Verfügung stehen: $x_1 + x_2 \leq 20$.

Da höchstens 12 helle Stühle hergestellt werden können, folgt $x_1 \leq 12$.

Die benötigte Arbeitszeit beträgt insgesamt $(2x_1 + x_2)$ Stunden. Also folgt

$$2x_1 + x_2 \leq 30.$$

Der Gesamtgewinn beträgt $(100x_1 + 75x_2)$ EUR.

Zusammengefaßt stellt sich folgende Aufgabe:

Für welche (x_1, x_2), die das Ungleichungssystem

$$\begin{aligned} x_1 + x_2 &\leq 20 \\ x_1 &\leq 12 \\ 2x_1 + x_2 &\leq 30 \end{aligned}$$

erfüllen, wird die Zielfunktion $z = 100x_1 + 75x_2$ maximal?

Dieses Beispiel steht stellvertretend für die **allgemeine Problemstellung.**

Gegeben sei ein lineares Ungleichungssystem:

$$\begin{aligned} a_{11} \cdot x_1 + \ & a_{12} \cdot x_2 \leq b_1 \\ a_{21} \cdot x_1 + \ & a_{22} \cdot x_2 \leq b_2 \\ a_{31} \cdot x_1 + \ & a_{32} \cdot x_2 \leq b_3 \\ \vdots \\ a_{m1} \cdot x_1 + \ & a_{m2} \cdot x_2 \leq b_m, \end{aligned}$$

wobei für die Zahlen a_{ij}, $1 \leq i \leq m$, $1 \leq j \leq 2$ und b_i, $1 \leq i \leq m$ gilt:

$$a_{ij} \in \mathbb{R},\ b_i \in \mathbb{R}.$$

Für welche (x_1, x_2) wird die lineare Zielfunktion

$$z = c_1 \cdot x_1 + c_2 \cdot x_2,\ c_j \in \mathbb{R},\ 1 \leq j \leq 2, \text{ maximal (bzw. minimal)?}$$

Überlegungen zur **Lösung dieses Problems:**

Ist die Lösungsmenge beschränkt, so bildet dieser Bereich ein n–Eck. Da die Zielfunktion mit der Koordinatengleichung einer Ebene ($z = x_3$) identifiziert werden kann, kann das Problem rein geometrisch erfaßt werden. Über einem $n-$Eck als Definitionsbereich liegt in einem dreidimensionalen Koordinatensystem ein Teil einer Ebene. Welcher Punkt in diesem Teil der Ebene hat die größte (bzw. die kleinste) x_3-Koordinate?
Da eine Ebene keinen Krümmungen unterliegt, können die gesuchten Punkte nur auf dem Rand des $n-$Ecks liegen.

Damit kann ein **Programm zur Lösung** des gegebenen Problems aufgestellt werden.

1. Formulieren des *linearen Ungleichungssystems* und der *Zielfunktion.*

2. Skizzieren der Lösungsmenge des Ungleichungssystems. Dieser Bereich wird der *zulässige Bereich* genannt.

3. Berechnen der *Eckpunkte* des zulässigen Bereiches.

4a. rechnerische Lösung:
Berechnen der $z-$Werte der Zielfunktion in den Eckpunkten. Hier können zwei unterschiedliche Fälle auftreten. Das Maximum (bzw. das Minimum) liegt nur in einem Punkt vor oder das Maximum (bzw. das Minimum) liegt in zwei benachbarten Eckpunkten vor. Im letzteren Fall sind dann alle Punkte zwischen diesen Eckpunkten die gesuchten Extremwerte.

4b. zeichnerische Lösung:
Schneidet für beliebiges $c \in \mathbb{R}$ die Gerade $c_1 \cdot x_1 + c_2 \cdot x_2 = c$ den zulässigen Bereich, so haben alle gemeinsamen Punkte des zulässigen Bereichs und der Geraden den Funktionswert c. Löst man die Gerade nach x_2 auf, so ergibt sich: $x_2 = \frac{c}{c_2} - \frac{c_1}{c_2} \cdot x_1$ für $c_2 \neq 0$.
Je größer c wird, umso größer wird z. Also nimmt man eine Gerade mit der Steigung $-\frac{c_1}{c_2}$ und schiebt diese für das Maximum (Minimum) von oben (unten) an den zulässigen Bereich, bis diese ihn berührt. Die Berührpunkte sind dann die gesuchten Extremwerte.
Für $c_2 = 0$ und $c_1 \neq 0$ schiebt man die Gerade $x_1 = \frac{c}{c_1}$, also eine Parallele zur x_2 – Achse von rechts (links) an den zulässigen Bereich.

Beispiel 4.5:

Gegeben sei das lineare Ungleichungssystem

$$\begin{aligned} x_1 + x_2 &\leq 20 \\ x_1 &\leq 12 \\ 2x_1 + x_2 &\leq 30. \end{aligned}$$

Gesucht ist das Maximum der Zielfunktion $z = 100x_1 + 75x_2$.

Die Geraden

$$\begin{aligned} g_1: &\quad x_2 = 20 - x_1 \\ g_2: &\quad x_1 = 12 \\ g_3: &\quad x_2 = 30 - 2 \cdot x_1 \end{aligned}$$

beranden den zulässigen Bereich. Zieht man die dazugehörenden Ungleichungen in Betracht, so ist der zulässige Bereich ein Fünfeck mit den Eckpunkten E_1, E_2, E_3, E_4 und E_5.

Es folgen

$E_1 = (0, 0)$.

$E_2 = (12, 0)$ als Schnitt von g_2 mit der x_1 – Achse.

$E_3 = (12, 6)$ als Schnitt von g_2 und g_3.

$E_4 = (10, 10)$ als Schnitt von g_1 und g_3.

$E_5 = (0, 20)$ als Schnitt von g_1 mit der x_2 – Achse.

Dieses Fünfeck, die Randgeraden und die Eckpunkte sind im folgenden Schaubild dargestellt.

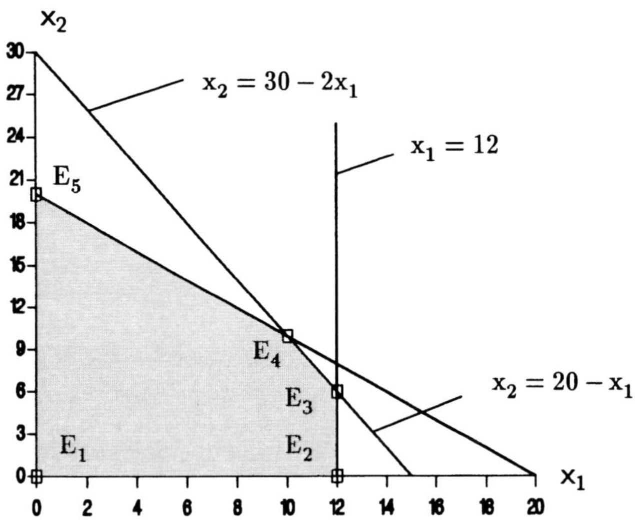

Abbildung 4.4: Eckpunkte und Randgeraden

Für die Funktionswerte in den Eckpunkten gilt:

Eckpunkt	(0, 0)	(12, 0)	(12, 6)	(10, 10)	(0, 20)
$z = 100x_1 + 75x_2$	0	1 200	1 650	1 750	1 500

Also liegt das Maximum im Punkt (10, 10) vor. Stellt der Lackierbetrieb 10 helle und 10 dunkle Versionen her, so ist der Gesamtgewinn maximal und beträgt 1 750 EUR.

Die graphische Lösung ist im nächsten Schaubild dargestellt. Eine Gerade mit der Steigung $-\frac{4}{3}$ muß von oben an den zulässigen Bereich geschoben werden.

Im Schaubild sind die 4 parallelen Geraden

$$h_1: \quad 100x_1 + 75x_2 = 750 \Leftrightarrow x_2 = 10 - \frac{4}{3} \cdot x_1$$

$$h_2: \quad 100x_1 + 75x_2 = 1\,500 \Leftrightarrow x_2 = 20 - \frac{4}{3} \cdot x_1$$

$$h_3: \quad 100x_1 + 75x_2 = 1\,750 \Leftrightarrow x_2 = \frac{70}{3} - \frac{4}{3} \cdot x_1$$

$$h_4: \quad 100x_1 + 75x_2 = 2\,250 \Leftrightarrow x_2 = 30 - \frac{4}{3} \cdot x_1$$

gestrichelt eingezeichnet.

Die Gerade h_3 berührt den zulässigen Bereich von oben und ist damit die richtige Gerade und führt auf $E_4 = (10,\ 10)$ als Maximium. Die Geraden $h_1$und h_2 liegen unterhalb des Maximums und die Gerade h_4 liegt oberhalb des Maximums.

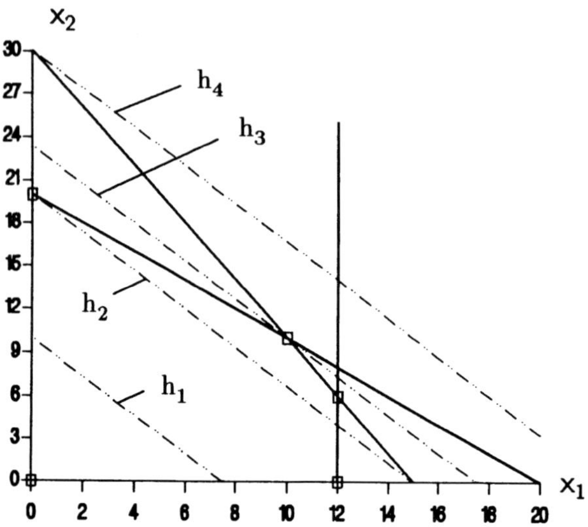

Abbildung 4.5: graphische Lösung

Beispiel 4.6:

Eine Firma stellt zwei Sorten A und B einer Meterware her. Pro Meter entstehen folgende Kosten und Erlöse:

Rohstoffkosten	bei A: 6 EUR/m,	bei B: 4 EUR/m.
Bearbeitungskosten	bei A: 3 EUR/m,	bei B: 6 EUR/m.
Verkaufserlös	bei A: 25 EUR/m,	bei B: 18 EUR/m.

Die Rohstoffkosten dürfen 6 000 EUR nicht übersteigen und die Bearbeitungskosten dürfen 7 200 EUR nicht übersteigen. Von A können höchstens 600 m und von B höchstens 1 100 m hergestellt werden.

Bei wieviel m pro Sorte ist der Reingewinn maximal?

Sei x_1 die Anzahl der hergestellten m von Sorte A und sei
x_2 die Anzahl der hergestellten m von Sorte B.

Für das Ungleichungssystem gilt:

$$6x_1 + 4x_2 \leq 6\,000$$

$$3x_1 + 6x_2 \leq 7\,200$$
$$x_1 \leq 600$$
$$x_2 \leq 1\,100.$$

Die Zielfunktion lautet $z = 16x_1 + 8x_2$.

Die Geraden

$g_1: \quad x_2 = 1\,500 - \frac{3}{2} \cdot x_1$

$g_2: \quad x_2 = 1\,200 - \frac{1}{2} \cdot x_1$

$g_3: \quad x_1 = 600$

$g_4: \quad x_2 = 1\,100$

und der zulässige Bereich (grau) sind im folgenden Schaubild dargestellt.

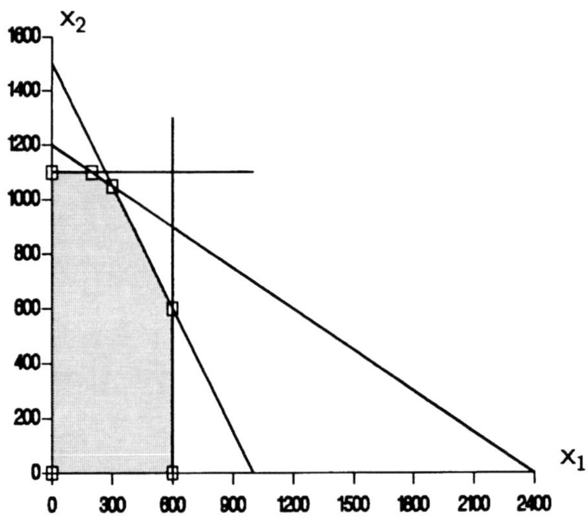

Abbildung 4.6: zulässiger Bereich und Eckpunkte

Die Eckpunkte und die Funktionswerte sind:

$E_1 = (0,\ 0)$ und $z = 0$.

$E_2 = (600,\ 0)$ als Schnitt von g_3 mit der x_1 – Achse und $z = 9\,600$.

$E_3 = (600,\ 600)$ als Schnitt von g_1 und g_3 und $z = 14\,400$.

$E_4 = (300,\ 1\,050)$ als Schnitt von g_1 und g_2 und $z = 13\,200$.

$E_5 = (200,\ 1\,100)$ als Schnitt von g_2 und g_4 und $z = 12000$.

$E_6 = (0,\ 1\,100)$ als Schnitt von g_4 mit der x_2 – Achse und $z = 8\,800$.

Also liegt das Maximum im Punkt (600, 600) vor.

Schiebt man eine Gerade mit der Steigung -2 von oben an den zulässigen Bereich, so erhält man ebenfalls den Punkt E_3 als Maximum.

Beispiel 4.7:

Zur Wandgestaltung in einem Bürokomplex stehen 3 unterschiedliche Fliesensorten A, B und C zur Verfügung. Insgesamt müssen 50 000 m^2 verlegt werden. Die kompletten Einbaukosten für Sorte A betragen 70 EUR, für Sorte B 50 EUR und für Sorte C 40 EUR. Die laufenden Kosten im ersten Jahr betragen bei Sorte A 10 EUR, bei Sorte B 20 EUR und bei Sorte C 30 EUR. Die laufenden Kosten für das erste Jahr dürfen 1 000 000 EUR nicht übersteigen. Außerdem müssen von Sorte A mindestens 10 000 m^2 verlegt werden.

Wie sind die Sorten auszuwählen, damit die Einbaukosten minimal sind?

Sei x_1 die Anzahl der verlegten m^2 von Sorte A.

Sei x_2 die Anzahl der verlegten m^2 von Sorte B.

Sei x_3 die Anzahl der verlegten m^2 von Sorte C.

Dann folgen die Einschränkungen:

Gesamte m^2	$x_1 + x_2 + x_3 = 50\,000$
laufende Kosten	$10x_1 + 20x_2 + 30x_3 \leq 1\,000\,000$
und	$x_1 \geq 10\,000.$

Die gesamten Einbaukosten betragen $(70x_1 + 50x_2 + 40x_3)$ EUR.

Zusammengefaßt stellt sich folgende Aufgabe:

Für welche (x_1, x_2, x_3), die das Ungleichungssystem

$$\begin{aligned} x_1 + x_2 + x_3 &= 50\,000 \\ 10x_1 + 20x_2 + 30x_3 &\leq 1\,000\,000 \\ x_1 &\geq 10\,000 \end{aligned}$$

erfüllen, wird die Zielfunktion

$$z = 70x_1 + 50x_2 + 40x_3 \text{ minimal?}$$

Dieses Problem, das vorläufig 3 Variablen beinhaltet, kann wegen der Gleichung $x_1 + x_2 + x_3 = 50\,000$ im Ungleichungssystem auf ein Problem mit 2 Variablen reduziert werden.

Aus $x_3 = 50\,000 - x_1 - x_2$ folgt dann

$$10x_1 + 20x_2 + 30 \cdot (50\,000 - x_1 - x_2) \leq 1\,000\,000$$

$$x_1 \geq 10\,000$$

und $z = 70x_1 + 50x_2 + 40 \cdot (50\,000 - x_1 - x_2)$, also

$$-20x_1 - 10x_2 + 1\,500000 \leq 1\,000\,000 \text{ oder } 2x_1 + x_2 \geq 50\,000$$

$$x_1 \geq 10\,000$$

und $z = 30x_1 + 10x_2 + 2\,000\,000.$

Die Geraden

$g_1: \quad x_2 = 50\,000 - 2x_1$

$g_2: \quad x_1 = 10\,000$

und die x_2 – Achse

beranden den zulässigen Bereich.

Zieht man die dazugehörenden Ungleichungen in Betracht, so ist der zulässige Bereich ein nach oben unbeschränkter Streifen, ein entartetes Viereck mit den Eckpunkten E_1 und E_2 und zwei weiteren Ecken im Unendlichen.

Dieser Bereich und die Randgeraden sind im folgenden Schaubild dargestellt.

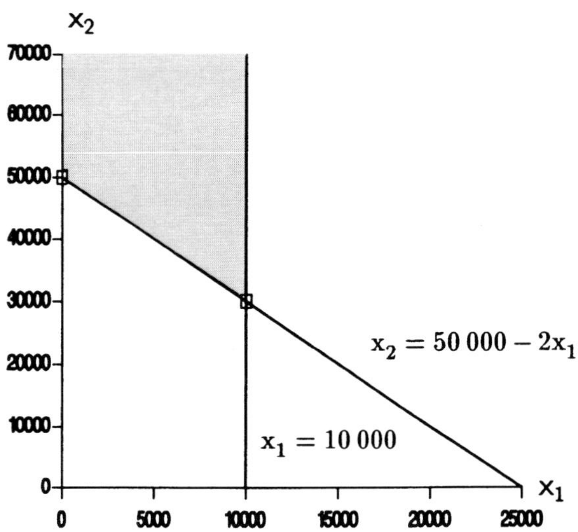

Abbildung 4.7: unbeschränkter zulässiger Bereich

Die Eckpunkte und die Funktionswerte sind:

$E_1 = (0,\ 50\,000)$ und $z = 2\,500\,000$.

$E_2 = (10\,000,\ 30\,000)$ als Schnitt von g_1 und g_2 und $z = 2\,600\,000$.

Also liegt das Minimum im Punkt (0, 50 000) vor.

Schiebt man eine Gerade mit der Steigung -3 von unten an den zulässigen Bereich, so erhält man ebenfalls den Punkt E_1 als Minimum.

Aufgaben zu Kapitel 4

Aufgabe 1

Gegeben sei das Ungleichungssystem

$y \leq 5,\ 4x + 3y \leq 23,\ x - y \leq 4,\ -x - 6y \leq 10$ und

$-3x + y \leq 11.$

Bestimmen Sie diejenigen Punkte, in denen folgende Zielfunktionen in dem durch die Ungleichungen bestimmten Bereich ihr Minimum und ihr Maximum annehmen:

a) $z = x + y$

b) $z = 6x - 2y.$

Aufgabe 2

Ein Unternehmen bezieht Rohstoffe aus zwei Firmen A und B. Es muß von A mindestens 50 Tonnen und von B mindestens 60 Tonnen abnehmen. A kann höchstens 400 Tonnen und B höchstens 200 Tonnen liefern. Das Unternehmen hat eine maximale Aufnahmemenge von 500 Tonnen.

a) Der Reingewinn beim Verkauf beträgt 600 EUR bzw. 400 EUR pro Tonne Rohstoff aus Firma A bzw. B. Bei welchen Abnahmezahlen ist der Gesamtgewinn maximal?

b) Der Reingewinn beim Verkauf beträgt 600 EUR bzw. 600 EUR pro Tonne Rohstoff aus Firma A bzw. B. Bei welchen Abnahmezahlen ist der Gesamtgewinn maximal?

Aufgabe 3

Für eine Investition werden mindestens 230 000 EUR Fremdkapital benötigt. Es liegen zwei unterschiedliche Kreditangebote vor.

Angebot A: 6% Zinsen und 2% Tilgung.

Angebot B: 5% Zinsen und 5% Tilgung.

In Angebot A ist der Kredit auf maximal 160 000 EUR beschränkt. Die jährliche Belastung darf 20 000 EUR nicht übersteigen. Wie sind die zwei Angebote zu kombinieren, so daß die Zinsen, die für das erste Jahr gezahlt werden müssen, minimal sind?

Aufgabe 4

Ein Betrieb stellt 2 Produkte A und B her. Bei der Herstellung einer Mengeneinheit des Produktes A wird 4 kg Rohstoff benötigt, während bei Produkt B 3 kg benötigt werden. Die erforderliche Lagerfläche für eine Mengeneinheit des Produktes A ist 5 dm^2, diejenige für eine Mengeneinheit des Produktes B ist 4 dm^2. Die Geschwindigkeit, mit der Produkt A hergestellt wird, ist 10 Mengeneinheiten pro Stunde, die von Produkt B 20 Mengeneinheiten pro Stunde. Die maximal verfügbaren Einsatzmengen sind 360 kg für die Rohstoffe, 475 dm^2 an Lagerfläche und 8 Stunden für die Fertigung.

Beim anschließenden Verkauf ergibt sich ein Bruttogewinn von 14 EUR je Mengeneinheit bei Produkt A und 10 EUR bei Produkt B.

a) Stellen Sie das Ungleichungssystem auf und stellen Sie den zulässigen Bereich graphisch dar.

b) Geben Sie die Koordinaten der Eckpunkte des zulässigen Bereichs an.

c) Stellen Sie die Zielfunktion auf und ermitteln Sie diejenigen Produktionsmengen, für die der Bruttogewinn maximal wird.

Aufgabe 5

Ein Betrieb stellt zwei Produkte her, die jeweils von zwei Maschinen bearbeitet werden. Die Herstellung einer Mengeneinheit des ersten Produktes benötigt 1 Stunde auf Maschine 1 und 0.5 Stunden auf Maschine 2 und bringt einen Gewinn von 20 EUR. Die Herstellung einer Mengeneinheit des zweiten Produktes benötigt 0.5 Stunden auf Maschine 1 und 1 Stunde auf Maschine 2 und bringt ebenfalls einen Gewinn von 20 EUR. Beide Maschinen haben eine Kapazität von 300 Stunden. Wieviele Mengeneinheiten der beiden Produkte müssen produziert werden, damit der Gesamtgewinn maximal wird?

Aufgabe 6

Eine Firma stellt zwei Produkte her, die jeweils von zwei Maschinen bearbeitet werden. Die Herstellung einer Mengeneinheit des ersten Produktes benötigt 3 Stunden auf Maschine 1 und 1 Stunde auf Maschine 2 und bringt einen Gewinn von 30 EUR. Die Herstellung einer Mengeneinheit des zweiten Produktes benötigt 1 Stunde auf Maschine 1 und 2 Stunden auf Maschine 2 und bringt einen Gewinn von 20 EUR. Auf beiden Maschinen kann jeweils höchstens 24 Stunden produziert werden. Von beiden Produkten können zusammen höchstens 13 Mengeneinheiten hergestellt werden. Vom ersten Produkt dagegen muß mindestens eine Mengeneinheit produziert werden. Wieviele Mengeneinheiten der beiden Produkte müssen produziert werden, damit der Gesamtgewinn maximal wird?

Aufgabe 7

Ein Schreiner hat sich auf die Herstellung von Stühlen spezialisiert. Er stellt zwei unterschiedliche Versionen her. Die benötigte Arbeitszeit bei Version A ist 3.5 Stunden, bei Version B 4 Stunden. Der Schreiner kann höchstens 23 Stühle herstellen und dabei höchstens 14 von Version B. Die maximale Arbeitszeit beträgt 84 Stunden.
Der Gewinn beim Verkauf eines Stuhles von Version A beträgt 180 EUR, beim Verkauf eines Stuhles von Version B 200 EUR. Bei welcher Mengenkombination wird der Gesamtgewinn maximal?

Aufgabe 8

Ein Viehzüchter hat festgestellt, daß sein Futter von den Nährstoffen A, B und C mindestens 6, 12 und 4 Einheiten beinhalten muß. Es stehen ihm zwei Futtersorten zur Verfügung. Eine Gewichtseinheit von Futter 1 enthält 2, 2, 0 Einheiten der Nährstoffe und eine Gewichtseinheit von Futter 2 enthält 1, 4, 4 Einheiten der Nährstoffe. Die Futtersorten kosten 2.5 bzw. 3 Geldeinheiten pro Gewichtseinheit. Wie müssen die Futtersorten kombiniert werden, damit die Kosten minimal sind?

Aufgabe 9

Eine Erzgrube muß einem verarbeitenden Werk pro Woche mindestens 18 Tonnen Erz vom Körnungsgrad 1, 12 Tonnen Erz vom Körnungsgrad 2 und 36 Tonnen Erz vom Körnungsgrad 3 liefern. Das Erz wird in zwei unterschiedlichen Teilen der Grube abgebaut. Im einen Teil A der Grube werden pro Tag 9 Tonnen Erz vom Körnungsgrad 1, 3 Tonnen Erz vom Körnungsgrad 2 und 6 Tonnen Erz vom Körnungsgrad 3 abgebaut. Im anderen Teil B der Grube werden pro Tag 3 Tonnen Erz vom Körnungsgrad 1, 3 Tonnen Erz vom Körnungsgrad 2 und 18 Tonnen Erz vom Körnungsgrad 3 abgebaut. Die Kosten pro Fördertag im Teil A betragen 30 000 EUR und im Teil B 20 000 EUR. An wievielen Tagen pro Woche muß in den beiden Teilen abgebaut werden, um die gesamten Kosten zu minimieren?

Aufgabe 10

Ein Lackierer hat 50 Liter Farbe A und 37.5 Liter Farbe B vorrätig. Er soll damit Türen und Motorhauben für eine Autowerkstatt ausbessern. Für eine Tür benötigt er 3 Liter Farbe A und 1.75 Liter Farbe B. Für eine Motorhaube benötigt er 2.5 Liter Farbe A und 2.5 Liter Farbe B. Dabei möchte er höchstens 13 Türen und 10 Motorhauben ausbessern. Der Gewinn pro Tür beträgt 180 EUR und pro Motorhaube 250 EUR. Wieviele Türen und Motorhauben soll er ausbessern, um seinen Gesamtgewinn zu maximieren?

Kapitel 5

Finanzmathematik

In diesem Kapitel werden allgemeine Modelle aus der Finanzmathematik, wie Zins- und Zinseszinsrechnung, Renten- und Tilgungsrechnung, behandelt.

5.1 Arithmetische und geometrische Folgen

Beispiel 5.1:

Ein Sparer zahlt zu Beginn eines Jahres 200 EUR auf ein Konto ein. Jeden weiteren Monat zahlt er 5 EUR mehr ein als im Vormonat.

Bezeichnen a_i, $1 \leq i \leq n$, die Einzahlungen des i-ten Monats, so gilt:

$$a_1 = 200,\ a_2 = 200 + 5 = 205,\ a_3 = 200 + 2 \cdot 5,\ \text{usw.}$$

Allgemein gilt also $a_n = a_1 + (n-1) \cdot 5$.

Definition 5.1:

Eine Folge ist eine *Abbildung*, die jeder Zahl $n \in \mathbb{N}$ genau eine Zahl $a_n \in \mathbb{R}$ zuordnet.

Definition 5.2:

Sei $d \in \mathbb{R}$ und seien $a_n \in \mathbb{R}$.
Eine Folge der Form

$$a_n = a_1 + (n-1) \cdot d,\ n \in \mathbb{N},\ a_1 \in \mathbb{R},$$

heißt *arithmetische Folge.* Benachbarte Folgenglieder haben stets den gleichen Abstand.

Beispiel 3.2:

Wird in Beispiel 3.1 die Frage gestellt, wieviel der Sparer in den ersten 12 Monaten insgesamt eingezahlt hat, so ist die Summe

$$s_{12} = a_1 + a_2 + \ . \ . \ . \ + a_{12}$$

gesucht.

Hierbei gilt:

$$\begin{aligned} s_{12} &= a_1 + (a_1 + d) + (a_1 + 2d) + \ . \ . \ . \ + (a_1 + 11d) = \\ &= 12a_1 + (d + 2d + \ . \ . \ . \ + 11d) = 12a_1 + d \cdot \sum_{k=1}^{11} k. \end{aligned}$$

Also muß der Wert der Summe der ersten n natürlichen Zahlen ermittelt werden.

Diese Summe $s = \sum_{k=1}^{n} k = 1 + 2 + \ . \ . \ . \ + n$ kann durch einen relativ einfachen Trick bestimmt werden:

$$\begin{aligned} s &= 1 + \quad 2 + \ . \ . \ . \ + (n-1) \ + n \\ s &= n + (n-1) + \ . \ . \ . \ + \quad 2 \ + 1. \end{aligned}$$

Addiert man die beiden Zeilen, so ist die Summe der paarweise untereinander stehenden Zahlen auf der rechten Seite stets $(n + 1)$. Da aber n Summanden auf der rechten Seite vorhanden sind, folgt

$$2s = n(n + 1) \ \Rightarrow \ s = \frac{n}{2} \cdot (n + 1).$$

Also folgt in Beispiel 3.2:

$$a_{12} = 12 \cdot 200 + 5 \cdot \frac{11}{2} \cdot (11 + 1) = 2\,730.$$

Definition 5.3:

Sei a_n eine arithmetische Folge. Dann heißt

$$s_n = \sum_{k=1}^{n} a_k$$

eine *endliche arithmetische Reihe.*

Für diese gilt: $s_n = \frac{n}{2} \cdot (a_1 + a_n) = \frac{n}{2} \cdot (2a_1 + (n-1) \cdot d)$.

Beispiel 5.3:

Ein Auto mit Nennwert K soll in N Jahren zu gleichen Raten voll abgeschrieben werden.

Da die Jahresrate dann $\frac{K}{N}$ ist, gilt für den Bilanzwert B_n nach n Jahren:

$$B_n = K - \frac{K}{N} \cdot n \text{ für alle } 1 \leq n \leq N.$$

Definition 5.4:

Sei $q \neq 0$.
Dann heißt eine Folge der Form

$$a_n = q^n$$

geometrische Folge.

Interessiert man sich auch hier für die endliche Reihe

$$s_n = q^0 + q^1 + q^2 + \ \dots \ + q^{n-1},$$

so führt nun ein anderer Weg zur Lösung:

$$\begin{aligned} s_n &= q^0 + q^1 + q^2 + \ \dots \ + q^{n-1} \\ q \cdot s_n &= \phantom{q^0 +{}} q^1 + q^2 + \ \dots \ + q^{n-1} + q^n. \end{aligned}$$

Subtrahiert man beide Zeilen voneinander, so folgt

$$s_n - q \cdot s_n = 1 - q^n \ \Rightarrow \ s_n = \frac{1 - q^n}{1 - q} = \frac{q^n - 1}{q - 1}.$$

Definition 5.5:

Sei a_n eine geometrische Folge. Dann heißt

$$s_n = \sum_{k=0}^{n-1} a_k = \sum_{k=0}^{n-1} q^k$$

eine *endliche geometrische Reihe.*

Für diese gilt: $s_n = \frac{1 - q^n}{1 - q} = \frac{q^n - 1}{q - 1}$.

Geometrische Folgen und Reihen spielen bei prozentualen Zuwächsen in den nächsten Abschnitten eine entscheidende Rolle.

5.2 Modelle mit einmaliger Einzahlung

Modell 1:

Ein Kapital K wird zu Beginn eines Jahres eingezahlt. Am Ende eines jeden Jahres erfolgt eine Verzinsung mit p%, wobei die Zinsen stets mit verzinst werden.
Gesucht ist das Kapital K_n nach n Jahren.

Lösung 1:

$$K_1 = K + \frac{p}{100} \cdot K = K \cdot \left(1 + \frac{p}{100}\right).$$

$$K_2 = K_1 + \frac{p}{100} \cdot K_1 = K_1 \cdot \left(1 + \frac{p}{100}\right) = K \cdot \left(1 + \frac{p}{100}\right)^2.$$

Allgemein folgt also

Formel 1:

Wird ein Kapital K zu Beginn eines Jahres eingezahlt und am Ende eines jeden Jahres mit p% verzinst, wobei die Zinsen stets mit verzinst werden, so gilt für das Kapital K_n nach n Jahren:

$$K_n = K \cdot q^n \quad \text{mit } q = 1 + \frac{p}{100}.$$

Beispiel 5.4:

Ein Kapital von 100 EUR wird mit 5% verzinst. Dann gilt:

$$\begin{aligned}
K_1 &= 100 \cdot 1.05^1 &&= 105.00 \text{ EUR}\\
K_5 &= 100 \cdot 1.05^5 &&= 127.63 \text{ EUR}\\
K_{10} &= 100 \cdot 1.05^{10} &&= 162.89 \text{ EUR}\\
K_{100} &= 100 \cdot 1.05^{100} &&= 13\,150.13 \text{ EUR}\\
K_{250} &= 100 \cdot 1.05^{250} &&= 19\,830\,093.75 \text{ EUR}\\
K_{1\,000} &= 100 \cdot 1.05^{1\,000} &&= 1.546 \cdot 10^{23}.00 \text{ EUR}
\end{aligned}$$

Modell 5.2:

Die Zinszahlung in Modell 1 erfolgt anteilmäßig nach $\frac{1}{r}$ Jahren (unterjährige Zinszahlung). Gesucht ist das Kapital K_n nach n Jahren.

Lösung 5.2:

Nach Modell 1 folgt

$$K_{\frac{1}{r}} = K \cdot \left(1 + \frac{p}{r \cdot 100}\right).$$

$$K_{\frac{2}{r}} = K \cdot \left(1 + \frac{p}{r \cdot 100}\right)^2.$$

Für $s \in \mathbb{N}$ gilt dann: $K_{\frac{s}{r}} = K \cdot \left(1 + \frac{p}{r \cdot 100}\right)^s.$

Also folgt für $s = r \cdot n$ (das sind dann n Jahre)

$$K_n = K \cdot \left(1 + \frac{p}{r \cdot 100}\right)^{r \cdot n}.$$

Allgemein gilt also

Formel 5.2:

Wird ein Kapital K zu Beginn eines Jahres eingezahlt und anteilmäßig nach $\frac{1}{r}$ Jahren (p% Jahreszins) verzinst, wobei die Zinsen stets mit verzinst werden, so gilt für das Kapital K_n nach n Jahren:

$$K_n = K \cdot \left(1 + \frac{p}{r \cdot 100}\right)^{r \cdot n}.$$

Beispiel 5.5:

Ein Kapital von 100 EUR wird für 100 Jahre zu 5% angelegt. Dann beträgt der Kontostand

1. bei jährlicher Zinszahlung:

$$K_{100} = 100 \cdot 1.05^{100} \qquad = \quad 13\,150.13 \text{ EUR}$$

2. bei halbjährlicher Zinszahlung:

$$K_{100} = 100 \cdot 1.025^{200} \qquad = \quad 13\,956.39 \text{ EUR}$$

3. bei vierteljährlicher Zinszahlung:

$$K_{100} = 100 \cdot 1.0125^{400} \qquad = \quad 14\,388.41 \text{ EUR}$$

4. bei monatlicher Zinszahlung:

$$K_{100} = 100 \cdot \left(1 + \frac{5}{12 \cdot 100}\right)^{1\,200} \qquad = \quad 14\,687.95 \text{ EUR}$$

5. bei wöchentlicher Zinszahlung:

$$K_{100} = 100 \cdot \left(1 + \frac{5}{52 \cdot 100}\right)^{5\,200} \qquad = \quad 14\,805.71 \text{ EUR}$$

6. bei täglicher Zinszahlung:

$$K_{100} = 100 \cdot \left(1 + \frac{5}{360 \cdot 100}\right)^{36\,000} \qquad = \quad 14\,836.16 \text{ EUR}$$

7. bei stündlicher Zinszahlung:

$$K_{100} = 100 \cdot \left(1 + \frac{5}{360 \cdot 24 \cdot 100}\right)^{36\,000 \cdot 24} \qquad = \quad 14\,841.10 \text{ EUR.}$$

Abschließend stellt sich hier die Frage, wie sich eine stetige (= ständige) Verzinsung auswirken würde.

Dann müßte in der Formel $K_n = K \cdot \left(1 + \frac{p}{r \cdot 100}\right)^{r \cdot n}$ die Zahl r sehr groß werden.

Also ist $\lim\limits_{r \to \infty} K \cdot \left(1 + \frac{p}{r \cdot 100}\right)^{r \cdot n}$ gesucht.

Aus dem bekannten Grenzwert $\lim\limits_{n \to \infty} \left(1 + \frac{1}{n}\right)^{n} = e$

und der Substitution $x = \frac{r \cdot 100}{p}$ $\left(\Rightarrow r = \frac{x \cdot p}{100} \right)$ folgt

$$\lim_{r\to\infty} K \cdot \left(1 + \frac{p}{r \cdot 100}\right)^{r \cdot n} = \lim_{x\to\infty} K \cdot \left(1 + \frac{1}{x}\right)^{\frac{x \cdot p \cdot n}{100}} =$$

$$= \lim_{x\to\infty} K \cdot \left(\left(1 + \frac{1}{x}\right)^{x}\right)^{\frac{p \cdot n}{100}} = K \cdot e^{\frac{p \cdot n}{100}}.$$

Bei *stetiger Verzinsung* beträgt das Guthaben nach n Jahren

$$K_n = K \cdot e^{\frac{p \cdot n}{100}}.$$

Beispiel 5.6:

In Beispiel 5.5 gilt bei stetiger Verzinsung

$$K_{100} = 100 \cdot e^{\frac{5 \cdot 100}{100}} = 14\,841.32 \text{ EUR}.$$

Diese Zahl unterscheidet sich nur unwesentlich von der stündlichen Verzinsung aus Beispiel 5.5.

5.3 Modelle mit mehrmaligen Einzahlungen in konstanten Abständen

Modell 5.3:

Ein Kapital K wird zu Beginn eines jeden Jahres (also vorschüssig) eingezahlt. Am Ende eines jeden Jahres erfolgt eine Verzinsung mit p%, wobei die Zinsen stets mit verzinst werden.
Gesucht ist das Kapital K_n nach n Jahren.

Lösung 5.3:

$$K_n = K \cdot q^n + K \cdot q^{n-1} + \ \dots\ + K \cdot q^2 + K \cdot q =$$

$$= K \cdot q \cdot (q^{n-1} + q^{n-2} + \ \dots\ + q + 1) = K \cdot q \cdot \frac{q^n - 1}{q - 1}.$$

Formel 5.3:

Wird ein Kapital K zu Beginn eines jeden Jahres (also vorschüssig) eingezahlt und erfolgt am Ende eines jeden Jahres eine Verzinsung mit p%, wobei die Zinsen stets mit verzinst werden, so gilt für das Kapital K_n nach n Jahren:

$$K_n = K \cdot q \cdot \frac{q^n - 1}{q - 1}.$$

Modell 5.4:

Ein Kapital K wird am Ende eines jeden Jahres (also nachschüssig) eingezahlt. Am Ende eines jeden Jahres erfolgt eine Verzinsung mit p%, wobei die Zinsen stets mit verzinst werden.
Gesucht ist das Kapital K_n nach n Jahren.

Lösung 5.4:

$$K_n = K \cdot q^{n-1} + K \cdot q^{n-2} + \ldots + K \cdot q + K =$$
$$= K \cdot (q^{n-1} + q^{n-2} + \ldots + q + 1) = K \cdot \frac{q^n - 1}{q - 1}.$$

Formel 5.4:

Wird ein Kapital K am Ende eines jeden Jahres (also nachschüssig) eingezahlt und erfolgt am Ende eines jeden Jahres eine Verzinsung mit p%, wobei die Zinsen stets mit verzinst werden, so gilt für das Kapital K_n nach n Jahren:

$$K_n = K \cdot \frac{q^n - 1}{q - 1}.$$

Beispiel 5.7:

Zahlt man 1 000 EUR zu Beginn (Ende) eines jeden Jahres bei einer Verzinsung von 5% auf ein Konto ein, so beträgt das Kapital nach 10 Jahren

$$K_{10} = 1\,000 \cdot 1.05 \cdot \frac{1.05^{10} - 1}{1.05 - 1} = 13\,206.79 \text{ EUR (vorschüssig) bzw.}$$

$$K_{10} = 1\,000 \cdot \frac{1.05^{10} - 1}{1.05 - 1} = 12\,577.89 \text{ EUR (nachschüssig).}$$

Modell 5.5:

Auf ein Konto wird m – mal in Abständen von $\frac{1}{m}$ Jahren vorschüssig der Betrag E eingezahlt. Es erfolgt eine Verzinsung mit p% anteilmäßig am Jahresende.
Gesucht ist das Kapital K_n nach n Jahren.

Lösung 5.5:

Zuerst wird der Kontostand nach einem Jahr berechnet.
Dieser ist: $K_1 = m \cdot E + Z$, wobei Z die anfallenden Zinsen sind.

Für Z gilt:

$$Z = E \cdot \frac{p}{100} + E \cdot \frac{p}{100} \cdot \frac{m-1}{m} + E \cdot \frac{p}{100} \cdot \frac{m-2}{m} + \ldots + E \cdot \frac{p}{100} \cdot \frac{1}{m} =$$

$$= E \cdot \frac{p}{100} \cdot \frac{1}{m} \cdot (m + (m-1) + \ \ldots \ + 1) =$$
$$= E \cdot \frac{p}{100} \cdot \frac{1}{m} \cdot \frac{m}{2} \cdot (m+1) = E \cdot \frac{p}{200} \cdot (m+1).$$

Dabei sind die einzelnen Summanden die Zinsen, die für die einzelnen Einzahlungszeiträume anfallen.

Also gilt:

$$K_1 = m \cdot E + E \cdot \frac{p}{200} \cdot (m+1) = E \cdot \left(m + \frac{p}{200} \cdot (m+1)\right).$$

Da dieser Betrag der einmaligen Einzahlung pro Jahr entspricht, folgt

$$K_n = K_1 \cdot \frac{q^n - 1}{q - 1} = E \cdot \left(m + \frac{p}{200} \cdot (m+1)\right) \cdot \frac{q^n - 1}{q - 1}.$$

Formel 5.5:

Wird auf ein Konto m – mal in Abständen von $\frac{1}{m}$ Jahren vorschüssig der Betrag E eingezahlt und erfolgt eine Verzinsung mit p% anteilmäßig am Jahresende, so gilt für das Kapital K_n nach n Jahren:

$$K_n = E \cdot \left(m + \frac{p}{200} \cdot (m+1)\right) \cdot \frac{q^n - 1}{q - 1}.$$

Modell 5.6:

Auf ein Konto wird m – mal in Abständen von $\frac{1}{m}$ Jahren nachschüssig der Betrag E eingezahlt. Es erfolgt eine Verzinsung mit p% anteilmäßig am Jahresende.
Gesucht ist das Kapital K_n nach n Jahren.

Lösung 5.6:

Völlig analog folgt $K_n = E \cdot \left(m + \frac{p}{200} \cdot (m-1)\right) \cdot \frac{q^n - 1}{q - 1}.$

Formel 5.6:

Wird auf ein Konto m – mal in Abständen von $\frac{1}{m}$ Jahren nachschüssig der Betrag E eingezahlt und erfolgt eine Verzinsung mit p% anteilmäßig am Jahresende, so gilt für das Kapital K_n nach n Jahren:

$$K_n = E \cdot \left(m + \frac{p}{200} \cdot (m-1)\right) \cdot \frac{q^n - 1}{q - 1}.$$

Beispiel 5.8:

Es werden monatlich 100 EUR vorschüssig (nachschüssig) bei 5% Verzinsung auf ein Konto eingezahlt. Dann folgt für den Kontostand nach 10 Jahren

$$K_{10} = 100 \cdot \left(12 + \frac{5}{200} \cdot 13\right) \cdot \frac{1.05^{10} - 1}{1.05 - 1} = 15\,502.25 \quad \text{EUR} \quad \text{(vorschüssig)}$$

und

$$K_{10} = 100 \cdot \left(12 + \frac{5}{200} \cdot 11\right) \cdot \frac{1.05^{10} - 1}{1.05 - 1} = 15\,439.36 \text{ EUR (nachschüssig)}.$$

5.4 Modelle mit mehrmaligen Abhebungen in konstanten Abständen (Tilgungsrechnung)

Modell 5.7:

Von einem Kapital wird jeweils am Jahresende der Betrag A abgehoben. Gesucht ist bei einer Verzinsung von p% der Kontostand R_n nach n Jahren.

Lösung 5.7:

$$R_1 = K \cdot q - A$$

$$R_2 = (K \cdot q - A) \cdot q - A$$

$$\Rightarrow \; R_n = K \cdot q^n - A \cdot \left(q^{n-1} + q^{n-2} + \; \ldots \; + q + 1\right) =$$

$$= K \cdot q^n - A \cdot \frac{q^n - 1}{q - 1}.$$

Formel 5.7:

Wird von einem Kapital jeweils am Jahresende der Betrag A abgehoben und erfolgt eine Verzinsung von p% am Jahresende, so gilt für den Kontostand R_n nach n Jahren:

$$R_n = K \cdot q^n - A \cdot \frac{q^n - 1}{q - 1}.$$

Dieses Modell ist zur Tilgung einer Schuld S in gleichen Jahresraten A (Annuität) geeignet.

Beispiel 5.9:

Ein Kredit von 50 000 EUR soll in gleichen Jahresraten von 3 000 EUR bei einer Verzinsung von 5% zurückgezahlt werden.

Dann gilt für die Restschulden:

$$R_1 = 50\,000 \cdot 1.05 - 3\,000 \cdot \frac{1.05 - 1}{1.05 - 1} = 49\,500 \text{ EUR}.$$

$$R_2 = 50\,000 \cdot 1.05^2 - 3\,000 \cdot \frac{1.05^2 - 1}{1.05 - 1} = 48\,975 \text{ EUR}.$$

$$R_{10} = 50\,000 \cdot 1.05^{10} - 3\,000 \cdot \frac{1.05^{10} - 1}{1.05 - 1} = 43\,711.05 \text{ EUR}.$$

Hier kann man berechnen, wie lange es dauert, bis der Kredit abbezahlt ist. Man muß n so finden, daß $R_n = 0$ ist.

$$0 = R_n = 50\,000 \cdot 1.05^n - 3\,000 \cdot \frac{1.05^n - 1}{1.05 - 1}.$$

$$\Rightarrow \quad 0.05 \cdot 50\,000 \cdot 1.05^n - 3\,000 \cdot (1.05^n - 1) = 0$$

$$\Rightarrow \quad (0.05 \cdot 50\,000 - 3\,000) \cdot 1.05^n = -3\,000$$

$$\Rightarrow \quad 1.05^n = \frac{3\,000}{500} \quad \Rightarrow \quad n = \frac{\ln 6}{\ln 1.05} = 36.724 \text{ Jahre}.$$

Modell 5.8:

Von einem Kapital K wird m – mal in Abständen von $\frac{1}{m}$ Jahren vorschüssig der Betrag B abgehoben. Es erfolgt eine Verzinsung mit p% anteilmäßig am Jahresende.
Gesucht ist das Kapital R_n nach n Jahren.

Lösung 5.8:

Zuerst wird der Kontostand nach einem Jahr berechnet.
Dieser ist $R_1 = K - m \cdot B + Z$, wobei Z die dabei anfallenden Zinsen sind.

Für Z gilt:

$$Z = (K - B) \cdot \frac{p}{m \cdot 100} + (K - 2B) \cdot \frac{p}{m \cdot 100} + \ \ldots \ + (K - mB) \cdot \frac{p}{m \cdot 100}.$$

Dabei sind die einzelnen Summanden die für die k – te Zeiteinheit anfallenden Zinsen.

$$Z = m \cdot K \cdot \frac{p}{m \cdot 100} - B \cdot \frac{p}{m \cdot 100} \cdot (1 + 2 + \ \ldots \ + m) =$$

$$= m \cdot K \cdot \frac{p}{m \cdot 100} - B \cdot \frac{p}{m \cdot 100} \cdot \frac{m}{2} \cdot (m + 1) = K \cdot \frac{p}{100} - B \cdot \frac{p}{200} \cdot (m + 1).$$

Also folgt

$$R_1 = K - m \cdot B + K \cdot \frac{p}{100} - B \cdot \frac{p}{200} \cdot (m + 1) =$$

$$= K \cdot q - B \cdot (m + \frac{p}{200} \cdot (m + 1)).$$

$$\Rightarrow \quad R_n = K \cdot q^n - B \cdot \left(m + \frac{p}{200} \cdot (m + 1)\right) \cdot \frac{q^n - 1}{q - 1}.$$

Formel 5.8:

Wird von einem Kapital K m – mal in Abständen von $\frac{1}{m}$ Jahren vorschüssig der Betrag B abgehoben und erfolgt eine Verzinsung mit p% anteilmäßig am Jahresende, so gilt für das Kapital R_n nach n Jahren:

$$R_n = K \cdot q^n - B \cdot \left(m + \frac{p}{200} \cdot (m+1)\right) \cdot \frac{q^n - 1}{q - 1}.$$

Ein Beispiel dazu folgt im nächsten Abschnitt.

5.5 Rentenmodelle

Sinnvolle Rentenmodelle gehen von dem durch den Versicherungsnehmer insgesamt angesparten Kapital K aus. Es erfolgt eine weitere Verzinsung mit p%.
Die Rente wird üblicherweise monatlich in gleichen Raten M ausbezahlt. Das Restguthaben ist dann nach Abschnitt 5.4

$$R_n = K \cdot q^n - M \cdot (12 + 0.065 \cdot p) \cdot \frac{q^n - 1}{q - 1}.$$

Danach gibt es 3 theoretisch mögliche Fälle:

1. M ist so gewählt, daß alle R_n konstant sind, also daß das Restguthaben zinsbereinigt gleichbleibt. Diese Rente M_e wird die *ewige Rente* genannt.
2. $M < M_e$.
   Dann wird R_n immer größer werden.
3. $M > M_e$.
   Dann wird das Kapital irgendwann aufgebraucht sein.

Die *ewige Rente* M_e kann berechnet werden:

$$Z = 12 \cdot M_e, \text{ also } \frac{p}{100} \cdot K - M_e \cdot 0.065 \cdot p = 12 \cdot M_e$$

$$\Rightarrow \quad \frac{p}{100} \cdot K = M_e \cdot (12 + 0.065 \cdot p)$$

$$\Rightarrow \quad M_e = \frac{p \cdot K}{100 \cdot (12 + 0.065 \cdot p)} = \frac{p \cdot K}{1200 + 6.5 \cdot p}.$$

Beispiel 5.10:

Von einem Kapital von 800 000 EUR soll eine Rente ausbezahlt werden. Es erfolgt eine Verzinsung mit 5%.

1. Dann kann eine ewige Rente
   $$M_e = \frac{5 \cdot 800\,000}{1\,200 + 6.5 \cdot 5} = 3\,245.44 \text{ EUR}$$
   ausbezahlt werden.

2. Falls $M = 5\,000$ EUR die Rente ist, kann die Laufzeit, innerhalb der das Kapital aufgebraucht ist, berechnet werden.

   Gesucht ist n so, daß $R_n = 0$ ist.

   $$R_n = 0 = 800\,000 \cdot 1.05^n - 5\,000 \cdot (12 + 0.065 \cdot 5) \cdot \frac{1.05^n - 1}{1.05 - 1}$$

   $$\Rightarrow \quad 0 = 800\,000 \cdot 1.05^n - 1\,232\,500 \cdot (1.05^n - 1)$$

   $$\Rightarrow \quad 1\,232\,500 = 432\,500 \cdot 1.05^n \;\Rightarrow\; 1.05^n = \frac{1\,232\,500}{432\,500} = 2.84971$$

   $$\Rightarrow \quad n = 21.46 \text{ Jahre.}$$

Aufgaben zu Kapitel 5

Aufgabe 1

Wie groß ist die Summe aller dreistelligen natürlichen Zahlen, die durch 7 teilbar sind?

Aufgabe 2

In einem Kino hat die erste Sitzreihe 20 Plätze, die zweite 22, die dritte 24, usw.. Wieviele Plätze hat das Kino, falls es 22 Sitzreihen hat?

Aufgabe 3

Ein Mitarbeiter einer Firma erhält 500 EUR Urlaubsgeld. In den folgenden Jahren erhält er jedes Mal 50 EUR mehr als im Vorjahr.

a) Zum wievielten Mal erhält er Urlaubsgeld, wenn dies 1 550 EUR sind?

b) Wieviel Urlaubsgeld hat er dann insgesamt erhalten?

Aufgabe 4

Welches Kapital muß bei einem Jahreszins von 8% angelegt werden, wenn man nach 5 Jahren einen Betrag von 10 000 EUR zur Verfügung haben will?

Aufgabe 5

Nach welcher Zeit verdoppelt sich ein Kapital bei einem Zinssatz von 7% pro Jahr?

Aufgabe 6

Ein Kapital von 500 EUR wird auf 50 Jahre fest zu 7% Jahreszins angelegt. Welcher Betrag steht nach 50 Jahren zur Verfügung bei

a) jährlicher Zinszahlung
b) halbjährlicher Zinszahlung
c) vierteljährlicher Zinszahlung
d) monatlicher Zinszahlung
e) täglicher Zinszahlung
f) stündlicher Zinszahlung
g) Zinszahlung nach jeder Minute
h) Zinszahlung nach jeder Sekunde
i) stetiger Zinszahlung?

Aufgabe 7

Zu Beginn eines Jahres liegen auf einem Konto 1 000 EUR.

a) Wie viele volle Monate dauert es, bis sich das Konto verdreifacht hat bei einem Jahreszins von 6% und monatlicher Zinszahlung?

b) Wie lange dauert es, bis sich das Konto verdreifacht hat bei einem Jahreszins von 6% und stetiger Zinszahlung?

Aufgabe 8

Herr Rentenfuchs zahlt zu Beginn jeden Jahres seine Rentenversicherung ein. Ab 1.1.1950 zahlte er jährlich 8 000 DM ein. Anfangs betrug der Zinssatz 3% und stieg ab 1.1.1970 auf 3.5%. Herr R. geht am 31.12.1989 in Rente.

a) Wie groß ist das Guthaben von Herrn R. am 1.1.1990?

b) Welche ewige Rente steht ihm zu, wenn mit 3% anteilmäßig verzinst wird?

Aufgabe 9

Ein Sparer zahlt 20 Jahre lang monatlich vorschüssig 300 EUR auf ein Konto ein.

a) Wieviel EUR stehen ihm nach diesen 20 Jahren zur Verfügung, wenn die Zinsen 7% betragen und am Jahresende anteilmäßig verzinst wird?

b) Welche monatliche ewige Rente steht ihm zu, falls mit 4% anteilmäßig verzinst wird?

Aufgabe 10

Ein eifriger Sparer zahlt jeweils am ersten jeden Monats 1 000 EUR auf ein Konto ein.

a) Berechnen Sie den Kontostand nach 20 Jahren, wenn mit 8% anteilmäßig am Jahresende verzinst wird.

b) Berechnen Sie den Kontostand nach 20 Jahren, wenn mit 2% vierteljährlich verzinst wird.

c) Berechnen Sie den Kontostand nach 20 Jahren, wenn mit $\frac{2}{3}\%$ monatlich verzinst wird.

Aufgabe 11

Eine Firma muß einem Mitarbeiter 5 Jahre lang monatlich vorschüssig 500 EUR bezahlen. Mit welchem Betrag könnte sie ihn bei 4% Zinsen jetzt abfinden?

Aufgabe 12

Wie lange kann man von 100 000 EUR monatlich vorschüssig 5 000 EUR abheben, wenn mit 6% anteilmäßig verzinst wird?

Aufgabe 13

Ein vorsorgender Vater zahlt 13 Jahre lang bei einem Zinssatz von 6% jeweils 300 EUR monatlich vorschüssig auf ein Konto ein. Nach 15 Jahren (also 2 Jahre später) beginnt der Sohn mit seinem Studium und darf über das Geld verfügen. Welchen Betrag kann er monatlich vorschüssig davon abheben, wenn das Studium 12 Semester (= 6 Jahre) dauern wird?

Aufgabe 14

Welcher Betrag muß monatlich vorschüssig 40 Jahre lang bei einem Zinssatz von 5% für die ersten 20 Jahre und 4.5% für die zweiten 20 Jahre auf ein Konto einbezahlt werden, um nach diesen 40 Jahren eine monatliche ewige Rente von 2 500 EUR bei 3% jährlicher Weiterverzinsung zu bekommen?

Aufgabe 15

Auf einem Einfamilienhaus lastet eine Hypothek in Höhe von 35 000 EUR. Die jährliche Belastung durch Verzinsung und Tilgung (Annuität) beträgt 2 500 EUR.

a) Wie viele Jahre dauert es bei 7% Zinsen, bis die Hypothek getilgt ist?

b) Wie hoch müßte die Annuität sein, damit bei gleicher Verzinsung die Laufzeit 60 Jahre beträgt?

Aufgabe 16

Mit welcher Annuität kann ein Kredit von 100 000 EUR bei 14% Zinsen in genau 10 Jahren zurückbezahlt werden?

Kapitel 6

Differentialrechnung

Funktionen sind in der Analysis das wichtigste Hilfsmittel, um viele Vorgänge und Sachverhalte zu beschreiben.
Funktionen sind eine Verallgemeinerung der im vorigen Kapitel eingeführten Folgen.

Definition 6.1:

Eine *Funktion* ist eine Abbildung, die jeder Zahl $x \in \mathbb{R}$ genau eine Zahl $y = f(x) \in \mathbb{R}$, den sogenannten *Funktionswert*, zuordnet.

Beispiel 6.1:

Auf einem Parkplatz hängt die Gebühr von der geparkten Zeit gemäß der Funktion $f(t) = 3 \cdot t$ [EUR] ab. $t > 0$ ist dabei die Zeitspanne, in welcher der Parkplatz in Anspruch genommen wird.

Es ist dann z. B. $f(1) = 3$ EUR, $f(2) = 6$ EUR oder $f(0.5) = 1.50$ EUR.

Im Bereich der Wirtschaft spielen viele unterschiedliche Funktionen eine bedeutende Rolle:

- Kostenfunktionen
- Stückkostenfunktionen
- Angebots- und Nachfragefunktionen
- Erlösfunktionen
- Gewinnfunktionen
- Konsumfunktionen
- Kapazitätsfunktionen
- Investitionsfunktionen

- Nutzenfunktionen und
- Produktionsfunktionen.

Dabei gibt z. B. eine Kostenfunktion $K(x)$ die Kosten für die produzierte Menge x an, während eine Nachfragefunktion $N(p)$ die Nachfrage in Mengeneinheiten in Abhängigkeit vom Preis p angibt.

In der weiteren Abhandlung werden eben solche Funktionen untersucht und Eigenschaften solcher Funktionen beschrieben, ohne daß dabei eine der oben beschriebenen Funktionen explizit herausgenommen wird. Wenn im folgenden von einer Funktion f gesprochen wird, so ist dies zwar eine abstrakte Funktion im Sinne der Mathematik; sie kann jedoch jede der oben genannten Anwendungsmöglichkeiten haben.

Neben der Darstellung durch Funktionsgleichungen $y = f(x)$ ist eine graphische Darstellung durch ein Schaubild eine angenehme Möglichkeit, sich das Verhalten einer Funktion klarzumachen.
Deshalb werden in diesem Kapitel viele Sachverhalte untersucht, die es ermöglichen, ausgehend von der Funktionsgleichung $y = f(x)$ zu einer graphischen Darstellung in einem geeigneten Koordinatensystem zu gelangen.

6.1 Elementare Funktionen

In diesem Abschnitt werden einige grundlegende Funktionstypen beschrieben.

6.1.1 Potenzfunktionen

Definition 6.2:

Eine Funktion mit der Gleichung

$$f(x) = x^n$$

heißt *Potenzfunktion.*

Einige Spezialfälle spielen hier eine besondere Rolle:

1. $n \in \mathbb{N}$
   Die Schaubilder heißen Parabeln.
   Für gerades n haben die Schaubilder im Punkt $(0, 0)$ ein Minimum und sind im Intervall $(-\infty, 0)$ monoton fallend und im Intervall $(0, \infty)$ monoton wachsend.
   Für ungerades n haben die Schaubilder im Punkt $(0, 0)$ einen Wendepunkt und sind stets monoton wachsend.

Die beiden Funktionen $f(x) = x^2$ und $f(x) = x^3$ sind im folgenden Schaubild dargestellt.

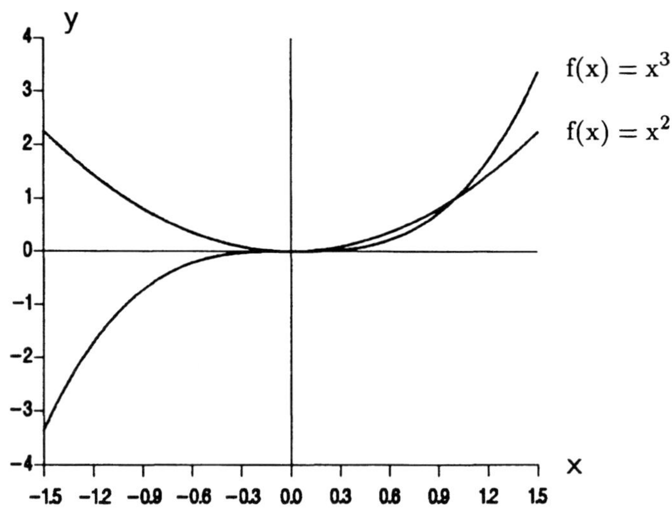

Abbildung 6.1: Potenzfunktionen

2. $n = 1$

   $f(x) = x$ ist eine Gerade mit der Steigung 1, die sogenannte 1. Winkelhalbierende.

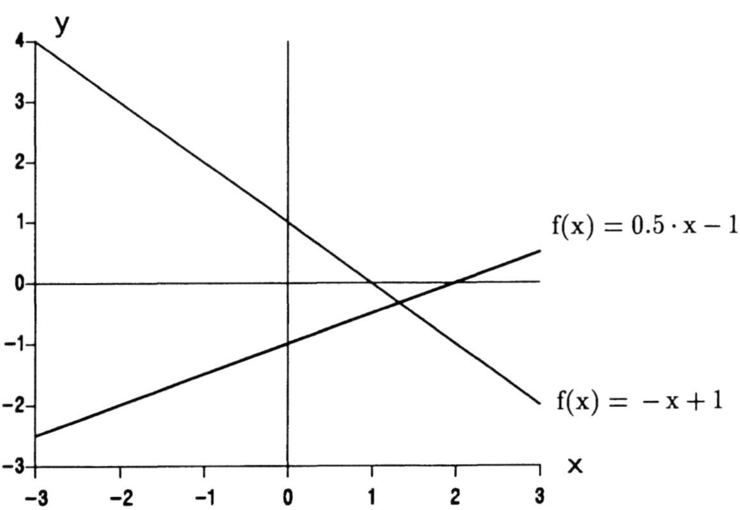

Abbildung 6.2: Geraden

Etwas allgemeiner sind Geraden durch die Funktionsgleichung

$$f(x) = m \cdot x + b$$

erklärt. Dabei ist m die Steigung und b der y – Achsenabschnitt.

Geraden spielen in der Differentialrechnung als Tangenten an andere Funktionen eine ausgezeichnete Rolle.

Die beiden Geraden $f(x) = 0.5x - 1$ und $f(x) = -x + 1$ sind oben in einem Schaubild dargestellt.

3. $n \in \mathbb{Z} \setminus \mathbb{N}$

   Die Schaubilder heißen Hyperbeln.
   Sie haben an der Stelle $x = 0$ eine Definitionslücke, die sich im Schaubild als Pol auswirkt.

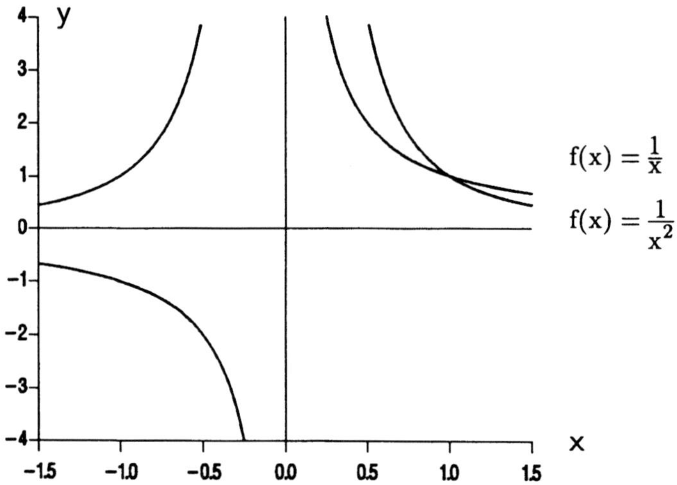

Abbildung 6.3: Hyperbeln

4. $n = \frac{1}{k}$, $k \in \mathbb{N}$

   Dies sind die Wurzelfunktionen, die aus den Schaubildern der Funktionen $f(x) = x^n$, $n \in \mathbb{N}$, durch Spiegelung an der 1. Winkelhalbierenden entstehen.

6.1.2 Polynome

Definition 6.3:

Eine Funktion mit der Gleichung

$$f(x) = a_n \cdot x^n + a_{n-1} \cdot x^{n-1} + \ \ldots \ + \ a_1 \cdot x + a_0$$

heißt *Polynom n-ten Grades.* Dabei gilt: $a_i \in \mathbb{R}$, $0 \leq i \leq n-1$ und $a_n \neq 0$.

Die Schaubilder von Polynomen werden durch die im Abschnitt 6.3 beschriebene Kurvendiskussion ermittelt.

Das Polynom $f(x) = x^3 - 3x^2 + x + 0.5$ ist im folgenden Schaubild dargestellt.

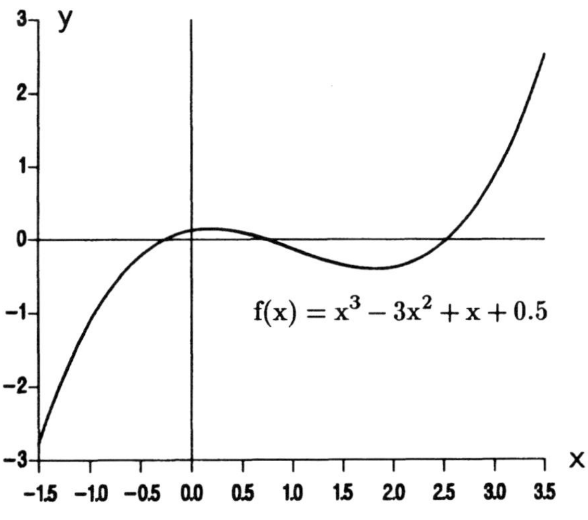

Abbildung 6.4: Polynom

6.1.3 Gebrochenrationale Funktionen

Definition 6.4:

Eine Funktion mit der Gleichung

$$f(x) = \frac{p(x)}{q(x)}$$

heißt *gebrochenrationale Funktion*, falls p(x) und q(x) Polynome sind.

Die Schaubilder von gebrochenrationalen Funktionen werden durch die im Abschnitt 6.3 beschriebene Kurvendiskussion ermittelt.

6.1.4 Exponential- und Logarithmusfunktionen

Definition 6.5:

Eine Funktion mit der Gleichung

$$f(x) = a^x, \ a > 0, \ a \neq 1$$

heißt *Exponentialfunktion.*

Exponentialfunktionen sind für $0 < a < 1$ monoton fallend und für $a > 1$ monoton wachsend und stets positiv.

Definition 6.6:

Eine Funktion mit der Gleichung

$$f(x) = \log_a x, \ a > 0, \ a \neq 1$$

heißt *Logarithmusfunktion.*

Logarithmusfunktionen sind für $0 < a < 1$ monoton fallend und für $a > 1$ monoton wachsend und nur für $x > 0$ definiert.

Die beiden Funktionen $f(x) = e^x$ und $f(x) = \ln x$ sind im folgenden Schaubild dargestellt.

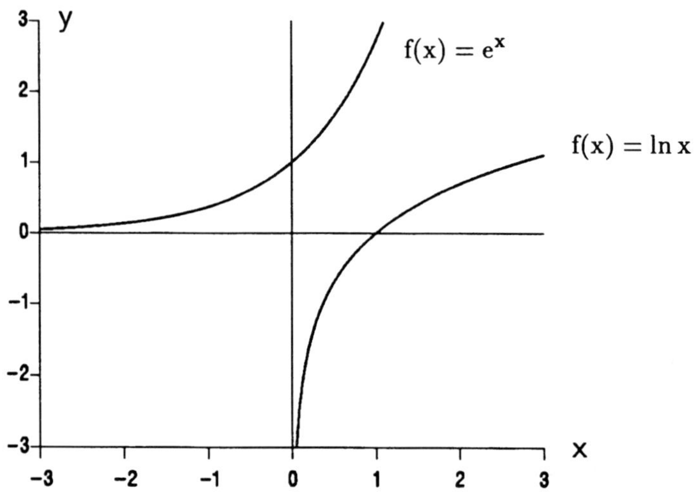

Abbildung 6.5: Exponential- und Logarithmusfunktion

6.1.5 Trigonometrische Funktionen

Die beiden Funktionen $f(x) = \sin x$ und $f(x) = \cos x$ heißen *trigonometrische Funktionen* oder *Kreisfunktionen.*
Da diese in wirtschaftlicher Hinsicht eher unbedeutend sind, werden hier nur die beiden Schaubilder angegeben.

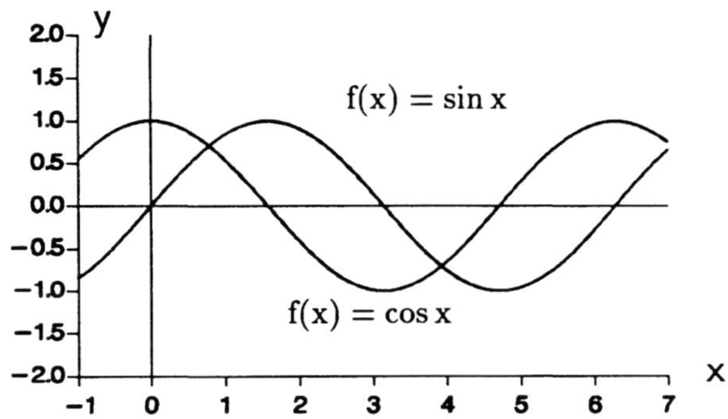

Abbildung 6.6: trigonometrische Funktionen

6.2 Tangenten und Ableitungen

Das Grundproblem der Differentialrechnung ist: Man berechne bei gegebener Funktion f an einer beliebigen Stelle x_0 die Gleichung der Tangente.

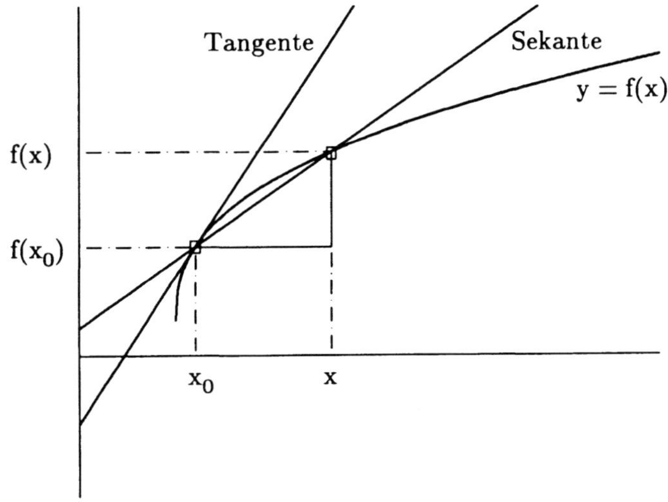

Abbildung 6.7: Tangente und Sekante

Da dann der Punkt $(x_0, f(x_0))$ vorliegt, genügt es, die Steigung der Tangente zu berechnen.

Im Schaubild oben ist dieser Sachverhalt dargestellt.

Um die Steigung $m_t(x_0)$ der Tangente im Punkt $(x_0, f(x_0))$ zu berechnen, wird ein zusätzlicher Punkt $(x, f(x))$ auf der Kurve hinzugenommen.

Die Gerade durch die zwei Punkte $(x_0, f(x_0))$ und $(x, f(x))$ heißt eine *Sekante* und hat die Steigung $m_s(x_0) = \frac{f(x) - f(x_0)}{x - x_0}$.

Läßt man jetzt $x \to x_0$ wandern, so nähert sich der Punkt $(x, f(x))$ dem Punkt $(x_0, f(x_0))$ beliebig und die Sekante dreht sich in die richtige Tangente.

Es gilt dann: $m_t(x_0) = \lim\limits_{x \to x_0} \frac{f(x) - f(x_0)}{x - x_0}$.

Wird x_0 nicht mehr fest, sondern variabel gehalten, so wird das Problem global gelöst. Man erhält dann eine neue Funktion $f'(x) = m_t(x)$.

Definition 6.7:

Eine Funktion heißt *differenzierbar* an der Stelle x_0, falls

$$\lim_{x \to x_0} \frac{f(x) - f(x_0)}{x - x_0}$$

existiert. Dann gibt es an der Stelle x_0 eine eindeutige Tangente.

Definition 6.8:

Die Funktion

$$f'(x) = \lim_{z \to x} \frac{f(z) - f(x)}{z - x}$$

heißt die *erste Ableitung* der Funktion f(x).

Definition 6.9:

Die *n-te Ableitung* einer Funktion f(x) ist gegeben durch

$$f^{(n)}(x) = \left(f^{(n-1)}\right)'(x).$$

Damit wird das ursprüngliche Problem dahin transformiert, daß zu einer gegebenen Funktion f(x) deren Ableitung f'(x) berechnet werden muß.

Das Berechnen von Ableitungen direkt mittels des Grenzwertes

$$f'(x) = \lim_{z \to x} \frac{f(z) - f(x)}{z - x}$$

wird im allgemeinen schwierig sein.

Deshalb wurden die sogenannten Ableitungsregeln entwickelt, die in den folgenden Tabellen angegeben sind.

Ableitungsregeln für elementare Funktionen:

$f(x)$	$f'(x)$
x^n	$n \cdot x^{n-1}$
e^x	e^x
$\ln x$	$\frac{1}{x}$
$\sin x$	$\cos x$
$\cos x$	$-\sin x$

Ableitungsregeln für Verknüpfungen:

$h(x)$	$h'(x)$
$c \cdot f(x)$	$c \cdot f'(x)$
$f(x) \pm g(x)$	$f'(x) \pm g'(x)$
$f(x) \cdot g(x)$	$f(x) \cdot g'(x) + f'(x) \cdot g(x)$
$\frac{f(x)}{g(x)}$	$\frac{f'(x) \cdot g(x) - f(x) \cdot g'(x)}{g^2(x)}$
$f(g(x))$	$f'(g(x)) \cdot g'(x)$

Die letzten drei Regeln heißen Produkt-, Quotienten- und Kettenregel.

Diese Ableitungsregeln sind relativ leicht mittels des ursprünglichen Grenzwertes herzuleiten und ermöglichen es jetzt, Ableitungen von Funktionen zu berechnen, die aus elementaren Funktionen und den bekannten Verknüpfungen aufgebaut sind.

Beispiel 6.2:

1. $f(x) = 3x^5 - x^{1.5} + 2 \Rightarrow f'(x) = 15x^4 - 1.5x^{0.5}$.
2. $f(x) = e^{x^2 - 2} \Rightarrow f'(x) = 2xe^{x^2 - 2}$.
3. $f(x) = (x+1) \cdot \ln x \Rightarrow f'(x) = (x+1) \cdot \frac{1}{x} + 1 \cdot \ln x = 1 + \frac{1}{x} + \ln x$.
4. $f(x) = \frac{x^2+1}{x-1} \Rightarrow f'(x) = \frac{(x-1) \cdot 2x - (x^2+1) \cdot 1}{(x-1)^2} = \frac{x^2 - 2x - 1}{(x-1)^2}$.
5. $f(x) = \sin\left(e^{x^2 - 5}\right) \Rightarrow f'(x) = \left(\cos\left(e^{x^2 - 5}\right)\right) \cdot e^{x^2 - 5} \cdot 2x$.
6. $f(x) = x^x \Rightarrow$ Umformung: $f(x) = \left(e^{\ln x}\right)^x = e^{x \cdot \ln x}$.

   $\Rightarrow f'(x) = e^{x \cdot \ln x} \cdot \left(x \cdot \frac{1}{x} + 1 \cdot \ln x\right) = x^x \cdot (1 + \ln x)$.

6.3 Kurvendiskussion

Um aus einer Funktionsgleichung ein Schaubild zu erhalten, müssen einzelne Punkte des Graphen berechnet werden. Da das Berechnen von relativ vielen Funktionswerten mühsam ist und da ein einzelner Funktionswert das Verhalten der Funktion nur in diesem Punkt beschreibt und keinerlei Information über das Verhalten in einer näheren Umgebung liefert, ist es sinnvoll, ausgezeichnete Punkte zu berechnen oder bestimmte Eigenschaften von Funktionen auszunutzen.

Hierbei hat sich der Formalismus der Kurvendiskussion durchgesetzt, der aus folgenden Punkten besteht:

1. Bestimmung des Definitionsbereichs $\mathbb{D}$.
2. Bestimmung der Symmetrie.

   Gilt $f(-x) = f(x)$, so ist die Funktion symmetrisch zur $y-$Achse.

   Gilt $f(-x) = -f(x)$, so ist die Funktion symmetrisch zum Punkt $(0, 0)$.
3. Bestimmung der ersten drei Ableitungen $f'(x), f''(x)$ und $f'''(x)$.
4. Bestimmung der Nullstellen: $f(x) = 0$.
5. Bestimmung der Extremwerte: $f'(x) = 0$.
   Gilt zusätzlich noch $f''(x) > 0$, so liegt ein Minimum vor.
   Gilt zusätzlich noch $f''(x) < 0$, so liegt ein Maximum vor.

6. Bestimmung der Wendepunkte: $f''(x) = 0$.
   Gilt zusätzlich noch $f'''(x) \neq 0$, so liegt sicher ein Wendepunkt vor.

7. Untersuchung des Verhaltens im Unendlichen und an den Definitionslücken, d. h. Berechnen der Grenzwerte

   $$\lim_{x \to \pm\infty} f(x) \text{ und } \lim_{x \to x_d} f(x), \quad x_d \notin \mathbb{D}.$$

   Graphisch beschreiben diese Grenzwerte die möglichen Asymptoten.

8. Schaubild.

Beispiel 6.3:

Gegeben sei die Funktion $f(x) = \frac{1}{2} \cdot (x^3 - 2x^2 - 5x + 6)$.

1. Bestimmung des Definitionsbereichs $\mathbb{D} = \mathbb{R}$.

2. Bestimmung der Symmetrie.
   $f(-x) = \frac{1}{2} \cdot (-x^3 - 2x^2 + 5x + 6)$.
   Also liegt keine Symmetrie vor.

3. Bestimmung der ersten drei Ableitungen.
   $f'(x) = \frac{1}{2} \cdot (3x^2 - 4x - 5)$.
   $f''(x) = \frac{1}{2} \cdot (6x - 4)$.
   $f'''(x) = 3$.

4. Bestimmung der Nullstellen: $f(x) = 0$.
   $\frac{1}{2} \cdot (x^3 - 2x^2 - 5x + 6) = 0 \;\Rightarrow\; x^3 - 2x^2 - 5x + 6 = 0$.
   Durch Probieren findet man: $x_1 = 1$ ist Nullstelle.
   $(x^3 - 2x^2 - 5x + 6) : (x - 1) = x^2 - x - 6$.
   $x^2 - x - 6 = 0 \;\Rightarrow\; x_2 = -2$ und $x_3 = 3$.
   Also gilt: $N_1(1, 0)$, $N_2(-2, 0)$ und $N_3(3, 0)$.

5. Bestimmung der Extremwerte: $f'(x) = 0$.
   $\frac{1}{2} \cdot (3x^2 - 4x - 5) = 0 \;\Rightarrow\; x_{4/5} = \frac{4 \pm \sqrt{16 + 60}}{6} = \frac{2 \pm \sqrt{19}}{3}$
   Wegen $f''(x_4) < 0$ folgt
   $\text{Max}\left(\frac{2 - \sqrt{19}}{3}, \frac{28}{27} + \frac{19\sqrt{19}}{27} \right) \approx (-0.79, 4.10)$ und

   wegen $f''(x_5) > 0$ folgt

$$\text{Min}\left(\frac{2+\sqrt{19}}{3}, \frac{28}{27}-\frac{19\sqrt{19}}{27}\right) \approx (2.12, \; -2.03).$$

6. Bestimmung der Wendepunkte: $f''(x) = 0$.

   $\frac{1}{2} \cdot (6 \cdot x - 4) = 0 \;\Rightarrow\; x_6 = \frac{2}{3}$.

   Wegen $f'''\left(\frac{2}{3}\right) \neq 0$ folgt $\quad W\left(\frac{2}{3}, \frac{28}{27}\right)$.

7. Untersuchung des Verhaltens im Unendlichen.

   $$\lim_{x \to \pm\infty} f(x) = \pm\infty.$$

8. Schaubild.

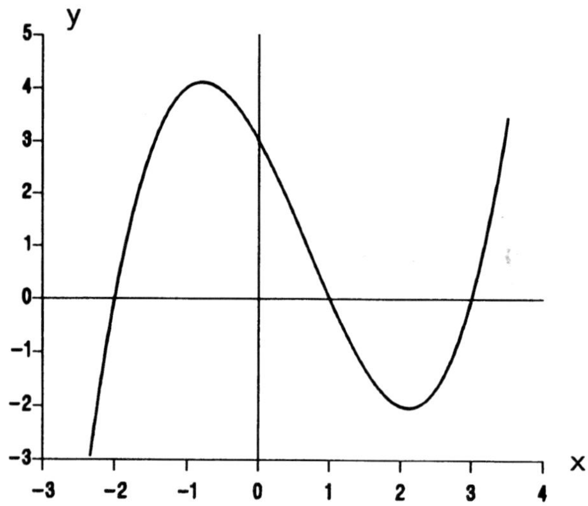

Abbildung 6.8: Schaubild eines Polynoms

Beispiel 6.4:

Gegeben sei die Funktion $f(x) = \frac{x^3+2}{x^3+4}$.

1. Bestimmung des Definitionsbereichs $\mathbb{D}$.

   $x^3 + 4 = 0 \;\Rightarrow\; x = -\sqrt[3]{4} \;\Rightarrow\; \mathbb{D} = \mathbb{R} \setminus \{-\sqrt[3]{4}\}$.

2. Bestimmung der Symmetrie.

   $$f(-x) = \frac{-x^3+2}{-x^3+4}.$$

   Also liegt keine Symmetrie vor.

3. Bestimmung der ersten drei Ableitungen

$$f'(x) = \frac{(x^3+4)\cdot 3x^2 - (x^3+2)\cdot 3x^2}{(x^3+4)^2} = \frac{6x^2}{(x^3+4)^2}.$$

$$f''(x) = \frac{(x^3+4)^2\cdot 12x - 2(x^3+4)\cdot 3x^2\cdot 6x^2}{(x^3+4)^4} = \frac{24x\cdot(2-x^3)}{(x^3+4)^3}.$$

$f'''(x)$ ist zum Nachweis der Wendepunkte nicht notwendig.

4. Bestimmung der Nullstellen: $f(x) = 0$.

   $x^3 + 2 = 0 \;\Rightarrow\; x_1 = -\sqrt[3]{2}.$

   Also gilt: $N_1\left(-\sqrt[3]{2},\, 0\right)$.

5. Bestimmung der Extremwerte: $f'(x) = 0$.

   $6x^2 = 0 \;\Rightarrow\; x = 0.$

   Wegen $f''(0) = 0$ liegt kein Extremwert vor.

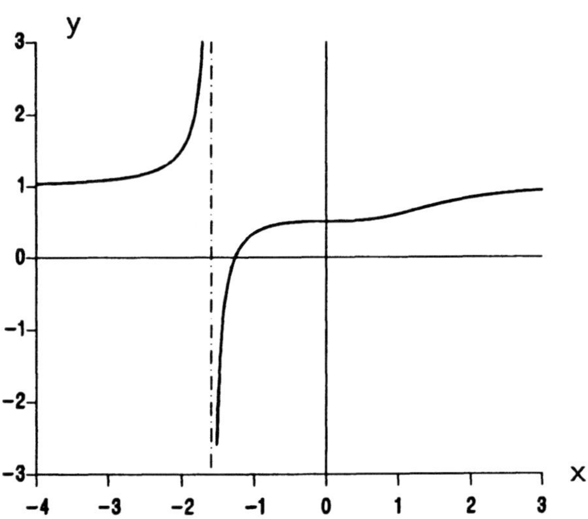

Abbildung 6.9: Schaubild einer gebrochenrationalen Funktion

6. Bestimmung der Wendepunkte: $f''(x) = 0$.

   $24x\cdot(2-x^3) = 0 \;\Rightarrow\; x_2 = 0$ und $x_3 = \sqrt[3]{2}$.

Mit Hilfe der Punkte 5. und 7. liegen zwei Wendepunkte vor:

$W_1(0, 0.5)$ und $W_2\left(\sqrt[3]{2}, \frac{2}{3}\right)$.

7. Untersuchung des Verhaltens im Unendlichen.

$\lim\limits_{x \to \pm\infty} f(x) = 1.$

Untersuchung des Verhaltens an $x_d = -\sqrt[3]{4}$.

$\lim\limits_{x \to x_d} f(x) = \mp\infty$ für $x > x_d$ bzw. $x < x_d$.

8. Das Schaubild ist oben abgebildet.

Beispiel 6.5:

Gegeben sei die Funktion $f(x) = \left(\frac{1}{4} \cdot x - \frac{1}{2}\right) \cdot e^{\frac{1}{4} \cdot \left(\frac{1}{2} \cdot x - 1\right)^2}$.

1. Bestimmung des Definitionsbereichs $\mathbb{D} = \mathbb{R}$.

2. Bestimmung der Symmetrie.

   $f(-x) = \left(-\frac{1}{4} \cdot x - \frac{1}{2}\right) \cdot e^{\frac{1}{4} \cdot \left(-\frac{1}{2} \cdot x - 1\right)^2}$.

   Also liegt keine Symmetrie vor.

3. Bestimmung der ersten drei Ableitungen.

   $f'(x) = \frac{1}{32} \cdot (x^2 - 4x + 12) \cdot e^{\frac{1}{4} \cdot \left(\frac{1}{2} \cdot x - 1\right)^2}$.

   $f''(x) = \frac{1}{256} \cdot (x^3 - 6x^2 + 36x - 56) \cdot e^{\frac{1}{4} \cdot \left(\frac{1}{2} \cdot x - 1\right)^2}$.

   $f'''(x)$ ist zum Nachweis der Wendepunkte nicht notwendig.

4. Bestimmung der Nullstellen: $f(x) = 0$.

   $\frac{1}{4} \cdot x - \frac{1}{2} = 0 \Rightarrow x_1 = 2$.

   Also gilt: $N_1(2, 0)$.

5. Bestimmung der Extremwerte: $f'(x) = 0$.

   Die Gleichung $x^2 - 4x + 12 = 0$ hat keine Lösung.

   Also gibt es keine Extremwerte.

6. Bestimmung der Wendepunkte: $f''(x) = 0$.

   $x^3 - 6x^2 + 36x - 56 = 0$. Die einzige Lösung $x_2 = 2$ wird durch Probieren gefunden. $\Rightarrow W_1(2, 0)$.

7. Untersuchung des Verhaltens im Unendlichen.

$$\lim_{x \to \pm\infty} f(x) = \pm\infty.$$

8. Schaubild.

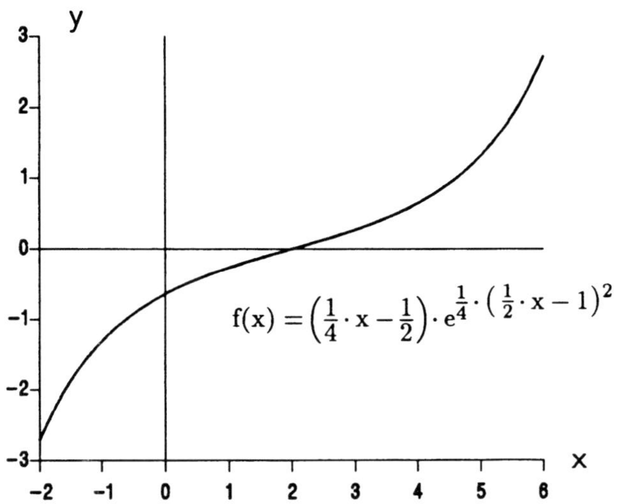

Abbildung 6.10: Schaubild einer transzendenten Funktion

6.4 Das Newton-Verfahren

Bei weitem nicht alle Gleichungen, die zum Beispiel bei der Kurvendiskussion auftreten, sind exakt lösbar. Deshalb wurden numerische Verfahren entwickelt, um die Lösung näherungsweise (im Prinzip beliebig genau) zu berechnen.

Ein Standardverfahren ist das **Newton-Verfahren**. Es beruht auf einer Näherung der entsprechenden Funktion durch ihre Tangente.

Zu lösen sei die Gleichung $f(x) = 0$.

Besitzt man eine grobe Näherung x_0 für die gesuchte Nullstelle, so wird an dieser Stelle die Gleichung der Tangente berechnet. Diese Gerade geht durch den Punkt $(x_0, f(x_0))$ und besitzt die Steigung $f'(x_0)$.

Also gilt wegen $y = m \cdot x + b$:

$$f(x_0) = f'(x_0) \cdot x_0 + b \;\Rightarrow\; b = f(x_0) - f'(x_0) \cdot x_0.$$

Deshalb lautet die Gleichung der Tangente

$$y = f'(x_0) \cdot x + \big(f(x_0) - f'(x_0) \cdot x_0\big).$$

Die Nullstelle der Funktion wird durch die Nullstelle der Tangente genähert:

$$f'(x_0) \cdot x + \big(f(x_0) - f'(x_0) \cdot x_0\big) = 0$$

$$\Rightarrow \quad x = x_1 = \frac{-f(x_0) + f'(x_0) \cdot x_0}{f'(x_0)} = x_0 - \frac{f(x_0)}{f'(x_0)}.$$

Diese Nullstelle als erste Näherung ist in vielen Fällen besser als die grobe Näherung.

Mit dieser ersten Näherung x_1 als Startwert geht das Verfahren wieder von vorne los und man erhält eine zweite Näherung

$$x_2 = x_1 - \frac{f(x_1)}{f'(x_1)}.$$

Damit wird ein rekursives Verfahren durchgeführt und man erhält eine Folge von Zahlen $x_0, x_1, x_2, x_3, \ldots$, die in vielen Fällen gegen die gesuchte Nullstelle konvergiert:

$$x_{n+1} = x_n - \frac{f(x_n)}{f'(x_n)}, \quad x_0 \text{ ist ein geeigneter Startwert.}$$

Konvergenzbetrachtungen werden hier nicht angestellt. In den meisten Fällen genügt es, einen Startwert nahe genug an der gesuchten Nullstelle zu benutzen.

Beispiel 6.6:

Gesucht ist die Nullstelle der Funktion $f(x) = e^x + x - 2$.

Diese wird mit dem Newton-Verfahren berechnet:

$$f(x) = e^x + x - 2 \;\Rightarrow\; f'(x) = e^x + 1$$

$$\Rightarrow \quad x_{n+1} = x_n - \frac{e^{x_n} + x_n - 2}{e^{x_n} + 1} = \frac{x_n \cdot e^{x_n} - e^{x_n} + 2}{e^{x_n} + 1}.$$

Wegen $f'(x) > 0$ ist $f(x)$ monoton wachsend. Deshalb gibt es höchstens eine Nullstelle.

Wegen $f(0) = -1$ und $f(1) = e - 1$ liegt diese im Intervall $(0, 1)$.

Mit dem Startwert $x_0 = 0$ folgt

$$x_1 = 0.500000000000$$
$$x_2 = 0.443851671995$$
$$x_3 = 0.442854703829$$
$$x_4 = 0.442854401002$$
$$x_5 = 0.442854401002.$$

Mit dem Startwert $x_0 = 0.5$ folgt

$$x_1 = 0.443851671995$$
$$x_2 = 0.442854703829$$
$$x_3 = 0.442854401002$$
$$x_4 = 0.442854401002.$$

Mit dem Startwert $x_0 = 1$ folgt

$$x_1 = 0.537882842739$$
$$x_2 = 0.445616748526$$
$$x_3 = 0.442856724645$$
$$x_4 = 0.442854401004$$
$$x_5 = 0.442854401002$$
$$x_6 = 0.442854401002.$$

$\Rightarrow$ Eine Näherung dieser Nullstelle ist (0.442854401002, 0).

Das folgende Schaubild bestätigt diese Näherung.

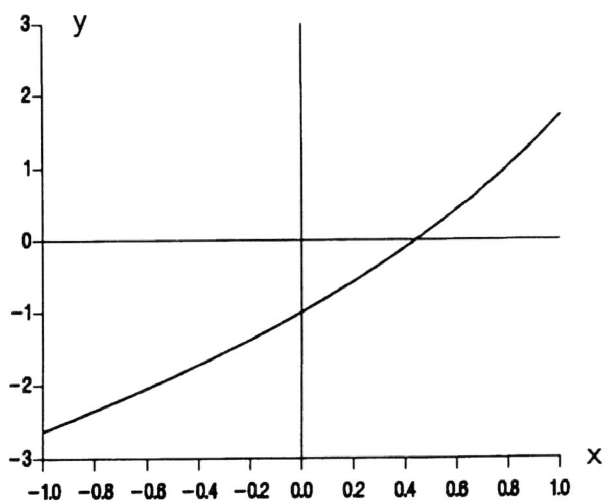

Abbildung 6.11: Newton-Verfahren bei einer Nullstelle

Beispiel 6.7:

Gesucht sind die Nullstellen der Funktion aus Abschnitt 6.1.2:

$$f(x) = x^3 - 3x^2 + x + 0.5.$$

Diese werden wieder mit dem Newton-Verfahren berechnet:

$$f(x) = x^3 - 3x^2 + x + 0.5 \Rightarrow f'(x) = 3x^2 - 6x + 1$$

$$\Rightarrow x_{n+1} = x_n - \frac{x_n^3 - 3x_n^2 + x_n + 0.5}{3x_n^2 - 6x_n + 1} = \frac{2x_n^3 - 3x_n^2 - 0.5}{3x_n^2 - 6x_n + 1}.$$

Mit dem Startwert $x_0 = 1$ folgt

$$\begin{aligned} x_1 &= 0.750000000000 \\ x_2 &= 0.741379310344 \\ x_3 &= 0.741347977919 \\ x_4 &= 0.741347977495 \\ x_5 &= 0.741347977495. \end{aligned}$$

Mit dem Startwert $x_0 = 2$ folgt

$$\begin{aligned} x_1 &= 3.50000000000 \\ x_2 &= 2.89552238805 \\ x_3 &= 2.60852244903 \\ x_4 &= 2.53133498198 \\ x_5 &= 2.52571618980 \\ x_6 &= 2.52568712164 \\ x_7 &= 2.52568712086 \\ x_8 &= 2.52568712086. \end{aligned}$$

Mit dem Startwert $x_0 = -0.5$ folgt

$$\begin{aligned} x_1 &= -0.315789473684 \\ x_2 &= -0.269936549961 \\ x_3 &= -0.267046390014 \\ x_4 &= -0.267035098533 \\ x_5 &= -0.267035098361 \\ x_6 &= -0.267035098361. \end{aligned}$$

$\Rightarrow$ Die Näherungen für die x – Werte der drei Nullstellen sind -0.267035098361, 0.741347977495 und 2.52568712086.

Der folgende Ausschnitt aus dem Schaubild aus Abschnitt 6.1.2 bestätigt diese Näherungen.

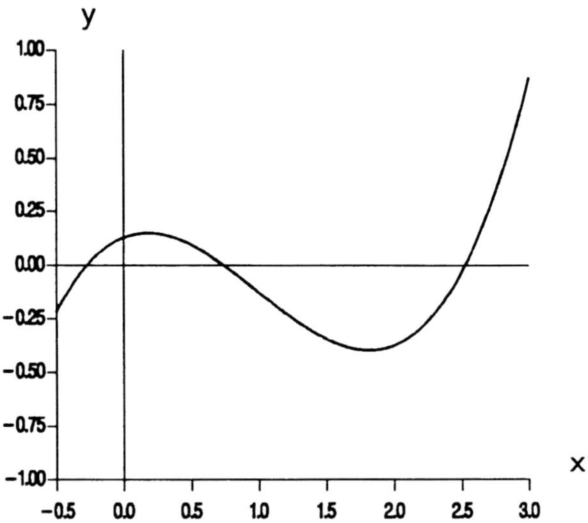

Abbildung 6.12: Newton-Verfahren bei drei Nullstellen

Zum Abschluß dieses Abschnitts wird noch ein Beispiel einer Kurvendiskussion vorgeführt, in der das Newton-Verfahren zur Anwendung kommt.

Beispiel 6.8:

Gegeben sei die Funktion $f(x) = \dfrac{\ln(x+2)}{(x-1)^2}$.

1. Bestimmung des Definitionsbereichs $\mathbb{D} = (-2, \infty)\setminus\{1\}$.

2. Bestimmung der Symmetrie.

   $$f(-x) = \frac{\ln(-x+2)}{(-x-1)^2}.$$

   Also liegt keine Symmetrie vor.

3. Bestimmung der ersten drei Ableitungen.

$$f'(x) = \frac{(x-1)^2 \cdot \frac{1}{x+2} - \left(\ln(x+2)\right) \cdot 2 \cdot (x-1)}{(x-1)^4} =$$

$$= \frac{2 \cdot \ln(x+2)}{(x-1)^3} + \frac{1}{(x+2)\cdot(x-1)^2}.$$

$$f''(x) = \frac{6 \cdot \ln(x+2)}{(x-1)^4} + \frac{5x+7}{(x+2)^2 \cdot (1-x)^3}.$$

$f'''(x)$ ist kompliziert und überflüssig.

4. Bestimmung der Nullstellen: $f(x) = 0$.

   $\ln(x+2) = 0 \Rightarrow x+2 = 1 \Rightarrow x_1 = -1$.

   Also gilt: $N_1(-1, 0)$.

5. Bestimmung der Extremwerte: $f'(x) = 0$.

   Die Gleichung $(2x+4) \cdot \ln(x+2) + x - 1 = 0$ hat keine Lösung, was allerdings nicht ganz offensichtlich ist.
   Also gibt es keine Extremwerte.

6. Bestimmung der Wendepunkte: $f''(x) = 0$.

   Nach einer Multiplikation entsteht die Gleichung

   $(6x^2 + 24x + 24) \cdot \ln(x+2) - 5x^2 - 2x + 7 = 0$.

   Diese ist nicht exakt lösbar.

   Das Newton-Verfahren führt auf die Rekursionsgleichung

$$x_{n+1} = x_n - \frac{(6{x_n}^2 + 24x_n + 24) \cdot \ln(x_n + 2) - 5{x_n}^2 - 2x_n + 7}{(12x_n + 24) \cdot \ln(x_n + 2) + 2 \cdot (5 - 2x_n)}.$$

   Mit dem Startwert $x_0 = -1$ folgt

   $x_1 = -1.28571428571$
   $x_2 = -1.30823730480$
   $x_3 = -1.30831721131$
   $x_4 = -1.30831721225$
   $x_5 = -1.30831721225$.

   $\Rightarrow W_1(-1.308, -0.0692)$. Die Bestätigung erfolgt durch 7..

7. Untersuchung des Verhaltens im Unendlichen.

   $\lim_{x \to \infty} f(x) = 0$.

   Untersuchung des Verhaltens an $x_d = 1$.

   $\lim_{x \to 1} f(x) = \infty$ für $x > 1$ und für $x < 1$.

   Untersuchung des Verhaltens in der Nähe von $x = -2$.

   $\lim_{x \to -2} f(x) = -\infty$ für $x > -2$.

8. Schaubild.

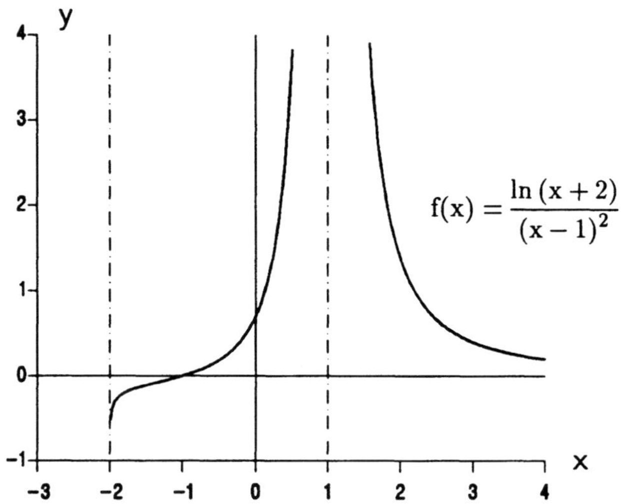

Abbildung 6.13: Kurvendiskussion und Newton-Verfahren

Die Asymptote an der Stelle $x = -2$ wird sehr langsam erreicht. So ist zum Beispiel $f(-1.99999) = -1.2792$. Dieser Sachverhalt kann im Schaubild nicht dargestellt werden.

6.5 Die Taylorentwicklung

Häufig ist es nicht möglich, mit einer gegebenen Funktion eine erforderliche Berechnung durchzuführen. Dann ist es u. U. sinnvoll, die gegebene Funktion durch eine einfachere Funktion möglichst gut zu approximieren. Die Taylorentwicklung ist eine solche Approximationsmethode. Die einfacheren Funktionen sind dabei Polynome n – ten Grades, die an einer festen Stelle x_0 im Funktionswert und den ersten n Ableitungen mit der Ausgangsfunktion übereinstimmen.

Definition 6.10:

Gegeben sei eine Funktion $f(x)$ und eine Stelle x_0 im Inneren des Definitionsbereiches von f. Dann heißt

$$f(x) = \sum_{k=0}^{\infty} \frac{f^{(k)}(x_0)}{k!} \cdot (x - x_0)^k$$

eine *Taylorreihe*, falls diese unendliche Reihe konvergiert.

Die Stelle x_0 heißt dabei *Entwicklungsstelle.*

Da eine Taylorreihe aus unendlich vielen Summanden besteht, ist sie zum direkten Rechnen nicht geeignet. Zur Approximation der Funktion f wird deshalb diese Reihe nach einer endlichen Anzahl von Summanden abgebrochen. Ist der verbleibende Rest dann klein, so gilt:

$$f(x) \approx \sum_{k=0}^{n} \frac{f^{(k)}(x_0)}{k!} \cdot (x - x_0)^k.$$

Definition 6.11:

Die Funktionen

$$T_n(x) = \sum_{k=0}^{n} \frac{f^{(k)}(x_0)}{k!} \cdot (x - x_0)^k$$

heißen *Taylorpolynome n – ten Grades.*

Führt man jetzt eine Näherung $f(x) \approx T_n(x)$ durch, möchte man natürlich wissen, wie gut diese Näherung ist. Bei der Taylorentwicklung gibt es eine *Restgliedabschätzung*, mit deren Hilfe der Fehler, der bei der Näherung entsteht, nach oben abgeschätzt werden kann:

$$\text{Fehler} = |\, f(x) - T_n(x)\,| \le \max_{\eta \in (x,\, x_0)} \left| \frac{f^{(n+1)}(\eta)}{(n+1)!} \cdot (x - x_0)^{n+1} \right|.$$

Die Taylorentwicklung wird beim näherungsweisen Berechnen von Funktionswerten, beim näherungsweisen Berechnen von Nullstellen und beim näherungsweisen Berechnen von Integralen verwendet.

Beispiel 6.9:

Gesucht ist ein Näherungswert für die Zahl $\sqrt{5}$.

Dazu wird die Funktion $f(x) = \sqrt{x+4}$ in eine Taylorreihe um die Stelle $x_0 = 0$ entwickelt.

$$f(x) = \sqrt{x+4} \Rightarrow f'(x) = \frac{1}{2 \cdot \sqrt{x+4}} \Rightarrow f''(x) = \frac{-1}{4 \cdot \sqrt{(x+4)^3}}$$

$$\Rightarrow f'''(x) = \frac{3}{8 \cdot \sqrt{(x+4)^5}} \Rightarrow f^{(4)}(x) = \frac{-15}{16 \cdot \sqrt{(x+4)^7}}.$$

Für die Funktionswerte an der Stelle 0 gilt:

$$f(0) = 2,\ f'(x) = \frac{1}{4},\ f''(x) = -\frac{1}{32} \text{ und } f'''(x) = \frac{3}{256}.$$

Daraus können die Taylorpolynome 1., 2. und 3. Grades berechnet werden:

$$T_1(x) = f(x_0) + f'(x_0) \cdot (x - x_0) = 2 + \frac{1}{4} \cdot (x - 0) = 2 + \frac{1}{4} \cdot x.$$

$$T_2(x) = f(x_0) + f'(x_0) \cdot (x - x_0) + \frac{1}{2} \cdot f''(x_0) \cdot (x - x_0)^2 =$$
$$= 2 + \frac{1}{4} \cdot (x - 0) - \frac{1}{2} \cdot \frac{1}{32} \cdot (x - 0)^2 = 2 + \frac{1}{4} \cdot x - \frac{1}{64} \cdot x^2.$$

$$T_3(x) =$$
$$= f(x_0) + f'(x_0) \cdot (x - x_0) + \frac{f''(x_0)}{2} \cdot (x - x_0)^2 + \frac{f'''(x_0)}{6} \cdot (x - x_0)^3 =$$
$$= 2 + \frac{1}{4} \cdot (x - 0) - \frac{1}{2} \cdot \frac{1}{32} \cdot (x - 0)^2 + \frac{1}{6} \cdot \frac{3}{256} \cdot (x - 0)^3 =$$
$$= 2 + \frac{1}{4} \cdot x - \frac{1}{64} \cdot x^2 + \frac{1}{512} \cdot x^3.$$

Die Funktion f(x) und die Taylorpolynome $T_1(x)$ und $T_2(x)$ sind im folgenden Schaubild dargestellt.

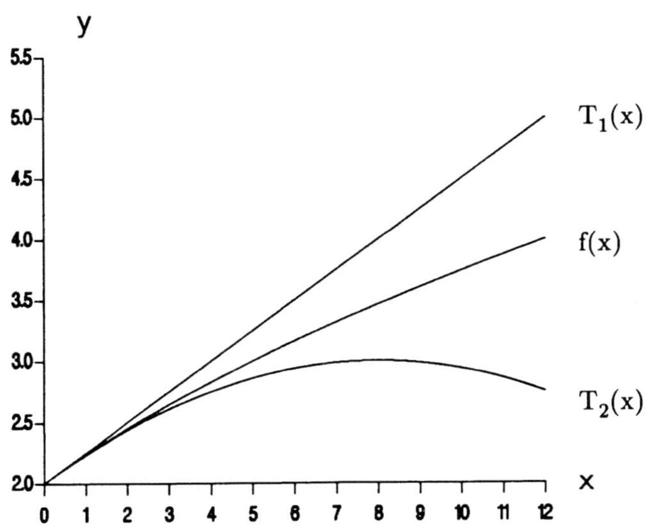

Abbildung 6.14: Funktion und Taylorpolynome

Daß die Taylorentwicklung nur in einer gewissen Umgebung der Entwicklungsstelle brauchbare Näherungen liefert, ist an der expliziten Gestalt des Restgliedes abzulesen, insbesondere wird der Anteil $(x - x_0)^{n+1}$ immer größer, je größer der Abstand von x und x_0 ist.

Für die Näherungswerte der Zahl $\sqrt{5}$ gilt dann wegen $\sqrt{5} = \sqrt{4+1} = f(1)$:

1. Näherung mit $T_1(x)$:

$$\sqrt{5} \approx T_1(1) = \frac{9}{4} = 2.25.$$

Für den Fehler gilt dann:

$$\text{Fehler } = |f(x) - T_1(x)| \leq \max_{\eta \in (0,1)} \left| \frac{\frac{-1}{4 \cdot \sqrt{(\eta+4)^3}}}{(1+1)!} \cdot (1-0)^2 \right| =$$

$$= \frac{1}{4 \cdot 8 \cdot 2} = \frac{1}{64}.$$

2. Näherung mit $T_2(x)$:

$$\sqrt{5} \approx T_2(1) = \frac{143}{64}.$$

Für den Fehler gilt dann:

$$\text{Fehler } = |f(x) - T_2(x)| \leq \max_{\eta \in (0,1)} \left| \frac{\frac{3}{8 \cdot \sqrt{(\eta+4)^5}}}{(2+1)!} \cdot (1-0)^3 \right| =$$

$$= \frac{3}{8 \cdot 32 \cdot 6} = \frac{1}{512}.$$

3. Näherung mit $T_3(x)$:

$$\sqrt{5} \approx T_3(1) = \frac{1\,145}{512}.$$

Für den Fehler gilt dann:

$$\text{Fehler } = |f(x) - T_3(x)| \leq \max_{\eta \in (0,1)} \left| \frac{\frac{-15}{16 \cdot \sqrt{(\eta+4)^7}}}{(3+1)!} \cdot (1-0)^4 \right| =$$

$$= \frac{15}{16 \cdot 128 \cdot 24} = \frac{5}{16\,384}.$$

Die folgende Tabelle zeigt die Qualität dieser Näherungen.

Taylorpolynom	Näherung	maximaler Fehler	tatsächlicher Fehler
$T_1(x)$	2.250000000	0.015625000	0.0139320230
$T_2(x)$	2.234375000	0.001953125	0.0016929780
$T_3(x)$	2.236328125	0.000305176	0.0000260148

Um die Qualität dieser Näherungen auch graphisch aufzuzeigen, sind die Funktion f(x) und die Taylorpolynome $T_1(x)$ und $T_2(x)$ im folgenden Schaubild vergrößert dargestellt.

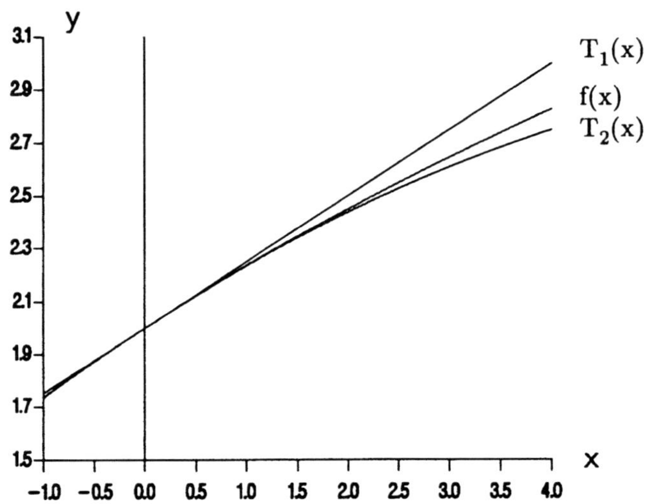

Abbildung 6.15: Funktion und Taylorpolynome in einer Umgebung um die Entwicklungsstelle

Beispiel 6.10:

Gesucht sind die Nullstellen der Funktion $f(x) = \cos x + e^{-x} - x^2$.

Versucht man, die Gleichung

$$\cos x + e^{-x} - x^2 = 0$$

zu lösen, wird man feststellen, daß dies mit analytischen Mitteln nicht möglich ist. Eine erste Möglichkeit zur näherungweisen Berechnung ist das Newton-Verfahren aus Abschnitt 6.4. Eine zweite, wenn auch deutlich eingeschränkte Möglichkeit bietet die Taylorentwicklung. Dazu wird das Taylorpolynom 2. Grades (ab $n \geq 3$ können die Nullstellen von Polynomen nicht mehr berechnet werden) berechnet und dessen Nullstellen als Näherung für die Nullstellen der Funktion genommen.

Die Funktion $f(x) = \cos x + e^{-x} - x^2$ wird in ein Taylorpolynom 2. Grades um $x_0 = 0$ entwickelt:

$$f(x) = \cos x + e^{-x} - x^2 \quad \Rightarrow \quad f'(x) = -\sin x - e^{-x} - 2x$$

$$\Rightarrow \quad f''(x) = -\cos x + e^{-x} - 2 \quad \Rightarrow \quad f'''(x) = \sin x - e^{-x}.$$

Aus $f(0) = 2$, $f'(0) = -1$ und $f''(0) = -2$ folgt $T_2(x) = -x^2 - x + 2$.

Für die Nullstellen des Taylorpolynoms $T_2(x)$ gilt:

$$T_2(x) = 0 \quad \Rightarrow \quad -x^2 - x + 2 = 0 \quad \Rightarrow \quad -(x+2)\cdot(x-1) = 0$$

$$\Rightarrow \quad x_1 = 1 \text{ und } x_2 = -2.$$

Die Abweichung in x – Richtung kann mit der Restgliedabschätzung nicht ermittelt werden. Man kann nur die Abweichung des Funktionswertes von 0 nach oben abschätzen:

Fehler $\leq \max\limits_{\eta \in (0,\,1)} |\sin \eta - e^{-\eta}| \cdot \dfrac{(1-0)^3}{3!} = \dfrac{1}{6}$, da $f'''(x) = \sin x - e^{-x}$ wegen $f^{(4)}(x) = \cos x + e^{-x} > 0$ auf $(0,\,1)$ monoton wachsend ist.

Das folgende Schaubild zeigt diesen Sachverhalt.

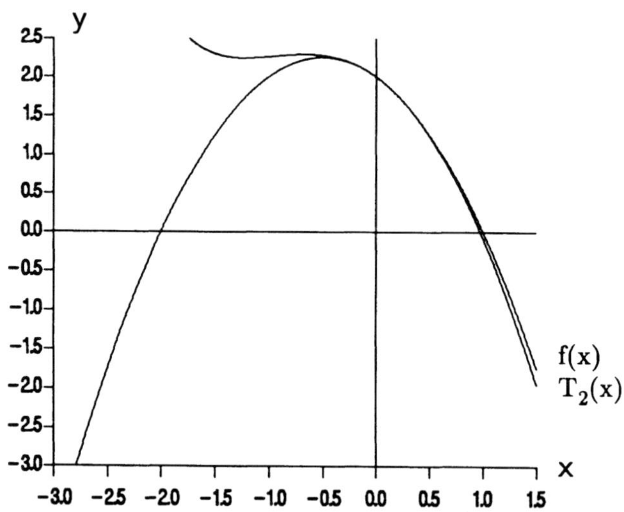

Abbildung 6.16: Taylorpolynom und Nullstellenberechnung

Aufgaben zu Kapitel 6

Aufgabe 1

Skizzieren Sie folgende Geraden.

a) $f(x) = 2x - 3$ b) $f(x) = -0.3x + 1$

c) $f(x) = 10x - 5$.

Aufgabe 2

Skizzieren Sie folgende Parabeln.

a) $f(x) = x^2 + 1$ b) $f(x) = (x - 2)^2$

c) $f(x) = 0.5 \cdot (x - 1)^2 + 1$.

Aufgabe 3

Skizzieren Sie folgende Parabeln.

a) $f(x) = x^3 - 2$ b) $f(x) = (x + 1)^3$.

Aufgabe 4

Skizzieren Sie folgende Parabeln.

a) $f(x) = x^4$ b) $f(x) = x^5$

c) $f(x) = x^6$ d) $f(x) = x^7$.

Aufgabe 5

Skizzieren Sie folgende Funktionen.

a) $f(x) = -\frac{1}{x}$ b) $f(x) = 2x^{-2}$.

Aufgabe 6

Skizzieren Sie folgende Funktionen.

a) $f(x) = \sqrt{x + 1}$ b) $f(x) = \sqrt[3]{x - 1}$.

Aufgabe 7

Skizzieren Sie folgende Funktionen.

a) $f(x) = e^{x + 1}$ b) $f(x) = -e^{x^2}$.

Aufgabe 8

Skizzieren Sie folgende Funktionen.

a) $f(x) = \ln(x+2)$ b) $f(x) = \ln(0.5 \cdot x) + 1$.

Aufgabe 9

Berechnen Sie die erste Ableitung der folgenden Funktionen.

a) $f(x) = x^5 - 3x^{4.3} - 3$ b) $f(x) = \frac{1}{x^{1.5}}$

c) $f(x) = \sqrt[3]{x}$.

Aufgabe 10

Berechnen Sie die erste Ableitung der folgenden Funktionen.

a) $f(x) = x^2 \cdot \ln x$ b) $f(x) = x \cdot \sin x$

c) $f(x) = x \cdot e^x \cdot \cos x$.

Aufgabe 11

Berechnen Sie die erste Ableitung der folgenden Funktionen.

a) $f(x) = \frac{x-1}{x^2+2}$ b) $f(x) = \frac{e^x - 1}{x^2}$.

Aufgabe 12

Berechnen Sie die erste Ableitung der folgenden Funktionen.

a) $f(x) = (x^2-1)^{25}$ b) $f(x) = \ln(e^{2x} - x^2)$

c) $f(x) = \sin \frac{1}{x-1}$.

Aufgabe 13

Berechnen Sie die erste Ableitung der folgenden Funktionen.

a) $f(x) = x^{x^{-3}}$ b) $f(x) = -x \cdot (2 - \ln x)^3$

c) $f(x) = \frac{1}{(2-3x)^2}$.

Aufgabe 14

Diskutieren Sie die folgenden Funktionen.

a) $f(x) = \frac{2}{x^2} - \frac{1}{x^3}$ b) $f(x) = \frac{x+1}{\sqrt{x}} - 2$

c) $f(x) = (\ln(x+1))^2$ d) $f(x) = \frac{1+\ln x}{x}$

e) $f(x) = x \cdot (1 - 2 \cdot \sqrt{x})$ f) $f(x) = 0.25 \cdot (x^2 - 4) \cdot e^{x^2}$

g) $f(x) = 2x \cdot \ln \frac{x^2}{3}$.

Aufgabe 15

Berechnen Sie mit dem Newton-Verfahren mindestens jeweils eine Nullstelle der folgenden Funktionen.

a) $f(x) = x^3 - x + 5$ b) $f(x) = e^x - x^2$

c) $f(x) = \ln(x+1) + x^3 + x + 1$

d) $f(x) = \sin x - x - 1$ e) $f(x) = x^5 - x + 3$.

Aufgabe 16

Bestimmen Sie die Taylorpolynome $T_2(x)$, $T_3(x)$ und $T_4(x)$ der folgenden Funktionen.

a) $f(x) = x^5 - x^2 - 2$ mit $x_0 = 1$ und $x_0 = 3$.

b) $f(x) = \frac{2}{x+1}$ mit $x_0 = 0$ und $x_0 = 5$.

c) $f(x) = 2 \cdot \sin x$ mit $x_0 = 0$ und $x_0 = \frac{\pi}{2}$.

d) $f(x) = e^x$ mit $x_0 = 0$ und $x_0 = 1$.

Aufgabe 17

Gesucht ist ein Näherungswert für $\left(\sqrt[5]{\frac{6}{5}}\right)^6$.

a) Entwickeln Sie dazu die Funktion $f(x) = (1+x)^{\frac{6}{5}}$ in ein Taylorpolynom 2. Grades $T_2(x)$ um $x_0 = 0$.

b) Berechnen Sie damit einen Näherungswert N für $\left(\sqrt[5]{\frac{6}{5}}\right)^6$. N ist dabei als Bruch (= rationale Zahl) anzugeben.

c) Schätzen Sie den Fehler ab, den Sie bei dieser Näherung maximal begehen.

Aufgabe 18

Gesucht sind die Nullstellen der Funktion $f(x) = e^x - x^2$.

a) Entwickeln Sie diese Funktion in ein Taylorpolynom 2. Grades um $x_0 = 0$.

b) Berechnen Sie die Nullstellen dieses Taylorpolynoms.

c) Um wieviel weicht f an den Nullstellen aus b) von 0 höchstens ab?

Kapitel 7

Integralrechnung

Hauptbestandteil der Integralrechnung ist die Berechnung des Flächeninhalts von krummlinig berandeten Flächen. Häufig ist dabei der Flächeninhalt einer Fläche zu ermitteln, die vom Graphen einer Funktion, von der x – Achse und von zwei zur y – Achse parallelen Geraden berandet wird.

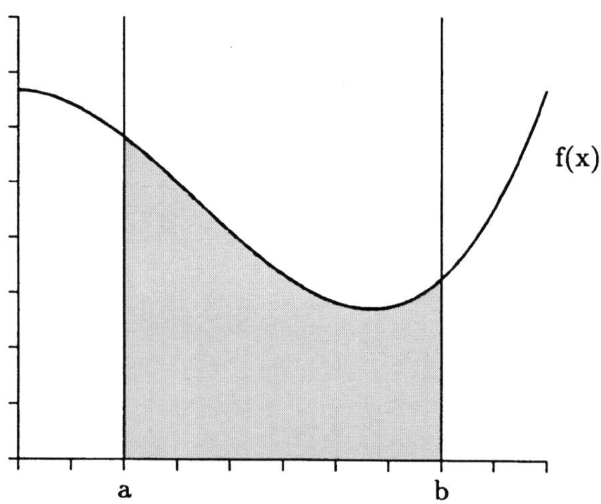

Abbildung 7.1: krummlinig berandete Fläche

7.1 Integrale und Flächeninhalte

Gegeben sei eine Funktion f mit $f(x) \geq 0$ für alle $a \leq x \leq b$. Gesucht ist der Inhalt der Fläche, der von der Funktion f, der x – Achse und den Geraden $x = a$ und $x = b$ berandet wird (siehe Abbildung 7.1).

Die Lösung dieses Problems geschieht mit Hilfe von Grenzwerten von Summen und führt auf das umgekehrte Problem, das in der Differentialrechnung betrachtet wurde. Auf eine ausführliche Abhandlung wird hier verzichtet.

Definition 7.1:

Die gesuchte Fläche wird symbolisch mit

$$\int_a^b f(x)\,dx$$

bezeichnet. Die Sprechweise ist: *Integral* von a bis b über f(x).

Die Berechnung solcher Integrale erfolgt mit dem sogenannten **Hauptsatz der Differential- und Integralrechnung:**

Ist F(x) eine Funktion mit der Eigenschaft

$$F'(x) = f(x),$$

so folgt

$$\int_a^b f(x)\,dx = \left[F(x)\right]_a^b = F(b) - F(a).$$

Damit ist die scheinbar komplizierte Berechnung solcher Flächen auf das Berechnen zweier Funktionswerte reduziert worden. Als einziges Problem bleibt natürlich die Bestimmung der Funktion F(x).

Dieses Problem ist das umgekehrte Problem, das in der Differentialrechnung betrachtet wurde: eine Ableitung ist gegeben und die dazugehörige Funktion ist gesucht.

Möglichkeiten zur Bestimmung von F(x) werden in Abschnitt 7.2 behandelt.

Eigenschaften von Integralen:

1. $\int_a^a f(x)\,dx = 0.$

2. $\int_a^b f(x)\,dx = -\int_b^a f(x)\,dx.$

3. $\int_a^b f(x)\,dx = \int_a^c f(x)\,dx + \int_c^b f(x)\,dx$ für alle $a \le c \le b$.

4. $\int_a^b \left(c \cdot f(x) + d \cdot g(x)\right) dx = c \cdot \int_a^b f(x)\,dx + d \cdot \int_a^b g(x)\,dx.$

5. Die Zahl $\int_a^b f(x)\,dx$ stellt den orientierten Flächeninhalt (= Inhalt der Fläche oberhalb der x – Achse minus Inhalt der Fläche unterhalb der x – Achse) dar, falls f(x) auf [a, b] auch negativ ist. Dann wird die tatsächliche Fläche durch eine Integration von Nullstelle zu Nullstelle ermittelt, wobei von allen Flächeninhalten unterhalb der x – Achse der Betrag genommen werden muß.

Das folgende Schaubild zeigt diesen Sachverhalt.

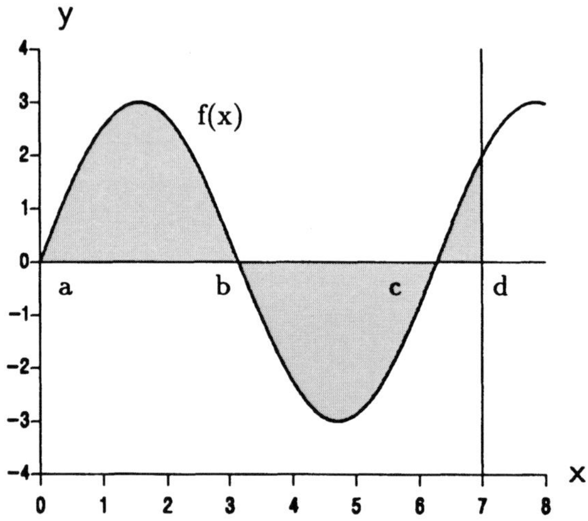

Abbildung 7.2: Flächenstücke unterhalb der x – Achse

Hier gilt:

$$A_1 + A_2 + A_3 = \int_a^b f(x)\,dx + \left| \int_b^c f(x)\,dx \right| + \int_c^d f(x)\,dx.$$

7.2 Stammfunktionen

In diesem Abschnitt werden Methoden beschrieben, um die Funktion F(x) zu bestimmen, falls die Funktion f(x) gegeben ist.

Definition 7.2:

Gegeben sei eine Funktion f(x). Eine Funktion F(x) heißt *Stammfunktion* von f(x), falls gilt:

$$F'(x) = f(x).$$

Stammfunktionen sind im Gegensatz zu Ableitungen nicht eindeutig, sie können sich durch eine additive Konstante unterscheiden.

Während für das Ableiten Regeln aufgestellt werden konnten, die es dann erlaubten, die Ableitung aller Funktionen zu berechnen, die als Verknüpfung elementarer Funktionen dargestellt sind, wird die Bestimmung einer Stammfunktion so nicht immer möglich sein. Es gibt Funktionen, deren Stammfunktion sich nicht als Verknüpfung elementarer Funktionen darstellen läßt. Insbesondere wird es nicht gelingen, die Produkt-, Quotienten- und Kettenregel generell umzukehren.

Für fast alle elementare Funktionen (außer $f(x) = \ln x$) und für einige Verknüpfungen gibt es Integrationsregeln.

Integrationsregeln für elementare Funktionen:

f(x)	F(x)
x^n	$\frac{1}{n+1} \cdot x^{n+1}$, $n \neq -1$
e^x	e^x
$\sin x$	$-\cos x$
$\cos x$	$\sin x$

Integrationsregeln für Verknüpfungen:

h(x)	H(x)
$c \cdot f(x)$	$c \cdot F(x)$
$f(x) \pm g(x)$	$F(x) \pm G(x)$

Beispiel 7.1:

1. $f(x) = x^3 + x - 1 \quad \Rightarrow \quad F(x) = \frac{1}{4} \cdot x^4 + \frac{1}{2} \cdot x^2 - x.$
2. $f(x) = 2 \cdot e^x + \sin x \quad \Rightarrow \quad F(x) = 2 \cdot e^x - \cos x.$

Hier und im folgenden wird stets die mögliche Konstante bei der Bildung der Stammfunktion gleich Null gesetzt.

Das Integrieren von Produkten, Quotienten und Verkettungen von Funktionen gelingt teilweise mittels zweier spezieller Integrationsmethoden: der *partiellen Integration* und der *Substitution.*

Die Formel für die *partielle Integration* entsteht aus der Produktregel der Differentialrechnung:

$$\int f(x) \cdot g'(x)\,dx = \left[f(x) \cdot g(x)\right] - \int f'(x) \cdot g(x)\,dx.$$

Ungünstigerweise beinhaltet diese Formel einige Schwierigkeiten:

- Es ist keine Formel zur Berechnung von $\int f(x) \cdot g(x)\,dx$.
- Das zu berechnende Integral hängt von einem weiteren anderen Integral ab. Nur wenn dieses Integral bestimmt werden kann, führt diese Methode zum Ziel.

Beispiel 7.2:

1. Gesucht ist das $\int x \cdot \sin x\,dx$.

   Mit $f(x) = x$ und $g'(x) = \sin x$ folgt $f'(x) = 1$ und $g(x) = -\cos x$.

   Also gilt:

   $$\begin{aligned}\int x \cdot \sin x\,dx &= \left[x \cdot (-\cos x)\right] - \int (1 \cdot (-\cos x))\,dx = \\ &= \left[x \cdot (-\cos x)\right] + \int \cos x\,dx = \\ &= \left[x \cdot (-\cos x)\right] + [\sin x] = [-x \cdot \cos x + \sin x].\end{aligned}$$

2. Gesucht ist das $\int \ln x\,dx$.

   Mit $f(x) = \ln x$ und $g'(x) = 1$ folgt $f'(x) = \frac{1}{x}$ und $g(x) = x$.

   Also gilt:

   $$\int \ln x\,dx = \left[(\ln x) \cdot x\right] - \int \tfrac{1}{x} \cdot x\,dx = \left[(\ln x) \cdot x\right] - \int 1\,dx = [x \cdot \ln x - x].$$

Die *Integration durch Substitution* beruht auf der Kettenregel der Differentialrechnung:

$$\int f\big(g(x)\big) \cdot g'(x)\,dx = \int f(u)\,du.$$

Beispiel 7.3:

1. Gesucht ist das $\int (x^5 + x^3)^5 \cdot (5x^4 + 3x^2)\,dx$.

   Mit $u = x^5 + x^3$ folgt $u'(x) = \frac{du}{dx} = 5x^4 + 3x^2$ und daraus

   $dx = \dfrac{du}{5x^4 + 3x^2}$.

Also gilt:

$$\int (x^5 + x^3)^5 \cdot (5x^4 + 3x^2)\,dx = \int u^5 \cdot (5x^4 + 3x^2) \cdot \frac{du}{5x^4 + 3x^2} =$$

$$= \int u^5\,du = \left[\frac{1}{6} \cdot u^6\right] = \left[\frac{1}{6} \cdot (x^5 + x^3)^6\right].$$

2. Gesucht ist das $\int 2 \cdot \frac{\sin x}{\cos x}\,dx$.

   Mit $u = \cos x$ folgt $u'(x) = \frac{du}{dx} = -\sin x$ und daraus $dx = -\frac{du}{\sin x}$.

   Also gilt:

$$\int 2 \cdot \frac{\sin x}{\cos x}\,dx = \int 2 \cdot \frac{\sin x}{u} \cdot \left(-\frac{du}{\sin x}\right) = \int -\frac{2}{u}\,du = -\left[2 \cdot \ln|u|\right] =$$

$$= -\left[2 \cdot \ln|\cos x|\right].$$

Beispiel 7.4:

Gesucht ist der Inhalt der Fläche, die vom Graph der Funktion $f(x) = x \cdot e^x$, der x – Achse und den Geraden $x = -2$ und $x = 1$ berandet wird.

Im folgenden Schaubild ist diese Fläche eingezeichnet.

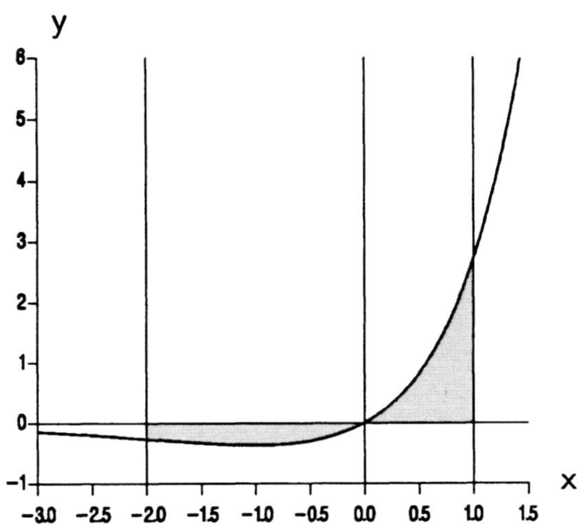

Abbildung 7.3: Flächenberechnung

Die Nullstelle ist N(0, 0). Da diese im Integrationsintervall liegt, folgt

$$A = \left| \int_{-2}^{0} x \cdot e^x \, dx \right| + \int_{0}^{1} x \cdot e^x \, dx.$$

Das Integral $\int x \cdot e^x \, dx$ wird mit partieller Integration ermittelt.

Mit $f(x) = x$ und $g'(x) = e^x$ folgt $f'(x) = 1$ und $g(x) = e^x$.

Also gilt:

$$\int x \cdot e^x \, dx = [x \cdot e^x] - \int 1 \cdot e^x \, dx = [x \cdot e^x] - \int 1 \cdot e^x = [x \cdot e^x - e^x].$$

Damit gilt:

$$\begin{aligned} A &= \left| [x \cdot e^x - e^x]_{-2}^{0} \right| + [x \cdot e^x - e^x]_{0}^{1} = \\ &= \left| (0 \cdot e^0 - e^0) - ((-2) \cdot e^{-2} - e^{-2}) \right| + \\ &= ((1 \cdot e^1 - e^1) - (0 \cdot e^0 - e^0)) = \\ &= \left| -1 + 2e^{-2} + e^{-2} \right| + 1 = 2 - 3e^{-2} \approx 1.59399. \end{aligned}$$

7.3 Uneigentliche Integrale

Bei der Berechnung solcher Flächen können Schwierigkeiten auftreten, falls

- die Funktion f unbeschränkt ist.
- das Integrationsintervall [a, b] ins Unendliche reicht.

In diesen Fällen können die Flächen häufig durch Grenzwerte bestimmt werden.

Definition 7.3:

1. Sei $I = [a, \infty]$. Dann heißt

$$\lim_{b \to \infty} \int_{a}^{b} f(x) \, dx = \int_{a}^{\infty} f(x) \, dx$$

ein *uneigentliches Integral*, falls dieser Grenzwert existiert.

2. Sei f unbeschränkt an der Stelle a (d.h. $\left|\lim_{x\to a} f(x)\right| = \infty$) und sei $a < b$. Dann heißt

$$\lim_{c\to a} \int_c^b f(x)\,dx = \int_a^b f(x)\,dx$$

ein *uneigentliches Integral*, falls dieser Grenzwert existiert.

Solche uneigentlichen Integrale spielen in der Wahrscheinlichkeitstheorie (siehe Kapitel 10) bei stetigen Verteilungen eine entscheidende Rolle.

Beispiel 7.5:

1. $\int_1^\infty \frac{1}{x^2}\,dx = \lim_{b\to\infty} \int_1^b \frac{1}{x^2}\,dx = \lim_{b\to\infty} \left[-\frac{1}{x}\right]_1^b = \lim_{b\to\infty}\left(-\frac{1}{b}+1\right) = 1.$

   Diese Fläche ist im folgenden Schaubild dargestellt.

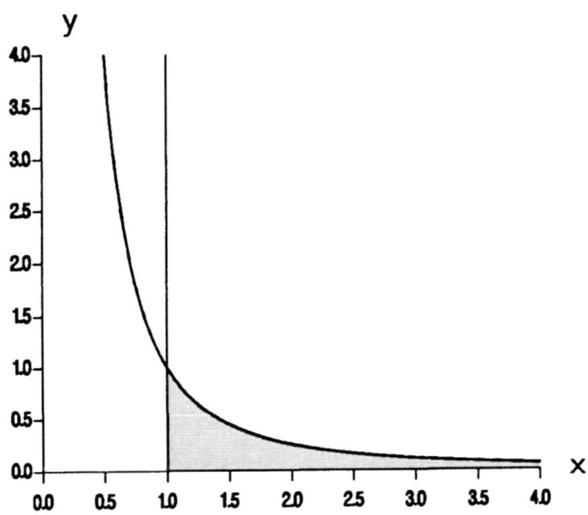

Abbildung 7.4: unbeschränktes Integrationsintervall und endlicher Flächeninhalt

2. $\int_1^\infty \frac{1}{x}\,dx = \lim_{b\to\infty} \int_1^b \frac{1}{x}\,dx = \lim_{b\to\infty} \left[\ln|x|\right]_1^b = \lim_{b\to\infty} (\ln b - 0) = +\infty.$

   Diese Fläche ist im folgenden Schaubild dargestellt.

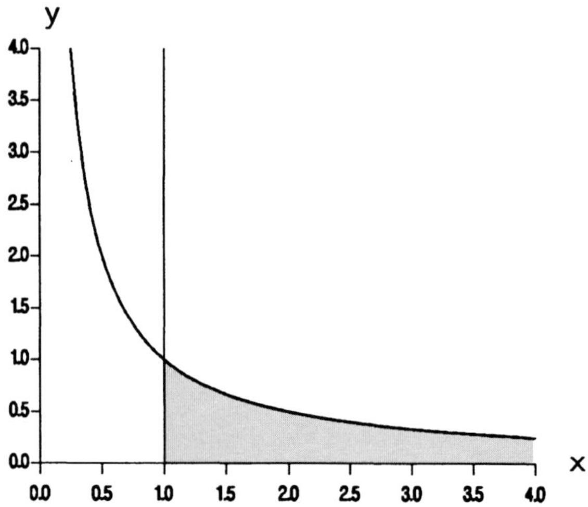

Abbildung 7.5: unbeschränktes Integrationsintervall und unendlicher Flächeninhalt

3. $$\int_0^1 \frac{1}{\sqrt{x}}\,dx = \lim_{c\to 0} \int_c^1 \frac{1}{\sqrt{x}}\,dx = \lim_{c\to 0} \left[2\cdot\sqrt{x}\right]_c^1 = \lim_{c\to 0}\left(2 - 2\cdot\sqrt{c}\right) = 2.$$

Diese Fläche ist im folgenden Schaubild dargestellt.

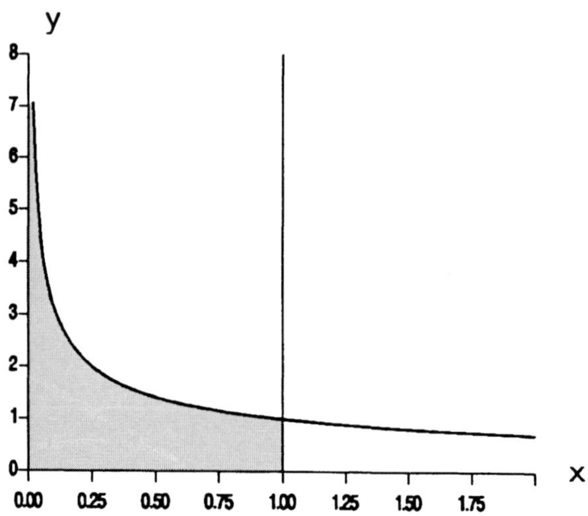

Abbildung 7.6: unbeschränkter Integrand und endlicher Flächeninhalt

4. $$\int_0^1 \frac{1}{x}\,dx = \lim_{c\to 0} \int_c^1 \frac{1}{x}\,dx = \lim_{c\to 0} \left[\ln|x|\right]_c^1 = \lim_{c\to 0} (0 - \ln c) = \infty.$$

Diese Fläche ist im folgenden Schaubild dargestellt.

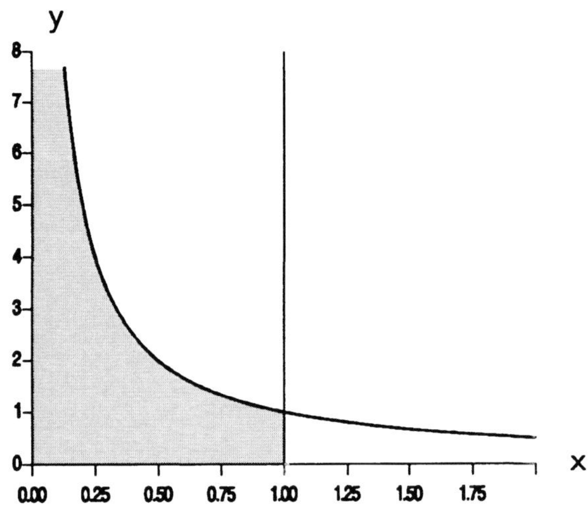

Abbildung 7.7: unbeschränkter Integrand und unendlicher Flächeninhalt

Dieses Beispiel zeigt, daß es ins Unendliche reichende Flächen (von der Ausdehnung her gesehen) gibt, die trotzdem einen endlichen Flächeninhalt besitzen.

Aufgaben zu Kapitel 7

Aufgabe 1

Bestimmen Sie jeweils eine Stammfunktion der folgenden Funktionen.

a) $f(x) = x^3 + x^{1.5} + 5 \cdot \sqrt{x}$ b) $f(x) = (x^2 + 3x)^2$

c) $f(x) = 2 \cdot \sqrt{x} - \frac{3}{\sqrt{x}}$ d) $f(x) = e^x + 2 \cdot \cos x + e^{-x}$

e) $f(x) = \frac{1}{x^2} - \frac{1}{x^3}$.

Aufgabe 2

Berechnen Sie folgende Integrale durch partielle Integration.

a) $\int_0^{\pi} x \cdot \cos x \, dx$ b) $\int_1^{e} x^2 \cdot \ln x \, dx$ c) $\int_0^{1} (x^2 + x) \cdot e^{-x} \, dx$ d) $\int_1^{2} \ln \frac{x^3}{4} \, dx$

e) $\int_0^{2\pi} \sin^2 x \, dx$.

Aufgabe 3

Berechnen Sie folgende Integrale durch Substitution.

a) $\int_0^{2} x \cdot e^{x^2} \, dx$ b) $\int_0^{1} x \cdot e^{-x^2} \, dx$ c) $\int_0^{1} \frac{x}{x^2 + 1} \, dx$.

Aufgabe 4

Berechnen Sie die Fläche zwischen der Funktion und der x – Achse.

a) $f(x) = \sin 4x$ für $0 \leq x \leq \pi$ b) $f(x) = e^x - e^{3x}$ für $-1 \leq x \leq 2$

c) $f(x) = \frac{x^3}{1 + x^4}$ für $-0.5 \leq x \leq 1$.

Aufgabe 5

Berechnen Sie die folgenden uneigentlichen Integrale im Falle der Existenz.

a) $\int_0^{\infty} 2 \cdot e^{-2x} \, dx$ b) $\int_1^{\infty} \frac{2}{x^3} \, dx$ c) $\int_2^{\infty} \frac{1}{\sqrt{x}} \, dx$ d) $\int_0^{1} \frac{1}{x^2} \, dx$ e) $\int_2^{3} \frac{x}{\sqrt{x^2 - 4}} \, dx$

f) $\int_0^{\infty} x \cdot e^{-x} \, dx$.

Teil II Statistik

Kapitel 8

Beschreibende Statistik

Die Aufgaben und Problemstellungen, die in der beschreibenden Statistik behandelt werden, sind vielfältig. Ein wichtiges Aufgabengebiet ist die Darstellung von statistischem Material, häufig von Zahlenmaterial. Die vorliegenden statistischen Daten, die zusammengefaßt Stichprobe genannt werden, sind meistens Untersuchungsergebnisse oder Beobachtungen, anhand derer bestimmte Fragestellungen beantwortet werden. Die Darstellung erfolgt durch Strichlisten, Tabellen oder Schaubildern. Eine andere Aufgabe ist, durch die Berechnung statistischer Kenngrößen wie z. B. Mittelwert, Median oder Varianz Aussagen über die Eigenschaften der Stichprobe machen zu können. Mit Hilfe dieser Kenngrößen ist es dann möglich, Information über die Stichprobe zu geben, ohne die Stichprobe explizit angeben zu müssen.

8.1 Eindimensionale beschreibende Statistik

8.1.1 Stichproben und Merkmale

Beispiel 8.1:

Für die Hörer einer bestimmtem Vorlesung soll statistisches Material gesammelt werden. Man kann das Geschlecht, das Alter, die Körpergröße, das Körpergewicht und vieles andere mehr untersuchen.

Dieses Beispiel zeigt, das es unterschiedliche Merkmale gibt, die untersucht werden können. In der eindimensionalen Statistik wird nur ein einziges Merkmal betrachtet.

In der folgenden Definition werden die Begriffe Stichprobe, Merkmal und Merkmalsausprägung, die oben schon erwähnt wurden, zusammengestellt.

Definition 8.1:

1. Eine *Stichprobe* ist eine Zusammenfassung von Beobachtungswerten bzw. Daten aus einer größeren Grundgesamtheit. Die Anzahl der Stichprobenwerte wird *Stichprobenumfang* genannt.

2. Die Ergebnisse, die das Beobachtungsmerkmal haben kann, werden *Merkmalsausprägungen* genannt.

In der folgenden Definition werden Eigenschaften dieser Merkmalsausprägungen charakterisiert.

Definition 8.2:

1. Ein Merkmal heißt *nominal*, falls nur die Verschiedenheit der Ausprägungen zum Ausdruck gebracht werden kann. Hier gibt es keine Rang- oder Reihenfolge.

2. Ein Merkmal heißt *ordinal*, falls die verschiedenen Merkmalsausprägungen in eine sinnvolle Reihenfolge gebracht werden können, jedoch die Abstände zwischen den Merkmalsausprägungen keinen Sinn ergeben, also nicht interpretiert werden können.

3. Ein Merkmal heißt *metrisch skaliert*, falls die verschiedenen Merkmalsausprägungen in eine sinnvolle Reihenfolge gebracht werden können und die Abstände zwischen den Merkmalsausprägungen miteinander verglichen werden können. Eine metrische Skala ist bis auf die Wahl der Einheit eindeutig.

4. Ein Merkmal heißt *diskret*, falls die Anzahl der verschiedenen Ausprägungen endlich oder abzählbar unendlich ist.

5. Ein Merkmal heißt *stetig*, falls die Ausprägungen in ein Intervall auf der Zahlengeraden fallen.

Beispiel 8.2:

- Nominale Merkmale: Farbe, Beruf, Hobby.

- Ordinale Merkmale: Tabellenplatz, Güteklassen, Bewertung im Kunstturnen oder beim Eiskunstlaufen.

- Metrisch skalierte Merkmale: Alle Längen, Gewichte, alle meßbaren Größen der Physik wie Gewichtskraft, Arbeit, Leistung, Stromstärke, Spannung, das Alter von Lebewesen.

- Diskrete Merkmale: Monatseinkommen, Alter in Jahren.

- Stetige Merkmale: Gewicht der Kartoffeln auf einem Acker, Alter, Körpergröße, Körpergewicht, falls diese Größen genau gemessen werden können.

8.1.2 Häufigkeitsverteilungen bei diskreten Merkmalen

In diesem Abschnitt werden Häufigkeitsverteilungen von diskreten Merkmalen betrachtet.

Definition 8.3:

1. Die k verschiedenen *Merkmalsausprägungen* seien mit $a_1, a_2, \ldots, a_k$ bezeichnet.
2. Die Merkmalsausprägung der i-ten Beobachtung sei mit x_i bezeichnet, wobei jeder der n Beobachtungswerte x_i, $1 \leq i \leq n$, mit einer der k Merkmalsausprägungen übereinstimmt.
3. Das n-Tupel $x = (x_1, x_2, \ldots, x_n)$ heißt *Stichprobe*.

In der folgenden Definition werden absolute und relative Häufigkeiten eingeführt.

Definition 8.4:

1. Die *absolute Häufigkeit* der Merkmalsausprägung a_j, $1 \leq j \leq k$, ist die Anzahl derjenigen x_i, $1 \leq i \leq n$, die mit a_j übereinstimmen. Die Bezeichnung für die *absolute Häufigkeit* ist $h(a_j)$. Also gilt:

   $$h(a_j) = \text{Anzahl aller } x_i, \text{ die mit } a_j \text{ übereinstimmen.}$$

2. Dividiert man die absolute Häufigkeit der Merkmalsausprägung a_j, $1 \leq j \leq k$ durch den Stichprobenumfang n, so erhält man die *relative Häufigkeit*. Diese wird mit $r(a_j)$ bezeichnet und es gilt:

   $$r(a_j) = \frac{1}{n} \cdot h(a_j), \ 1 \leq j \leq k.$$

Diese beiden Begriffe haben folgende Eigenschaften:

$$0 \leq h(a_j) \leq n \quad \text{und} \quad \sum_{j=1}^{k} h(a_j) = n.$$

$$0 \leq r(a_j) \leq 1 \quad \text{und} \quad \sum_{j=1}^{k} r(a_j) = 1.$$

Beispiel 8.3:

Gegeben sei das Alter von 22 Studierenden einer Mathematik-Vorlesung. Die Stichprobe x ist gegeben durch:

$$x = (23, 22, 25, 25, 26, 24, 24, 32, 21, 22, 28, 27, 22, 23, 24,$$
$$28, 23, 24, 25, 27, 23, 24).$$

Dann gilt:

$n = 22,\ k = 9.$

$a_1 = 21,\ a_2 = 22,\ a_3 = 23,\ a_4 = 24,\ a_5 = 25,\ a_6 = 26,\ a_7 = 27,$

$a_8 = 28,\ a_9 = 32.$

$h(a_1) = 1,\ h(a_2) = 3, \ldots, h(a_8) = 2,\ h(a_9) = 1.$

$r(a_1) = \frac{1}{22},\ r(a_2) = \frac{3}{22}, \ldots, r(a_8) = \frac{2}{22},\ r(a_9) = \frac{1}{22}.$

Durch Schaubilder können Stichproben (ähnlich wie Funktionen) graphisch dargestellt werden. Dafür stehen folgende Diagramme zur Verfügung:

- Stabdiagramm (Balkendiagramm).
- Säulendiagramm (Histogramm).
- Kreisdiagramm.

Beim *Stabdiagramm* werden die Häufigkeiten über den einzelnen Merkmalsausprägungen als dünne Stäbe abgetragen, deren Längen gerade die Häufigkeiten sind.

Beim *Säulendiagramm* werden die Häufigkeiten durch Flächeninhalte von Rechtecken dargestellt.

Beim *Kreisdiagramm* werden die Häufigkeiten als Kreissektoren dargestellt, wobei die Fläche der Sektoren proportional zu den Häufigkeiten ist.

Beispiel 8.4:

Die Stichprobe aus dem letzten Beispiel

$$x = (23, 22, 25, 25, 26, 24, 24, 32, 21, 22, 28, 27, 22, 23, 24,$$
$$28, 23, 24, 25, 27, 23, 24)$$

soll nun graphisch dargestellt werden:

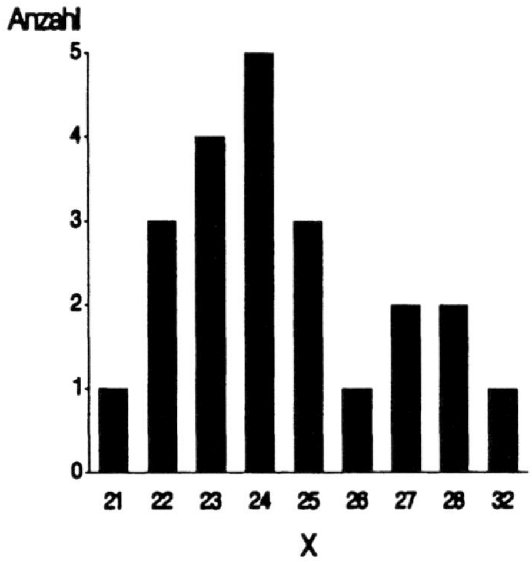

Abbildung 8.1: Stabdiagramm

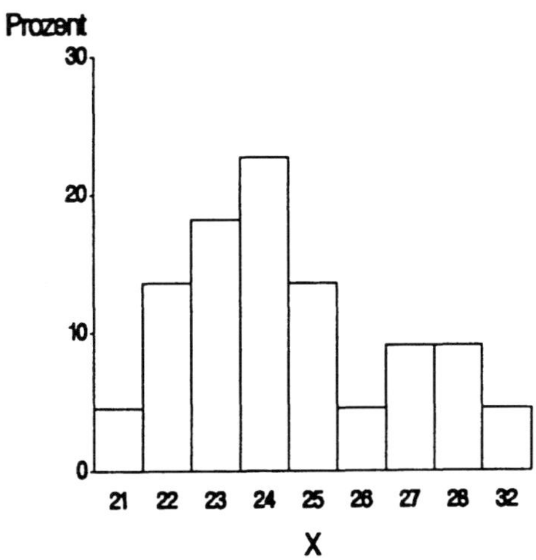

Abbildung 8.2: Säulendiagramm

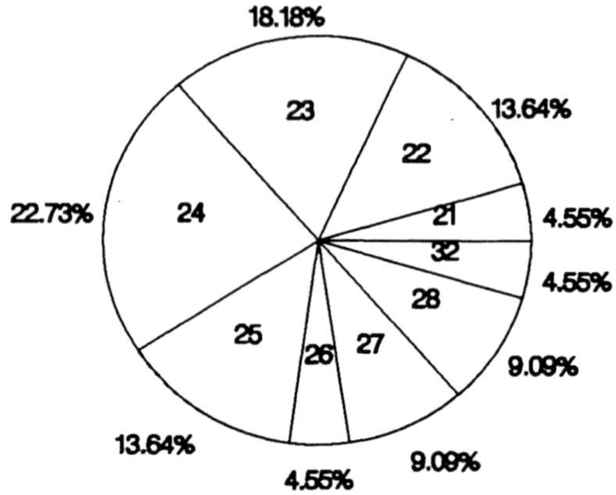

Abbildung 8.3: Kreisdiagramm

Eine weitere Darstellung erfolgt mit Hilfe der empirischen Verteilungsfunktion.

Definition 8.5:

Die verschiedenen Merkmalsausprägungen seien der Größe nach geordnet:

$$a_1 < a_2 < \ldots < a_k .$$

Dann heißt die Funktion

$$A(x) = \sum_{j:a_j \leq x} h(a_j)$$

die *absolute Summenhäufigkeitsfunktion.*

Definition 8.6:

Mit Hilfe der absoluten Summenhäufigkeitsfunktion A(x) erhält man die *empirische Verteilungsfunktion* E(x):

$$E(x) = \sum_{j:a_j \leq x} r(a_j) = \frac{1}{n} \cdot A(x) .$$

Beispiel 8.5:

Für die Stichprobe

$$x = (23,\ 22,\ 25,\ 25,\ 26,\ 24,\ 24,\ 32,\ 21,\ 22,\ 28,\ 27,\ 22,\ 23,\ 24,$$

$$28,\ 23,\ 24,\ 25,\ 27,\ 23,\ 24).$$

soll nun die empirische Verteilungsfunktion berechnet werden.

Es gilt:

$E(x) = 0$	für	$x < 21$
$E(x) = \frac{1}{22}$	für	$21 \leq x < 22$
$E(x) = \frac{4}{22}$	für	$22 \leq x < 23$
$E(x) = \frac{8}{22}$	für	$23 \leq x < 24$
$E(x) = \frac{13}{22}$	für	$24 \leq x < 25$
$E(x) = \frac{16}{22}$	für	$25 \leq x < 26$
$E(x) = \frac{17}{22}$	für	$26 \leq x < 27$
$E(x) = \frac{19}{22}$	für	$27 \leq x < 28$
$E(x) = \frac{21}{22}$	für	$28 \leq x < 32$
$E(x) = 1$	für	$x \geq 32.$

In einem Schaubild wird die empirische Verteilungsfunktion als Treppenfunktion dargestellt.

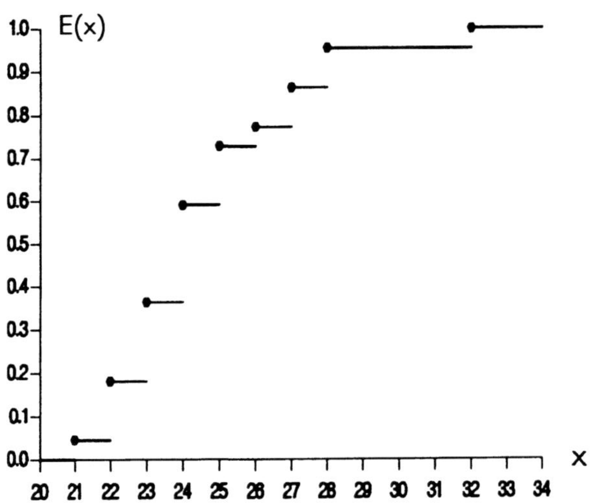

Abbildung 8.4: empirische Verteilungsfunktion

8.1.3 Häufigkeitsverteilungen bei Klassenbildungen

Häufig ist es sinnvoll, die Elemente einer Stichprobe in Klassen einzuteilen. Die dafür notwendigen Begriffe werden in der folgenden Definition bereitgestellt.

Definition 8.7:

1. Eine Unterteilung des Intervalls, in dem alle Beobachtungswerte liegen, in disjunkte Teilintervalle heißt *Klasseneinteilung*, falls die Vereinigung dieser Teilintervalle eine Obermenge dieses Intervalls ist.
2. Diese Teilintervalle werden *Klassen* genannt.
3. Für das Teilintervall $(t_p, t_{p+1}]$ ist $\frac{t_p + t_{p+1}}{2}$ die *Klassenmitte*.
4. Die s verschiedenen Klassen werden mit $K_1, K_2, \ldots, K_s$ bezeichnet.
5. Die Zahlen $b_p = t_{p+1} - t_p$, $1 \leq p \leq s$, stellen die *Klassenbreiten* dar.

Häufig findet man Klasseneinteilungen mit lauter gleichen Klassenbreiten. Man spricht dann von einer äquidistanten Einteilung.

Beispiel 8.6:

Die Stichprobe

$$x = (23, 22, 25, 25, 26, 24, 24, 32, 21, 22, 28, 27, 22, 23, 24,$$
$$28, 23, 24, 25, 27, 23, 24)$$

soll in Klassen eingeteilt werden.

Das Intervall, in dem die Beobachtungswerte liegen, ist [21, 32].

Eine mögliche Klasseneinteilung ist: $K_1 = (20, 26]$ und $K_2 = (26, 33]$.

Eine weitere Klasseneinteilung ist: $K_1 = (20, 22]$, $K_2 = (22, 25]$,
$K_3 = (25, 27]$ und $K_4 = (27, 33]$.

In der folgenden Definition werden die Häufigkeiten auf Klassen übertragen.

Definition 8.8:

1. Die ***absolute** Klassenhäufigkeit* der Klasse K_p, $1 \leq p \leq s$, ist die Anzahl der Beobachtungswerte, die in die Klasse K_p fallen. Die Bezeichnung für die ***absolute** Klassenhäufigkeit* ist:

$$h(K_p) = h_p .$$

2. Dividiert man die absolute Klassenhäufigkeit durch den Stichprobenumfang n, so erhält man die *relative Klassenhäufigkeit* r_p:

$$r_p = \frac{1}{n} \cdot h_p .$$

Diese beiden Begriffe haben folgende Eigenschaften:

$$0 \le h_p \le n \quad \text{und} \quad \sum_{p=1}^{s} h_p = n.$$

$$0 \le r_p \le 1 \quad \text{und} \quad \sum_{p=1}^{s} r_p = 1.$$

Beispiel 8.7:

Die Stichprobe

$$x = (23, 22, 25, 25, 26, 24, 24, 32, 21, 22, 28, 27, 22, 23, 24,$$
$$28, 23, 24, 25, 27, 23, 24)$$

ist in die 4 Klassen $K_1 = (20, 22]$, $K_2 = (22, 25]$, $K_3 = (25, 27]$ und $K_4 = (27, 33]$ eingeteilt.

Nach der Einteilung gilt (die einzelnen Werte sind nicht mehr bekannt!):

$$h_1 = 4,\ h_2 = 12,\ h_3 = 3 \ \text{ und } \ h_4 = 3.$$
$$r_1 = \frac{4}{22},\ r_2 = \frac{12}{22},\ r_3 = \frac{3}{22} \ \text{ und } \ r_4 = \frac{3}{22}.$$

Stellt man eine in Klassen eingeteilte Stichprobe graphisch durch ein Histogramm dar, so werden über den jeweiligen Intervallen Rechtecke gezeichnet, deren Flächeninhalt proportional zu den entsprechenden Häufigkeiten ist.
Beim wichtigeren Histogramm für die relativen Klassenhäufigkeiten verwendet man die Klassenhöhen so, daß der Flächeninhalt aller Rechtecke des Histogramms aufsummiert gleich eins ergibt. Also gilt:

Die Höhe h_p des Rechtecks der Klasse K_p ist dann $\frac{r_p}{b_p}$.

Für den gesamten Flächeninhalt A gilt dann:

$$A = \sum_{p=1}^{s} b_p \cdot \frac{r_p}{b_p} = \sum_{p=1}^{s} r_p = 1.$$

Beispiel 8.8:

Die in die 4 Klassen $K_1 = (20, 22]$, $K_2 = (22, 25]$, $K_3 = (25, 27]$ und

$K_4 = (27, 33]$ eingeteilte Stichprobe (einzelne Werte nicht mehr bekannt)

$$x = (23, 22, 25, 25, 26, 24, 24, 32, 21, 22, 28, 27, 22, 23, 24, 28, 23, 24, 25, 27, 23, 24)$$

soll durch ein Histogramm dargestellt werden. Aus

$$b_1 = 2,\ b_2 = 3,\ b_3 = 2 \text{ und } b_4 = 6,$$

$$r_1 = \frac{4}{22},\ r_2 = \frac{12}{22},\ r_3 = \frac{3}{22} \text{ und } r_4 = \frac{3}{22} \text{ folgen die Rechteckshöhen:}$$

$$h_1 = \frac{4}{2 \cdot 22} = \frac{1}{11},\ h_2 = \frac{12}{3 \cdot 22} = \frac{2}{11},\ h_3 = \frac{3}{2 \cdot 22} = \frac{3}{44},\ h_4 = \frac{3}{6 \cdot 22} = \frac{1}{44}.$$

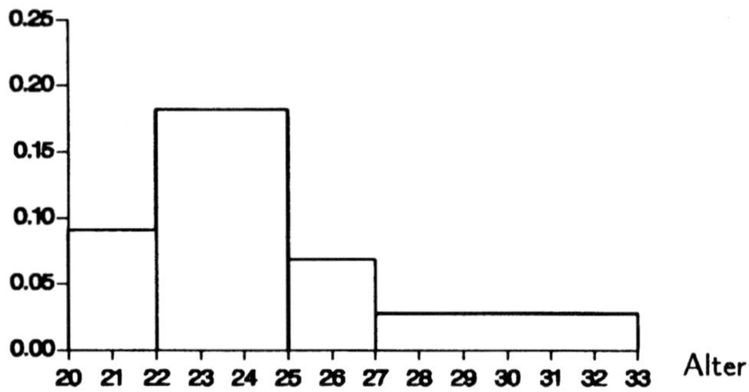

Abbildung 8.5: Histogramm bei Klassenbildung

Will man die in Definition 8.6 eingeführte empirische Verteilungsfunktion für eine in Klassen eingeteilte Stichprobe berechnen, so ist dies nicht mehr möglich, da die Lage der einzelnen Elemente innerhalb der Klassen nicht mehr bekannt ist.

Deshalb muß man sich durch Näherungen behelfen. Zwei sinnvolle Möglichkeiten sind die folgenden:

- Alle Werte einer Klasse werden durch die Klassenmitte repräsentiert.
- Alle Werte einer Klasse werden durch den rechten Eckpunkt repräsentiert.

Beispiel 8.9:

Für die in die 4 Klassen $K_1 = (20, 22]$, $K_2 = (22, 25]$, $K_3 = (25, 27]$ und $K_4 = (27, 33]$ eingeteilte Stichprobe (einzelne Werte nicht mehr bekannt)

$$x = (23,\ 22,\ 25,\ 25,\ 26,\ 24,\ 24,\ 32,\ 21,\ 22,\ 28,\ 27,\ 22,\ 23,\ 24,\ 28,\ 23,\ 24,\ 25,\ 27,\ 23,\ 24)$$

soll die empirische Verteilungsfunktion, bei der alle Werte einer Klasse durch die Klassenmitte repräsentiert sind, angegeben werden.

Dies entspricht der empirischen Verteilungsfunktion der folgenden Stichprobe:

$$a_1 = 21,\ a_2 = 23.5,\ a_3 = 26 \ \text{ und } \ a_4 = 30.$$
$$r(a_1) = \frac{4}{22},\ r(a_2) = \frac{12}{22},\ r(a_3) = \frac{3}{22} \ \text{ und } \ r(a_4) = \frac{3}{22}.$$

Es gilt dann:

$$E(x) = 0 \quad \text{für} \quad x < 21$$
$$E(x) = \frac{4}{22} \quad \text{für} \quad 21 \le x < 23.5$$
$$E(x) = \frac{16}{22} \quad \text{für} \quad 23.5 \le x < 26$$
$$E(x) = \frac{19}{22} \quad \text{für} \quad 26 \le x < 30$$
$$E(x) = 1 \quad \text{für} \quad x \ge 30.$$

Das folgende Schaubild zeigt diese Funktion.

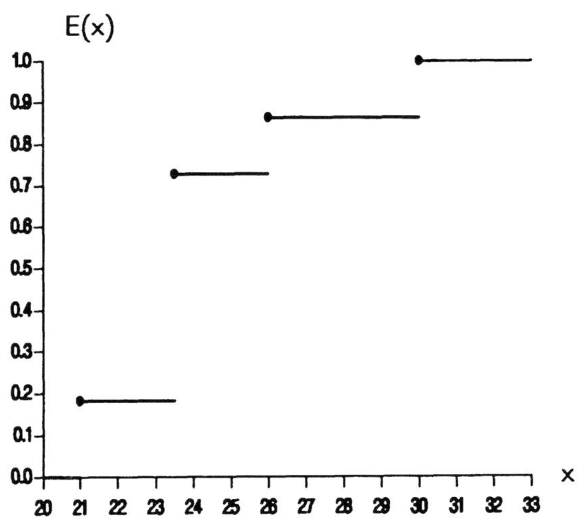

Abbildung 8.6: empirische Verteilungsfunktion bei Klassen

Zum Abschluß sei noch bemerkt, daß eine Klassenbildung mit einem mehr oder weniger großen Informationsverlust verbunden ist. Dies liegt natürlich daran, daß nur noch bekannt ist, wieviele Werte in eine Klasse fallen, aber deren genaue Lage in der Klasse unbekannt ist. Je kleiner die Klassenbreiten sind, umso geringer wird dieser Informationsverlust.

Die Klassenbildung kommt in der Praxis häufig vor. Mögliche Anwendungen sind:

- Einteilung in Altersklassen bei Sportwettkämpfen.
- Telefoneinheiten.
- Bußgeldklassen bei Geschwindigkeitsübertretungen.
- Schulklassen.
- Einkommensklassen.

8.1.4 Lageparameter

Oft ist es bei statistischen Problemen nicht sinnvoll, die ganze Stichprobe anzugeben. Mögliche Ursachen dafür sind, daß etwa der Stichprobenumfang zu groß ist oder daß die gesamte Häufigkeitsverteilung für die Problemlösung ungeeignet ist. Aus diesem Grund ist man an Kenngrößen interessiert, die eine Stichprobe ähnlich gut beschreiben. Da es eine große Zahl solcher Kenngrößen gibt, wird man sich bei einer geeigneten Auswahl am Problem orientieren müssen.

Im folgenden werden die Lageparameter Modalwert, Mittelwert, Median und die Quantile für Häufigkeitsverteilungen mit und ohne Klassenbildung vorgestellt.

Definition 8.9:

Der *Modalwert (häufigster Wert)* ist derjenige Beobachtungswert, der in einer Stichprobe die größte absolute (oder relative) Häufigkeit besitzt. Er wird mit x_{Mo} bezeichnet.

Der Modalwert muß nicht eindeutig sein, es kann durchaus mehrere Modalwerte geben. In einer Stichprobe mit lauter verschiedenen Beobachtungswerten sind alle Werte Modalwerte.
Bei nominalen Merkmalsausprägungen ist der Modalwert der entscheidende und einzig mögliche Lageparameter.

Definition 8.10:

Das zu untersuchende Merkmal sei metrisch skaliert. Dann heißt die Größe

$$\overline{x} = \frac{1}{n} \cdot \sum_{i=1}^{n} x_i = \frac{1}{n} \cdot \sum_{j=1}^{k} h(a_j) \cdot a_j = \sum_{j=1}^{k} r(a_j) \cdot a_j ,$$

wobei $h(a_j)$ und $r(a_j)$ die absoluten bzw. relativen Häufigkeiten aus Definition 8.4 sind, der *Mittelwert* oder das *arithmetische Mittel.*

Der Mittelwert beschreibt den Durchschnittswert einer Stichprobe. Um auf die gesamte Summe der Stichprobe zu kommen, muß der Mittelwert nur mit dem Stichprobenumfang n multipliziert werden.

Mögliche Anwendungen für Mittelwerte sind:

- Pro-Kopf-Verbrauch in der Lebensmittelindustrie.
- Durchschnittsalter einer Schulklasse.
- Mittlerer Benzinpreis im Jahr 1993.

Definition 8.11:

Das zu untersuchende Merkmal sei metrisch skaliert und die Stichprobe $(x_1, x_2, \ldots, x_n)$ sei der Größe nach geordnet:

$$x_1' \le x_2' \le \ \ldots \ \le x_{n-1}' \le x_n' .$$

Ist n ungerade, so heißt

$$\tilde{x} = x'_{\frac{n+1}{2}}$$

der *Median* oder *Zentralwert.*

Ist n gerade, so gilt:

$$\tilde{x} = \frac{1}{2} \cdot \left(x'_{\frac{n}{2}} + x'_{\frac{n}{2}+1} \right).$$

Der Median ist dadurch charakterisiert, daß er in der Mitte der geordneten Stichprobe liegt. Also sind mindestens 50% der Werte kleiner oder gleich dem Median und gleichzeitig mindestens 50% der Werte größer oder gleich dem Median.

Beispiel 8.10:

Gegeben sei die Stichprobe

$$x = (23, 22, 25, 25, 26, 24, 24, 32, 21, 22, 28, 27, 22, 23, 24,$$
$$28, 23, 24, 25, 27, 23, 24).$$

Es sollen Modalwert, Mittelwert und Median bestimmt werden.

Dazu wird die Stichprobe zuerst geordnet:

$$x = (21, 22, 22, 22, 23, 23, 23, 23, 24, 24, 24, 24, 24, 25, 25,$$

25, 26, 27, 27, 28, 28, 32).

Die gleiche Bezeichnung ist hier zulässig, da Modalwert, Mittelwert und Median unabhängig von der Ordnung der Stichprobenwerte sind.

Da der Wert 24 am häufigsten vorkommt, gilt: $x_{Mo} = 24$.

Für die Berechnung des Mittelwertes muß die Stichprobe nicht geordnet sein, jedoch ist die Arbeit mit der geordneten Stichprobe angenehmer.

$$\bar{x} = \frac{1}{22} \cdot \sum_{i=1}^{22} x_i = \frac{1}{22} \cdot (21 + 22 + 22 + 22 + \ldots + 28 + 28 + 32) =$$
$$= \frac{1}{22} \cdot 542 = 24.6363, \text{ oder}$$

$$\bar{x} = \frac{1}{22} \cdot \sum_{j=1}^{9} h(a_j) \cdot a_j = \frac{1}{22} \cdot \left(1 \cdot 21 + 3 \cdot 22 + \ldots + 2 \cdot 28 + 1 \cdot 32\right) = \frac{542}{22},$$

$$\bar{x} = \sum_{j=1}^{9} r(a_j) \cdot a_j = \frac{1}{22} \cdot 21 + \frac{3}{22} \cdot 22 + \ldots + \frac{2}{22} \cdot 28 + \frac{1}{22} \cdot 32 = \frac{542}{22}.$$

Wegen $n = 22$ gilt für den Median:

$$\tilde{x} = \frac{1}{2} \cdot (x_{11} + x_{12}) = \frac{1}{2} \cdot (24 + 24) = 24.$$

In den **Statistik-Kapiteln** wird bei **gerundeten Zahlen** stets „ = " statt „ ≈ " verwendet.

Bei einer Klasseneinteilung müssen diese Definitionen etwas modifiziert werden.

Definition 8.12:

1. Bei einer Klasseneinteilung werden alle Werte in einer Klasse mit der Klassenmitte identifiziert. Danach wird der Mittelwert in der üblichen Weise berechnet.

2. Bei einer Klasseneinteilung wird der Median aus dem Histogramm berechnet. Es ist genau die Stelle, durch die das Histogramm in zwei gleich große Flächenstücke der Größe 0.5 eingeteilt wird.

   Gilt $r_1 = \sum_{j=1}^{l} r(a_j) < 0.5$ und $r_2 = \sum_{j=1}^{l+1} r(a_j) \geq 0.5$ und hat die Medianklasse, die dadurch festgelegt wird, die Ränder $z_1 < z_2$, so folgt

$$\tilde{x} = z_1 + \frac{0.5 - r_1}{r_2 - r_1} \cdot (z_2 - z_1).$$

Beispiel 8.11:

Für die in die 4 Klassen $K_1 = (20, 22]$, $K_2 = (22, 25]$, $K_3 = (25, 27]$ und $K_4 = (27, 33]$ eingeteilte Stichprobe (einzelne Werte nicht mehr bekannt)

$$x = (21, 22, 22, 22, 23, 23, 23, 23, 24, 24, 24, 24, 24, 25, 25, 25, 26, 27, 27, 28, 28, 32)$$

sollen Mittelwert und Median bestimmt werden.

Nach Definition 8.12 wird der Mittelwert der folgenden Stichprobe berechnet:

$$a_1 = 21,\ a_2 = 23.5,\ a_3 = 26 \text{ und } a_4 = 30.$$
$$r(a_1) = \frac{4}{22},\ r(a_2) = \frac{12}{22},\ r(a_3) = \frac{3}{22} \text{ und } r(a_4) = \frac{3}{22}.$$

Also gilt:

$$\bar{x} = \sum_{j=1}^{4} r(a_j) \cdot a_j = \frac{4}{22} \cdot 21 + \frac{12}{22} \cdot 23.5 + \frac{3}{22} \cdot 26 + \frac{3}{22} \cdot 30 = \frac{534}{22} = 24.2727.$$

Wegen $r(a_1) = \frac{4}{22} = r_1 < 0.5$ und $r(a_1) + r(a_2) = r_2 = \frac{16}{22} \geq 0.5$ fällt der Median in die Klasse $K_2 = (22, 25]$.

Es folgt

$$\tilde{x} = z_1 + \frac{0.5 - r_1}{r_2 - r_1} \cdot (z_2 - z_1) = 22 + \frac{0.5 - \frac{4}{22}}{\frac{16}{22} - \frac{4}{22}} \cdot (25 - 22) = 22 + \frac{7}{12} \cdot 3 = 23.75.$$

Diese beiden Werte unterscheiden sich von den in Beispiel 8.10 berechneten Werten ohne Klassenbildung.

Für die beiden Größen Mittelwert und Median gibt es keine allgemeine kleiner – größer Beziehung. Dies wird im folgenden Beispiel gezeigt.

Beispiel 8.12:

Gegeben seien die 3 Stichproben

$$x = (3, 6, 9),\ y = (1, 6, 8) \text{ und } z = (3, 6, 12).$$

Dann folgt

für die Stichprobe x: $\bar{x} = 6$ und $\tilde{x} = 6$, also $\bar{x} = \tilde{x}$.

für die Stichprobe y: $\bar{x} = 5$ und $\tilde{x} = 6$, also $\bar{x} < \tilde{x}$.

für die Stichprobe z: $\bar{x} = 7$ und $\tilde{x} = 6$, also $\bar{x} > \tilde{x}$.

Die drei Lageparameter Modalwert, Mittelwert und Median dienen der Beschreibung von Häufigkeitsverteilungen durch eine Zahl. Welcher dieser drei Werte die vorgelegte Stichprobe am besten charakterisiert, hängt stark von der Zusammensetzung der Stichprobe ab. Einige Faustregeln werden im folgenden angegeben.

Der Modalwert ist geeignet, falls

- das Histogramm mehrere Spitzen hat.
- das Merkmal nominal skaliert ist.

Der Mittelwert ist besser geeignet, falls

- der Stichprobenumfang nicht sehr klein ist.
- die Verteilung nicht allzu asymmetrisch ist.
- es nicht zu viele Ausreißer gibt.
- der Durchschnittswert der Stichprobenwerte das gestellte Problem mit beschreibt.

Der Median ist besser geeignet, falls

- der Stichprobenumfang klein ist.
- die Verteilung stark asymmetrisch ist.
- es viele Ausreißer gibt.
- das Merkmal ordinal skaliert ist.

Der Median teilt die Stichprobenwerte in zwei gleich große Bereiche ein. Oftmals ist es aber erforderlich, eine andere Einteilung zu wählen. Soll z. B. die Frage beantwortet werden, wie viele der Stichprobenwerte zu den p% kleinsten oder p% größten Werten gehören, muß der Begriff des Medians verallgemeinert werden.

Definition 8.13:

Für jede Zahl α, $0 \leq \alpha \leq 1$, ist das $\alpha -$ *Quantil* x_α durch folgende Eigenschaft definiert:

Mindestens $\alpha \cdot 100\%$ der Werte sind kleiner oder gleich x_α und gleichzeitig sind mindestens $(1-\alpha)\%$ der Werte größer oder gleich x_α.

Ist das $\alpha -$ Quantil x_α nicht eindeutig, so wird wie beim Median das arithmetische Mittel dieser beiden Stichprobenwerte als $\alpha -$ Quantil definiert.

Beispiel 8.13:

Für die Stichprobe

$$x = (21,\ 22,\ 22,\ 22,\ 23,\ 23,\ 23,\ 23,\ 24,\ 24,\ 24,\ 24,\ 24,\ 25,\ 25,\ 25,\ 26,\ 27,\ 27,\ 28,\ 28,\ 32)$$

sollen die Quantile $x_{0.05}$, $x_{0.1}$, $x_{0.2}$, $x_{0.5}$ und $x_{0.9}$ bestimmt werden.

Die Berechnung der (auf drei Stellen gerundeten) Zahlen $s_j = \sum_{m=1}^{j} r(a_m)$ ergibt:

$$s_1 = \frac{1}{22} = 0.045,\ s_2 = \frac{4}{22} = 0.182,\ s_3 = \frac{8}{22} = 0.364,\ s_4 = \frac{13}{22} = 0.591,$$
$$s_5 = \frac{16}{22} = 0.727,\ s_6 = \frac{17}{22} = 0.773,\ s_7 = \frac{19}{22} = 0.864,\ s_8 = \frac{21}{22} = 0.955,$$
$$s_9 = 1.$$

Damit folgt wegen $0.045 < 0.05 < 0.182$: $x_{0.05} = 22$,

denn $\frac{4}{22} \cdot 100\ \% = 18.2\ \% > 5\ \%$ aller Werte sind kleiner oder gleich 22

und $\frac{21}{22} \cdot 100\ \% = 95.5\ \% > 95\ \%$ aller Werte sind größer oder gleich 22.

Völlig analog gilt dann: $x_{0.1} = 22$, $x_{0.2} = 23$, $x_{0.5} = 24$ und $x_{0.9} = 28$.

Völlig analog zu der Definition des Medians werden die Quantile bei Klasseneinteilungen definiert.

Definition 8.14:

Bei einer Klasseneinteilung wird das α – Quantil x_α aus dem Histogramm berechnet. Es ist genau die Stelle, durch die das Histogramm in zwei Flächenstücke der Größe α (links) und der Größe $1 - \alpha$ (rechts) eingeteilt wird.

Gilt $r_1 = \sum_{j=1}^{l} r(a_j) < \alpha$ und $r_2 = \sum_{j=1}^{l+1} r(a_j) \geq \alpha$ und hat die Quantilklasse, die dadurch festgelegt wird, die Ränder $z_1 < z_2$, so folgt

$$x_\alpha = z_1 + \frac{\alpha - r_1}{r_2 - r_1} \cdot (z_2 - z_1).$$

Beispiel 8.14:

Für die in die 4 Klassen $K_1 = (20,\ 22]$, $K_2 = (22,\ 25]$, $K_3 = (25,\ 27]$ und

$K_4 = (27, 33]$ eingeteilte Stichprobe (einzelne Werte nicht mehr bekannt)

$$x = (21, 22, 22, 22, 23, 23, 23, 23, 24, 24, 24, 24, 24, 25, 25,$$
$$25, 26, 27, 27, 28, 28, 32)$$

sollen die Quantile $x_{0.05}$, $x_{0.1}$, $x_{0.2}$, $x_{0.5}$ und $x_{0.9}$ bestimmt werden.

In Beispiel 8.11 wurden alle Werte einer Klasse als in der Mitte konzentriert aufgefaßt. Es ergab sich dann folgende Stichprobe:

$$a_1 = 21,\ a_2 = 23.5,\ a_3 = 26 \text{ und } a_4 = 30.$$
$$r(a_1) = \tfrac{4}{22},\ r(a_2) = \tfrac{12}{22},\ r(a_3) = \tfrac{3}{22} \text{ und } r(a_4) = \tfrac{3}{22}.$$

Daraus folgen dann

$$\sum_{j=1}^{1} r(a_j) = \tfrac{4}{22} = 0.182,\ \sum_{j=1}^{2} r(a_j) = \tfrac{16}{22} = 0.727,$$

$$\sum_{j=1}^{3} r(a_j) = \tfrac{19}{22} = 0.864 \text{ und } \sum_{j=1}^{4} r(a_j) = 1.$$

Wegen $r(a_1) = \frac{4}{22} > 0.05$ fällt das Quantil $x_{0.05}$ in die erste Klasse. Mit

$r_1 = 0$ und $r_2 = \frac{4}{22}$ folgt dann

$$x_{0.05} = z_1 + \frac{0.05 - r_1}{r_2 - r_1} \cdot (z_2 - z_1) = 20 + \frac{0.05 - 0}{\frac{4}{22} - 0} \cdot (22 - 20) = 20 + \frac{11}{40} \cdot 2 =$$
$$= 20.55.$$

Das Quantil $x_{0.1}$ fällt in die gleiche Klasse und es folgt $x_{0.1} = 21.1$.

Wegen $r(a_1) = \frac{4}{22} = 0.182 < 0.2$ und $r(a_1) + r(a_2) = r_2 = \frac{16}{22} = 0.727 \geq 0.2$

fällt das Quantil $x_{0.2}$ in die Klasse $K_2 = (22, 25]$.

Es folgt

$$x_{0.2} = z_1 + \frac{0.05 - r_1}{r_2 - r_1} \cdot (z_2 - z_1) = 22 + \frac{0.2 - \frac{4}{22}}{\frac{16}{22} - \frac{4}{22}} \cdot (25 - 22) = 22 + \frac{1}{30} \cdot 3 =$$
$$= 22.1.$$

Das Quantil $x_{0.5}$ ist nach Definition genau der Median und es folgt nach Beispiel 8.11:

$$x_{0.5} = z_1 + \frac{0.5 - r_1}{r_2 - r_1} \cdot (z_2 - z_1) = 22 + \frac{0.5 - \frac{4}{22}}{\frac{16}{22} - \frac{4}{22}} \cdot (25 - 22) = 22 + \frac{7}{12} \cdot 3 =$$
$$= 23.75.$$

Das Quantil $x_{0.9}$ fällt in die vierte Klasse und es folgt

$$x_{0.9} = 27 + \frac{0.9 - \frac{19}{22}}{1 - \frac{19}{22}} \cdot (32 - 27) = 27 + \frac{4}{15} \cdot 5 = 28.333.$$

In manchen Fällen ist der Mittelwert, das arithmetische Mittel, nicht geeignet, um durch eine Art Durchschnittswert die Stichprobe zu charakterisieren. Aus diesem Grund werden in der folgenden Definition zwei weitere Größen vorgestellt, die in speziellen Problemen hilfreich sind.

Definition 8.15:

Gegeben sei eine Stichprobe mit $x_i > 0,\ 1 \le i \le n$. Dann heißt

$$\overline{x}_g = \sqrt[n]{x_1 \cdot x_2 \cdot \ldots \cdot x_n} = \sqrt[n]{\prod_{i=1}^{n} x_i}$$

das *geometrische Mittel.*

Mit Hilfe von absoluten und relativen Häufigkeiten gilt:

$$\overline{x}_g = \sqrt[n]{a_1^{h(a_1)} \cdot a_2^{h(a_2)} \cdot \ldots \cdot a_k^{h(a_k)}} = \sqrt[n]{\prod_{j=1}^{k} a_j^{h(a_j)}} \quad \text{bzw.}$$

$$\overline{x}_g = a_1^{r(a_1)} \cdot a_2^{r(a_2)} \cdot \ldots \cdot a_k^{r(a_k)} = \prod_{j=1}^{k} a_j^{r(a_j)}.$$

Definition 8.16:

Gegeben sei eine Stichprobe mit $x_i > 0,\ 1 \le i \le n$. Dann heißt

$$\overline{x}_h = \frac{n}{\sum_{i=1}^{n} \frac{1}{x_i}}$$

das *harmonische Mittel.*

Mit Hilfe von absoluten und relativen Häufigkeiten gilt:

$$\overline{x}_h = \frac{n}{\sum_{j=1}^{k} \frac{h(a_j)}{a_j}} = \frac{1}{\sum_{j=1}^{k} \frac{r(a_j)}{a_j}}.$$

Im folgenden Beispiel werden Anwendungen dieser Mittel gegeben.

Beispiel 8.15:

1. Ein Student kauft 4 mal einen Artikel zu den Preisen 1.98 EUR, 1.89 EUR, 2.05 EUR und 1.95 EUR. Man berechne den durchschnittlichen Preis.

   Hier kommt nur der Mittelwert in Frage.

   Es gilt dann: $\bar{x} = \frac{1}{4} \cdot (1.98 + 1.89 + 2.05 + 1.95) = \frac{1}{4} \cdot 7.87 = 1.968$ EUR.

2. Der Preis p für einen Artikel wird hintereinander um 5 %, dann um 10 %, dann um 8 % und abschließend um 3 % erhöht. Man berechne die mittlere Preissteigerung.

   Der Preis nach diesen vier Erhöhungen beträgt

   $$p \cdot (1.05 \cdot 1.1 \cdot 1.08 \cdot 1.03) = 1.284822 \cdot p.$$

   Wird diese Preissteigerung durch 4 gleich große Preissteigerungen q erreicht, so gilt: $q^4 \cdot p = (1.05 \cdot 1.1 \cdot 1.08 \cdot 1.03) \cdot p$.

   $\Rightarrow \quad q = \sqrt[4]{1.05 \cdot 1.1 \cdot 1.08 \cdot 1.03} = 1.0647$, was einer prozentualen Erhöhung von 6.47 % entspricht.

   Offensichtlich ist hier das geometrische Mittel die richtige Größe, um die mittlere Preissteigerung zu bestimmen.

   Der Mittelwert $\bar{x} = 6.5$ unterscheidet sich vom geometrischen Mittel $\bar{x}_g = 6.47$.

3. Ein Student kauft während eines Monats 4 mal für jeweils 10 EUR einen Artikel zu den Kilopreisen 1.10 EUR, 1.25 EUR, 1.05 EUR und 1.35 EUR. Man berechne den Durchschnittspreis.

   Der Gesamtpreis G beträgt $4 \cdot 10$ EUR $= 40$ EUR.

   Die 4 Mengen, die der Student erhält sind:

   $$m_1 = \frac{10}{1.1}\ \text{kg},\ m_2 = \frac{10}{1.25}\ \text{kg},\ m_3 = \frac{10}{1.05}\ \text{kg} \quad \text{und} \quad m_4 = \frac{10}{1.35}\ \text{kg}.$$

   Also ergibt sich eine Gesamtmenge $m = \left(\frac{10}{1.1} + \frac{10}{1.25} + \frac{10}{1.05} + \frac{10}{1.35}\right)$ kg.

   Damit folgt für den Durchschnittspreis p:

   $$p = \frac{G}{m} = \frac{4 \cdot 10}{\frac{10}{1.1} + \frac{10}{1.25} + \frac{10}{1.05} + \frac{10}{1.35}} = \frac{4}{\frac{1}{1.1} + \frac{1}{1.25} + \frac{1}{1.05} + \frac{1}{1.35}} = 1.1757 \text{ EUR}.$$

Offensichtlich ist hier das harmonische Mittel die richtige Größe, um den Durchschnittspreis zu bestimmen.

Vergleicht man das harmonische Mittel $\bar{x}_h = 1.1757$ mit dem Mittelwert $\bar{x} = 1.1875$ und dem geometrischen Mittel $\bar{x}_g = 1.1816$, so stellt man fest, daß diese paarweise verschieden sind und daß gilt:

$$\bar{x}_h < \bar{x}_g < \bar{x}.$$

Diese Ungleichung ist allgemeingültig, falls nicht alle Stichprobenwerte gleich sind.

8.1.5 Streuungswerte

Lageparameter sind Maßzahlen zur Kennzeichnung der Lage der Stichprobenwerte. Streuungswerte dagegen sind Hilfsmittel, um die Variabilität der Stichprobenwerte zu beschreiben. Dies wird durch Abweichungen der Stichprobenwerte von einem Lageparameter erreicht. Im folgenden werden die Streuungswerte Spannweite, Quantilsabstand, mittlere Abweichung, Varianz und Standardabweichung vorgestellt.

Definition 8.17:

Das zu untersuchende Merkmal sei metrisch oder ordinal skaliert und die Stichprobe $(x_1, x_2, \ldots, x_n)$ sei der Größe nach geordnet:

$$x'_1 \leq x'_2 \leq \ \ldots \ \leq x'_{n-1} \leq x'_n.$$

Dann heißt

$$R = x'_n - x'_1$$

die *Spannweite* der Stichprobe.

Die Spannweite ist geeignet, falls

- man sich für den gesamten Streubereich interessiert.
- die beiden Randwerte eine bedeutende Rolle spielen.

Die Spannweite ist nicht geeignet

- bei großen Stichprobenumfängen.
- beim Auftreten von Ausreißern.
- um die Streuung der Grundgesamtheit zu schätzen.

Definition 8.18:

Für jedes α – Quantil x_α, $0 \leq \alpha \leq 0.5$ heißt

$$q_\alpha = x_{1-\alpha} - x_\alpha$$

der *Quantilsabstand.*

Der Quantilsabstand ist die Länge des Intervalls, in dem $100 \cdot (1 - 2\alpha)\%$ aller Stichprobenwerte (zentriert) liegen. Er ist im Gegensatz zu der Spannweite weit weniger empfindlich gegenüber Ausreißern.

Definition 8.19:

Das zu untersuchende Merkmal sei metrisch skaliert und z ein fester Wert. Dann heißt

$$d_z = \frac{1}{n} \cdot \sum_{i=1}^{n} | x_i - z | = \frac{1}{n} \cdot \sum_{j=1}^{k} h(a_j) \cdot | a_j - z | = \sum_{j=1}^{k} r(a_j) \cdot | a_j - z |,$$

wobei $h(a_j)$ und $r(a_j)$ die absoluten bzw. relativen Häufigkeiten sind, die *mittlere absolute Abweichung.*

Geeignete Werte für z sind der Median und der Mittelwert, aber auch die beiden Randwerte.

Die mittlere absolute Abweichung ist zwar ein geeignetes Maß, um die Streuung der Stichprobenwerte zu beschreiben, sie hat jedoch ebenso wie die Spannweite die Eigenschaft, die Streuung in der Grundgesamtheit nur unzureichend zu schätzen. Aus diesem Grund ist die mittlere absolute Abweichung in der Praxis wenig verbreitet. In der folgenden Definition wird ein Streuungswert, die Varianz vorgestellt, der viele Vorteile besitzt.

Definition 8.20:

1. Das zu untersuchende Merkmal sei metrisch skaliert. Dann heißt

$$s^2 = \frac{1}{n-1} \cdot \sum_{i=1}^{n} (x_i - \bar{x})^2 = \frac{1}{n-1} \cdot \left(\sum_{i=1}^{n} x_i^2 - n \cdot \bar{x}^2 \right) =$$

$$= \frac{1}{n-1} \cdot \sum_{j=1}^{k} h(a_j) \cdot (a_j - \bar{x})^2 = \frac{n}{n-1} \cdot \sum_{j=1}^{k} r(a_j) \cdot (a_j - \bar{x})^2,$$

wobei $h(a_j)$ und $r(a_j)$ die absoluten bzw. relativen Häufigkeiten sind, die *Varianz.*

2. Das zu untersuchende Merkmal sei metrisch skaliert. Dann heißt

$$s = \sqrt{\frac{1}{n-1} \cdot \sum_{i=1}^{n} (x_i - \bar{x})^2}$$

die *Standardabweichung*.

Beispiel 8.16:

Für die Stichprobe

$$x = (21, 22, 22, 22, 23, 23, 23, 23, 24, 24, 24, 24, 24, 25, 25, 25, 26, 27, 27, 28, 28, 32)$$

sollen die Spannweite, die Quantilsabstände für $\alpha = 0.05$ und $\alpha = 0.25$, die mittlere absolute Abweichung (für $z = 21$, $\overline{x}$, $\widetilde{x}$ und 32), die Varianz und die Standardabweichung bestimmt werden.

In Beispiel 8.10 wurden $\overline{x} = \frac{542}{22}$ und $\widetilde{x} = 24$ schon ermittelt.

$$R = x'_{22} - x'_1 = 32 - 21 = 11.$$

$$q_{0.05} = x_{1-\alpha} - x_{\alpha} = x_{0.95} - x_{0.05} = 28 - 22 = 6.$$

$$q_{0.25} = x_{0.75} - x_{0.25} = 26 - 23 = 3.$$

$$d_{21} = \frac{1}{22} \cdot \sum_{i=1}^{22} |x_i - 21| = \frac{1}{22} \cdot (|21 - 21| + |22 - 21| + \ldots + |28 - 21| + |32 - 21|) = \frac{1}{22} \cdot 80 = 3.636.$$

$$d_{\frac{542}{22}} = \frac{1}{22} \cdot \sum_{i=1}^{22} \left| x_i - \frac{542}{22} \right| = \frac{1}{22} \cdot \left(\left| 21 - \frac{542}{22} \right| + \left| 22 - \frac{542}{22} \right| + \ldots + \left| 28 - \frac{542}{22} \right| + \left| 32 - \frac{542}{22} \right| \right) = \frac{1}{22} \cdot 43.273 = 1.967.$$

Analog folgen $d_{24} = 1.818$ und $d_{32} = 7.364$.

$$s^2 = \frac{1}{n-1} \cdot \sum_{i=1}^{n} (x_i - \overline{x})^2 = \frac{1}{21} \cdot \sum_{i=1}^{22} \left(x_i - \frac{542}{22} \right)^2 = \frac{1}{21} \cdot 137.091 = 6.528$$

und $s = 2.555$.

Definition 8.21:

Bei einer Klasseneinteilung werden die Streuungsmaße der letzen 4 Definitionen modifiziert.

1. Die *Spannweite* ist die Differenz aus dem rechten Eckpunkt der letzten Klasse und dem linken Eckpunkt der ersten Klasse.

2. Der *Quantilsabstand* wird mit den aus dem Histogramm bestimmten Quantilen berechnet.

3. Für die Berechnung der *mittleren absoluten Abweichung*, der *Varianz* und der *Standardabweichung* werden alle Werte in einer Klasse mit der Klassenmitte identifiziert. Danach wird die *mittlere absolute Abweichung*, die *Varianz* und die *Standardabweichung* in der üblichen Weise

berechnet.

Beispiel 8.17:

Für die in die 4 Klassen $K_1 = (20, 22]$, $K_2 = (22, 25]$, $K_3 = (25, 27]$ und $K_4 = (27, 33]$ eingeteilte Stichprobe (einzelne Werte nicht mehr bekannt)

$$x = (21, 22, 22, 22, 23, 23, 23, 23, 24, 24, 24, 24, 24, 25, 25, 25, 26, 27, 27, 28, 28, 32)$$

sollen die Spannweite, die Quantilsabstände für $\alpha = 0.05$ und $\alpha = 0.25$, die mittlere absolute Abweichung (für $z = 20$, $\overline{x}$, $\widetilde{x}$ und 33), die Varianz und die Standardabweichung bestimmt werden.

In Beispiel 8.10 wurden $\overline{x} = \frac{534}{22}$ und $\widetilde{x} = 23.75$ schon ermittelt.

$$R = 33 - 20 = 13.$$

$$q_{0.05} = x_{1-\alpha} - x_\alpha = x_{0.95} - x_{0.05} = 30.167 - 22.55 = 7.617.$$

$$q_{0.25} = x_{0.75} - x_{0.25} = 25.5 - 22.375 = 3.125.$$

$$d_{20} = \sum_{j=1}^{4} r(a_j) \cdot |a_j - 20| = \frac{4}{22} \cdot |21 - 20| + \frac{12}{22} \cdot |23.5 - 20| + \\ + \frac{3}{22} \cdot |26 - 20| + \frac{3}{22} \cdot |30 - 20| = 4.273.$$

$$d_{\frac{534}{22}} = \sum_{j=1}^{4} r(a_j) \cdot \left| a_j - \frac{534}{22} \right| = \frac{4}{22} \cdot \left| 21 - \frac{534}{22} \right| + \frac{12}{22} \cdot \left| 23.5 - \frac{534}{22} \right| + \\ + \frac{3}{22} \cdot \left| 26 - \frac{534}{22} \right| + \frac{3}{22} \cdot \left| 30 - \frac{534}{22} \right| = 2.033.$$

Analog folgen $d_{23.75} = 1.795$ und $d_{32} = 7.727$.

$$s^2 = \frac{22}{21} \cdot \sum_{j=1}^{4} r(a_j) \cdot \left(a_j - \frac{534}{32}\right)^2 = \frac{22}{21} \cdot 7.153 = 7.494 \quad \text{und} \quad s = 2.737.$$

8.1.6 Konzentrationsmaße

In diesem Abschnitt soll die Aufteilung der Summe der n Werte der Stichprobe auf die verschiedenen Merkmalsausprägungen untersucht werden. Sind alle Werte der Stichprobe ≥ 0, so spricht man von einer Konzentration, falls ein kleiner relativer Anteil der n Werte einen hohen Anteil an der Gesamtsumme hat.

Definition 8.22:

Gegeben sei eine geordnete Stichprobe mit $x_i > 0$, $1 \leq i \leq n$.

Für alle x_m, $1 \leq m \leq n$, seien die Zahlen u_m und v_m definiert:

$$u_m = \frac{m}{n} \text{ und } v_m = \frac{\sum_{i=1}^{m} x_i}{\sum_{i=1}^{n} x_i}.$$

u_m beschreibt dabei den relativen Anteil der ersten m Stichprobenwerte an den n Stichprobenwerten und v_m den relativen Anteil der Summe der ersten m Stichprobenwerte an der Gesamtsumme aller Stichprobenwerte. Verbindet man nun in einem zweidimensionalen Koordinatensystem die $(n + 1)$ Punkte

$$(0, 0), (u_1, v_1), (u_2, v_2), \ldots, (u_{n-1}, v_{n-1}), (1, 1)$$

durch einen Polygonzug, so heißt diese Kurve die *Lorenzkurve*.

Beispiel 8.18:

Für die Stichprobe

$$x = (21, 22, 22, 22, 23, 23, 23, 23, 24, 24, 24, 24, 24, 25, 25, 25, 26, 27, 27, 28, 28, 32)$$

sollen die Punkte der Lorenzkurve bestimmt und die Lorenzkurve dann graphisch dargestellt werden.

Die Gesamtsumme aller Stichprobenwerte beträgt 542.

Die Lorenzkurve besteht dann aus den Punkten (0, 0), $(\frac{1}{22}, \frac{21}{542})$, $(\frac{2}{22}, \frac{43}{542})$, $(\frac{3}{22}, \frac{65}{542})$, $(\frac{4}{22}, \frac{87}{542})$, $(\frac{5}{22}, \frac{110}{542})$, $(\frac{6}{22}, \frac{133}{542})$, $(\frac{7}{22}, \frac{156}{542})$, $(\frac{8}{22}, \frac{179}{542})$, $(\frac{9}{22}, \frac{203}{542})$, $(\frac{10}{22}, \frac{227}{542})$, $(\frac{11}{22}, \frac{251}{542})$, $(\frac{12}{22}, \frac{275}{542})$, $(\frac{13}{22}, \frac{299}{542})$, $(\frac{14}{22}, \frac{324}{542})$, $(\frac{15}{22}, \frac{349}{542})$, $(\frac{16}{22}, \frac{374}{542})$, $(\frac{17}{22}, \frac{400}{542})$, $(\frac{18}{22}, \frac{427}{542})$, $(\frac{19}{22}, \frac{454}{542})$, $(\frac{20}{22}, \frac{482}{542})$, $(\frac{21}{22}, \frac{510}{542})$ und (1, 1).

Im folgenden Schaubild ist diese Kurve dargestellt.

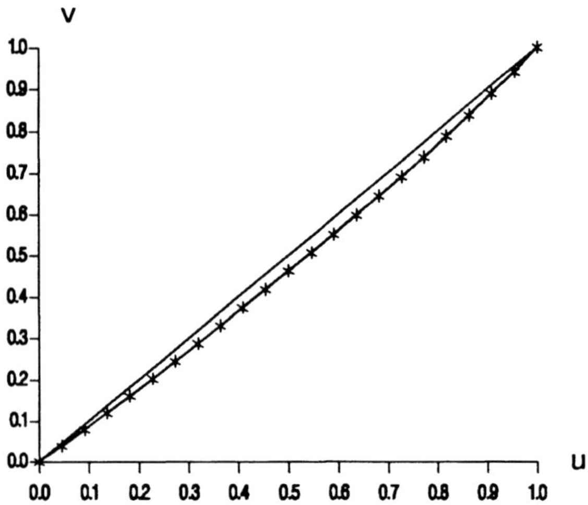

Abbildung 8.7: Lorenzkurve

Bei Häufigkeitsverteilungen und Klasseneinteilungen wird die Definition der Lorenzkurve modifiziert.

Definition 8.23:

1. Gegeben sei eine geordnete Stichprobe mit $x_i > 0,\ 1 \le i \le n$.

   $h(a_j)$ und $r(a_j),\ 1 \le j \le k$, seien die absoluten bzw. relativen Häufigkeiten der k verschiedenen Merkmalsausprägungen.

   Für alle $a_m,\ 1 \le m \le k$, seien die Zahlen u_m und v_m definiert:

$$u_m = \frac{1}{n} \cdot \sum_{j=1}^{m} h(a_j) = \sum_{j=1}^{m} r(a_j) \quad \text{und} \quad v_m = \frac{\sum_{i=1}^{m} h(a_j) \cdot a_j}{\sum_{j=1}^{n} h(a_j) \cdot a_j}.$$

   Die $k+1$ Punkte $(0,\ 0),\ (u_1,\ v_1),\ (u_2,\ v_2),\ \ldots,\ (u_{m-1},\ v_{m-1}),$ $(1,\ 1)$ bestimmen nun die Lorenzkurve.

2. Sind bei einer Klasseneinteilung zusätzlich zu den Klassenhäufigkeiten noch die Summen der einzelnen Klassen gegeben, so läßt sich für jeden rechten Eckpunkt einer Klasse der Wert der Lorenzkurve bestimmen.

   h_p und $r_p,\ 1 \le p \le s$, seien die absoluten bzw. relativen Klassenhäufigkeit der s Klassen und $S_p,\ 1 \le p \le s$, seien die Summen der Werte der einzelnen Klassen.

Für alle m, $1 \le m \le s$, seien die Zahlen u_m und v_m definiert:

$$u_m = \frac{1}{n} \cdot \sum_{p=1}^{m} h_p = \sum_{p=1}^{m} r_p \quad \text{und} \quad v_m = \frac{\sum_{p=1}^{m} S_p}{\sum_{p=1}^{s} S_p}.$$

Die $s+1$ Punkte $(0, 0)$, (u_1, v_1), (u_2, v_2), . . ., (u_{s-1}, v_{s-1}), $(1, 1)$ bestimmen nun die Lorenzkurve.

Beispiel 8.19:

Für die 9 verschiedenen Merkmalsausprägungen der Stichprobe

$$x = (21, 22, 22, 22, 23, 23, 23, 23, 24, 24, 24, 24, 24, 25, 25, 25, 26, 27, 27, 28, 28, 32)$$

gilt:

$a_1 = 21$, $a_2 = 22$, $a_3 = 23$, $a_4 = 24$, $a_5 = 25$, $a_6 = 26$, $a_7 = 27$, $a_8 = 28$, $a_9 = 32$ und $h(21) = 1$, $h(22) = 3$, $h(23) = 4$, $h(24) = 5$, $h(25) = 3$, $h(26) = 1$, $h(27) = 2$, $h(28) = 2$, $h(32) = 1$.

Die Lorenzkurve besteht dann aus den Punkten $(0,0)$, $\left(\frac{1}{22}, \frac{21}{542}\right)$, $\left(\frac{4}{22}, \frac{87}{542}\right)$, $\left(\frac{8}{22}, \frac{179}{542}\right)$, $\left(\frac{13}{22}, \frac{299}{542}\right)$, $\left(\frac{16}{22}, \frac{374}{542}\right)$, $\left(\frac{17}{22}, \frac{400}{542}\right)$, $\left(\frac{19}{22}, \frac{454}{542}\right)$, $\left(\frac{21}{22}, \frac{510}{542}\right)$ und $(1, 1)$.

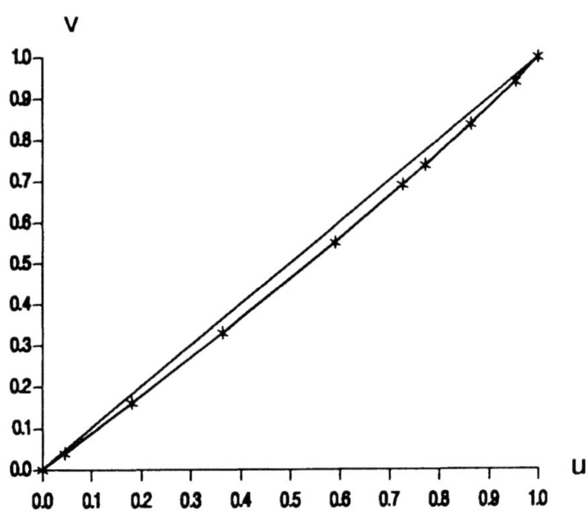

Abbildung 8.8: Lorenzkurve bei Häufigkeitsverteilungen

Die Lorenzkurven in den Abbildungen 8.7 und 8.8 sind gleich. Dies liegt daran, daß bei der aus allen einzelnen Stichprobenwerten berechneten Lorenzkurve die Punkte, die zu gleichen Merkmalsausprägungen gehören, auf einer Geraden liegen.

Beispiel 8.20:

Für die in die 4 Klassen $K_1 = (20, 22]$, $K_2 = (22, 25]$, $K_3 = (25, 27]$ und $K_4 = (27, 33]$ eingeteilte Stichprobe (einzelne Werte nicht mehr bekannt)

$$x = (21, 22, 22, 22, 23, 23, 23, 23, 24, 24, 24, 24, 24, 25, 25, 25, 26, 27, 27, 28, 28, 32)$$

gilt: $h_1 = 4$, $h_2 = 12$, $h_3 = 3$ und $h_4 = 3$.

$S_1 = 87$, $S_2 = 287$, $S_3 = 80$ und $S_4 = 88$.

Die Lorenzkurve besteht dann aus den Punkten $(0,0)$, $\left(\frac{4}{22}, \frac{87}{542}\right)$, $\left(\frac{16}{22}, \frac{374}{542}\right)$, $\left(\frac{19}{22}, \frac{454}{542}\right)$, $(1, 1)$.

Im folgenden Schaubild ist diese Kurve dargestellt.

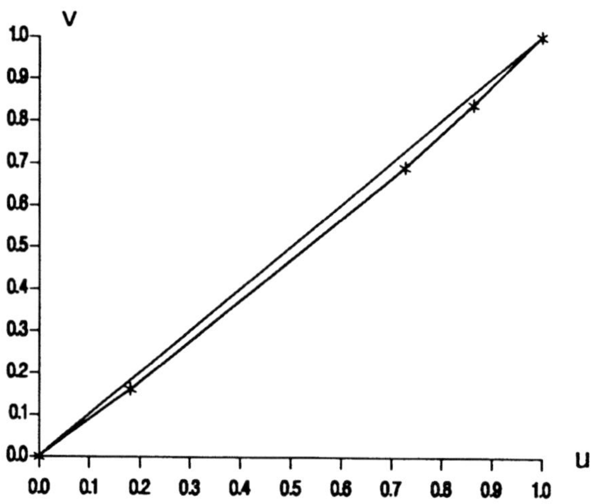

Abbildung 8.9: Lorenzkurve bei Klasseneinteilungen

Sind alle Stichprobenwerte gleich, so gilt für die Punkte der Lorenzkurve $(u_m, v_m) = \left(\frac{m}{n}, \frac{m}{n}\right)$. Deshalb liegen alle Punkte auf der Verbindungsstrecke der beiden Punkte (0, 0) und (1, 1), also auf der Diagonalen des Einheitsquadrats.

Gilt $x_i = 0$, $1 \le i \le n-1$ und $x_n \neq 0$, so liegt eine maximale Konzentration vor. Die Lorenzkurve besteht dann aus den Punkten (0, 0), $\left(\frac{n-1}{n}, 0\right)$ und (1, 1).

Daraus ist ersichtlich, daß die Lorenzkurve immer unterhalb der Diagonalen des Einheitsquadrats verläuft und umso stärker durchhängt, je größer die Konzentration ist.

Aus diesen Gründen ist die Fläche zwischen der Lorenzkurve und der Diagonalen des Einheitsquadrats als Konzentrationsmaß geeignet.

Definition 8.24:

Ist K die Fläche zwischen der Lorenzkurve und der Diagonalen des Einheitsquadrats, so heißt

$$G = 2 \cdot K$$

der *Gini-Koeffizient.*

Dieser ist ein Maß für die Konzentration einer Stichprobe.
Die Herleitung einer Formel zur Berechnung des Gini-Koeffizienten erfolgt mit elementargeometrischen Mitteln.

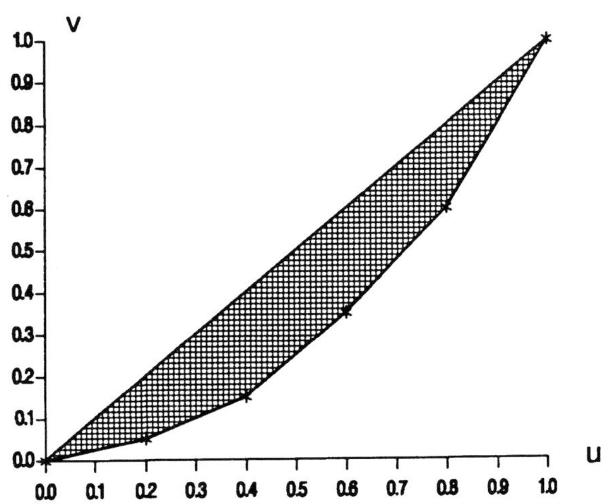

Abbildung 8.10: Gini-Koeffizient

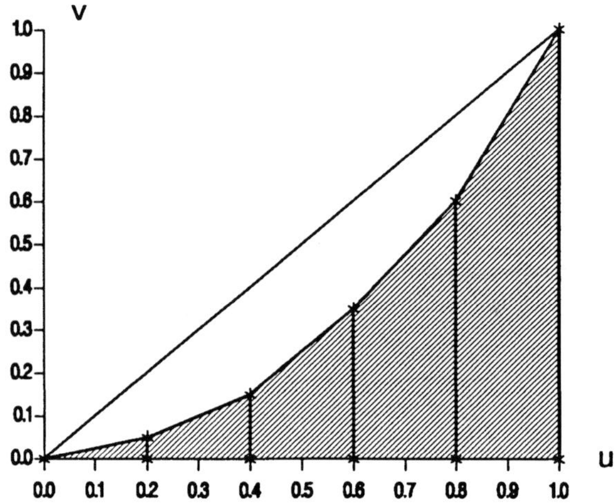

Abbildung 8.11: Berechnung des Gini-Koeffizienten

Für die Fläche der schraffierten Trapeze A_m, $1 \le m \le n$ gilt:

$$A_m = \frac{1}{2} \cdot (u_m - u_{m-1}) \cdot (v_m - v_0 + v_{m-1} - v_0) =$$
$$= \frac{1}{2} \cdot (u_m - u_{m-1}) \cdot (v_m + v_{m-1}).$$

Dann gilt aber für den Gini-Koeffizienten:

$$G = 2 \cdot \Big(\frac{1}{2} - \sum_{m=1}^{n} \frac{1}{2} \cdot (u_m - u_{m-1}) \cdot (v_m + v_{m-1}) \Big) =$$
$$= 1 - \sum_{m=1}^{n} (u_m - u_{m-1}) \cdot (v_m + v_{m-1}).$$

Beispiel 8.21:

Für die Stichprobe

$$x = (21, 22, 22, 22, 23, 23, 23, 23, 24, 24, 24, 24, 24, 25, 25,$$
$$25, 26, 27, 27, 28, 28, 32)$$

soll der Gini-Koefizient berechnet werden.

Die Punkte der Lorenzkurve sind in Beispiel 8.18 angegeben.

Der Gini-Koeffizient wird aus den Punkten (u_m, v_m), $0 \le m \le n$, wobei $(u_0, v_0) = (0, 0)$ gesetzt wird, mit Hilfe der folgenden Tabelle berechnet:

k	u_k	v_k	$u_{k+1} - u_k$	$v_{k+1} + v_k$	Produkt
0	0.00000	0.00000			
1	0.04545	0.03875	0.04545	0.03875	0.00176
2	0.09091	0.07934	0.04546	0.11809	0.00537
3	0.13636	0.11993	0.04545	0.19927	0.00906
4	0.18182	0.16052	0.04546	0.28045	0.01275
5	0.22727	0.20295	0.04545	0.36347	0.01652
6	0.27273	0.24539	0.04546	0.44834	0.02038
7	0.31818	0.28782	0.04545	0.53321	0.02423
8	0.36364	0.33026	0.04546	0.61808	0.02809
9	0.40909	0.37454	0.04545	0.70480	0.03203
10	0.45455	0.41882	0.04546	0.79336	0.03607
11	0.50000	0.46310	0.04545	0.88192	0.04008
12	0.54545	0.50738	0.04545	0.97048	0.04411
13	0.59091	0.55166	0.04546	1.05904	0.04814
14	0.63636	0.59779	0.04545	1.14945	0.05224
15	0.68182	0.64391	0.04546	1.24170	0.05645
16	0.72727	0.69004	0.04545	1.33395	0.06063
17	0.77273	0.73801	0.04546	1.42805	0.06492
18	0.81818	0.78783	0.04545	1.52584	0.06935
19	0.86364	0.83764	0.04546	1.62547	0.07389
20	0.90909	0.88930	0.04545	1.72694	0.07849
21	0.95455	0.94096	0.04546	1.83026	0.08320
22	1.00000	1.00000	0.04545	1.94096	0.08821

Die Summe der Produkte ist s = 0.94599. Also ist G = 0.05401.

Wird die Stichprobe durch eine Häufigkeitsverteilung beschrieben, bereitet die Berechnung des Gini-Koeffizienten weniger Aufwand als die Berechnung aus den Stichprobenwerten. Deshalb ist es oftmals günstiger, zuerst eine Häufigkeitsverteilung zu ermitteln, um damit dann den Gini-Koeffizienten zu berechnen.

Je größer die Konzentration ist, desto größer wird der Gini-Koeffizient. Dies wird im folgenden Beispiel gezeigt.

Beispiel 8.22:

Während eines Jahres mußten bei einem Auto 4 kleinere Reparaturen zu den Preisen 50 EUR, 100 EUR, 150 EUR und 200 EUR durchgeführt werden. Der Kostenvoranschlag für eine notwendige Inspektion betrug 1 500 EUR. Gesucht sind der Gini-Koeffizient und die Lorenzkurve.

Die Lorenzkurve besteht aus den Punkten (0, 0), (0.2, 0.025), (0.4, 0.075),

(0.6, 0.15), (0.8, 0.25) und (1, 1).

Dies ergibt einen Gini-Koeffizienten von 0.6.

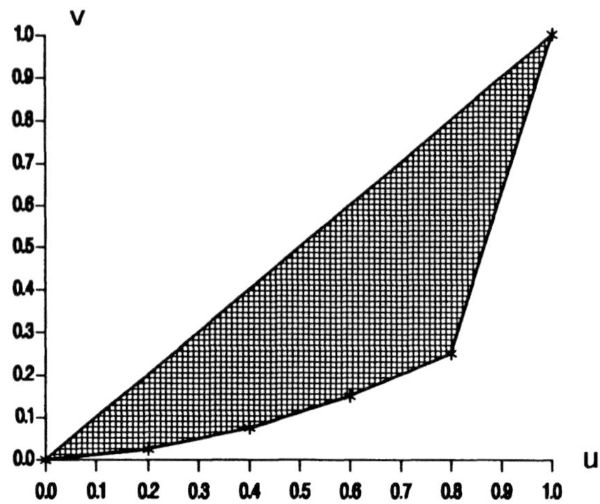

Abbildung 8.12: Lorenzkurve mit $G = 0.6$

Durch einen unvorhersehbaren Defekt betrugen die Kosten für die Inspektion 3 500 EUR.
Dann besteht die Lorenzkurve aus den Punkten (0, 0), (0.2, 0.0125), (0.4, 0.0375), (0.6, 0.075), (0.8, 0.125) und (1, 1).
Dies ergibt einen Gini-Koeffizienten von 0.7.

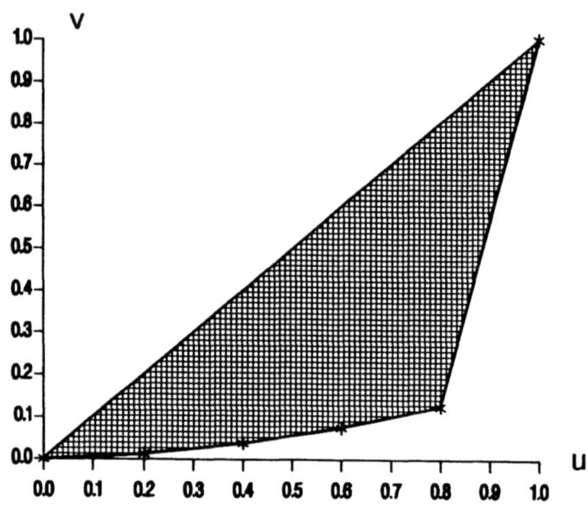

Abbildung 8.13: Lorenzkurve mit $G = 0.7$

8.2 Korrelation und Regression

Bei vielen Problemstellungen ist es erforderlich, nicht nur ein Merkmal zu betrachten, sondern gleichzeitig n Merkmale an jedem Element der Stichprobe zu untersuchen. Dann besteht die Stichprobe nicht mehr aus einzelnen Zahlenwerten. Jedes Element der Stichprobe wird dann durch ein n – Tupel beschrieben. Betrachtet man die Komponentenstichproben, also die separaten Stichproben der verschiedenen Merkmale, so können diese mit Hilfe der eindimensionalen Methoden aus Abschnitt 8.1 beschrieben werden. Bei dieser Vorgehensweise werden diese n Stichproben unabhängig voneinander betrachtet.
Andererseits ist man aber auch daran interessiert, ob sich die einzelnen Merkmale gegenseitig beeinflussen, also ob gewisse Abhängigkeitsstrukturen vorliegen. Ist eine solche Abhängigkeit zu erkennen, stellt sich die Frage, ob diese durch einen funktionalen Zusammenhang beschrieben werden kann.

Beispiel 8.23:

Für 5 Personen werden die Merkmale Beruf, Alter, Körpergröße und Körpergewicht untersucht.
Die Beobachtungsreihe war:

(Schreiner, 45, 175, 80), (Metzger, 25, 185, 100), (Physiker, 30, 165, 60), (Elektriker, 60, 170, 75) und (Kaufmann, 42, 190, 86).

In diesem Abschnitt 8.2 beschränken sich die Ausführungen der Einfachheit halber (insbesondere aus schreib- und darstellungstechnischer Sicht) auf den zweidimensionalen Fall, also auf $n = 2$. In der Praxis ist dies fast völlig ausreichend. Mehrdimensionale Verallgemeinerungen ($n \geq 3$) können direkt aus den zweidimensionalen Modellen abgeleitet werden.

8.2.1 Zweidimensionale Häufigkeitsverteilungen

In diesem Abschnitt werden zweidimensionale Verteilungen untersucht. Dabei wird im Gegensatz zu Abschnitt 8.1 nicht nur ein Merkmal untersucht, sondern 2 Merkmale am gleichen Individuum betrachtet. Die Beobachtungsreihe besteht dann aus n Punkten.

Definition 8.25:

An n Merkmalsträgern bzw. Beobachtungseinheiten werden 2 Merkmale untersucht. Dabei besitze das erste Merkmal die Ausprägungen $a_1, a_2, \ldots, a_m$ und das zweite Merkmal die Ausprägungen $b_1, b_2, \ldots, b_s$. Die Merkmalsausprägung der i – ten Beobachtungseinheit sei mit (x_i, y_i) bezeichnet, wobei jeder Beobachtungswert x_i, $1 \leq i \leq n$, mit einer der m

Merkmalsausprägungen des ersten Merkmals und jeder Beobachtungswert y_i, $1 \leq i \leq n$, mit einer der s Merkmalsausprägungen des zweiten Merkmals übereinstimmt.

Das n – Tupel $(x, y) = \big((x_1, y_1), (x_2, y_2), \ldots, (x_n, y_n)\big)$ heißt dann *zweidimensionale Stichprobe.*

Beispiel 8.24:

Bei 10 Personen wurden die Merkmale Größe (in cm) und Gewicht (in kg) untersucht.
Es ergab sich die zweidimensionale Stichprobe

$$(x, y) = \big((165, 79), (178, 70), (172, 75), (195, 100), (184, 75),$$
$$(168, 60), (177, 78), (184, 92), (176, 70), (171, 71)\big).$$

Bei ordinal und besonders bei metrisch skalierten Merkmalen können die einzelnen n Beobachtungseinheiten (x_i, y_i), $1 \leq i \leq n$, als Punkte in einem sinnvoll gewählten Koordinatensystem graphisch dargestellt werden.

Definition 8.26:

Werden die n Beobachtungseinheiten (x_i, y_i), $1 \leq i \leq n$, als Punkte in einem sinnvoll gewählten Koordinatensystem graphisch dargestellt, so heißt diese Darstellung ein *Streuungsdiagramm.*

Dies sollte allerdings nur dann durchgeführt werden, wenn solche Punkte, die im Streuungsdiagramm mehrmals auftreten, irgendwie gekennzeichnet werden können.

Beispiel 8.25:

Die zweidimensionale Stichprobe

$$(x, y) = \big((165, 79), (178, 70), (172, 75), (195, 100), (184, 75),$$
$$(168, 60), (177, 78), (184, 92), (176, 70), (171, 71)\big)$$

soll in einem Streuungsdiagramm dargestellt werden.

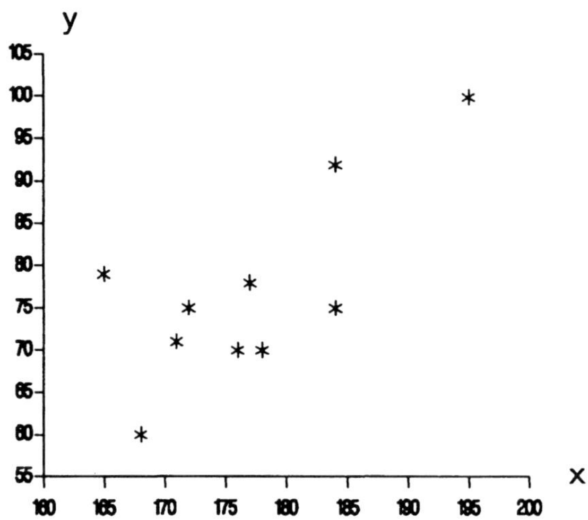

Abbildung 8.14: Streuungsdiagramm

Genauso wie in der eindimensionalen Statistik jeder Merkmalsausprägung a_j, $1 \leq j \leq k$ die absolute Häufigkeit $h(a_j)$ bzw. die relative Häufigkeit $r(a_j)$ zugeordnet werden kann, wird in der zweidimensionalen Statistik für jedes Paar (a_j, b_k), $1 \leq j \leq m$, $1 \leq k \leq s$ eine absolute und eine relative Häufigkeit erklärt. Wegen der Paarbildung ist eine Auflistung dieser Häufigkeiten in einer Tabelle naheliegend.

Definition 8.27:

Gegeben sei eine zweidimensionale Stichprobe

$$(x, y) = \big((x_1, y_1), (x_2, y_2), \ldots, (x_n, y_n)\big).$$

Dabei besitze das erste Merkmal die Ausprägungen $a_1, a_2, \ldots, a_m$ und das zweite Merkmal die Ausprägungen $b_1, b_2, \ldots, b_s$.

Die *absolute Häufigkeit* des Paares (a_j, b_k), $1 \leq j \leq m$, $1 \leq k \leq s$, sei

$$h(a_j, b_k) = h_{jk}\,.$$

Die *relative Häufigkeit* des Paares (a_j, b_k), $1 \leq j \leq m$, $1 \leq k \leq s$, sei

$$r_{jk} = \frac{1}{n} \cdot h_{jk}\,.$$

Eine Tabelle der Gestalt:

	b_1	b_2	$\dots$	b_k	$\dots$	b_s	Summe
a_1	h_{11}	h_{12}	$\dots$	h_{1k}	$\dots$	h_{1s}	$h_{1\cdot}$
a_2	h_{21}	h_{22}	$\dots$	h_{2k}	$\dots$	h_{2s}	$h_{2\cdot}$
$\vdots$	$\vdots$	$\vdots$		$\vdots$		$\vdots$	$\vdots$
a_j	h_{j1}	h_{j2}	$\dots$	h_{jk}	$\dots$	h_{js}	$h_{j\cdot}$
$\vdots$	$\vdots$	$\vdots$		$\vdots$		$\vdots$	$\vdots$
a_m	h_{m1}	h_{m2}	$\dots$	h_{mk}	$\dots$	h_{ms}	$h_{m\cdot}$
Summe	$h_{\cdot 1}$	$h_{\cdot 2}$	$\dots$	$h_{\cdot k}$	$\dots$	$h_{\cdot s}$	n

heißt *Kontingenztafel oder Häufigkeitstabelle* für die absoluten Häufigkeiten.

Dabei beschreiben die Zeilensummen $h_{j\cdot} = \sum_{k=1}^{s} h_{jk}$, $1 \leq j \leq m$ die absoluten Häufigkeiten der m Merkmalsausprägungen des ersten Merkmals und die Spaltensummen $h_{\cdot k} = \sum_{j=1}^{m} h_{jk}$, $1 \leq k \leq s$ die absoluten Häufigkeiten der s Merkmalsausprägungen des zweiten Merkmals.

Völlig analog heißt eine Tabelle der Gestalt

	b_1	b_2	$\dots$	b_k	$\dots$	b_s	Summe
a_1	r_{11}	r_{12}	$\dots$	r_{1k}	$\dots$	r_{1s}	$r_{1\cdot}$
a_2	r_{21}	r_{22}	$\dots$	r_{2k}	$\dots$	r_{2s}	$r_{2\cdot}$
$\vdots$	$\vdots$	$\vdots$		$\vdots$		$\vdots$	$\vdots$
a_j	r_{j1}	r_{j2}	$\dots$	r_{jk}	$\dots$	r_{js}	$r_{j\cdot}$
$\vdots$	$\vdots$	$\vdots$		$\vdots$		$\vdots$	$\vdots$
a_m	r_{m1}	r_{m2}	$\dots$	r_{mk}	$\dots$	r_{ms}	$r_{m\cdot}$
Summe	$r_{\cdot 1}$	$r_{\cdot 2}$	$\dots$	$r_{\cdot k}$	$\dots$	$r_{\cdot s}$	1

Kontingenztafel oder Häufigkeitstabelle für die relativen Häufigkeiten.

Beispiel 8.26:

50 Personen wurden nach der Anzahl X ihrer Fernsehapparate und nach der Anzahl Y ihrer Kinder befragt. Das Ergebnis ist in der folgenden Kontingenztafel für die absoluten Häufigkeiten dargestellt (Die maximale Anzahl der Fernsehapparate war 3 und die maximale Anzahl der Kinder war 4.).

	0	1	2	3	4	Summe
0	4	5	0	0	3	12
1	9	8	2	2	1	22
2	0	0	2	2	5	9
3	0	0	1	3	3	7
Summe	13	13	5	7	12	50

Hier gilt:

$$m = 4,\ s = 5.$$

$$a_1 = 0,\ a_2 = 1,\ a_3 = 2,\ a_4 = 3.$$

$$b_1 = 0,\ b_2 = 1,\ b_3 = 2,\ b_4 = 3,\ b_5 = 4.$$

$$h_{11} = 4,\ h_{12} = 5,\ h_{13} = 0,\ h_{14} = 0,\ h_{15} = 3,\ \ldots,$$

$$h_{41} = 0,\ h_{42} = 0,\ h_{43} = 1,\ h_{44} = 3,\ h_{45} = 3.$$

$$h_{1\cdot} = 12,\ h_{2\cdot} = 22,\ h_{3\cdot} = 9,\ h_{4\cdot} = 7.$$

$$h_{\cdot 1} = 13,\ h_{\cdot 2} = 13,\ h_{\cdot 3} = 5,\ h_{\cdot 4} = 7,\ h_{\cdot 5} = 12.$$

$$r_{11} = \frac{4}{50},\ r_{12} = \frac{5}{50},\ r_{13} = 0,\ r_{14} = 0,\ r_{15} = \frac{3}{50},\ \ldots,$$

$$r_{41} = 0,\ r_{42} = 0,\ r_{43} = \frac{1}{50},\ r_{44} = \frac{3}{50},\ r_{45} = \frac{3}{50}.$$

$$r_{1\cdot} = \frac{12}{50},\ r_{2\cdot} = \frac{22}{50},\ r_{3\cdot} = \frac{9}{50},\ r_{4\cdot} = \frac{7}{50}.$$

$$r_{\cdot 1} = \frac{13}{50},\ r_{\cdot 2} = \frac{13}{50},\ r_{\cdot 3} = \frac{5}{50},\ r_{\cdot 4} = \frac{7}{50},\ r_{\cdot 5} = \frac{12}{50}.$$

An diesem Beispiel wird deutlich, daß sich die Darstellung einer Häufigkeitsverteilung durch eine Kontingenztafel immer dann anbietet, wenn viele Paare mehr als einmal in der Stichprobe vorkommen oder wenn der Stichprobenumfang groß, die Anzahl der verschiedenen Merkmalsausprägungen dagegen klein ist.

8.2.2 Korrelation

In diesem Abschnitt werden Methoden vorgestellt, um zu prüfen, ob zwischen den beiden Merkmalen ein Zusammenhang oder eine Abhängigkeit besteht. Mögliche Ursachen, die für diesen Zusammenhang verantwortlich sind, werden dabei nicht untersucht.

Definition 8.28:

Gegeben sei eine zweidimensionale Stichprobe

$$(x, y) = \big((x_1, y_1), (x_2, y_2), \ldots, (x_n, y_n)\big).$$

Die beiden Stichproben x und y mit

$$x = (x_1, x_2, \ldots, x_n) \text{ und } y = (y_1, y_2, \ldots, y_n)$$

heißen die *Komponentenstichproben.*

Definition 8.29:

Für die Komponentenstichproben werden die *Mittelwerte* $\overline{x}$ und $\overline{y}$ und die *Varianzen* s_x^2 und s_y^2 wie in der eindimensionalen Statistik definiert:

$$\overline{x} = \tfrac{1}{n} \cdot \sum_{i=1}^{n} x_i = \tfrac{1}{n} \cdot \sum_{j=1}^{m} h(a_j) \cdot a_j = \tfrac{1}{n} \cdot \sum_{j=1}^{m} h_{j\,\cdot} \cdot a_j .$$

$$s_x^2 = \frac{1}{n-1} \cdot \sum_{i=1}^{n} (x_i - \overline{x})^2 = \frac{1}{n-1} \cdot \left(\sum_{i=1}^{n} x_i^2 - n \cdot \overline{x}^2 \right) =$$

$$= \frac{1}{n-1} \cdot \sum_{j=1}^{m} h_{j\,\cdot} (a_j - \overline{x})^2 = \frac{1}{n-1} \cdot \left(\sum_{j=1}^{m} h_{j\,\cdot} \cdot a_j^2 - n \cdot \overline{x}^2 \right).$$

$$\overline{y} = \tfrac{1}{n} \cdot \sum_{i=1}^{n} y_i = \tfrac{1}{n} \cdot \sum_{k=1}^{s} h(b_k) \cdot b_k = \tfrac{1}{n} \cdot \sum_{k=1}^{s} h_{\cdot\,k} \cdot b_k .$$

$$s_y^2 = \frac{1}{n-1} \cdot \sum_{i=1}^{n} (y_i - \overline{y})^2 = \frac{1}{n-1} \cdot \left(\sum_{i=1}^{n} y_i^2 - n \cdot \overline{y}^2 \right) =$$

$$= \frac{1}{n-1} \cdot \sum_{k=1}^{s} h_{\cdot\,k} (b_k - \overline{y})^2 = \frac{1}{n-1} \cdot \left(\sum_{k=1}^{s} h_{\cdot\,k} \cdot b_k^2 - n \cdot \overline{y}^2 \right).$$

In der folgenden Definition wird eine Größe definiert, welche die beiden Komponentenstichproben miteinander in Verbindung bringt.

Definition 8.30:

Gegeben sei eine zweidimensionale Stichprobe

$$(x, y) = \big((x_1, y_1), (x_2, y_2), \ldots, (x_n, y_n)\big).$$

Dann heißt

$$s_{xy} = \frac{1}{n-1} \cdot \sum_{i=1}^{n} (x_i - \bar{x})(y_i - \bar{y}) = \frac{1}{n-1} \cdot \left(\sum_{i=1}^{n} x_i \cdot y_i - n \cdot \bar{x} \cdot \bar{y} \right) =$$

$$= \frac{1}{n-1} \cdot \sum_{j=1}^{m} \sum_{k=1}^{s} h_{jk}(a_j - \bar{x})(b_k - \bar{y}) = \frac{1}{n-1} \cdot \left(\sum_{j=1}^{m} \sum_{k=1}^{s} h_{jk} \cdot a_j \cdot b_k - n \cdot \bar{x} \cdot \bar{y} \right)$$

die *Kovarianz.*

Die Kovarianz ist als Maß für den Zusammenhang der Merkmale nicht geeignet, da sie nicht invariant gegenüber Maßstabsveränderungen ist. Eine geringfügige Modifikation liefert in der folgenden Definition ein solches Maß.

Definition 8.31:

Gegeben sei eine zweidimensionale Stichprobe

$$(x, y) = \big((x_1, y_1), (x_2, y_2), \ldots, (x_n, y_n)\big).$$

Dann heißt

$$r = \frac{s_{xy}}{s_x \cdot s_y} = \frac{\sum_{i=1}^{n} (x_i - \bar{x})(y_i - \bar{y})}{\sqrt{\left(\sum_{i=1}^{n} (x_i - \bar{x})^2 \right) \cdot \left(\sum_{i=1}^{n} (y_i - \bar{y})^2 \right)}} =$$

$$= \frac{\sum_{i=1}^{n} x_i \cdot y_i - n \cdot \bar{x} \cdot \bar{y}}{\sqrt{\left(\sum_{i=1}^{n} x_i^2 - n \cdot \bar{x}^2 \right) \cdot \left(\sum_{i=1}^{n} y_i^2 - n \cdot \bar{y}^2 \right)}} =$$

$$= \frac{\sum_{j=1}^{m} \sum_{k=1}^{s} h_{jk}(a_j - \bar{x})(b_k - \bar{y})}{\sqrt{\left(\sum_{j=1}^{m} h_{j\cdot}(a_j - \bar{x})^2 \right) \cdot \left(\sum_{k=1}^{s} h_{\cdot k}(b_k - \bar{y})^2 \right)}} =$$

$$= \frac{\sum\limits_{j=1}^{m}\sum\limits_{k=1}^{s} h_{jk} \cdot a_j \cdot b_k - n \cdot \overline{x} \cdot \overline{y}}{\sqrt{\left(\sum\limits_{j=1}^{m} h_{j\,\cdot} \cdot a_j^2 - n \cdot \overline{x}^2\right) \cdot \left(\sum\limits_{k=1}^{s} h_{\cdot\,k} \cdot b_k^2 - n \cdot \overline{y}^2\right)}}$$

der *Korrelationskoeffizient* r nach *Pearson.*

Der Korrelationskoeffizient r ist ein Maß für den linearen Zusammenhang der Merkmalsausprägungen.
Je größer $|r|$ ist, umso mehr sind die Punkte in der Nähe einer Geraden konzentriert.
Ist $r > 0$, so sind die Paare positiv korreliert. Die Punktwolke (Punkte im Streuungsdiagramm) verläuft dann von links nach rechts gesehen mit steigender Tendenz. Ist $r < 0$, so sind die Paare negativ korreliert. Die Punktwolke verläuft dann von links nach rechts gesehen mit fallender Tendenz. Ist $r = 0$, so sind die Paare unkorreliert.

Beispiel 8.27:

Für die zweidimensionale Stichprobe

$$(x, y) = \big((165, 79), (178, 70), (172, 75), (195, 100), (184, 75), (168, 60), (177, 78), (184, 92), (176, 70), (171, 71)\big)$$

sollen die Mittelwerte $\overline{x}$ und $\overline{y}$, die Varianzen s_x^2 und s_y^2, die Kovarianz s_{xy} und der Korrelationskoeffizient r nach Pearson bestimmt werden.

$$\overline{x} = \frac{1}{10} \cdot \sum_{i=1}^{10} x_i = \frac{1}{10} \cdot (165 + 178 + \ldots + 171) = \frac{1}{10} \cdot 1\,770 = 177.$$

$$\overline{y} = \frac{1}{10} \cdot \sum_{i=1}^{10} x_i = \frac{1}{10} \cdot (79 + 70 + \ldots + 71) = \frac{1}{10} \cdot 770 = 77.$$

$$s_x^2 = \frac{1}{9} \cdot \sum_{i=1}^{10} (x_i - 177)^2 = \frac{1}{9} \cdot \big((165 - 177)^2 + \ldots + (171 - 177)^2\big) =$$

$$= \frac{1}{9} \cdot 710 = 78.888.$$

$$s_y^2 = \frac{1}{9} \cdot \sum_{i=1}^{10} (y_i - 77)^2 = \frac{1}{9} \cdot \big((79 - 77)^2 + \ldots + (71 - 77)^2\big) =$$

$$= \frac{1}{9} \cdot 1\,190 = 132.222.$$

$$s_{xy} = \frac{1}{9} \cdot \sum_{i=1}^{10} (x_i - 177)(y_i - 77) = \frac{1}{9} \cdot \big((165 - 177)(79 - 77) + \ldots +$$

$$+ (171 - 177)(71 - 77)\big) = \frac{1}{9} \cdot 680 = 75.555.$$

$$r = \frac{s_{xy}}{s_x \cdot s_y} = \frac{\frac{680}{9}}{\sqrt{\frac{710}{9} \cdot \frac{1\,190}{9}}} = 0.7398.$$

Das folgende Beispiel erklärt die Bedeutung des Korrelationskoeffizienten.

Beispiel 8.28:

Bei einer Klausur hatten 10 Studierende die 4 Teile A, B, C und D mit einer Maximalpunktzahl von jeweils 10 Punkten zu bearbeiten.

Die erreichten Punkte sind der folgenden Tabelle zu entnehmen.

Teilnehmer	**1**	**2**	**3**	**4**	**5**	**6**	**7**	**8**	**9**	**10**
Punkte Teil A	2	4	7	3	9	5	7	6	1	9
Punkte Teil B	3	5	7	4	8	6	8	7	2	9
Punkte Teil C	8	5	3	6	0	5	2	4	8	1
Punkte Teil D	1	0	3	5	9	0	2	9	9	0

Betrachtet man die zweidimensionale Stichprobe der Teile A und B, so ergibt sich r = 0.97868. Die Punktwolke hat steigende Tendenz.

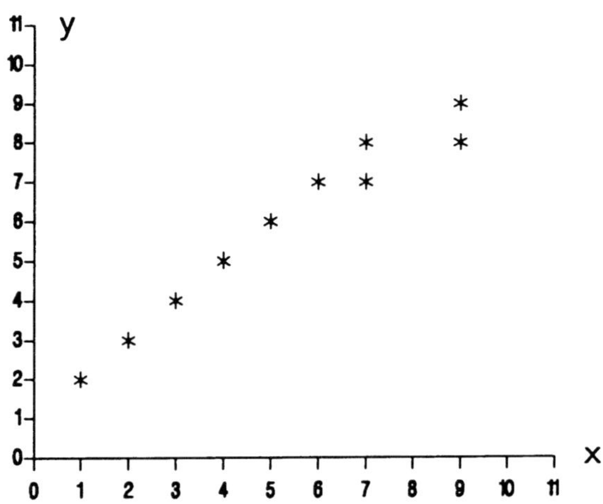

Abbildung 8.15: Streuungsdiagramm mit r = 0.979

Betrachtet man die zweidimensionale Stichprobe der Teile A und C, so ergibt sich r = − 0.98201. Die Punktwolke hat fallende Tendenz.

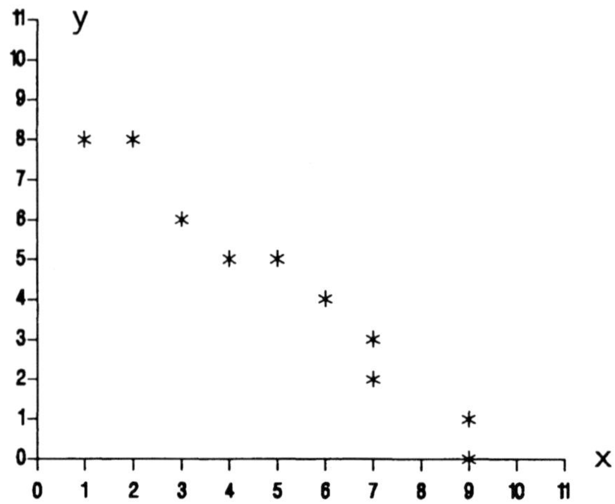

Abbildung 8.16: Streuungsdiagramm mit r = − 0.982

Betrachtet man die zweidimensionale Stichprobe der Teile A und D, so ergibt sich r = − 0.05498. Die Punkte sind unregelmäßig verteilt und es ist kein Zusammenhang zu erkennen.

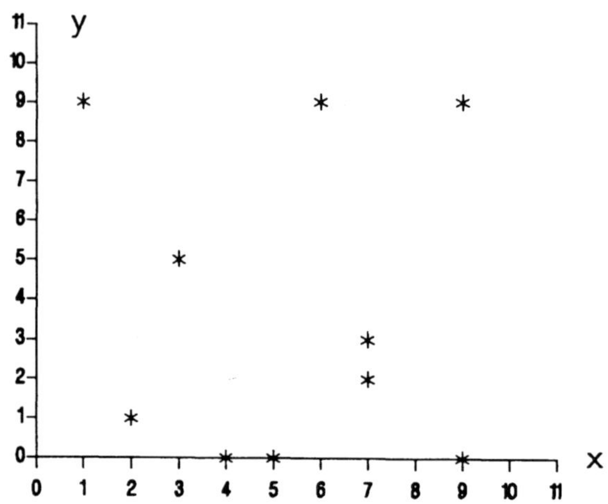

Abbildung 8.17: Streuungsdiagramm mit r = − 0.055

Der Korrelationskoeffizient nach Pearson kann nur bei metrisch skalierten Merkmalen verwendet werden. Bei ordinal skalierten Merkmalen, bei denen es nur eine Reihen- oder Rangfolge gibt, kann ein anderer Korrelationskoeffizient mit Hilfe dieser Ränge berechnet werden. Dieser Korrelationskoeffizient wird in den zwei folgenden Definitionen beschrieben.

Definition 8.32:

Gegeben sei eine eindimensionale, geordnete Stichprobe

$$z = (z_1, z_2, \ldots, z_n)$$

eines ordinal skalierten Merkmales mit einer Rangordnung.
Für alle z_i, $1 \leq i \leq n$, heißt dann die Platznummer, die z_i in dieser geordneten Reihe einnimmt, der *Rang* oder die *Rangzahl* $R(z_i)$. Tritt dabei eine Merkmalsausprägung öfters auf, so wird dieser Ausprägung das arithmetische Mittel der entsprechenden Ränge zugewiesen.

Beispiel 8.29:

In einer Mathematikklausur wurden folgende Punktzahlen erreicht:
$z = (22, 13, 21, 7, 13, 13, 15, 21, 3, 5)$.
Die geordnete Reihe ist dann: 3, 5, 7, 13, 13, 13, 15, 21, 21, 22.

Für die Ränge gilt dann:

z_i	3	5	7	13	13	13	15	21	21	22
$R(z_i)$	1	2	3	5	5	5	7	8.5	8.5	10

Also ist $R(3) = 1$, $R(5) = 2, \ldots, R(22) = 10$.

Definition 8.33:

Gegeben sei eine zweidimensionale Stichprobe

$$(x, y) = \big((x_1, y_1), (x_2, y_2), \ldots, (x_n, y_n)\big).$$

Die Rangzahlen der Elemente der Komponentenstichproben

$x = (x_1, x_2, \ldots, x_n)$ und $y = (y_1, y_2, \ldots, y_n)$ seien

$R(x_i)$ und $R(y_i)$, $1 \leq i \leq n$.

Jedem Paar (x_i, y_i), $1 \leq i \leq n$, der Stichprobe (x, y) wird nun das Paar

$(R(x_i), R(y_i))$ der entsprechenden Ränge zugeordnet.

Dann heißt der aus den Rangpaaren

$$(R(x), R(y)) = \Big((R(x_1), R(y_1)), (R(x_2), R(y_2)), \ldots, (R(x_n), R(y_n))\Big)$$

berechnete Korrelationskoeffizient

$$r_s = \frac{\sum_{i=1}^{n} R(x_i) \cdot R(y_i) - n \cdot \overline{R}(x) \cdot \overline{R}(y)}{\sqrt{\left(\sum_{i=1}^{n} R^2(x_i) - n \cdot (\overline{R}(x))^2\right) \cdot \left(\sum_{i=1}^{n} R^2(y_i) - n \cdot (\overline{R}(y))^2\right)}} =$$

$$= \frac{\sum_{i=1}^{n} R(x_i) \cdot R(y_i) - \frac{n}{4} \cdot (n+1)^2}{\sqrt{\left(\sum_{i=1}^{n} R^2(x_i) - \frac{n}{4} \cdot (n+1)^2\right) \cdot \left(\sum_{i=1}^{n} R^2(y_i) - \frac{n}{4} \cdot (n+1)^2\right)}}$$

der *Spearmansche Rangkorrelationskoeffizient* r_s.

Der Spearmansche Rangkorrelationskoeffizient ist ein Maß für den linearen Zusammenhang der Rangzahlen der beiden beobachteten Merkmalswerte. Er ist dem Korrelationskoeffizienten nach Pearson vorzuziehen, falls in einer Bewertungsskala die vergebenen Punktzahlen willkürlich sind, die daraus resultierenden Ränge aber eine vernünftige Reihenfolge ergeben. Als Beispiele aus der Praxis sind zu nennen: Noten bei Klausuren, Noten beim Eiskunstlauf oder beim Kunstturnen, Ergebnisse von unabhängigen Gutachten.

Beispiel 8.30:

Zwei Gutachter bewerteten 10 eingereichte Arbeiten bei einem Wettbewerb mit Hilfe einer Skala von 1 bis 15 (die erste Koordinate des Paares ist die Bewertung des Prüfers 1 und die zweite Koordinate die des Prüfers 2):

$$(x, y) = \big((12, 9), (5, 8), (7, 7), (12, 14), (10, 6), (3, 11), (12, 11), (7, 9), (5, 6), (8, 10)\big).$$

Die geordneten Komponentenstichproben sind dann:

$$x = (3, 5, 5, 7, 7, 8, 10, 12, 12, 12) \text{ und}$$

$$y = (6, 6, 7, 8, 9, 9, 10, 11, 11, 14).$$

Die Rangzahlen der beiden Komponentenstichproben sind dann:

$$R(x) = (1, 2.5, 2.5, 4.5, 4.5, 6, 7, 9, 9, 9) \text{ und}$$

$$R(y) = (1.5, 1.5, 3, 4, 5.5, 5.5, 7, 8.5, 8.5, 10)$$

Die dazugehörigen Rangpaare sind dann:

$$(9, 5.5), (2.5, 4), (4.5, 3), (9, 10), (7, 1.5), (1, 8.5), (9, 8.5), (4.5, 5.5), (2.5, 1.5), (6, 7).$$

Es folgt dann

$$\sum_{i=1}^{10} R(x_i) \cdot R(y_i) = 9 \cdot 5.5 + \ldots + 6 \cdot 7 = 329.$$

$$\sum_{i=1}^{10} R^2(x_i) = 382 \quad \text{und} \quad \sum_{i=1}^{10} R^2(y_i) = 383.5.$$

$$r_s = \frac{\sum_{i=1}^{10} R(x_i) \cdot R(y_i) - \frac{10}{4} \cdot (10+1)^2}{\sqrt{\left(\sum_{i=1}^{10} R^2(x_i) - \frac{10}{4} \cdot (10+1)^2\right) \cdot \left(\sum_{i=1}^{10} R^2(y_i) - \frac{10}{4} \cdot (10+1)^2\right)}}$$

$$= \frac{329 - 302.5}{\sqrt{(382 - 302.5) \cdot (383.5 - 302.5)}} = 0.33023.$$

Zum Vergleich dazu gilt: $r = 0.34880$.

Die beiden Korrelationskoeffizienten unterscheiden sich kaum. Ihre Grössenordnung bedeutet, daß sich die Leistungsabstufungen der beiden Gutachter stark unterscheiden.

Im folgenden Beispiel treten viele Punkte mehrfach auf.

Beispiel 8.31:

Bei einer Prüfung in zwei Teilen A und B gab es folgende Ergebnisse. Jeder Teil wurde dabei mit den Noten 1, 3 oder 5 bewertet.

(1, 1): 4 mal	(1, 3): 2 mal	(1, 5): 1 mal
(3, 1): 2 mal	(3, 3): 5 mal	(3, 5): 3 mal
(5, 1): 0 mal	(5, 3): 2 mal	(5, 5): 1 mal.

Es soll eine Häufigkeitstabelle angegeben werden und Mittelwerte und Varianzen der Komponentenstichproben, die Kovarianz, der Pearsonsche Korrelationskoeffizient und der Rangkorrelationskoeffizient nach Spearman berechnet werden.

Mit den oben eingeführten Bezeichnungen gilt:

$a_1 = 1,\ a_2 = 3,\ a_3 = 5,\ b_1 = 1,\ b_3 = 3,\ b_5 = 5.$

$h_{11} = 4,\ h_{12} = 2,\ h_{13} = 1,\ h_{21} = 2,\ h_{22} = 5,\ h_{23} = 3,\ h_{31} = 0,$

$h_{32} = 2,\ h_{33} = 1.$

$h_{1\cdot} = h(a_1) = 7,\ h_{2\cdot} = h(a_2) = 10,\ h_{3\cdot} = h(a_3) = 3$

$$h_{\cdot 1} = h(b_1) = 6,\ h_{\cdot 2} = h(b_2) = 9,\ h_{\cdot 3} = h(b_3) = 5.$$

Daraus ergibt sich folgende Häufigkeitstabelle:

	$b_1 = 1$	$b_2 = 3$	$b_3 = 5$	Summe
$a_1 = 1$	4	2	1	7
$a_2 = 3$	2	5	3	10
$a_3 = 5$	0	2	1	3
Summe	6	9	5	20

Es folgen:

$$\bar{x} = \frac{1}{20}\cdot(7\cdot 1 + 10\cdot 3 + 3\cdot 5) = 2.6,\ \bar{y} = \frac{1}{20}\cdot(6\cdot 1 + 9\cdot 3 + 5\cdot 5) = 2.9.$$

$$s_x^2 = \frac{1}{19}\cdot\left(7\cdot(1-2.6)^2 + 10\cdot(3-2.6)^2 + 3\cdot(5-2.6)^2\right) = 1.9368$$

$$\Rightarrow s_x = 1.3917.$$

$$s_y^2 = \frac{1}{19}\cdot\left(6\cdot(1-2.9)^2 + 9\cdot(3-2.9)^2 + 5\cdot(5-2.9)^2\right) = 2.30526$$

$$\Rightarrow s_y = 1.51831.$$

$$\begin{aligned} s_{xy} = \frac{1}{19}\cdot\Big(&4\cdot(1-2.6)(1-2.9) + 2\cdot(1-2.6)(3-2.9) + 1\cdot(1-2.6)(5-2.9) \\ &+ 2\cdot(3-2.6)(1-2.9) + 5\cdot(3-2.6)(3-2.9) + 3\cdot(3-2.6)(5-2.9) \\ &+ 0\cdot(5-2.6)(1-2.9) + 2\cdot(5-2.6)(3-2.9) + 1\cdot(5-2.6)(5-2.9)\Big) \\ = 0.8.& \end{aligned}$$

Daraus folgt dann $r = \frac{s_{xy}}{s_x \cdot s_y} = 0.37860.$

Für die Ränge der einzelnen Teile gilt:

Teil A: Aus $a_1 = 1$ und $h(1) = 7$ folgt

$$R(a_1 = 1) = \frac{1}{7}\cdot(1 + 2 + \ldots + 7) = \frac{1}{7}\cdot 28 = 4.$$

Analog folgt: $R(a_2 = 3) = 12.5$ und $R(a_3 = 5) = 19.$

Teil B: $R(b_1 = 1) = 3.5,\ R(b_2 = 3) = 11$ und $R(b_3 = 5) = 18.$

Aus $\sum_{i=1}^{20} R(x_i)\cdot R(y_i) - \frac{20}{4}\cdot(20+1)^2 =$

$$\begin{aligned} &= 4\cdot 4\cdot 3.5 + 2\cdot 4\cdot 11 + 1\cdot 4\cdot 18 + 2\cdot 12.5\cdot 3.5 + 5\cdot 12.5\cdot 11 + \\ &+ 3\cdot 12.5\cdot 18 + 2\cdot 19\cdot 11 + 1\cdot 19\cdot 18 - 5\cdot 441 = 221, \end{aligned}$$

$$\sum_{i=1}^{10} R^2(x_i) - \frac{10}{4} \cdot (10+1)^2 = 7 \cdot 4^2 + 10 \cdot 12.5^2 + 3 \cdot 19^2 - 5 \cdot 441 = 552.5 \text{ und}$$

$$\sum_{i=1}^{10} R^2(x_i) - \frac{10}{4} \cdot (10+1)^2 = 6 \cdot 3.5^2 + 9 \cdot 11^2 + 5 \cdot 18^2 - 5 \cdot 441 = 577.5$$

folgt dann $r_s = \frac{221}{\sqrt{552.5 \cdot 577.5}} = 0.39125.$

8.2.3 Regression

Bei der Regressionsrechnung behandelt man die Frage, ob man von der einen Variablen x auf die andere Variable y oder umgekehrt mit Hilfe einer funktionalen Abhängigkeit schließen kann. Der Idealfall wäre eine vollständige Abhängigkeit $y = f(x)$, wobei $f(x)$ aus einer fest vorgegebenen Klasse von Funktionen stammt. Dann würden alle Wertepaare auf dem dazugehörenden Graphen liegen. Dieser Fall wird jedoch bei zufälligen Beobachtungen kaum vorkommen. Deshalb wird man sich häufig für eine Näherungsfunktion entscheiden, so daß die Wertepaare in der Nähe dieser Kurve liegen.
In der Regressionsrechnung wird der Punktwolke eine möglichst einfache Funktion zugeordnet bzw. angepaßt. Meist sind dies Geraden oder Parabeln.

Beispiel 8.32:

Würden alle Menschen das Idealgewicht y (in kg) in Abhängigkeit ihrer Körpergröße x (in cm) besitzen, so hätte man einen vollständigen Zusammenhang:

$$y = 0.9 \cdot (x - 100).$$

Daß dies nicht der Fall ist, ist offensichtlich.

8.2.3.1 Regressionsgeraden von y bzgl. x

Gegeben sei eine zweidimensionale Stichprobe:

$$(x, y) = \big((x_1, y_1), (x_2, y_2), \ldots, (x_n, y_n)\big).$$

Für diese n Punkte soll eine Gerade $y = m \cdot x + b$ so gefunden werden, daß die Punkte möglichst "nahe" an dieser Geraden liegen.
Eine erste Möglichkeit ist, die Summe der Abstandsquadrate der einzelnen Punkte zu dieser Geraden zu minimieren. Dieses Verfahren ist jedoch mit einem relativ großen Rechenaufwand verbunden.

Die zweite Möglichkeit, die dadurch motiviert wird, daß man aus den x – Werten die y – Werte berechnen will, beruht auf den „Abständen in y – Richtung". Man minimiert die Summe der vertikalen Abstandsquadrate. Diese Methode wird in der Regressionsrechnung fast ausschließlich verwendet und wird im folgenden vorgestellt.

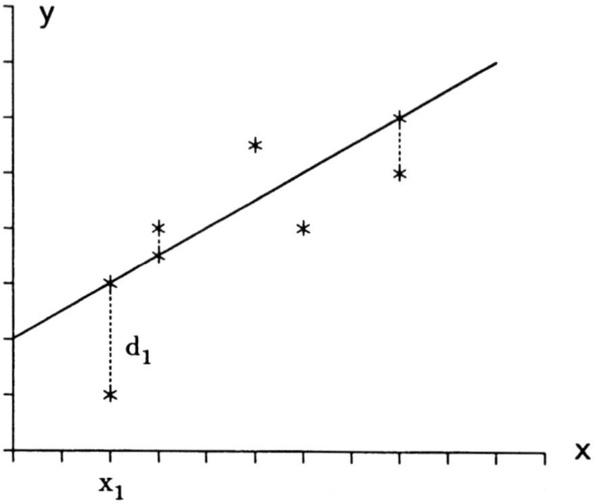

Abbildung 8.18: vertikale Abstände

Für einen beliebigen Punkt (x_i, y_i), $1 \leq i \leq n$, der Stichprobe nimmt die Gerade an der Stelle x_i den Funktionswert $m \cdot x_i + b$ an. Dann ist der vertikale Abstand dieses Punktes zur Geraden

$$d_i = |\, y_i - mx_i - b \,|.$$

Für die Summe S(m, b) der Abstandsquadrate folgt dann

$$S(m, b) = \sum_{i=1}^{n} (y_i - mx_i - b)^2.$$

Diese Funktion ist zu minimieren, d. h. es sind zwei Zahlen m und b zu finden, welche diese Funktion so klein wie möglich machen.

Mit Hilfe von Methoden aus der zweidimensionalen Analysis, die im Mathematik-Teil allerdings nicht besprochen wurden (siehe weiterführende Literatur) können zwei Bedingungen für die Zahlen m und b aufgestellt werden:

$$\sum_{i=1}^{n} (y_i - mx_i - b) = 0 \quad \text{und} \quad \sum_{i=1}^{n} (y_i - mx_i - b) \cdot x_i = 0.$$

Aus der ersten Gleichung folgt

$$\sum_{i=1}^{n}(y_i - mx_i - b) = \sum_{i=1}^{n} y_i - \sum_{i=1}^{n} mx_i - \sum_{i=1}^{n} b = n \cdot \overline{y} - m \cdot n \cdot \overline{x} - n \cdot b = 0.$$

Aus der zweiten Gleichung folgt

$$\sum_{i=1}^{n}(y_i - mx_i - b) \cdot x_i = \sum_{i=1}^{n} x_i \cdot y_i - \sum_{i=1}^{n} mx_i^2 - \sum_{i=1}^{n} bx_i =$$

$$= \sum_{i=1}^{n} x_i \cdot y_i - m \cdot \sum_{i=1}^{n} x_i^2 - n \cdot b \cdot \overline{x} = 0.$$

Diese zwei neuen Gleichungen ergeben ein lineares Gleichungssystem für die zwei Zahlen m und b:

$$b + m \cdot \overline{x} = \overline{y}$$

$$n \cdot b \cdot \overline{x} + m \cdot \sum_{i=1}^{n} x_i^2 = \sum_{i=1}^{n} x_i \cdot y_i.$$

Dieses wird mit Hilfe des Gauß-Algorithmuses gelöst. Es ergibt sich:

$$m = \frac{\sum_{i=1}^{n}(x_i - \overline{x})(y_i - \overline{y})}{\sum_{i=1}^{n}(x_i - \overline{x})^2} = \frac{s_{xy}}{s_x^2} = r \cdot \frac{s_y}{s_x} \qquad \text{und } b = \overline{y} - m \cdot \overline{x}.$$

Definition 8.34:

Gegeben sei eine zweidimensionale Stichprobe

$$(x, y) = \big((x_1, y_1), (x_2, y_2), \ldots, (x_n, y_n)\big).$$

Dann heißt die Gerade $y = mx + b$ mit

$$m = \frac{\sum_{i=1}^{n}(x_i - \overline{x})(y_i - \overline{y})}{\sum_{i=1}^{n}(x_i - \overline{x})^2} = \frac{s_{xy}}{s_x^2} = r \cdot \frac{s_y}{s_x} \qquad \text{und } b = \overline{y} - m \cdot \overline{x}$$

die *Regressionsgerade* von y bezüglich x.

In der folgenden Definition wird ein Maß angegeben, das die Qualität dieser Anpassung beschreibt.

Definition 8.35:

Die Zahl $B = r^2$ heißt *Bestimmtheitsmaß*.

Je näher B bei 1 liegt, desto besser ist die Anpassung. Ist b = 1, so liegen alle Punkte schon auf einer Geraden.

Beispiel 8.33:

Für die zweidimensionale Stichprobe

$$(x, y) = \big((165, 79), (178, 70), (172, 75), (195, 100), (184, 75), \\ (168, 60), (177, 78), (184, 92), (176, 70), (171, 71)\big)$$

soll die Regressionsgerade berechnet werden.

Aus Beispiel 8.27 sind bekannt:

$$\bar{x} = 177,\ \bar{y} = 77,\ s_x^2 = \frac{710}{9} = 78.888,\ s_y^2 = \frac{1\,190}{9} = 132.222,$$

$$s_{xy} = \frac{680}{9} = 75.555 \quad \text{und} \quad r = 0.7398.$$

Daraus folgt aber

$$m = \frac{s_{xy}}{s_x^2} = \frac{\frac{680}{9}}{\frac{710}{9}} = \frac{68}{71} = 0.95775 \text{ und } b = \bar{y} - m \cdot \bar{x} = 77 - 177 \cdot \frac{68}{71} = -92.52.$$

Also lautet die Gleichung der Regressionsgeraden $y = 0.95775 \cdot x - 92.52$.

Das Bestimmtheitsmaß ist $B = (0.7398)^2 = 0.5473$.

Es handelt sich um eine Anpassung von mäßiger Qualität.

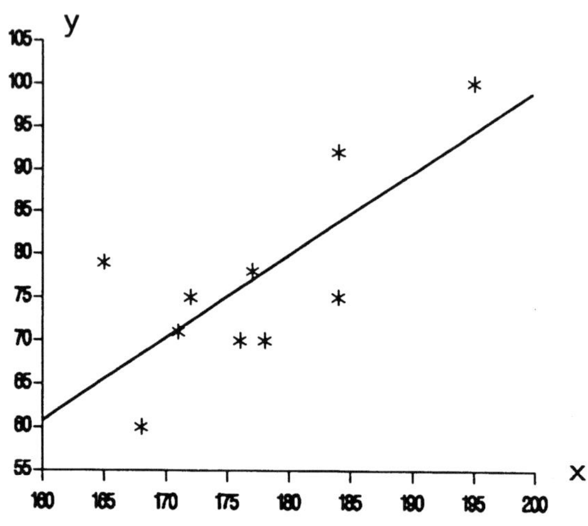

Abbildung 8.19: Regressionsgerade mit mäßiger Qualität

Beispiel 8.34:

Der Zusammenhang der Teile A und B aus Beispiel 8.28 ergab die Punkte:

(2, 3), (4, 5), (7, 7), (3, 4), (9, 8), (5, 6), (7, 8), (6, 7), (1, 2), (9, 9).

Es folgt

$\overline{x} = 5.3$, $\overline{y} = 5.9$, $s_x^2 = 7.78889$, $s_y^2 = 5.43333$ und $r = 0.97868$.

Daraus folgt dann die Gleichung der Regressionsgeraden:

$y = 0.81740 \cdot x + 1.56776.$

Das Bestimmtheitsmaß ist $B = (0.97868)^2 = 0.9578$.

Es handelt sich um eine Anpassung von guter Qualität.

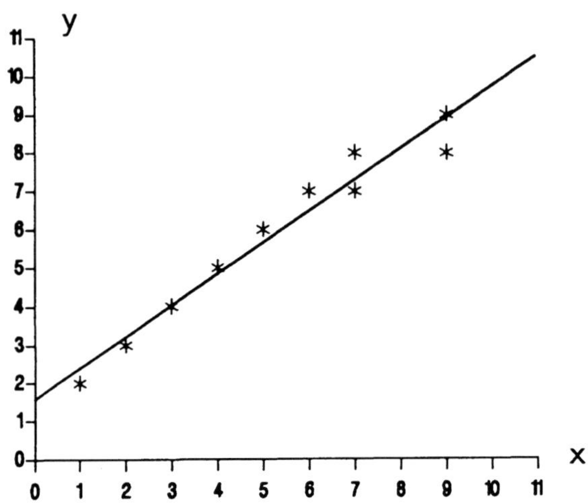

Abbildung 8.20: Regressionsgerade mit guter Qualität

Der Zusammenhang der Teile A und D aus Beispiel 8.28 ergab die Punkte:

(2, 1), (4, 0), (7, 3), (3, 5), (9, 9), (5, 0), (7, 2), (6, 9), (1, 9), (9, 0).

Es folgt

$\overline{x} = 5.3$, $\overline{y} = 3.8$, $s_x^2 = 7.78889$, $s_y^2 = 15.28889$ und $r = -0.05498$.

Daraus folgt dann die Gleichung der Regressionsgeraden:

$y = -0.07703 \cdot x + 4.20827.$

Das Bestimmtheitsmaß ist $B = (-0.05498)^2 = 0.00302$.

Es handelt sich um eine Anpassung mit schlechter Qualität.

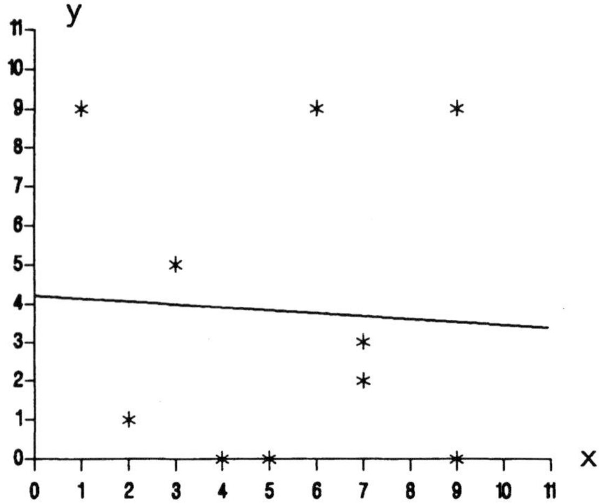

Abbildung 8.21: Regressionsgerade mit schlechter Qualität

8.2.3.2 Andere Regressionsfunktionen von y bzgl. x

Natürlich gibt es Fälle, in denen eine angepaßte Gerade wenig Sinn macht. Dann müssen andere Funktionen angepaßt werden. Dies geschieht normalerweise genauso durch Minimierung der Summe der vertikalen Abstandsquadrate, wobei häufig die dabei entstehenden Gleichungssysteme nur numerisch gelöst werden können.
Viele solcher Funktionen lassen sich durch geeignete Transformationen auf das Geradenmodell zurückführen:

$f(x) = a + bx^2$ mit $z = x^2$ auf $y = a + bz$

$f(x) = a + b\sqrt{x}$ mit $z = \sqrt{x}$ auf $y = a + bz$

$f(x) = a \cdot x^b$ durch Logarithmieren: $\ln y = \ln a + b \cdot \ln x$

$f(x) = a \cdot e^{bx}$ durch Logarithmieren: $\ln y = \ln a + bx$.

Aufgaben zu Kapitel 8

Aufgabe 1

Klassifizieren Sie die folgenden Merkmalsausprägungen.

a) Körpergewicht eines Schweins
b) Fahrgeschwindigkeit eines PKWs
c) Ausgeübter Sport
d) Güteklasse von Eiern
e) Monatsnettoeinkommen
f) Parteizugehörigkeit
g) Intelligenz
h) jährlich entrichtete Umsatzsteuer
i) Konfessionszugehörigkeit
j) Haarfarbe
k) Vermögen
l) Religionszugehörigkeit.

Aufgabe 2

a) Was bedeuten die Begriffe Mittelwert und Median?

b) Welcher der beiden Begriffe aus a) ist bei einer Stichprobe von kleinem Umfang der aussagekräftigere Wert? Begründen Sie ihre Antwort.

c) Eine Stichprobe vom Umfang $n = 10$ besitzt den Median 3 und die Varianz 0. Geben Sie den Mittelwert und die Spannweite an.

Aufgabe 3

a) Geben Sie 4 verschiedene ganze Zahlen x_1, x_2, x_3 und x_4 an, die, als Stichprobe aufgefaßt, den Median 50, den Mittelwert 70 und die Spannweite 120 besitzen.

b) Geben Sie 3 verschiedene Zahlen a, b und c an, die, als Stichprobe aufgefaßt, den Mittelwert 10, den Median 12 und die Varianz 84 besitzen.

Aufgabe 4

Hühnereier werden in Güteklassen eingeteilt. Welche graphische Darstellungsmöglichkeit bietet sich an, wenn ein Händler die Anzahl der verkauften Eier in Bezug auf die Güteklassen erfassen will, das Stabdiagramm, das Histogramm, das Streuungsdiagramm oder die Lorenzkurve?

Aufgabe 5

Die 32 Filialen einer Großhandelskette erzielten in einer Geschäftsperiode folgende Umsätze (in Millionen EUR):

5, 3, 4, 2, 3, 3, 3, 6, 5, 6, 4, 3, 4, 2, 1, 4, 3, 2, 4, 4, 3, 2, 1, 3, 3, 2, 2, 4, 3, 7, 5, 4.

Berechnen Sie die absoluten und die relativen Häufigkeiten und zeichnen Sie ein Stabdiagramm.

Aufgabe 6

In einem Holzwerk wurden 4 Baumstämme mit folgenden Durchmessern angeliefert: 60, 70, 50, 75 cm.
Berechnen Sie den mittleren Durchmesser, den Modalwert, den Median, die Varianz und die Quantile $x_{0.25}$ und $x_{0.75}$.

Aufgabe 7

In einem anderen Holzwerk wurden 30 Stämme angeliefert und in Klassen eingeteilt:

Durchmesser:	Anzahl:
00-20	03
20-50	12
50-70	06
70-100	05
100-120	04

Berechnen Sie den Mittelwert, den Median, die Varianz und die Quantile $x_{0.25}$ und $x_{0.75}$. Zeichnen Sie ein Histogramm.

Aufgabe 8

In einem Krankenhaus gab es an einem Tag 6 Entbindungen mit den Gewichten

3 050, 3 520, 2 150, 2 800, 4 500 und 3 300 g.

Berechnen Sie den Mittelwert, den Median, die Standardabweichung, die Spannweite, die Quantile $x_{0.25}$ und $x_{0.75}$.

Aufgabe 9

In einem Betrieb wurde die Betriebszugehörigkeit festgestellt und in Klassen eingeteilt. Dabei waren 12 Mitarbeiter weniger als 3 Jahre beschäftigt, 27 Mitarbeiter zwischen 3 und 8 Jahren beschäftigt und 41 Mitarbeiter zwischen 8 und 25 Jahren beschäftigt. Berechnen Sie die durchschnittliche Betriebszugehörigkeit.

Aufgabe 10

Ein Abend im Spielcasino hat für 20 Arbeitskollegen folgende Gewinne ergeben (in EUR):

100, -50, 500, 200, $-1\,000$, $-3\,000$, -50, 250, 5 000, 100, -400,

-800, 0, 1 000, 2 000, $-10\,000$, $-2\,000$, 0, 250, 1 900.

a) Berechnen Sie den Mittelwert.

b) Nehmen Sie eine Klasseneinteilung in folgende Klassen vor:

Klasse 1: $-10\,000 \leq g < -5\,000$
Klasse 2: $-5\,000 \leq g < -1\,000$
Klasse 3: $-1\,000 \leq g < 1\,000$
Klasse 4: $1\,000 \leq g \leq 5\,000$

und berechnen Sie dann den Mittelwert, die Varianz, den Median und das Quantil $x_{0.8}$. Zeichnen Sie ein Histogramm.

Aufgabe 11

a) Zeigen Sie, daß das arithmetische Mittel zweier Zahlen a und b stets $\geq$ dem geometrischen Mittel ist.

b) Zeigen Sie, daß das geometrische Mittel zweier Zahlen a und b stets $\geq$ dem harmonischen Mittel ist.

Aufgabe 12

Jeden Freitag im Dezember (4 mal) kauft ein Student Orangen für 8 EUR. Jedes Mal waren die Kosten pro Kilogramm unterschiedlich: 2.40, 2.70, 2.90 und 2.80 EUR. Welchen mittleren Preis zahlte der Student?

Aufgabe 13

Jeden Montag im September (4 mal) tankt Herr B. für 20 EUR. Jedes Mal waren die Kosten pro Liter unterschiedlich: 1.32, 1.33, 1.38 und 1.45 EUR. Welchen mittleren Preis zahlte Herr B.?

Aufgabe 14

Ein Studierender kauft 4 mal im Oktober Bananen. Die ersten beiden Male kauft er für jeweils 5 EUR bei Kilopreisen von 1.80 und 1.90 EUR. Die letzten beiden Male waren die Bananen im Sonderangebot. Deshalb kaufte er für jeweils 10 EUR bei Kilopreisen von 1.50 und 1.40 EUR. Welches war der mittlere Preis?

Aufgabe 15

Die Preise für einen Artikel betrugen in drei aufeinander folgenden Geschäftsperioden 50 EUR, 100 EUR und 200 EUR.

a) Berechnen Sie den Durchschnittspreis, falls in jeder Periode die gleiche Menge gekauft wurde.

b) Berechnen Sie den Durchschnittspreis, falls in jeder Periode für den gleichen Betrag gekauft wurde.

Aufgabe 16

Bestimmen Sie den mittleren Zuwachs bei tatsächlichen Jahreszuwächsen von 25%, 40%, 15% und 10%.

Aufgabe 17

Ein Autohändler verkauft in einem Monat 10 Autos zu folgenden Preisen:

20, 18, 23, 49, 15, 98, 22, 27, 72, 36 TEuro.

Berechnen Sie den Mittelwert, den Median, die Standardabweichung, die Spannweite, die Quantile $x_{0.25}$ und $x_{0.75}$.
Zeichnen Sie die Lorenzkurve und berechnen Sie den Gini-Koeffizienten.

Aufgabe 18

a) Innerhalb einer Woche gab es in einem Krankenhaus 12 Entbindungen mit den Körpergrößen
54, 52, 49, 46, 54, 55, 54, 51, 53, 48, 55 und 50 cm.
Berechnen Sie den Mittelwert, den Median, die Standardabweichung und die Spannweite. Zeichnen Sie ein Stabdiagramm.
Zeichnen Sie die Lorenzkurve und berechnen Sie den Gini-Koeffizienten.

b) Für die Körpergrößen wurde folgende Klasseneinteilung vorgenommen: $45 \leq g < 50$, $50 \leq g < 53$ und $53 \leq x < 56$.
Berechnen Sie den Mittelwert, den Median, die Standardabweichung und die Spannweite. Zeichnen Sie ein Histogramm.
Zeichnen Sie die Lorenzkurve und berechnen Sie den Gini-Koeffizienten.

Aufgabe 19

In der metallverarbeitenden Industrie gab es in einem festen Jahr 50 000 Betriebe mit insgesamt 8.05 Millionen Beschäftigten. Die Konzentration der Beschäftigten auf die Betriebe war:

Anzahl der Beschäftigten	Anzahl der Betriebe	Anzahl der Besch. in 1 000
10 – 20	100 000	1 200
20 – 100	20 000	1 000
100 – 1 000	2 500	3 850
1 000 – 100 000	100	3 850.

Zeichnen Sie die Lorenzkurve und berechnen Sie den Gini-Koeffizienten.

Aufgabe 20

In einem Dorf leben 30 Familien mit unterschiedlichen Jahreseinkommen.

Jahreseinkommen (Klassen)	Anzahl der Familien	Gesamteinkommen der Klasse
0 – 30	5	100 000
30 – 50	7	280 000
50 – 100	15	900 000
über 100	3	900 000.

Zeichnen Sie die Lorenzkurve und berechnen Sie den Gini-Koeffizienten.

Aufgabe 21

Eine Handwerkergruppe umfaßt 100 Betriebe. Am Gesamtumsatz sind 60 Kleinbetriebe mit jeweils 0.4%, 6 Mittelbetriebe mit jeweils 6% und zwei Großbetriebe mit jeweils 20% beteiligt. Zeichnen Sie die Lorenzkurve und berechnen Sie den Gini-Koeffizienten.

Aufgabe 22

5 Studenten werden auf Gewicht und Kondition untersucht:

Gewicht in kg	60	80	100	70	65
Kondition in $\frac{\text{min}}{\text{km}}$	4.5	6	7	4	3.75

Berechnen Sie die getrennten Mittelwerte und Varianzen, die Kovarianz, den Pearsonschen Korrelationskoeffizienten und den Rangkorrelationskoeffizienten nach Spearman.

Aufgabe 23

Gegeben sei eine zweidimensionale Stichprobe durch folgende Häufigkeitstabelle:

	$b_1 = 1$	$b_2 = 2$
$a_1 = 1$	15	25
$a_2 = 2$	40	20.

Berechnen Sie die getrennten Mittelwerte und Varianzen und die Korrelationskoeffizienten nach Pearson und Spearman.

Aufgabe 24

Betrachtet man die Tabelle der ersten Fußball-Bundesliga vom 7.3.1994, so ergibt sich folgender Zusammenhang:

Tabellenplatz	1	3	4	5	13	14
Tordifferenz	25	10	11	8	-2	-4.

Berechnen Sie den Rangkorrelationskoeffizienten nach Spearman.

Aufgabe 25

25 Studenten beteiligten sich an den Klausuren Mathematik und Statistik. Die Ergebnisse sind als Paare gegeben:

(3, 2), (4, 3), (1, 2), (2, 3), (3, 3), (1, 2), (2, 3), (1, 1), (3, 4), (4, 3), (3, 3), (2, 1), (3, 3), (4, 3), (2, 2), (2, 3), (3, 3), (2, 3), (3, 4), (2, 1), (3, 3), (4, 3), (1, 1), (4, 2), (3, 3).

Erstellen Sie eine Häufigkeitstabelle und berechnen Sie die getrennten Mittelwerte und Varianzen, die Kovarianz, den Pearsonschen Korrelationskoeffizienten und den Rangkorrelationskoeffizienten nach Spearman. Interpretieren Sie die beiden Korrelationskoeffizienten.

Aufgabe 26

Bei 5 Studenten wurden Gewicht und Lungenvolumen ermittelt. Es ergab sich folgende Stichprobe:

Gewicht (in kg)	70	80	65	100	80
Lungenvolumen (in Liter)	5.3	5.1	5.7	6.1	5.2.

Berechnen Sie den Pearsonschen Korrelationskoeffizienten und den Rangkorrelationskoeffizienten nach Spearman. Berechnen Sie die Regressionsgerade und zeichnen Sie ein Bild der Punktwolke mit der Geraden.

Aufgabe 27

Das Bruttosozialprodukt der BRD zu den Zeitpunkten 1960, 1970 und 1980 ist in folgender Tabelle dargestellt:

Zeit nach 1960 (in Jahren)	0	10	20
BSP (in Mrd. DM)	371	607	840.

Berechnen Sie den Pearsonschen Korrelationskoeffizienten und die Gleichung der Regressionsgeraden.

Aufgabe 28

4 Studenten werden auf Körpergröße und Gewicht untersucht:

Gewicht in kg	60	80	70	70
Größe in cm	175	180	170	175.

Berechnen Sie die getrennten Mittelwerte und Varianzen, die Kovarianz, den Pearsonschen Korrelationskoeffizienten und den Rangkorrelationskoeffizienten nach Spearman. Berechnen Sie die Regressionsgerade und zeichnen sie ein Bild der Punktwolke mit der Geraden.

Aufgabe 29

Innerhalb einer Woche gab es in einem Krankenhaus 12 Entbindungen mit den Körpergrößen

54, 52, 49, 46, 54, 55, 54, 51, 53, 48, 55 und 50 cm

und den dazugehörenden Körpergewichten

3 300, 3 200, 3 400, 2 500, 3 400, 3 600, 2 800, 3 200, 3 100, 2 400, 4 200, 3 800 g.

Berechnen Sie die getrennten Mittelwerte und Varianzen, die Kovarianz, den Pearsonschen Korrelationskoeffizienten und den Rangkorrelationskoeffizienten nach Spearman. Berechnen Sie die Regressionsgerade und zeichnen sie ein Bild der Punktwolke mit der Geraden. Interpretieren Sie die beiden Korrelationskoeffizienten.

Aufgabe 30

Ein Gebrauchtwarenhändler bietet 8 Wagen an. Der Verkaufspreis und das Alter dieser Wagen sind:

Wagen Nummer	1	2	3	4	5	6	7	8
Verkaufspreis (in TEuro)	4.0	3.0	4.0	1.5	8.0	4.0	7.0	2.0
Alter (in Jahren)	3.0	5.0	3.0	6.0	1.0	2.0	1.0	7.0.

Berechnen Sie den Pearsonschen Korrelationskoeffizienten und den Rangkorrelationskoeffizienten nach Spearman. Berechnen Sie die Regressionsgerade und zeichnen sie ein Bild der Punktwolke mit der Geraden.

Aufgabe 31

Bei 4 Männern verschiedener Altersstufen wurden die folgenden systolischen Blutdruckwerte gemessen:

Alter in Jahren	20	30	40	50
Blutdruck in mm Hg	110	120	129	134.

Berechnen Sie die Regressionsgerade und fertigen Sie eine Zeichnung der Punktwolke mit der Geraden an. Berechnen Sie auch die Summe der vertikalen Abstandsquadrate.

Aufgabe 32

Passen Sie den 4 Wertepaaren

x_i	1	2	3	4
y_i	2.2	2.3	2.8	3.6

ein Polynom $y = a + b\,x^2$ an, indem Sie dieses Problem mittels einer geeigneten Transformation auf ein Geradenmodell zurückführen.

Aufgabe 33

Passen Sie den 4 Wertepaaren

x_i	1	2	3	5
y_i	5.8	3.1	2.5	2.2

eine Funktion $y = a + \frac{b}{x^2}$ an, indem Sie dieses Problem mittels einer geeigneten Transformation auf ein Geradenmodell zurückführen.

Kapitel 9

Wirtschaftsstatistik

In diesem Kapitel werden 2 ausgewählte Teile der Wirtschaftsstatistik behandelt, die Indexzahlen und die Zeitreihenanalyse.

9.1 Indexzahlen

Indexzahlen dienen dazu, die Veränderung mehrerer Größen durch eine Zahl zu beschreiben. Sie werden immer dann benötigt, wenn in wirtschaftlichen Modellen Kaufkraftveränderungen oder Preisänderungen eine Rolle spielen.

Im folgenden wird ein Warenkorb, bestehend aus n Gütern, betrachtet. Von diesem Warenkorb sind für zwei verschiedene Zeitintervalle (oder auch Zeitpunkte), der Basisperiode und der Vergleichsperiode, die jeweiligen Mengen und die dazugehörenden Preise bekannt.

Um die Preise und Mengen übersichtlich darzustellen, werden Vektoren aus jeweils n Komponenten verwendet.

Es seien:

$\vec{p}^B$ der Preisvektor der Basisperiode.

$\vec{m}^B$ der Mengenvektor der Basisperiode.

$\vec{p}^V$ der Preisvektor der Vergleichsperiode.

$\vec{m}^V$ der Mengenvektor der Vergleichsperiode.

Die einfachste Zahl ist das Verhältnis der Gesamtwerte des Warenkorbes in der Vergleichsperiode und in der Basisperiode.

Definition 9.1:

Der *Wertindex* ist das Verhältnis der Gesamtwerte des Warenkorbes in der

Vergleichsperiode und in der Basisperiode.

$$W = \frac{(\vec{p}^V)^T \cdot \vec{m}^V}{(\vec{p}^B)^T \cdot \vec{m}^B} = \frac{\sum_{i=1}^{n} p_i^V \cdot m_i^V}{\sum_{i=1}^{n} p_i^B \cdot m_i^B}.$$

Möchte man nun Auswirkungen von Preisänderungen studieren, so wird man den Gesamtwert des Warenkorbs bei einem festen Mengenvektor ($\vec{m}^B$ oder $\vec{m}^V$) in den verschiedenen Perioden ermitteln und diese zwei Werte miteinander vergleichen. Es wird also eine einzige Zahl ermittelt, die neben den Preisen auch die Bedeutung der einzelnen Güter berücksichtigt.

Definition 9.2:

1. Der feste Mengenvektor sei der Mengenvektor der Basisperiode $\vec{m}^B$. Der *Laspeyres-Preisindex* ist der Quotient aus den Werten des Warenkorbs mit den Preisen der Vergleichs- und der Basisperiode.

$$P_L = \frac{(\vec{p}^V)^T \cdot \vec{m}^B}{(\vec{p}^B)^T \cdot \vec{m}^B} = \frac{\sum_{i=1}^{n} p_i^V \cdot m_i^B}{\sum_{i=1}^{n} p_i^B \cdot m_i^B}.$$

2. Der feste Mengenvektor sei der Mengenvektor der Vergleichsperiode $\vec{m}^V$. Der *Paasche-Preisindex* ist der Quotient aus den Werten des Warenkorbs mit den Preisen der Vergleichs- und der Basisperiode.

$$P_P = \frac{(\vec{p}^V)^T \cdot \vec{m}^V}{(\vec{p}^B)^T \cdot \vec{m}^V} = \frac{\sum_{i=1}^{n} p_i^V \cdot m_i^V}{\sum_{i=1}^{n} p_i^B \cdot m_i^V}.$$

Der Laspeyres-Preisindex orientiert sich am Warenkorb der Basisperiode, der Paasche-Preisindex dagegen am Warenkorb der Vergleichsperiode. Während der Laspeyres-Preisindex angibt, wie sich der Wert des Warenkorbs geändert hätte, wenn der Mengenvektor der Basisperiode unverändert auch in der Vergleichsperiode gültig wäre, gibt der Paasche-Index die Änderung des Wertes des Warenkorbs an, wenn der Mengenvektor der Vergleichsperiode unverändert in der Basisperiode gültig wäre.

In der Anwendung ist der Laspeyres-Preisindex meist vorzuziehen, da er die Auswirkung der reinen Preisänderung darstellt und die Preise leichter zu erfassen sind als die Mengen des Warenkorbs der Vergleichsperiode.

Vertauscht man bei den Preisindices die Rolle der Preise und Mengen, erhält man die Mengenindices. Bei den Mengenindices wird der Wert des Warenkorbs bei unterschiedlichen Preisen und festen Mengen verglichen.

Definition 9.3:

1. Der feste Preisvektor sei der Preisvektor der Basisperiode $\vec{p}^B$.
   Der *Laspeyres-Mengenindex* ist der Quotient aus den Werten des Warenkorbs mit den Mengen der Vergleichs- und der Basisperiode.

$$M_L = \frac{(\vec{p}^B)^T \cdot \vec{m}^V}{(\vec{p}^B)^T \cdot \vec{m}^B} = \frac{\sum_{i=1}^{n} p_i^B \cdot m_i^V}{\sum_{i=1}^{n} p_i^B \cdot m_i^B}.$$

2. Der feste Preisvektor sei der Preisvektor der Vergleichsperiode $\vec{p}^V$. Der *Paasche-Mengenindex* ist der Quotient aus den Werten des Warenkorbs mit den Mengen der Vergleichs- und der Basisperiode.

$$M_P = \frac{(\vec{p}^V)^T \cdot \vec{m}^V}{(\vec{p}^V)^T \cdot \vec{m}^B} = \frac{\sum_{i=1}^{n} p_i^V \cdot m_i^V}{\sum_{i=1}^{n} p_i^V \cdot m_i^B}.$$

Die Mengenindices spielen dann eine Rolle, wenn die Mengen als Produktionsmengen von Gütern interpretiert werden können. Dann gibt der Laspeyres-Mengenindex das Verhältnis an, in dem sich der Gesamtwert der Produktion in Bezug auf die Preise der Basisperiode geändert hat. Der Paasche-Mengenindex gibt das Verhältnis an, in dem sich der Gesamtwert der Produktion in Bezug auf die Preise der Vergleichsperiode geändert hat.

Beispiel 9.1:

Die Entwicklung des Kraftstoffverbrauchs im Fuhrpark einer Firma ist gegeben durch:

Kraftstoffart	Verbrauch in 1 000 l		Mittlerer Preis in EUR/1 000 l	
	1997	2002	1997	2002
Diesel	400	1 400	1 000	900
Normal	900	1 000	1 400	1 500
Super	300	50	1 600	2 000

Ist 1997 die Basisperiode und 2002 die Vergleichsperiode, so gilt:

$$(\vec{p}^{B})^{T} = (1\,000,\ 1\,400,\ 1\,600).$$

$$(\vec{m}^{B})^{T} = (400,\ 900,\ 300).$$

$$(\vec{p}^{V})^{T} = (900,\ 1\,500,\ 2\,000).$$

$$(\vec{m}^{V})^{T} = (1\,400,\ 1\,000,\ 50).$$

Daraus folgen

$$W = \frac{(\vec{p}^{V})^{T} \cdot \vec{m}^{V}}{(\vec{p}^{B})^{T} \cdot \vec{m}^{B}} = \frac{\sum_{i=1}^{3} p_i^V \cdot m_i^V}{\sum_{i=1}^{3} p_i^B \cdot m_i^B} = \frac{900 \cdot 1\,400 + 1\,500 \cdot 1\,000 + 2\,000 \cdot 50}{1\,000 \cdot 400 + 1\,400 \cdot 900 + 1\,600 \cdot 300} =$$

$$= 1.336.$$

$$P_L = \frac{(\vec{p}^{V})^{T} \cdot \vec{m}^{B}}{(\vec{p}^{B})^{T} \cdot \vec{m}^{B}} = \frac{\sum_{i=1}^{3} p_i^V \cdot m_i^B}{\sum_{i=1}^{3} p_i^B \cdot m_i^B} = \frac{900 \cdot 400 + 1\,500 \cdot 900 + 2\,000 \cdot 300}{1\,000 \cdot 400 + 1\,400 \cdot 900 + 1\,600 \cdot 300} =$$

$$= 1.079.$$

$$P_P = \frac{(\vec{p}^{V})^{T} \cdot \vec{m}^{V}}{(\vec{p}^{B})^{T} \cdot \vec{m}^{V}} = \frac{\sum_{i=1}^{3} p_i^V \cdot m_i^V}{\sum_{i=1}^{3} p_i^B \cdot m_i^V} = \frac{900 \cdot 1\,400 + 1\,500 \cdot 1\,000 + 2\,000 \cdot 50}{1\,000 \cdot 1\,400 + 1\,400 \cdot 1\,000 + 1\,600 \cdot 50} =$$

$$= 0.993.$$

$$M_L = \frac{(\vec{p}^{B})^{T} \cdot \vec{m}^{V}}{(\vec{p}^{B})^{T} \cdot \vec{m}^{B}} = \frac{\sum_{i=1}^{3} p_i^B \cdot m_i^V}{\sum_{i=1}^{3} p_i^B \cdot m_i^B} = \frac{1\,000 \cdot 1\,400 + 1\,400 \cdot 1\,000 + 1\,600 \cdot 50}{1\,000 \cdot 400 + 1\,400 \cdot 900 + 1\,600 \cdot 300} =$$

$$= 1.346.$$

$$M_P = \frac{(\vec{p}^{V})^{T} \cdot \vec{m}^{V}}{(\vec{p}^{V})^{T} \cdot \vec{m}^{B}} = \frac{\sum_{i=1}^{n} p_i^V \cdot m_i^V}{\sum_{i=1}^{n} p_i^V \cdot m_i^B} = \frac{900 \cdot 1\,400 + 1\,500 \cdot 1\,000 + 2\,000 \cdot 50}{900 \cdot 400 + 1\,500 \cdot 900 + 2\,000 \cdot 300} =$$

$$= 1.238.$$

9.2 Zeitreihen

Zeitreihen sind spezielle Stichproben, bei denen die Beobachtungswerte an n zeitlich geordneten Zeitpunkten ermittelt werden. Die übliche Annahme bei Zeitreihen ist, daß jeder Wert additiv aus 4 Komponenten zusammengesetzt werden kann. Diese Komponenten sind der Trend, die zyklische Komponente, die Saisonkomponente und eine zufällige Komponente. Die Summe von Trend und zyklischer Komponente wird glatte Komponente genannt. Die Aufgabenstellung bei der Zeitreihenanalyse ist die Bestimmung dieser 4 Komponenten aus der gegebenen Zeitreihe.

Definition 9.4:

Ermittelt man zu n geordneten Zeitpunkten oder Zeitperioden

$$a_1 < a_2 < \ldots < a_n$$

Beobachtungswerte x_i, $1 \leq i \leq n$, so heißt die Stichprobe

$$x = (x_1, x_2, \ldots, x_n)$$

eine *Zeitreihe.*

Beispiel 9.2:

Zeitreihen treten in vielen Alltagssituationen auf:

- Strom-, Wasser- oder Gasverbrauch.
- Lufttemperatur um 12 Uhr an auffeinanderfolgenden Tagen.
- Arbeitslosenzahlen.
- Zahl der offenen Stellen.
- Umsatzzahlen in Betrieben.

Definition 9.5:

Die n Werte der Zeitreihe x_i, $1 \leq i \leq n$, sind additiv aus 4 Komponenten zusammengesetzt:

$$x_i = t_i + z_i + s_i + r_i$$

Dabei gilt:

t_i ist die *Trendkomponente*, deren Verlauf die langfristige monotone Entwicklung beschreibt. Falls der gesamte Zeitraum nicht übermäßig lang ist, wird t_i durch eine Gerade beschrieben.

z_i ist die *zyklische Komponente*, welche die konjunkturellen Einflüsse beschreibt.

s_i ist die *Saisonkomponente*, welche die (zeitlichen) monats- bzw. quartals- bzw. jahrestypischen Schwankungen beschreibt.

r_i ist eine *zufällige Komponente*, die alle nicht durch die anderen 3 Komponenten zu beschreibenden Einflüsse erklärt. Diese Komponente wird als klein und um 0 schwankend betrachtet.

Die graphische Darstellung von Zeitreihen erfolgt durch *Zeitreihendiagramme*, in denen die Punkte (i, x_i), $1 \leq i \leq n$ eingezeichnet werden. Verbindet man diese Punkte, so entsteht ein *Zeitreihenpolygon.*

Beispiel 9.3:

Die Monatsumsätze eines Fahrradhändlers in den Jahren 2000 und 2001 von Januar 2000 bis Dezember 2001 waren (in TEuro):

20 000, 15 000, 30 000, 30 000, 50 000, 70 000,
60 000, 50 000, 40 000, 10 000, 10 000, 30 000,
15 000, 20 000, 25 000, 25 000, 40 000, 90 000,
70 000, 20 000, 15 000, 10 000, 15 000, 20 000.

Diese 24 Stichprobenwerte werden in einem Zeitreihendiagramm und in einem Zeitreihenpolygon dargestellt.

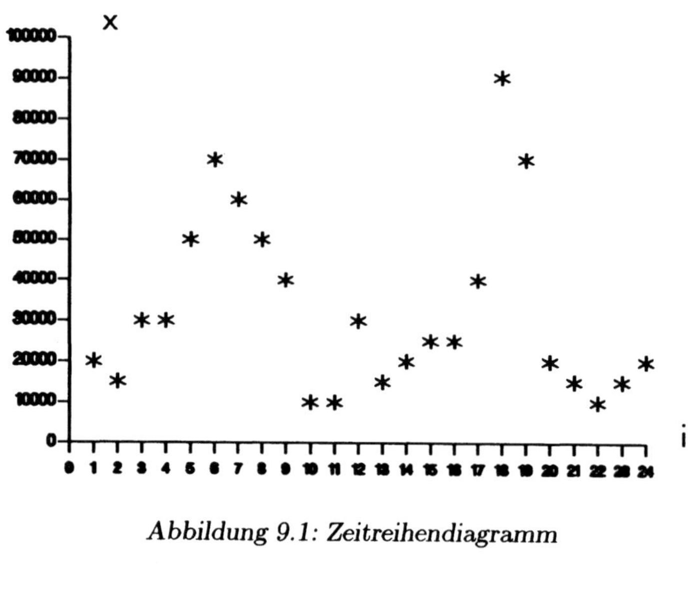

Abbildung 9.1: Zeitreihendiagramm

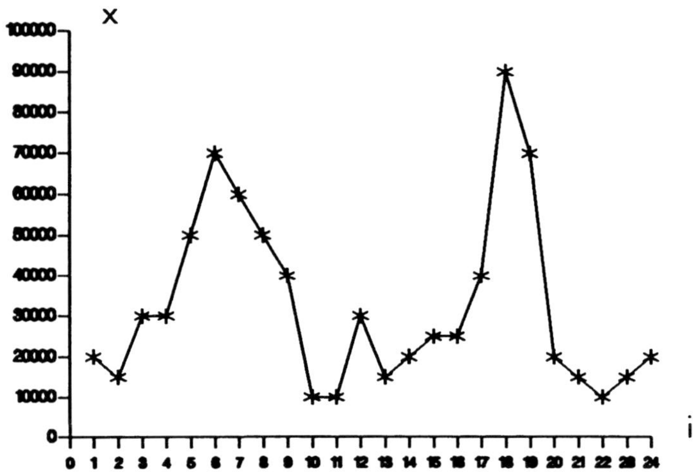

Abbildung 9.2: Zeitreihenpolygon

9.2.1 Bestimmung des Trends

Der Trend ist diejenige Komponente, deren Verlauf die langfristige monotone Entwicklung beschreibt. Falls der gesamte Zeitraum nicht übermäßig lang ist, wird der Trend durch eine Gerade beschrieben. Diese kann dann mit den Methoden des vorhergehenden Kapitels (lineare Regression) berechnet werden.

Eine andere Möglichkeit ist die der *Reihenhälftung*.
Besteht die Zeitreihe aus einer geraden Anzahl von Werten, so werden alle Werte verwendet. Besteht die Zeitreihe aus einer ungeraden Anzahl von Werten, so wird der mittlere Wert entfernt. Danach wird die Zeitreihe in eine untere und in eine obere Hälfte eingeteilt. Ist dann $n = 2k$, so wird die Trendgerade durch die zwei Punkte

$$P = \left(\frac{k+1}{2}, \frac{1}{k} \cdot \sum_{i=1}^{k} x_i \right) \text{ und } Q = \left(\frac{3k+1}{2}, \frac{1}{k} \cdot \sum_{i=k+1}^{n} x_i \right)$$

bestimmt.

Beispiel 9.4

Gegeben seien die Monatsumsätze des Fahrradhändlers aus Beispiel 9.3.

Dann gilt bei der linearen Regression $(y_i, z_i) := (i, x_i)$, $1 \leq i \leq n$:

$$\bar{y} = 12.5,\ s_y^2 = 50,\ \bar{z} = 32\,500,\ s_z^2 = 4.8261 \cdot 10^8 \text{ und } r = -0.12035.$$

Also folgt: $y = 37\,174 - 373.913 \cdot x$ ist die Trendgerade.

Mit der Methode der Reihenhälftung gilt:

$$\frac{1}{k} \cdot \sum_{i=1}^{k} x_i = \frac{1}{12} \cdot \sum_{i=1}^{12} x_i = 34\,583.33 \quad \text{und} \quad \frac{1}{k} \cdot \sum_{i=k+1}^{n} x_i = \frac{1}{12} \cdot \sum_{i=13}^{24} x_i = 30\,416.67.$$

Damit geht die Trendgerade durch die Punkte (6.5, 34 583.33) und (18.5, 30 416.67) und hat die Gleichung $y = 36\,840.3 - 347.22 \cdot x$.

Beide Trendgeraden unterscheiden sich kaum.

9.2.2 Bestimmung der zyklischen Komponente

Bildet man für festes m die arithmetischen Mittel

$$\overline{x}_i = \frac{1}{2m+1} \cdot \sum_{k=i-m}^{i+m} x_k, \quad m+1 \leq i \leq n-m,$$

entsteht eine verkürzte Zeitreihe mit $n - 2m$ Werten.

Diese Reihe verläuft meist glatter als die ursprüngliche Zeitreihe.

Definition 9.6:

Gegeben sei eine Zeitreihe $x = (x_1, x_2, \ldots, x_n)$.

1. Dann heißen die Werte

$$\overline{x}_i = \frac{1}{2m+1} \cdot \sum_{k=i-m}^{i+m} x_k, \quad m+1 \leq i \leq n-m, \text{ m fest gegeben,}$$

gleitende Durchschnitte ungerader Ordnung.

2. Dann heißen die Werte

$$\overline{x}_i = \frac{1}{2m} \left(\frac{1}{2} \cdot x_{i-m} + \sum_{k=i-(m-1)}^{i+(m-1)} x_k + \frac{1}{2} \cdot x_{i+m} \right),$$
$$m+1 \leq i \leq n-m, \text{ m fest gegeben,}$$

gleitende Durchschnitte gerader Ordnung.

Wichtige Spezialfälle ergeben sich für $m = 6$ und $m = 12$. Der Fall $m = 6$ wird der gleitende 12 – Monatsdurchschnitt genannt.

Durch die Bildung der gleitenden Durchschnitte wird die glatte Komponente bestimmt. Der Einfluß der Saisonkomponente und der zufälligen Komponente wird herausgefiltert. Meist werden in der Praxis die gleitenden Durchschnitte gerader Ordnung verwendet.

Damit wird also der glatte Anteil $t_i + z_i$ durch die gleitenden Durchschnitte $\overline{x}_i$, $m + 1 \le i \le n - m$ angenähert. Hat man den Trend bestimmt, so läßt sich die zyklische Komponente durch Subtraktion ermitteln.

Beispiel 9.5

Gegeben seien die Monatsumsätze des Fahrradhändlers aus Beispiel 9.3.

Gesucht ist der gleitende 12 – Monatsdurchschnitt gerader Ordnung.

Mit $m = 6$ folgen aus

$$\overline{x}_i = \frac{1}{12}\left(\frac{1}{2}\cdot x_{i-6} + \sum_{k=i-5}^{i+5} x_k + \frac{1}{2}\cdot x_{i+6}\right),\ 7 \le i \le 18:$$

$\overline{x}_7 = 34\,375$, $\overline{x}_8 = 34\,375$, $\overline{x}_9 = 34\,375$, $\overline{x}_{10} = 33\,958$,

$\overline{x}_{11} = 33\,333$, $\overline{x}_{12} = 33\,750$, $\overline{x}_{13} = 35\,000$, $\overline{x}_{14} = 34\,167$,

$\overline{x}_{15} = 31\,875$, $\overline{x}_{16} = 30\,833$, $\overline{x}_{17} = 31\,042$, $\overline{x}_{18} = 30\,833$.

9.2.3 Bestimmung der Saisonkomponente

Für die Saisonkomponente wird folgende Annahme gemacht:

Sie ist periodisch mit der Periode 2m. ($s_i = s_{i+2m}$).

Bildet man die Differenz $x_i - \overline{x}_i$, so wird der glatte Anteil der Zeitreihe entfernt und es verbleibt die Summe $s_i + r_i$.

Also gilt $x_i - \overline{x}_i \approx s_i + r_i$.

Nun wird über $1 \le i \le 2m$ entlang der Periode m gemittelt.

Gilt $n = 2m \cdot r$, so folgt

$$s_i' = \frac{1}{r-1}\cdot\sum_{k=1}^{r-1}(x_{i+2km} - \overline{x}_{i+2km}) \approx s_i + \sum_{k=1}^{r-1} r_{i+2km}\,.$$

Also ist s_i' ein Schätzwert für s_i.

Oft wird die Summe der Werte s_i' auf Null normiert.

Dies geschieht durch eine Verschiebung $s_i^* = s_i' - \frac{1}{2m}\cdot\sum_{j=1}^{2m} s_j'$.

Die Zahlen $x_i - s_i^*$ ergeben dann eine saisonbereinigte Zeitreihe.

Beispiel 9.6:

Gegeben seien die Monatsumsätze des Fahrradhändlers aus Beispiel 9.3.

Gesucht sind die Saisonkomponenten.

Für die Differenzen $x_i - \overline{x}_i$, $7 \leq i \leq 18$ gilt:

$$x_7 - \overline{x}_7 = 25\,625, \quad x_8 - \overline{x}_8 = 15\,625, \quad x_9 - \overline{x}_9 = 5\,625,$$

$$x_{10} - \overline{x}_{10} = -23\,958, \quad x_{11} - \overline{x}_{11} = -23\,333, \quad x_{12} - \overline{x}_{12} = -3\,750,$$

$$x_{13} - \overline{x}_{13} = -20\,000, \quad x_{14} - \overline{x}_{14} = -14\,167, \quad x_{15} - \overline{x}_{15} = -6\,875,$$

$$x_{16} - \overline{x}_{16} = -5\,833, \quad x_{17} - \overline{x}_{17} = 8\,958, \quad x_{18} - \overline{x}_{18} = 59\,167.$$

Daraus folgen:

$$s'_1 = x_{13} - \overline{x}_{13} = -20\,000, \; s'_2 = x_{14} - \overline{x}_{14} = -14\,167,$$

$$s'_3 = -6\,875, \; s'_4 = -5\,833, \; s'_5 = 8\,958, \; s'_6 = 59\,167, \; s'_7 = 25\,625,$$

$$s'_8 = 15\,625, \; s'_9 = 5\,625, \; s'_{10} = -23\,958, \; s'_{11} = -23\,333 \text{ und}$$

$$s'_{12} = -3\,750.$$

$$\frac{1}{2m} \cdot \sum_{j=1}^{2m} s'_j = \frac{1}{12} \cdot \sum_{j=1}^{12} s'_j = \frac{17\,084}{12} = 1\,423.67 \approx 1424.$$

Daraus folgen dann die normierten Saisonkomponenten:

$$s^*_1 = -21\,424, \; s^*_2 = -15\,591, \; s^*_3 = -8\,299, \; s^*_4 = -7\,257,$$

$$s^*_5 = 7\,534, \; s^*_6 = 57\,734, \; s^*_7 = 24\,201, \; s^*_8 = 14\,201,$$

$$s^*_9 = 4\,201, \; s^*_{10} = -25\,382, \; s^*_{11} = -24\,757 \text{ und } s^*_{12} = -5\,174.$$

Im folgenden Beispiel werden die Ergebnisse der Beispiele 9.3 bis 9.6 übersichtlich dargestellt und Schaubilder der Zerlegung angegeben.

Beispiel 9.7:

Die Monatsumsätze eines Fahrradhändlers in den Jahren 2000 und 2001 von Januar 2000 bis Dezember 2001 waren (in TEuro):

20 000, 15 000, 30 000, 30 000, 50 000, 70 000,
60 000, 50 000, 40 000, 10 000, 10 000, 30 000,
15 000, 20 000, 25 000, 25 000, 40 000, 90 000,
70 000, 20 000, 15 000, 10 000, 15 000, 20 000.

Es soll eine Zerlegung dieser Zeitreihe durchgeführt werden ($m = 6$).

Die dazu notwendigen Berechnungen sind in der folgenden Tabelle zusammengestellt.

Nummer	x_i	$\overline{x}_i$	t_i	z_i	s_i'	r_i
7	60 000	34 375	34 557	– 182	25 625	0
8	50 000	34 375	34 183	192	15 625	0
9	40 000	34 375	33 809	566	5 625	0
10	10 000	33 958	33 435	523	– 23 958	0
11	10 000	33 333	33 061	272	– 23 333	0
12	30 000	33 750	32 687	1 063	– 3 750	0
13	15 000	35 000	32 313	2 687	– 20 000	0
14	20 000	34 167	31 939	2 228	– 14 167	0
15	25 000	31 875	31 577	298	– 6 875	0
16	25 000	30 833	31 191	– 358	– 5 833	0
17	40 000	31 042	30 817	225	8 958	0
18	90 000	30 833	30 444	389	59 167	0

Für die Nummern 1 bis 6 und 19 bis 24 sind die gleitenden Mittelwerte nicht definiert.
Die zufällige Komponente ist hier immer 0, da die Werte s_i' nur aus einem Summanden berechnet wurden.

In den folgenden 4 Schaubildern sind hintereinander die Reihen t_i, z_i, s_i' und die Ausgangszeitreihe x_i, $7 \leq i \leq 18$ dargestellt.

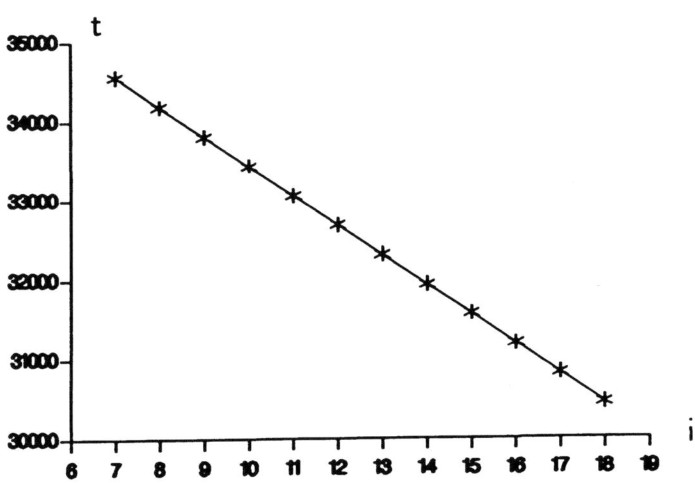

Abbildung 9.3: Trend

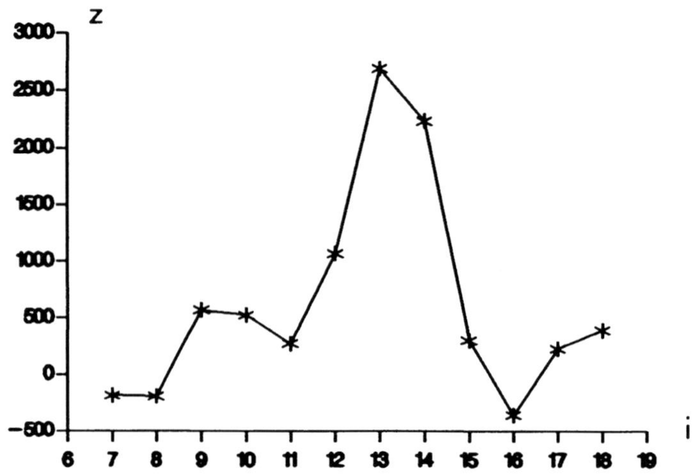

Abbildung 9.4: zyklische Komponente

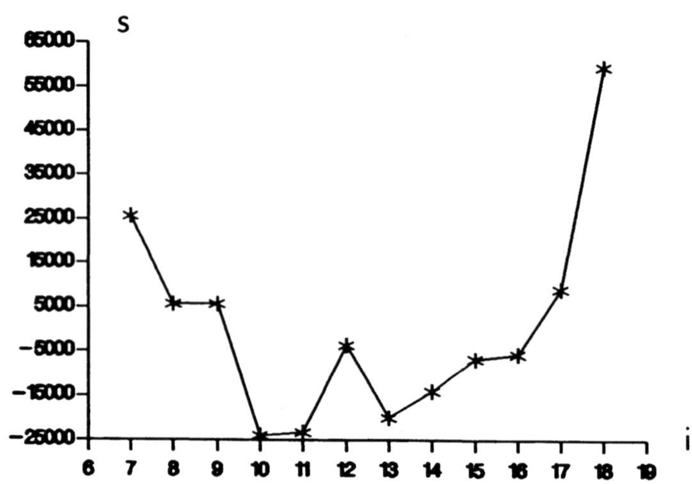

Abbildung 9.5: Saisonkomponente

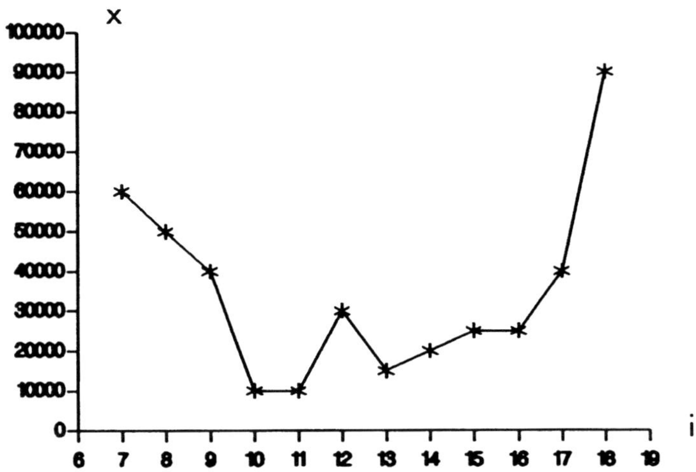

Abbildung 9.6: Zeitreihe

Aufgaben zu Kapitel 9

Aufgabe 1

Die Entwicklung des Verbrauchs des Verpackungsmaterials einer Firma ist gegeben durch:

Material	Verbrauch in t		Mittlerer Preis in EUR/t	
	1997	2002	1997	2002
Holz	40	100	500	600
Kunststoffe	600	100	10 000	25 000
Papier u. Karton	200	400	1 000	1 200

Berechnen Sie W, P_L, P_P, M_L und M_P, falls die Basisperiode 1997 ist.

Aufgabe 2

Die Entwicklung des Verbrauchs der Kantine einer Firma ist gegeben durch:

Material	Verbrauch in t		Mittlerer Preis in EUR/t	
	1993	2002	1993	2002
Gemüse	10	15	1500	1300
Fleisch	6	3	10 000	15 000
Teigwaren	8	8	3 000	4 000

Berechnen Sie W, P_L, P_P, M_L und M_P, falls die Basisperiode 1993 ist.

Aufgabe 3

Ein Privatanleger besaß zum 1.4.2001 und zum 1.7.2001 folgende Aktien:

Aktie	Anzahl		Preis in EUR/Stück	
	1.4.2001	1.7.2001	1.4.2001	1.7.2001
Rot	20	15	720	707
Grün	30	40	400	392
Blau	10	5	460	474
Lila	100	45	160	170

Berechnen Sie W, P_L, P_P, M_L und M_P, falls die Basisperiode der 1.4 ist.

Aufgabe 4

Ein Familienvater stellt besorgt fest, daß sich die Lebenshaltungskosten von 1994 gegenüber 1992 deutlich vergrößert haben.

a) Mit welchem Index kann man die prozentuale Änderung der Lebenshaltungskosten beschreiben?

b) Mit welchem Index kann man die prozentuale Änderung (im Durchschnitt) der Preise beschreiben, wenn man die Verbrauchergewohnheiten von 1992 zugrunde legt?

c) Mit welchem Index kann man die prozentuale Änderung (im Durchschnitt) der Preise beschreiben, wenn man die Verbrauchergewohnheiten von 1994 zugrunde legt?

d) Mit welchem Index kann man die prozentuale Änderung (im Durchschnitt) der Mengen beschreiben, wenn man die Preise von 1992 zugrunde legt?

e) Mit welchem Index kann man die prozentuale Änderung (im Durchschnitt) der Mengen beschreiben, wenn man die Preise von 1994 zugrunde legt?

Aufgabe 5

Von n Gütern sind die Umsätze $p_i^B \cdot m_i^B$ in der Basisperiode und die Verhältnisse der Mengen der Vergleichsperiode zu den Mengen der Basisperiode gegeben.
Welche Indices lassen sich damit berechnen?
Was müßte zusätzlich bekannt sein, um die anderen Indices berechnen zu können?

Aufgabe 6

Ein Handwerksbetrieb hatte 1998 eine Umsatz von 800 000 EUR und 2002 einen Umsatz von 1 200 000 EUR. Der Laspeyres-Preisindex im Jahre 2002 zum Basisjahr 1998 betrug 1.35.
Wie groß ist der Paasche-Mengenindex im Jahre 2002 zum Basisjahr 1998?

Aufgabe 7

Ein Unternehmen hatte in den Jahren 1991 – 2002 folgende Umsätze in Mio EUR:

150, 120, 100, 120, 200, 250, 100, 50, 150, 120, 100, 130.

Ermitteln Sie die Trendgeraden mittels Regression und nach der Methode der Reihenhälften.

Aufgabe 8

Die Beschäftigten in Bereich Handel in der BRD in den Jahren 1970 bis 1989 waren (in 1 000):

783, 706, 679, 680, 661, 644, 628, 600, 594, 597, 595, 591, 593, 603, 615, 627, 629, 633, 647 und 658.

a) Ermitteln Sie die Trendgerade durch Regression.

b) Bestimmen Sie die gleitenden Durchschnitte gerader Ordnung für m = 2, 3, 4 und 6.

c) Zerlegen Sie dann die Zeitreihe in die 4 Komponenten und berechnen Sie diese Komponenten (m = 6).

Aufgabe 9

Der Verbrauch an Strom entwickelte sich in den Jahren 1985 – 1993 in einem Privathaushalt gemäß folgender Tabelle (in kWh):

	Quartal 1	Quartal 2	Quartal 3	Quartal 4
1985:	28 000	24 000	22 000	32 000
1986:	29 000	25 000	21 000	34 000
1987:	29 000	27 000	23 000	38 000
1988:	30 000	26 000	24 000	36 000
1989:	29 000	25 000	23 000	38 000
1990:	30 000	26 000	25 000	39 000
1991:	29 000	26 000	28 000	41 000
1992:	32 000	28 000	27 000	39 000
1993:	31 000	29 000	27 000	40 000

a) Berechnen Sie die glatte Komponente für m = 2 (Der Zeitraum ist dann ein Jahr).

b) Berechnen Sie die Trendgerade mittels Regression und nach der Methode der Reihenhälften.

Kapitel 10

Wahrscheinlichkeitsrechnung

In der Wahrscheinlichkeitstheorie werden Vorgänge untersucht, deren Ergebnis nicht sicher vorausgesagt werden kann, d. h. das Ergebnis hängt vom Zufall ab. Die möglichen Ergebnisse seien dabei bekannt und werden Ereignisse genannt. Die Wahrscheinlichkeit ist ein Maß für das Eintreten eines bestimmten Ereignisses. Im täglichen Leben werden solche Wahrscheinlichkeiten oft in % angegeben.

Beispiele für Wahrscheinlichkeiten und zufällige Ereignisse sind:

- Ergebnis einer Lottoziehung
- Gewinnchancen bei Glücksspielen
- Ergebnisse bei Sportveranstaltungen
- Lebensdauern von Glühbirnen
- Geschlecht eines Kindes

In diesem Kapitel wird der Begriff der Wahrscheinlichkeit definiert. Danach werden die Abschnitte Zufallsexperimente, Kombinatorik, Zufallsvariablen und spezielle Verteilungen folgen.

10.1 Zufallsexperimente und Ereignisse

Definition 10.1:

Ein *Zufallsexperiment* ist ein Experiment, bei dem nicht mit absoluter Sicherheit vorausgesagt werden kann, welches der möglichen Ergebnisse eintreten wird.

Definition 10.2:

1. Die nach der Durchführung des Experiments möglichen Ergebnisse

heißen *Elementarereignisse.*

2. Die Menge aller Elementarereignisse heißt die *Ergebnismenge* Ω.
3. Ein *Ereignis* ist eine Teilmenge von Ω.
4. Das Ereignis Ω tritt immer ein und heißt das *sichere Ereignis.*
5. Das Ereignis $\emptyset$ tritt nie ein und heißt das *unmögliche Ereignis.*
6. Das Ereignis $A \cap B$ tritt ein, wenn A und B gleichzeitig eintreten.
7. Das Ereignis $A \cup B$ tritt ein, wenn mindestens eines der Ereignisse A oder B eintritt.
8. Das Ereignis $\overline{A}$ heißt das *Komplementärereignis.* Es gilt: $\overline{A} = \Omega \backslash A$.

Beispiel 10.1:

Gegeben sei ein echter Würfel.

Da die möglichen Ergebnisse beim einmaligen Werfen die Zahlen 1, 2, 3, 4, 5 und 6 sind, gilt: $\Omega = \{1, 2, 3, 4, 5, 6\}$.

Mögliche Ereignisse sind:

$A = \{1\}$	:	Man würfelt eine Eins.
$B = \{1, 3, 5\}$	:	Man würfelt eine ungerade Zahl.
$C = \{1, 2, 3\}$	:	Man würfelt eine Zahl kleiner als die Vier.
$D = \{2, 3, 5\}$	:	Man würfelt eine Primzahl.
$E = \{2, 3, 4, 5, 6\}$	:	Man würfelt eine Zahl größer als die Eins.

Mögliche Verknüpfungen sind:

$B \cap C = \{1, 3\}$	:	Man würfelt eine ungerade Zahl kleiner als die Vier.
$A \cup E = \Omega$	:	Man würfelt eine Eins oder eine Zahl größer als die Eins.
$\overline{A} = E$	:	Man würfelt keine Eins.

Beispiel 10.2:

Beim Zahlenlotto werden 7 Zahlen aus den Zahlen 1, 2, 3, . . ., 49 zufällig gezogen. Dann gilt:

$$\Omega = \{(x_1, x_2, x_3, x_4, x_5, x_6, x_7) \mid x_i \in \{1, 2, 3, \ldots, 49\},\ 1 \leq i \leq 7 \text{ und } x_1 < x_2 < x_3 < x_4 < x_5 < x_6 < x_7\}.$$

10.2 Wahrscheinlichkeiten

Die Chance für das Eintreten eines vorgegebenen Ereignisses soll durch eine Zahl P(A) beschrieben werden.

Der Weg zum heutigen axiomatischen Wahrscheinlichkeitsbegriff verlief über zwei Vorstufen. Der erste Versuch war der *klassische Wahrscheinlichkeitsbegriff* von *Laplace*:

$$P(A) = \frac{\text{Anzahl der für A günstigen Fälle}}{\text{Anzahl der möglichen Fälle}}$$

Dieser war z. B. völlig ausreichend, um die Gewinn- oder Verlustwahrscheinlichkeit von Glücksspielen zu berechnen. Die Grenzen dieses Wahrscheinlichkeitsbegriffs waren aber bei einfachen Problemen schon erreicht, wie z. B. der Berechnung der Wahrscheinlichkeiten einer durch eine unregelmäßige Gewichtsverteilung verfälschten Münze.

Die zweite Stufe der Entwicklung gelang *von Mises* mit Hilfe von relativen Häufigkeiten. Sei dabei A ein Ereignis. Ein Zufallsexperiment werde n mal hintereinander unter den gleichen Bedingungen durchgeführt. Das Ereignis A trete $h_n(A)$ – mal auf. Dann ist die rel. Häufigkeit $r_n(A)$ gegeben durch:

$$r_n(A) = \frac{h_n(A)}{n} .$$

Die Wahrscheinlichkeit für das Eintreten von A ist dann:

$$P(A) = \lim_{n \to \infty} r_n(A).$$

Dieser Wahrscheinlichkeitsbegriff konnte ebenfalls nicht allgemein verwendet werden, da dieser Grenzwert aus einer unendlichen Beobachtungsserie ermittelt werden müßte, was natürlich nicht möglich ist. So könnten hier unterschiedliche Beobachtungsserien, die nach der gleichen Zahl n abgebrochen werden, verschiedene relative Häufigkeiten ergeben.

Beispiel 10.3:

1. Das Werfen einer echten Münze kann mit der Definition von Laplace behandelt werden.

2. Das Werfen einer verfälschten Münze oder das Werfen eines Reißnagels können experimentell mit der Definition von von Mises behandelt werden, wenn man n sehr groß wählt.

Der heute gültige Wahrscheinlichkeitsbegriff wurde von dem russischen Mathematiker *Kolmogorow* im Jahre 1933 entwickelt. Er definierte ein Axiomensystem, bestehend aus 3 widerspruchsfreien Minimalforderungen.

Mit Hilfe dieser Axiome lassen sich zwar Wahrscheinlichkeiten nicht direkt berechnen, doch können damit unbekannte Wahrscheinlichkeiten beliebig genau geschätzt werden.

Definition 10.3:

Eine Wahrscheinlichkeit P ist eine Funktion, die jedem Ereignis (d. h. jeder Menge $A \subseteq \Omega$) eine Zahl $\in [0, 1]$ zuordnet mit folgenden drei Eigenschaften:

- $0 \leq P(A) \leq 1$.
- $P(\Omega) = 1$.
- Aus $A_i \cap A_k = \emptyset$ für alle $i \neq k$ folgt $P\left(\bigcup_{i=1}^{\infty} A_i\right) = \sum_{i=1}^{\infty} P(A_i)$.

Dieser Wahrscheinlichkeitsbegriff wird im folgenden verwendet.

Beispiel 10.4:

Sei $\Omega = \mathbb{N}$ und sei $P(\{n\}) = \frac{1}{2^n}$ für alle $n \in \mathbb{N}$.

Dann gilt: $P(A) = \sum_{i \mid i \in A} \frac{1}{2^i}$.

Diese Funktion ist eine Wahrscheinlichkeit, da alle Axiome erfüllt sind.

Insbesondere gilt $P(\Omega) = \sum_{i=1}^{\infty} \left(\frac{1}{2}\right)^i = \frac{1}{2} \cdot \sum_{i=0}^{\infty} \left(\frac{1}{2}\right)^i = \frac{1}{2} \cdot \frac{1}{1 - \frac{1}{2}} = 1.$

Definition 10.4:

Zwei Ereignisse A und B heißen *unabhängig*, falls gilt:

$$P(A \cap B) = P(A) \cdot P(B).$$

Beispiel 10.5:

Gegeben sei ein Würfel, der einmal geworfen wird. Außerdem seien 4 Ereignisse A, B, C und D gegeben:

$$A = \{1, 2\},\ B = \{2, 3\},\ C = \{1, 2, 3, 4\} \text{ und } D = \{3, 4, 5\}.$$

Wegen $A \cap B = \{2\}$ und $C \cap D = \{3, 4\}$ gilt

$$P(A \cap B) = P(\{2\}) = \tfrac{1}{6} \neq \tfrac{1}{9} = \tfrac{1}{3} \cdot \tfrac{1}{3} = P(A) \cdot P(B).$$

Also sind die Ereignisse A und B abhängig.

$$P(C \cap D) = P(\{3, 4\}) = \tfrac{1}{3} = \tfrac{2}{3} \cdot \tfrac{1}{2} = P(C) \cdot P(D).$$

Also sind die Ereignisse C und D unabhängig.

10.3 Kombinatorik

Hauptziel der Kombinatorik ist die Bestimmung der Anzahl von Anordnungs- und Auswahlmöglichkeiten. Ein berühmtes Beispiel ist die Frage nach der Anzahl aller möglichen Tippreihen beim Zahlenlotto. Würde man nämlich alle möglichen Tippreihen abgeben, hätte man sich ganz sicher den Lebenstraum vieler Menschen erfüllt, einmal Sechs Richtige im Zahlenlotto zu haben. Mit Hilfe der Kombinatorik stellt man dann aber fest, daß die Gebühren für all diese Tippreihen deutlich höher wären, als die Summe aller Gewinne!

10.3.1 Anordnungen von n Elementen

In diesem Abschnitt werden Formeln zur Bestimmung der Anzahl der verschiedenen Möglichkeiten, n Elemente anzuordnen, angegeben. Wird dabei die Reihenfolge der Elemente in der Anordnung nicht berücksichtigt, gibt es nur eine einzige Möglichkeit.

Satz 10.1:

Die Anzahl, n verschiedene Elemente mit Berücksichtigung der Reihenfolge anzuordnen, ist

$$n! = 1 \cdot 2 \cdot \ldots \cdot n.$$

Diese Anordnungen werden auch Permutationen genannt.

Beispiel 10.6:

1. Will man 3 Bücher A, B und C nebeneinander in ein Bücherregal stellen, so gibt es $3! = 6$ verschiedenen Möglichkeiten:

   (A, B, C), (A, C, B), (B, A, C), (B, C, A), (C, A, B) und (C, B, A).

2. Ein kleiner Hörsaal hat genau 30 Plätze. Dann gibt es genau $30! = 2.653 \cdot 10^{32}$ verschiedene Möglichkeiten, 30 Studierende auf diese Plätze zu verteilen. An dieser Zahl wird ersichtlich, daß die Anzahl, n verschiedene Objekte mit Berücksichtigung der Reihenfolge anzuordnen, mit wachsendem n sehr schnell riesig groß wird.

Satz 10.2:

Gegeben seien n Elemente. Unter diesen n Elementen sind $k \leq n$ paarweise voneinander verschieden und haben die absoluten Häufigkeiten $n_1, n_2, \ldots, n_k$, also $n_1 + n_2 + \ldots + n_k = n$. Dann gibt es

$$\frac{n!}{\prod_{i=1}^{k} n_i!}$$

verschiedene Möglichkeiten, diese n Elemente mit Berücksichtigung der Reihenfolge anzuordnen.

Beispiel 10.7:

Aus den 5 Buchstaben des Wortes Essen sollen alle verschiedenen Anordnungen gebildet werden. Die absoluten Häufigkeiten der 3 verschiedenen Buchstaben e, s und n sind 2, 2 und 1. Deshalb gibt es $\frac{5!}{2! \cdot 2! \cdot 1!} = 30$ verschiedene Möglichkeiten:

eenss, eesns, eessn, eness, enses, ensse, esens, esens, esnes, esnse, essen, essne,

neess, neses, nesse, nsees, nsese, nssee,

ssnee, ssene, sseen, snsee, snese, snees, sesne, sesns, sense, senes, seesn, seens.

10.3.2 Anordnungen von k Elementen aus n versch. Elementen mit Ber. der Reihenfolge

In diesem Abschnitt werden Formeln zur Bestimmung der Anzahl der verschiedenen Möglichkeiten, k Elemente aus n verschiedenen Elementen auszuwählen, angegeben. Dabei wird die Reihenfolge der Anordnung der k Elemente berücksichtigt.

Satz 10.3:

Aus n verschiedenen Elementen werden k Elemente ausgewählt. Dabei wird die Reihenfolge, in der diese k Elemente angeordnet werden, berücksichtigt.

1. Die Anzahl der verschiedenen Möglichkeiten ohne Wiederholungen ist
$$n \cdot (n-1) \cdot \ldots \cdot (n-k+1) \quad \text{für } k \leq n.$$
2. Die Anzahl der verschiedenen Möglichkeiten mit Wiederholungen ist
$$n^k \quad \text{für } k \in \mathbb{N}.$$

Beispiel 10.8:

Gegeben seien 4 Fruchtsorten A, B, C und D. Davon sollen zwei ausgewählt werden, die dann in der Reihenfolge der Auswahl gegessen werden.

1. Dann gibt es $4 \cdot 3 = 12$ Möglichkeiten ohne Wiederholungen:

   (A, B), (A, C), (A, D), (B, A), (B, C), (B, D),

(C, A), (C, B), (C, D), (D, A), (D, B) und (D, C).

2. Dann gibt es $4^2 = 16$ Möglichkeiten mit Wiederholungen.

   Zu den 12 Möglichkeiten von Punkt 1. kommen noch die vier Paare

   (A, A), (B, B), (C, C) und (D, D) hinzu.

10.3.3 Anordnungen von k Elementen aus n versch. Elementen ohne Ber. der Reihenfolge

In diesem Abschnitt werden Formeln zur Bestimmung der Anzahl der verschiedenen Möglichkeiten, k Elemente aus n verschiedenen Elementen auszuwählen, angegeben. Dabei wird die Reihenfolge der Anordnung der k Elemente nicht berücksichtigt.

Definition 10.5:

Für alle n, k $\in \mathbb{N}$, $k \leq n$ heißt die natürliche Zahl

$$\binom{n}{k} = \frac{n \cdot (n-1) \cdot \ldots \cdot (n-k+1)}{1 \cdot 2 \cdot \ldots \cdot k} = \frac{n!}{k! \cdot (n-k)!}$$

Binomialkoeffizient.

Satz 10.4:

Aus n verschiedenen Elementen werden k Elemente ausgewählt. Dabei wird die Reihenfolge, in der diese k Elemente angeordnet werden, nicht berücksichtigt.

1. Die Anzahl der verschiedenen Möglichkeiten ohne Wiederholungen ist

$$\binom{n}{k} \quad \text{für } k \leq n\,.$$

2. Die Anzahl der verschiedenen Möglichkeiten mit Wiederholungen ist

$$\binom{n+k-1}{k} \quad \text{für } k \in \mathbb{N}\,.$$

Beispiel 10.9:

Gegeben seien 4 Fruchtsorten A, B, C und D. Davon sollen zwei ausgewählt werden, um damit eine Fruchtsaft herzustellen.

1. Dann gibt es $\binom{4}{2} = 6$ Möglichkeiten ohne Wiederholungen:

   (A, B), (A, C), (A, D), (B, C), (B, D) und (C, D).

2. Dann gibt es $\binom{5}{2} = 10$ Möglichkeiten mit Wiederholungen.

   Zu den 6 Möglichkeiten von Punkt 1. kommen noch die vier Paare

   (A, A), (B, B), (C, C) und (D, D) hinzu.

Beispiel 10.10:

Das berühmteste Beispiel für Anordnungen von k aus n Elementen ohne Berücksichtigung der Reihenfolge ist das Zahlenlotto 6 aus 49.

Hier gibt es $\binom{49}{6} = 13\,983\,816$ verschiedene Möglichkeiten, eine Tippreihe auszuwählen.

10.4 Zufallsvariablen und Verteilungen

In diesem Abschnitt werden Zufallsvariablen eingeführt und deren Verteilungen beschrieben. Solche Größen sind wesentliche Hilfsmittel, um vom Zufall abhängige Vorgänge zu beschreiben. Verteilungen können wie in der beschreibenden Statistik durch geeignete Parameter beschrieben werden. In der Praxis treten oft spezielle Verteilungen auf. Von den diskreten Verteilungen werden die Binomialverteilung und die Poissonverteilung als wichtigste Vertreter vorgestellt, während von den stetigen Verteilungen die Gleichverteilung, die Exponentialverteilung und die Normalverteilung von großer Bedeutung sind.

10.4.1 Zufallsvariablen

Die Ergebnisse eines Zufallsexperiments werden oft durch eine reelle Zahl dargestellt. Hat man andere Versuchsergebnisse, so werden aus diesen häufig reelle Zahlen zur Beschreibung des Versuchsergebnisses gebildet. Diese Beschreibung hat viele Vorzüge, wie man den folgenden Ausführungen entnehmen kann.

Zur weiteren Beschreibung wird in der folgenden Definition der Begriff des Wahrscheinlichkeitsraumes eingeführt.

Definition 10.6:

Sei Ω eine Menge von Elementarereignissen, $\mathfrak{F}$ ein System von Mengen mit speziellen Eigenschaften ($\emptyset \in \mathfrak{F}$; das Komplement jeder Menge gehört auch zu $\mathfrak{F}$; mit $A_i \in \mathfrak{F}$, $i \in \mathbb{N}$ gehört auch die Vereinigung aller A_i zu $\mathfrak{F}$), und P eine Wahrscheinlichkeit.
Dann heißt das Tripel $(\Omega, \mathfrak{F}, P)$ ein *Wahrscheinlichkeitsraum.*

Definition 10.7:

Eine Abbildung $X\colon \Omega \to \mathbb{R}$, die jedem Elementarereignis eine reelle Zahl zuordnet, heißt (reelle) *Zufallsvariable.*

Beispiel 10.11:

1. Ω sei eine Menge, die aus 500 Produkten besteht, die von einer Maschine hergestellt wurden. Bewertet man die einwandfreien Produkte mit der Zahl 0 und die beschädigten Stücke mit der Zahl 1, so wird eine Zufallsvariable $X\colon \Omega \to \{0, 1\}$ definiert.

2. Beim Würfeln mit zwei Würfeln interessiert man sich für die Augensumme. Dann gilt: $\Omega = \{(1, 1), (1, 2), \ldots, (6, 6)\}$. Ordnet man jedem Paar (a, b) die Summe $a + b$ zu, so ergibt sich eine Zufallsvariable
$X\colon \Omega \to \{2, 3, 4, \ldots, 12\}$.

   Es sind dann z. B. $X\big((1, 4)\big) = 5$ und $X\big((6, 6)\big) = 12$.

10.4.2 Verteilungen

Nun möchte man natürlich wissen, mit welcher Wahrscheinlichkeit die verschiedenen Werte (= Realisierungen) der Zufallsvariablen bei der Durchführung eines Zufallsexperiments angenommen werden, falls es überschaubar viele verschiedene Versuchsausgänge gibt. Nimmt die Zufallsvariable dagegen Werte in einem ganzen Intervall oder sogar aus ganz $\mathbb{R}$ an, so möchte man wissen, mit welcher Wahrscheinlichkeit X in ein fest vorgegebenes Intervall fällt.
Diese Fragestellungen werden mit dem Begriff der Verteilungen behandelt.

Definition 10.8:

1. Die *Wahrscheinlichkeit*, mit der eine Zufallsvariable X eine Realisierung x annimmt, ist

$$P(X = x) = P(\{\omega \in \Omega \mid X(\omega) = x\}).$$

2. Die *Wahrscheinlichkeit*, mit der eine Zufallsvariable X eine Realisierung aus dem Intervall [a, b] annimmt, ist

$$P(a \leq X \leq b) = P(\{\omega \in \Omega \,|\, a \leq X(\omega) \leq b\}).$$

Mit dieser Definition wird eine Verknüpfung von Mengen aus Ω mit der Wahrscheinlichkeit P hergestellt.

Da die weiteren Überlegungen stark von der Gestalt des Wertebereichs der Zufallsvariablen X abhängen, werden in der folgenden Definition Klassen von Zufallsvariablen erklärt, die sich durch die explizite Gestalt des Wertebereichs unterscheiden.

Definition 10.9:

1. Besteht der Wertebereich einer Zufallsvariablen aus endlich vielen oder höchstens abzählbar unendlich vielen Werten $\{x_i, i \in \mathbb{N}\}$, so heißt die Zufallsvariable *diskret*.
2. Ist der Wertebereich einer Zufallsvariablen ein Intervall oder bilden die gesamten reellen Zahlen den Wertebereich, so heißt die Zufallsvariable *stetig*.

10.4.3 Diskrete Verteilungen

Hat man eine diskrete Zufallsvariable vorliegen, so entspricht diese Situation fast vollständig derjenigen in der beschreibenden Statistik. Deshalb können durch geringfügige Modifikationen viele Sachverhalte der beschreibenden Statistik übertragen werden.

Definition 10.10:

Die diskrete Zufallsvariable X besitze den Wertebereich $\{x_i, i \in \mathbb{N}\}$. Ferner seien die Wahrscheinlichkeiten, mit denen die Zufallsvariable X eine Realisierung x_i annimmt, $P(X = x_i) = P(\{\omega \in \Omega \,|\, X(\omega) = x_i\}) > 0$.

Dann heißt die Menge aller Paare $\big(x_i, P(X = x_i)\big)$, die *Verteilung* der Zufallsvariablen X.

Aus den Axiomen der Wahrscheinlichkeit folgt:

1. Bei endlichem Wertebereich: $\sum\limits_{i=1}^{n} P(X = x_i) = 1$.
2. Bei abzählbar unendlichem Wertebereich: $\sum\limits_{i=1}^{\infty} P(X = x_i) = 1$.

Die Verteilung einer diskreten Zufallsvariablen wird entweder durch eine Tabelle, bestehend aus den Punkten $\left(x_i,\ P(X = x_i)\right)$, $i \in \mathbb{N}$ oder graphisch durch ein Stabdiagramm angegeben.

Beispiel 10.12:

Eine Maschine fertigt ein Produkt, das in 10% aller Fälle unbrauchbar ist. Es werden 3 Produkte hergestellt. Gesucht ist eine Wahrscheinlichkeitsverteilung der Zufallsvariablen X, welche die Anzahl der unbrauchbaren Produkte beschreibt.

Werden die brauchbaren Produkte mit b und die unbrauchbaren Produkte mit u bezeichnet, so besteht Ω aus allen Tripeln mit Koordinaten b oder u. Also gilt:

$$\Omega = \{(b, b, b), (b, b, u), (b, u, b), (u, b, b), (b, u, u), (u, b, u), \\ (u, u, b), (u, u, u)\}.$$

Ferner ist die Wahrscheinlichkeit, ein brauchbares Produkt zu erhalten, gleich 0.9.

Daraus folgen aber die Wahrscheinlichkeiten der einzelnen Elementarereignisse:

$$P\big((b, b, b)\big) = 0.9^3 = 0.729.$$

$$P\big((b, b, u)\big) = P\big((b, u, b)\big) = P\big((u, b, b)\big) = 0.9^2 \cdot 0.1 = 0.081.$$

$$P\big((b, u, u)\big) = P\big((u, b, u)\big) = P\big((u, u, b)\big) = 0.9 \cdot 0.1^2 = 0.009.$$

$$P\big((u, u, u)\big) = 0.1^3 = 0.001.$$

Die Zufallsvariable X nimmt die Werte 0, 1, 2 oder 3 an.

Es gilt:

$$P(X = 0) = P\big((b, b, b)\big) = 0.729.$$

$$P(X = 1) = P\big((b, b, u)\big) + P\big((b, u, b)\big) + P\big((u, b, b)\big) = 3 \cdot 0.081 = 0.243.$$

$$P(X = 2) = P\big((b, u, u)\big) + P\big((u, b, u)\big) + P\big((u, u, b)\big) = 3 \cdot 0.009 = 0.027.$$

$$P(X = 3) = P\big((u, u, u)\big) = 0.001.$$

Damit kann die Wahrscheinlichskeitsverteilung in einer Tabelle angegeben werden.

x_i	0	1	2	3
$P(X = x_i)$	0.729	0.243	0.027	0.001.

Die graphische Darstellung erfolgt durch ein Stabdiagramm:

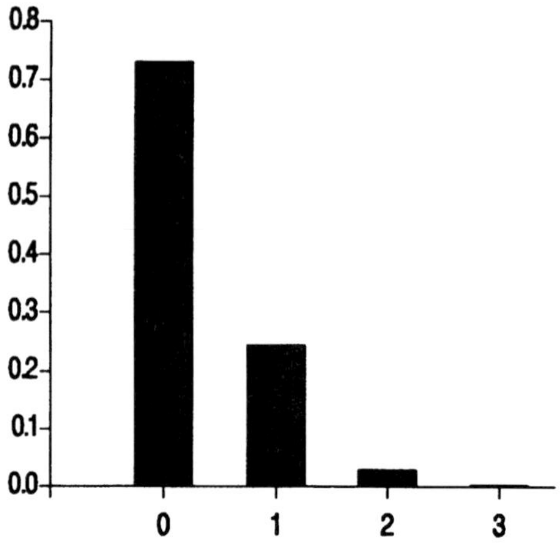

Abbildung 10.1: Stabdiagramm

Bei der Lösung vieler Probleme trifft man die folgende Fragestellung an: Wie groß ist die Wahrscheinlichkeit, daß eine Zufallsgröße eine fest vorgegebene Schranke x nicht überschreitet? Diese Fragestellung führt auf den Begriff der Verteilungsfunktion.

Beispiel 10.13:

Eine Maschine fertigt ein Produkt an, das in 10% aller Fälle unbrauchbar ist. Es werden 3 Produkte hergestellt. Diese werden anschließend gemeinsam verpackt und an die Kunden verschickt. Der Kunde akzeptiert die Sendung nur, wenn höchstens ein Produkt unbrauchbar ist.

Gesucht ist dann die Wahrscheinlichkeit $P(X \leq 1)$.

Für diese Wahrscheinlichkeit gilt: $P(X \leq 1) = P(X = 0) + P(X = 1)$.

Definition 10.11:

Für jede Zufallsvariable heißt die Funktion

$$F(x) = P(X \leq x) = \sum_{i \mid x_i \leq x} P(X = x_i)$$

die *Verteilungsfunktion.*

Die Verteilungsfunktion von diskreten Zufallsvariablen ist stets eine monoton wachsende Treppenfunktion.

Eine Verteilungsfunktion ist wegen $\lim\limits_{h \to 0,\ h > 0} F(x+h) = F(x)$ an jeder Stelle x rechtsseitig stetig.

Beispiel 10.14:

Für die Zufallsvariable mit der Verteilung:

x_i	0	1	2	3
$P(X = x_i)$	0.729	0.243	0.027	0.001

lautet die Verteilungsfunktion

$$F(x) = \begin{cases} 0 & \text{für} \quad x < 0 \\ 0.729 & \text{für} \quad 0 \leq x < 1 \\ 0.972 & \text{für} \quad 1 \leq x < 2 \\ 0.999 & \text{für} \quad 2 \leq x < 3 \\ 1 & \text{für} \quad x \geq 3. \end{cases}$$

Im folgenden Schaubild ist diese Treppenfunktion dargestellt.

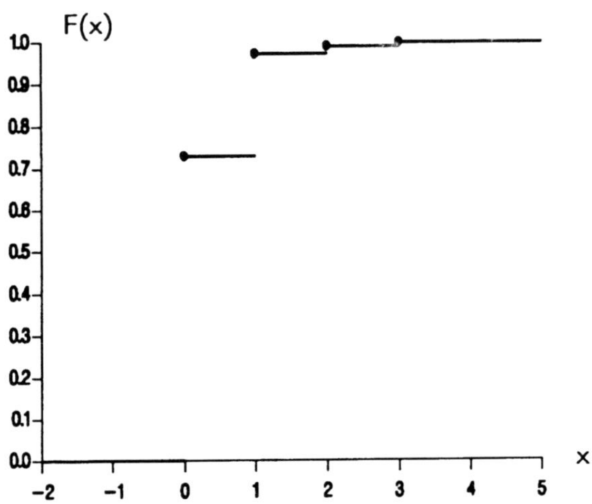

Abbildung 10.2: Verteilungsfunktion (diskrete ZV)

Diesem Schaubild entnimmt man weitere Eigenschaften der Verteilungsfunktion:

$$\lim_{x \to -\infty} F(x) = 0 \quad \text{und} \quad \lim_{x \to \infty} F(x) = 1.$$

Wie in der beschreibenden Statistik kann eine Wahrscheinlichkeitsverteilung durch die Angabe charakteristischer Parameter beschrieben werden. Die zwei wichtigsten Parameter sind der Erwartungswert und die Varianz. Der Median und die Quantile spielen in der beurteilenden Statistik eine zentrale Rolle.

Definition 10.12:

Gegeben sei eine diskrete Zufallsvariable X. Dann heißt

$$\mu = \mathrm{E(X)} = \sum_{i} x_i \cdot \mathrm{P(X} = x_i)$$

der *Erwartungswert* der Zufallsvariablen X.

Dabei ist das Symbol $\sum_{i}$ eine Abkürzung für die beiden möglichen Fälle

$\sum_{i=1}^{n}$ oder $\sum_{i=1}^{\infty}$.

Definition 10.13:

Gegeben sei eine diskrete Zufallsvariable X. Dann heißt eine Zahl x_α das α – Quantil, falls gilt:

$$\mathrm{P(X} \leq x_\alpha) \geq \alpha \quad \text{und} \quad \mathrm{P(X} \geq x_\alpha) \geq 1 - \alpha.$$

Definition 10.14:

Gegeben sei eine diskrete Zufallsvariable X. Dann heißt

$$\mathrm{Var(X)} = \sum_{i} (x_i - \mu)^2 \cdot \mathrm{P(X} = x_i) = \sum_{i} x_i{}^2 \cdot \mathrm{P(X} = x_i) - \mu^2$$

die *Varianz* der Zufallsvariablen X.

Die zentrale Bedeutung des Erwartungswerts liegt darin, daß er für große Stichprobenumfänge im Prinzip mit dem arithmetischen Mittel übereinstimmt.

Die Quantile x_α und $x_{1-\alpha}$ sind die Grenzen der Intervalle, in denen sich $(100 - 2\alpha)\%$ der Werte der Zufallsvariablen X befinden, wenn die ersten $\alpha\%$ und die letzten $\alpha\%$ der Werte vernachlässigt werden.

Die Varianz ist ein Maß dafür, wie stark die Werte der Zufallsvariablen um den Erwartungswert streuen.

Beispiel 10.15:

Für die Zufallsvariable mit der Verteilung

x_i	0	1	2	3
$P(X = x_i)$	0.729	0.243	0.027	0.001

gilt:

$$\mu = E(X) = \sum_{i=1}^{4} x_i \cdot P(X = x_i) =$$

$$= 0 \cdot 0.729 + 1 \cdot 0.243 + 2 \cdot 0.027 + 3 \cdot 0.001 = 0.3.$$

$$\mathrm{Var}(X) = \sum_{i=1}^{4} {x_i}^2 \cdot P(X = x_i) - \mu^2 = 0.36 - 0.09 = 0.27.$$

$$x_{0.1} = 0,\ x_{0.25} = 0,\ x_{0.75} = 1.$$

10.4.4 Spezielle diskrete Verteilungen

10.4.4.1 Die Binomialverteilung

Die wichtigste diskrete Verteilung ist die Binomialverteilung.

Definition 10.15:

Ein Zufallsexperiment wird n mal hintereinander durchgeführt. Bei jeder Ausführung ist die Wahrscheinlichkeit für das Auftreten des Ereignisses A gleich p. Die Zufallsvariable X beschreibt die Anzahl des Auftretens des Ereignisses A bei diesen n Versuchen.

Dann gilt: $P(X = k) = \binom{n}{k} \cdot p^k \cdot (1-p)^{n-k}$ für $k = 0, 1, 2, \ldots, n$.

Diese Zufallsvariable X heißt *binomialverteilt* mit den Parametern n und p. Man schreibt: X ist b(n, p) – verteilt.

Für die beiden wichtigsten Kenngrößen der Binomialverteilung gilt:

$$E(X) = np \quad \text{und} \quad \mathrm{Var}(X) = np \cdot (1-p).$$

Beispiel 10.16:

Die von einer Maschine hergestellten Glühbirnen sind in 2% aller Fälle nicht funktionstüchtig. In einem Versandkarton sind 100 Glühbirnen.

Dann gilt:

Die Zufallsvariable X, die die Anzahl der defekten Glühbirnen beschreibt, ist b(100, 0.02) – verteilt.

Also gilt: $P(X = 0) = \binom{100}{0} \cdot 0.02^0 \cdot 0.98^{100} = 0.1326$ und

Also gilt: $P(X = 2) = \binom{100}{2} \cdot 0.02^2 \cdot 0.98^{98} = 0.27341.$

Außerdem gilt: $E(X) = 100 \cdot 0.02 = 2$ und $Var(X) = 100 \cdot 0.02 \cdot 0.98 = 1.96.$

10.4.4.2 Die Poissonverteilung

Definition 10.16:

Eine Zufallsvariable X heißt *poissonverteilt*, falls gilt:

$$P(X = k) = \frac{\lambda^k}{k!} \cdot e^{-\lambda} \text{ für } k \in \mathbb{N}.$$

Die Poissonverteilung wird in erster Linie als Näherung für die Binomialverteilung verwendet. Ist n groß und p klein, so gilt:

$$\lim_{n \to \infty,\ np = \lambda} \binom{n}{k} \cdot p^k \cdot (1-p)^{n-k} \approx \frac{\lambda^k}{k!} \cdot e^{-\lambda}.$$

Somit gilt für große n und kleine p:

$$\binom{n}{k} \cdot p^k \cdot (1-p)^{n-k} = \frac{(np)^k}{k!} \cdot e^{-np}.$$

Diese Näherung ist für $n \geq 50$ und $p \leq 0.1$ brauchbar.

Für die beiden wichtigsten Parameter der Poissonverteilung gilt:

$$E(X) = \lambda \text{ und } Var(X) = \lambda.$$

Das wichtigste Beispiel für das Auftreten einer Poissonverteilung in der Praxis waren die Untersuchungen der Todesfälle durch Hufschlag in den preussischen Kavallerieregimenten. Ein anderes Beispiel ist die Anzahl der pro Zeiteinheit in einer Telefonzentrale eintreffenden Anrufe.

10.4.5 Stetige Verteilungen

Ist der Wertebereich einer Zufallsvariablen X ein ganzes Intervall oder sogar ganz $\mathbb{R}$, so heißt die Zufallsvariable X stetig, falls es eine Dichtefunktion f gibt, mit deren Hilfe dann die Wahrscheinlichkeitsverteilung angegeben werden kann.

Definition 10.17:

Eine Funktion f(x) heißt *Dichtefunktion*, falls gilt:

1. $f(x) \geq 0$ für $x \in \mathbb{R}$.

2. $\int_{-\infty}^{\infty} f(x)\,dx = 1.$

Definition 10.18:

Eine Zufallsvariable X heißt *stetig* mit der Dichtefunktion f, falls gilt:

$$P(a \leq X \leq b) = \int_a^b f(x)\,dx \text{ für alle } a \leq b.$$

Für die Verteilungsfunktion gilt dann: $F(x) = \int_{-\infty}^{x} f(t)\,dt.$

Ganz im Gegensatz zu den diskreten Verteilungen gilt bei stetigen Verteilungen: $P(X = x) = 0$.

Die Wahrscheinlichkeitsverteilung einer stetigen Zufallsvariablen ist somit durch die Angabe der Dichtefunktion eindeutig gegeben.

Beispiel 10.17:

Die Zufallsvariable X, welche die Lebensdauer eines elektronischen Bauteils beschreibt, besitze die Dichtefunktion

$$f(x) = \begin{cases} \frac{1}{72} \cdot x^2 & \text{für } 0 \leq x \leq 6 \\ 0 & \text{sonst.} \end{cases}$$

Dies ist tatsächlich eine Dichtefunktion, da gilt:

$$\int_{-\infty}^{\infty} f(x)\,dx = \int_{-\infty}^{0} 0\,dx + \int_0^6 \frac{1}{72} \cdot x^2\,dx + \int_6^{\infty} 0\,dx = 0 + \left[\frac{1}{216} \cdot x^3\right]_0^6 + 0 = 1.$$

Wegen $F(x) = \int_0^b \frac{1}{72} \cdot x^2\,dx = \frac{1}{216} \cdot b^3$ für $0 \leq b \leq 6$ gilt für die Verteilungsfunktion F(x):

$$F(x) = \begin{cases} 0 & \text{für } x \leq 0 \\ \frac{1}{216} \cdot x^3 & \text{für } 0 < x < 6 \\ 1 & \text{für } x \geq 6. \end{cases}$$

Die Dichtefunktion und die Verteilungsfunktion sind in den folgenden zwei

Schaubildern dargestellt.

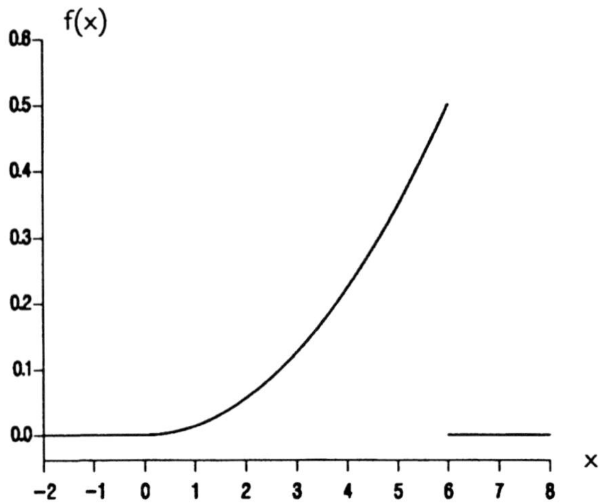

Abbildung 10.3. Dichtefunktion einer stetigen ZV

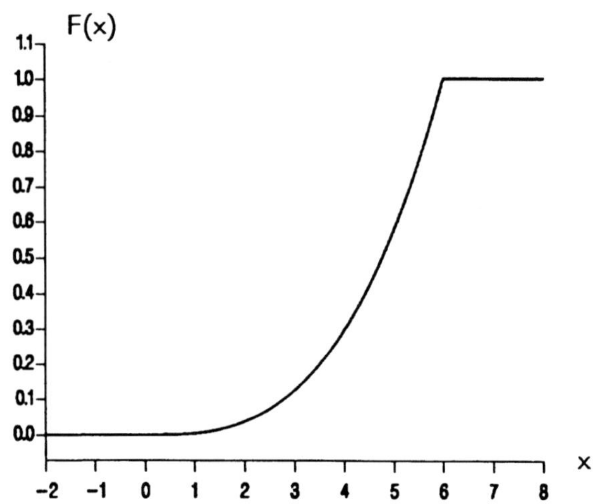

Abbildung 10.4. Verteilungsfunktion einer stetigen ZV

Die Wahrscheinlichkeit, daß das Alter in das Intervall [3, 5] fällt, ist
$P(3 \leq X \leq 5) = F(5) - F(3) = \frac{1}{216} \cdot 5^3 - \frac{1}{216} \cdot 3^3 = \frac{49}{108}$.

Das folgende Schaubild zeigt, wie mit Hilfe der Flächenberechnung (Integralrechnung) diese Wahrscheinlichkeit zustandekommt.

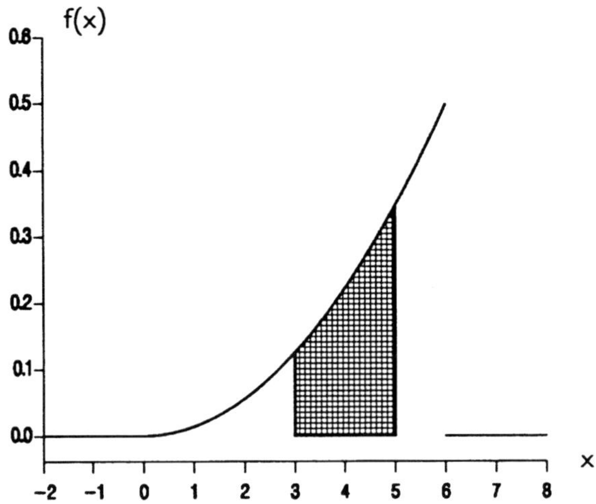

Abbildung 10.5: P(a ≤ X ≤ b) bei einer stetigen ZV

Beim Übergang von diskreten Zufallsvariablen zu stetigen Zufallsvariablen wurde aus der Summe im Grenzübergang ein Integral. Auf die gleiche Weise werden die charakteristischen Parameter erklärt.

Definition 10.19:

Gegeben sei eine stetige Zufallsvariable X. Dann heißt

$$\mu = E(X) = \int_{-\infty}^{\infty} x \cdot f(x)\,dx$$

der *Erwartungswert* der Zufallsvariablen X, falls das Integral auf der rechten Seite existiert (absolut konvergiert).

Definition 10.20:

Gegeben sei eine stetige Zufallsvariable X. Dann heißt eine Zahl x_α das α – *Quantil*, falls gilt:

$$P(X \le x_\alpha) = \alpha.$$

Ist die Verteilungsfunktion streng monoton wachsend, so sind die α – Quantile eindeutig, andernfalls werden sie aus den Mittelwerten der Plateauendpunkte berechnet.

Definition 10.21:

Gegeben sei eine stetige Zufallsvariable X. Dann heißt

$$\operatorname{Var}(X) = \int_{-\infty}^{\infty} (x-\mu)^2 \cdot f(x)\,dx = \int_{-\infty}^{\infty} x^2 \cdot f(x)\,dx - \mu^2$$

die *Varianz* der Zufallsvariablen X, falls das Integral auf der rechten Seite existiert.

Beispiel 10.18:

Für die Zufallsvariable X, mit der Dichtefunktion

$$f(x) = \begin{cases} \frac{1}{72} \cdot x^2 & \text{für } 0 \le x \le 6 \\ 0 & \text{sonst} \end{cases}$$

gilt:

$$E(X) = \int_0^6 x \cdot \frac{1}{72} \cdot x^2\,dx = \int_0^6 \frac{1}{72} \cdot x^3\,dx = \left[\frac{1}{288} \cdot x^4\right]_0^6 = \frac{1296}{288} = 4.5.$$

$$\operatorname{Var}(X) = \int_0^6 x^2 \cdot \frac{1}{72} \cdot x^2\,dx - 20.25 = \int_0^6 \frac{1}{72} \cdot x^4\,dx - 20.25 =$$

$$= \left[\frac{1}{360} \cdot x^5\right]_0^6 - 20.25 = \frac{7776}{360} - 20.25 = 21.6 - 20.25 = 1.35.$$

Das Quantil $x_{0.1}$ wird aus der Gleichung $\frac{1}{216} \cdot x_{0.1}^3 = 0.1$ berechnet:

$x_{0.1} = \sqrt[3]{21.6} = 2.785.$

Das Quantil $x_{0.1}$ wird aus der Gleichung $\frac{1}{216} \cdot x_{0.25}^3 = 0.25$ berechnet:

$x_{0.25} = \sqrt[3]{54} = 3.800.$

Das Quantil $x_{0.75}$ wird aus der Gleichung $\frac{1}{216} \cdot x_{0.75}^3 = 0.75$ berechnet:

$x_{0.74} = \sqrt[3]{162} = 5.452.$

Damit ist der Quartilsabstand $x_{0.75} - x_{0.25} = 1.652$.

Die „mittleren 50% aller Werte" liegen somit im Intervall [3.800, 5.452].

Dieser Sachverhalt ist im folgenden Schaubild dargestellt.

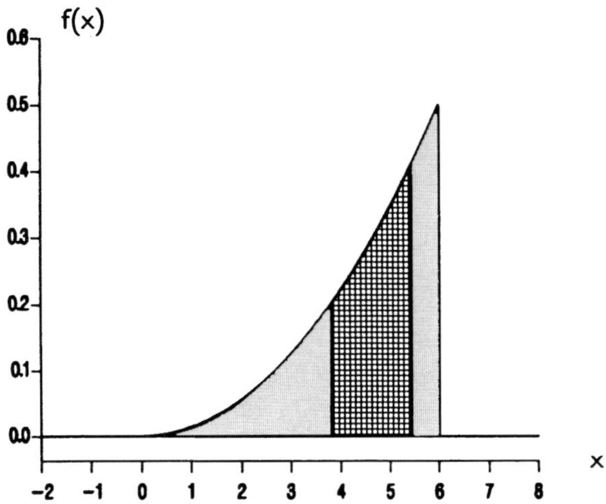

Abbildung 10.6: Quartile bei stetigen ZV

10.4.6 Spezielle stetige Verteilungen

10.4.6.1 Die Gleichverteilung

Definition 10.22:

Die Zufallsvariable X folgt einer *Gleichverteilung* auf dem Intervall [a, b], falls sie die Dichtefunktion f(x) hat mit

$$f(x) = \begin{cases} \frac{1}{b-a} & \text{für } a \leq x \leq b \\ 0 & \text{sonst.} \end{cases}$$

Für die Verteilungsfunktion gilt dann:

$$F(x) = \begin{cases} 0 & \text{für } x < a \\ \frac{x-a}{b-a} & \text{für } a \leq x < b \\ 1 & \text{für } x \geq b. \end{cases}$$

Für die beiden wichtigsten Parameter der Gleichverteilung gilt:

$$E(X) = \frac{a+b}{2} \quad \text{und} \quad Var(X) = \frac{(b-a)^2}{12}.$$

Beispiel 10.19:

Die Zufallsvariable X sei auf dem Intervall [0, 5] gleichverteilt.

Dann gilt:

$$f(x) = \begin{cases} \frac{1}{5} & \text{für } 0 \le x \le 5 \\ 0 & \text{sonst} \end{cases} \qquad \text{und}$$

$$F(x) = \begin{cases} 0 & \text{für } x < 0 \\ \frac{x}{5} & \text{für } 0 \le x < 5 \\ 1 & \text{für } x \ge 5. \end{cases}$$

Außerdem gilt: $E(X) = \frac{5}{2}$ und $Var(X) = \frac{25}{12}$.

Die folgenden zwei Schaubilder zeigen die Dichtefunktion und die Verteilungsfunktion der Gleichverteilung.

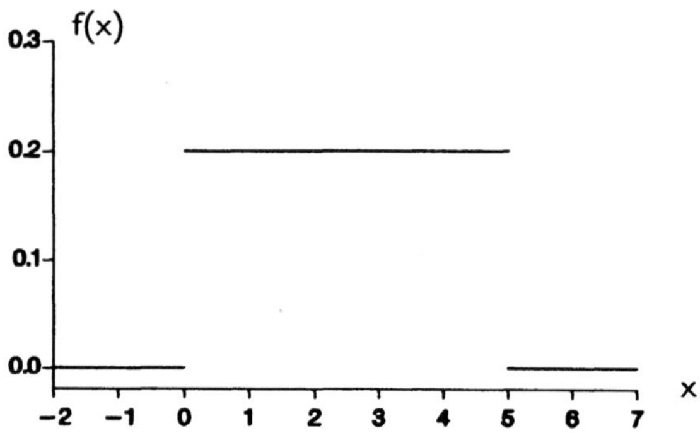

Abbildung 10.7: Dichte der Gleichverteilung

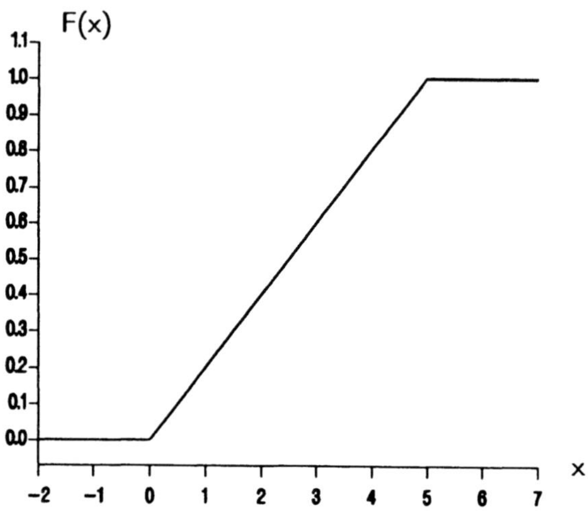

Abbildung 10.8: Verteilungsfunktion der Gleichverteilung

10.4.6.2 Die Exponentialverteilung

Definition 10.23:

Die Zufallsvariable X folgt einer *Exponentialverteilung* mit dem Parameter $\lambda > 0$, falls sie die Dichtefunktion f(x) hat mit

$$f(x) = \begin{cases} 0 & \text{für } x < 0 \\ \lambda \cdot e^{-\lambda x} & \text{für } x \geq 0. \end{cases}$$

Für die Verteilungsfunktion gilt dann:

$$F(x) = \begin{cases} 0 & \text{für } x < 0 \\ 1 - e^{-\lambda x} & \text{für } x \geq 0. \end{cases}$$

Für die beiden wichtigsten Parameter der Exponentialverteilung gilt:

$$E(X) = \frac{1}{\lambda} \text{ und } Var(X) = \frac{1}{\lambda^2}.$$

Beispiel 10.20:

Gegeben seien die Exponentialverteilungen mit den Parametern $\lambda = 0.25$, $\lambda = 0.75$ und $\lambda = 2$.

Die Dichtefunktionen und die Verteilungsfunktionen sind in den zwei folgenden Schaubildern dargestellt.

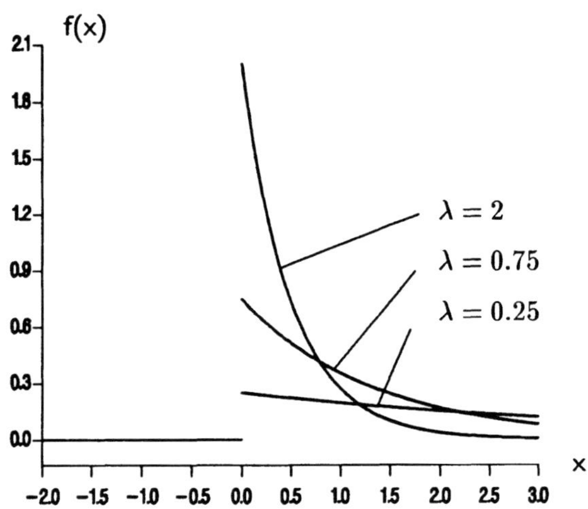

Abbildung 10.9: Dichtefunktionen der Exponentialverteilung

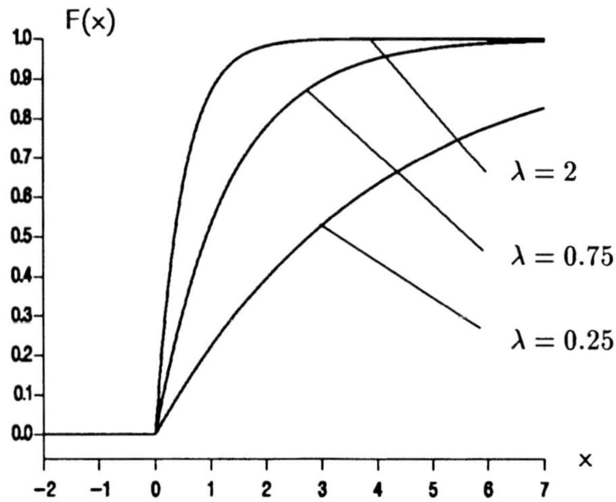

Abbildung 10.10: Verteilungsfunktionen der Exponentialverteilung

Die Exponentialverteilung wird häufig als Lebensdauerverteilung eingesetzt. Dann gilt für $\lambda = 0.25$: $E(X) = 4$. Dies bedeutet, daß die Lebensdauer im Mittel 4 Zeiteinheiten beträgt.
Möchte man die Wahrscheinlichkeit wissen, mit der die Lebensdauer zwischen 3 und 8 Zeiteinheiten ist, so gilt:

$$P(3 \leq X \leq 8) = F(8) - F(3) = \left(1 - e^{-0.25 \cdot 8}\right) - \left(1 - e^{-0.25 \cdot 3}\right) = 0.3370.$$

10.4.6.3 Die Normalverteilung

Die Normalverteilung ist die wichtigste stetige Verteilung. Ihre zentrale Bedeutung liegt darin begründet, daß viele andere Verteilungen durch Normalverteilungen approximiert werden können.

Definition 10.24:

Die Zufallsvariable X folgt einer *Normalverteilung* mit den Parametern $\mu \in \mathbb{R}$ und $\sigma > 0$, falls sie eine Dichtefunktion f(x) hat mit

$$f(x) = \frac{1}{\sqrt{2\pi}\sigma} \cdot e^{-\frac{(x-\mu)^2}{2\sigma^2}}.$$

Die Schreibweise ist: X ist $N(\mu, \sigma^2)$ – verteilt.

Da die Verteilungsfunktion der Normalverteilung sich nicht als Verknüpfung elementarer Funktionen darstellen läßt, müssen die Funktionswerte mit Hilfe numerischer Methoden berechnet werden.

Eine ganz entscheidende Eigenschaft der Normalverteilung ist:

Ist X $N(\mu, \sigma^2)$ – verteilt, so ist $Z = \frac{X - \mu}{\sigma}$ $N(0, 1)$ – verteilt.

Die Normalverteilung $N(0, 1)$ mit den Parametern $\mu = 0$ und $\sigma^2 = 1$ heißt *Standard-Normalverteilung.*

Da die Normalverteilung von großer Bedeutung ist und da alle Normalverteilungen auf die Standard-Normalverteilung transformiert werden können, sind sowohl die Verteilungsfunktion $\Phi(x)$ als auch die Quantile $z_{1-\alpha}$ der Standard-Normalverteilung tabelliert, um nicht ständig numerische Integrationen durchführen zu müssen. Diese und weitere wichtige Tabellen sind im Anhang IV: Statistische Tabellen zu finden.

Für die beiden wichtigsten Parameter der Normalverteilung gilt:

$$E(X) = \mu \quad \text{und} \quad Var(X) = \sigma^2 .$$

Beispiel 10.21:

Gegeben seien die Normalverteilungen $N(0, 1)$, $N(3, 4)$ und $N(-1, 0.8)$.

Die Dichtefunktionen sind im folgenden Schaubild dargestellt.

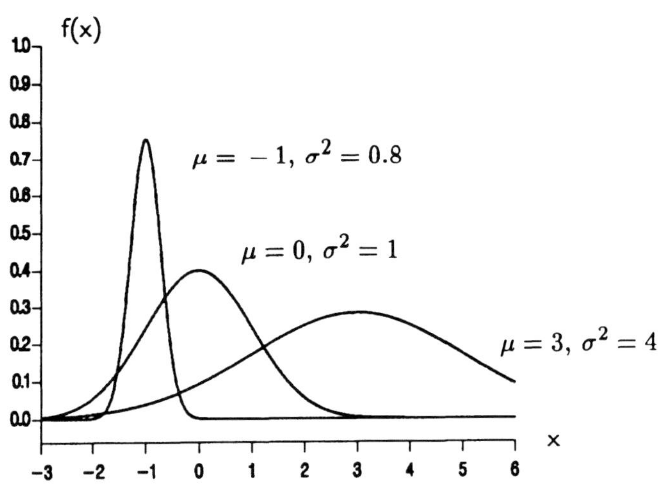

Abbildung 10.11: Dichtefunktionen der Normalverteilung

Gegeben sei eine N(0, 1) – verteilte Zufallsvariable. Dann ist

$$P(-2 \leq X \leq 3) = \Phi(3) - \Phi(-2) = \Phi(3) - (1 - \Phi(2)) =$$

$$= -1 + \Phi(3) + \Phi(2) = -1 + 0.9987 + 0.9772 = 0.9759.$$

Gegeben sei eine N(3, 4) – verteilte Zufallsvariable. Dann ist

$$P(-2 \leq X \leq 3) = P\left(\frac{-2-3}{2} \leq \frac{X-3}{2} \leq \frac{3-3}{2}\right).$$

Da $\frac{X-3}{2}$ N(0, 1) – verteilt ist, folgt

$$P\left(\frac{-2-3}{2} \leq \frac{X-3}{2} \leq \frac{3-3}{2}\right) = \Phi(0) - \Phi(-2.5) =$$

$$= -1 + \Phi(0) + \Phi(2.5) = -1 + 0.5 + 0.9938 = 0.4938.$$

Aufgaben zu Kapitel 10

Aufgabe 1

Eine Urne enthalte 12 rote und 13 weiße Kugeln. Wie groß ist die Wahrscheinlichkeit, eine rote Kugel zu ziehen? Wie groß ist die Wahrscheinlichkeit, bei dreimaligem Ziehen ohne Zurücklegen genau zwei rote Kugeln zu ziehen?

Aufgabe 2

In einer Lostrommel befinden sich 3000 Lose mit den Nummern 1 bis 3000. Jedes Los, das mit der Nummer 1 beginnt, gewinnt. Wie groß ist die Wahrscheinlichkeit, aus der vollen Trommel ein Los zu ziehen, das gewinnt?

Aufgabe 3

Wie groß ist die Wahrscheinlichkeit, beim Zahlenlotto (6 aus 49) eine Drei (Vier, Fünf, Sechs) zu tippen?

Aufgabe 4

Bei einer Feier sitzen 10 Personen an einem runden Tisch. Die Tischordnung wird zufällig ausgelost. Herr K. möchte aber unbedingt neben Frau M. sitzen. Wie groß ist seine Chance?

Aufgabe 5

n Personen werden zufällig ausgewählt. Wie groß ist die Wahrscheinlichkeit, daß mindestens zwei am selben Tag Geburtstag haben?

Aufgabe 6

Bei einem Glücksspiel mit einem Würfel gewinnt man das Doppelte seines Einsatzes von 1 EUR, wenn man bei 4 Würfen mindestens eine Sechs würfelt.
Bei einem anderen Glücksspiel mit zwei Würfeln gewinnt man das Doppelte seines Einsatzes von 1 EUR, wenn man bei 24 Würfen mindestens eine Doppel-Sechs würfelt.
Beurteilen Sie die beiden Spiele im Hinblick auf die Gewinnerwartung des Spielers.

Aufgabe 7

Im amerikanischen Fernsehen konnte der Gewinner einer Vorausscheidung anschließend ein Auto gewinnen. Dazu mußte er eine von drei Türen A, B oder C auswählen. Entscheidet er sich hierbei zufällig für eine der drei Türen, so ist die Wahrscheinlichkeit, daß er das Auto gewinnt, gleich $\frac{1}{3}$.
Der Modus jedoch war etwas anders:
Nach seiner Auswahl erhielt der Kandidat eine scheinbar wertlose Zusatzinformation, indem ihm der Name einer von ihm nicht gewählten Türe gesagt wurde, hinter welcher das Auto nicht ist. Danach durfte er sich neu für eine Türe entscheiden.

a) Wie groß ist die Wahrscheinlichkeit, daß er das Auto gewinnt, falls er seine Wahl nach dieser Zusatzinformation beibehält?

b) Wie groß ist die Wahrscheinlichkeit, daß er das Auto gewinnt, falls er sich umentscheidet, also weder die Türe möchte, die er zuerst gewählt hat, noch die Türe nimmt, hinter der das Auto aufgrund der Zusatzinformation nicht ist?

Aufgabe 8

Beim Start des Gesellschaftsspiels "Mensch ärgere dich nicht" muß so lange gewartet werden, bis man eine 6 gewürfelt hat. Geben Sie eine Wahrscheinlichkeitsverteilung der Zufallsvariablen X an, welche die Zugzahl bis zum Start beschreibt.

Aufgabe 9

Bei einem Gewinnspiel mit zwei Würfeln wird die Augensumme berechnet. Bei einem Einsatz von 5 EUR erhält man bei einer gewürfelten Summe von 2 genau 20 EUR und bei einer gewürfelten Augensumme von 11 genau 18 EUR als Gewinn. Bei allen anderen Augensummen ist das Spiel und der Einsatz verloren. Berechnen Sie den Erwartungswert der Zufallsvariablen X, die den Gewinn pro Spiel beschreibt.

Aufgabe 10

Beim Roulette setzt ein Spieler folgende Strategie ein: Er setzt zu Beginn 10 EUR auf Rot. Bei einem Gewinn fängt das Verfahren wieder von vorne an. Verliert er, so setzt er im nächsten Spiel das Doppelte ein, usw.
Berechnen Sie die Gewinnerwartung des Spielers, falls der Höchsteinsatz 12 000 EUR beträgt.

Aufgabe 11

Drei Spieler A, B und C spielen folgendes Gewinnspiel:

Jeder Spieler setzt 10 EUR ein. Dann würfeln sie der Reihe nach. Wer zuerst eine 3 würfelt erhält den gesamten Einsatz. Nach 2 Durchgängen (d. h. wenn Spieler C zum zweiten Mal gewürfelt hat) wird das Spiel abgebrochen, falls noch keine 3 gefallen ist. Den Einsatz erhält dann der Spieler C.

a) Berechnen Sie die Gewinnerwartungen für jeden Spieler.

b) Das Spiel werde nicht abgebrochen. Berechnen Sie wieder die Gewinnerwartungen für jeden Spieler.

Aufgabe 12

Drei Spieler A, B und C spielen folgendes Gewinnspiel:

Jeder Spieler setzt 5 EUR ein. Dann würfeln Sie der Reihe nach. Wer zuerst eine 2 oder 3 würfelt erhält den gesamten Einsatz. Nach 2 Durchgängen (d.h. wenn Spieler C zum zweiten Male gewürfelt hat.) wird das Spiel abgebrochen, falls noch keine 2 oder 3 gefallen ist. Den Einsatz erhält dann der Spieler C.

a) Berechnen Sie die Gewinnerwartungen für jeden Spieler.

b) Das Spiel werde nicht abgebrochen. Berechnen Sie wieder die Gewinnerwartungen für jeden Spieler.

Aufgabe 13

Für eine diskrete Zufallsvariable X gelte:

$P(X = a) = p^2$, $P(X = 2a) = \frac{1}{4} \cdot p$ und $P(X = 4a) = \frac{1}{4} \cdot p + \frac{1}{2}$.

a) Berechnen Sie p.

b) Berechnen Sie E(X) in Abhängigkeit von a.

c) Für welches a gilt $E(X) = 12$?

Aufgabe 14

Für eine diskrete Zufallsvariable X gelte:

$P(X = b) = p^2$, $P(X = 2b) = \frac{1}{4} \cdot p$ und $P(X = 3b) = \frac{1}{4} \cdot p + \frac{1}{2}$.

a) Berechnen Sie p.

b) Berechnen Sie E(X) in Abhängigkeit von b.

c) Für welches b gilt $E(X) = 12$?

Aufgabe 15

Aus Erfahrungswerten sei bekannt, daß ein neugeborenens Kind mit Wahrscheinlichkeit $p = 0.52$ ein Mädchen ist. Wie groß ist die Wahrscheinlichkeit, daß bei 10 Geburten die Anzahl der geborenen Mädchen mindestens 1, jedoch höchstens 8 beträgt?

Aufgabe 16

Wie groß ist die Wahrscheinlichkeit, bei 10 – maligem Werfen einer echten Münze genau 4 mal Wappen zu erhalten?

Aufgabe 17

Eine Münze werde so lange geworfen, bis zum ersten Mal Wappen erscheint, höchstens jedoch 4 Mal. Geben Sie die Verteilung der Zufallsvariablen X an, welche die Anzahl der Würfe der Münze abgibt. Berechnen Sie auch den Erwartungswert und die Varianz von X. Zeichnen Sie die Verteilungsfunktion.

Aufgabe 18

Die Funktion

$$f(x) = \begin{cases} \frac{b}{\sqrt{x}} & , \ 1 \leq x \leq 9 \\ 0 & \text{sonst} \end{cases}$$

ist die Dichtefunktion einer stetigen Zufallsvariablen X.

a) Bestimmen Sie b.

b) Bestimmen Sie die Verteilungsfunktion F(x) und skizzieren Sie dann F(x).

c) Berechnen Sie E(X) und Var(X).

d) Berechnen Sie $P(4 \leq X \leq 12)$.

Aufgabe 19

Die Funktion

$$f(x) = \begin{cases} \frac{a}{x^3} & , \ 1 \leq x \leq 4 \\ 0 & \text{sonst} \end{cases}$$

ist die Dichtefunktion einer stetigen Zufallsvariablen X.

a) Bestimmen Sie a.

b) Bestimmen Sie die Verteilungsfunktion F(x) und skizzieren Sie dann F(x).

c) Berechnen Sie E(X) und Var(X).

d) Berechnen Sie $P(-1 \leq X \leq 2)$.

Aufgabe 20

Eine Maschine besteht aus 50 gleichen Komponenten. Die Wahrscheinlichkeit, daß eine Komponente 300 Betriebsstunden erreicht, ist 0.1. Die Betriebszeit der Maschine ist dann beendet, wenn alle Komponenten ausgefallen sind.
Berechnen Sie die Wahrscheinlichkeit, daß die Maschine eine Betriebszeit von 300 Stunden erreicht,

a) exakt,

b) näherungsweise mit Hilfe der Poissonverteilung.

Aufgabe 21

Für eine normalverteilte Zufallsvariable X gilt:

$P(X \leq 25) = 0.3$ und $P(X \leq 75) = 0.7$.

Berechnen Sie μ und σ.

Aufgabe 22

Gegeben sei eine N(10, 16) – verteilte Zufallsvariable.

Für welche a gilt:

a) $P(X \leq a) = 0.75$

b) $P(X \geq a) = 0.3$

c) $P(10 - a \leq X \leq 10 + a) = 0.9$?

Aufgabe 23

Ein Multiple-Choice Test besteht aus 30 Fragen mit jeweils 6 verschiedenen Antworten.

a) Wie groß ist die Wahrscheinlichkeit, daß jemand genau 15 Fragen durch Raten richtig beantwortet?

b) Wir groß ist die Wahrscheinlichkeit, daß jemand durch Raten keine einzige Frage richtig beantwortet?

Kapitel 11

Beurteilende Statistik

In der Wahrscheinlichkeitsrechnung arbeitet man mit bekannten Verteilungen. So kennt man z. B. beim Vorliegen einer Normalverteilung die Parameter μ und σ.
In der beurteilenden Statistik werden Verfahren entwickelt, wie man aus den Daten einer Stichprobe, die aus einer viel größeren Grundgesamtheit stammen, auf das Verhalten der Grundgesamtheit schließen kann.
Dabei interessieren folgende Fragestellungen:

- Wie kann man die Parameter einer Verteilung schätzen, falls der Verteilungstyp bekannt ist?
- Kann man ein Intervall angeben, in dem ein zu schätzender Wert mit hoher Wahrscheinlichkeit liegt?
- Kann man beim Vorliegen einer bekannten Verteilung eine für einen Parameter aufgestellte Hypothese annehmen, z. B. gilt beim Vorliegen einer Normalverteilung $\mu \leq 5$?
- Wie kann man überprüfen, ob zwei verschiedene Stichproben dem gleichen Verteilungsgesetz unterliegen?

11.1 Punkt-Schätzungen

Häufig ist es erforderlich, einen unbekannten charakteristischen Parameter θ der Verteilung einer Grundgesamtheit möglichst genau aus einer Stichprobe zu ermitteln. Das Ziel von Punktschätzungen ist es deshalb, für diesen Parameter einen Schätzwert zu bestimmen.

Beispiel für solche Schätzungen sind:

- der Stimmenanteil einer Partei bei einer bevorstehenden Wahl.
- die Hotelbettenauslastung während der Feriensaison.

- die durchschnittliche Lebenserwartung von Rauchern.
- der Wert des Bruttosozialproduktes in den folgenden Jahren.
- der Mittelwert und die Varianz der Gewichte bei der Herstellung von Flaschen, Bällen und Kartons.

Die n Werte der Stichprobe $x = (x_1, x_2, \ldots, x_n)$ sind Realisierungen von n Zufallsvariablen $X_1, X_2, \ldots, X_n$. Aus diesen n Werten wird dann der Schätzwert für den Parameter berechnet.

Im folgenden wird stets vorausgesetzt, daß die Zufallsvariablen

$X_1, X_2, \ldots, X_n$ unabhängig und identisch verteilt sind.

Definition 11.1:

Die Funktion $T_n = g_n(X_1, X_2, \ldots, X_n)$ heißt *Schätzfunktion.* Da T_n eine Zufallsvariable ist, ist der zu schätzende Parameter eine Realisierung der Schätzfunktion.

Das Ziel wird es sein, Schätzfunktionen zu finden, die sich durch optimale Eigenschaften von anderen Schätzfunktionen unterscheiden.

Definition 11.2:

1. Eine Schätzfunktion heißt *erwartungstreu* für den Parameter θ, falls gilt:

$$ET_n = \theta.$$

2. Eine Schätzfunktion heißt *asymptotisch erwartungstreu* für den Parameter θ, falls gilt:

$$\lim_{n\to\infty} ET_n = \theta.$$

Definition 11.3:

Eine Schätzfunktion heißt *konsistent* bezüglich θ, falls für alle $\epsilon > 0$ gilt:

$$\lim_{n\to\infty} P(|T_n - \theta| \geq \epsilon) = 0.$$

Schätzfunktionen sind immer dann konsistent, wenn gilt:

$$\lim_{n\to\infty} \mathrm{Var}(T_n) = 0.$$

Definition 11.4:

Eine Schätzfunktion T'_n heißt *effizient*, falls gilt:

$$Var(T'_n) \leq Var(T_n) \quad \text{für alle } T_n \neq T'_n.$$

Beispiel 11.1:

Sei μ der Erwartungswert und σ^2 die Varianz der Verteilung einer Grundgesamtheit. Aus einer Stichprobe vom Umfang n sollen μ und σ^2 geschätzt werden.

1. Sei $\overline{X} = \frac{1}{n} \cdot \sum_{i=1}^{n} X_i$.

   Dann gilt:

   $$E\overline{X} = E\left(\frac{1}{n} \cdot \sum_{i=1}^{n} X_i\right) = \frac{1}{n} \cdot \sum_{i=1}^{n} EX_i = \frac{1}{n} \cdot n \cdot \mu = \mu.$$

   Also ist $\overline{X} = \frac{1}{n} \cdot \sum_{i=1}^{n} X_i$ eine erwartungstreue Schätzfunktion für μ.

2. Sei $Z_n = \frac{1}{n} \cdot \sum_{i=1}^{n} (X_i - \overline{X})^2$.

   Wegen $EX_i = \mu$, $Var(X_i) = E(X_i^2) - \mu^2$ und $E(X_i^2) = \sigma^2 + \mu^2$ gilt:

   $$E\overline{X} = \frac{1}{n} \cdot n \cdot \mu = \mu, \; Var(\overline{X}) = Var\left(\frac{X_1}{n} + \frac{X_2}{n} + \ldots + \frac{X_n}{n}\right) = n \cdot \frac{\sigma^2}{n^2} = \frac{\sigma^2}{n}$$

   und $E(\overline{X}^2) = \frac{\sigma^2}{n} + \mu^2$.

   Also gilt:

   $$\begin{aligned} EZ_n &= E\left(\frac{1}{n} \cdot \sum_{i=1}^{n} (X_i - \overline{X})^2\right) = \frac{1}{n} \cdot \sum_{i=1}^{n} E(X_i^2 - 2X_i\overline{X} + \overline{X}^2) = \\ &= \frac{1}{n} \cdot \left(\left(\sum_{i=1}^{n} E(X_i^2)\right) - n \cdot E(\overline{X}^2)\right) = \\ &= \frac{1}{n} \cdot \left(\left(\sum_{i=1}^{n} \sigma^2 + \mu^2\right) - n \cdot \left(\frac{\sigma^2}{n} + \mu^2\right)\right) = \\ &= \sigma^2 + \mu^2 - \frac{\sigma^2}{n} - \mu^2 = \frac{n-1}{n} \cdot \sigma^2. \end{aligned}$$

   Also ist Z_n keine erwartungstreue Schätzfunktion für σ^2.

   Z_n ist eine asymptotisch erwartungstreue Schätzfunktion für σ^2.

   Dagegen ist $Z'_n = \frac{1}{n-1} \cdot \sum_{i=1}^{n} (X_i - \overline{X})^2$ eine erwartungstreue Schätzfunktion für σ^2. Aus diesem Grund wurde in Kapitel 8 die Varianz einer Stichprobe mit dem Vorfaktor $\frac{1}{n-1}$ und nicht mit dem Vorfaktor $\frac{1}{n}$ definiert.

Die in diesem Beispiel vorgestellten Schätzfunktionen sind natürlich intuitiv ermittelt worden. Spezielle Verfahren zur Bestimmung von Schätzwerten sind die Maximum-Likelihood-Schätzung, die Momenten-Methode und die Kleinste-Quadrate-Schätzer. Auf diese Verfahren wird hier nicht eingegangen.

11.2 Intervall-Schätzungen

Bei der Punktschätzung wird der Schätzwert im allgemeinen vom richtigen Parameter abweichen. Bei Intervall-Schätzungen ist das Schätzergebnis ein ganzes Intervall, das den zu schätzenden Parameter θ mit einer hohen Wahrscheinlichkeit enthält.

Definition 11.5:

Gegeben seien zwei Stichprobenfunktionen $I_u = g_n(X_1, X_2, ..., X_n)$ und $I_o = h_n(X_1, X_2, ..., X_n)$. Zu schätzen sei der Parameter θ.

Ferner gelte $I_u \le I_o$ für alle möglichen Realisierungen.

Das Intervall $[I_u, I_o]$ heißt *Konfidenzintervall* zum Niveau $(1-\alpha)$, falls gilt:

$$P(I_u \le \theta \le I_o) = 1 - \alpha.$$

Man wird bemüht sein, das Niveau $1-\alpha$ möglichst groß zu wählen. Dabei ist es klar, daß eine Vergrößerung von $1-\alpha$ eine Vergrößerung des Konfidenzintervalles nach sich zieht. Deshalb wird in der Praxis $1-\alpha$ meist gleich 0.9 oder 0.95 gewählt.

Die im folgenden betrachteten Konfidenzintervalle sind stets zweiseitig, also abgeschlossene Intervalle. Intervalle der Form $(-\infty, a]$ und $[b, \infty)$ werden nicht betrachtet.

11.2.1 Konfidenzintervalle bei der Normalverteilung

Ist die Grundgesamtheit $N(\mu, \sigma^2)$ – verteilt, dann ist die Zufallsvariable

$\frac{\overline{X}-\mu}{\sigma} \cdot \sqrt{n}$ $N(0, 1)$ – verteilt.

11.2.1.1 Konfidenzintervalle für den Erwartungswert bei bekannter Varianz

Die $(1-\alpha)$ – Quantile der Normalverteilung N(0, 1) seien mit $z_{1-\alpha}$ bezeichnet. Diese Quantile sind im Anhang IV tabelliert.

Wegen $P\left(\frac{\overline{X}-\mu}{\sigma}\cdot\sqrt{n} > z_{1-\frac{\alpha}{2}}\right) = \frac{\alpha}{2}$

und $P\left(\frac{\overline{X}-\mu}{\sigma}\cdot\sqrt{n} < z_{\frac{\alpha}{2}}\right) = \frac{\alpha}{2}$ gilt:

$$P\left(-z_{1-\frac{\alpha}{2}} \le \frac{\overline{X}-\mu}{\sigma}\cdot\sqrt{n} < z_{1-\frac{\alpha}{2}}\right) = 1-\alpha.$$

Aus $-z_{1-\frac{\alpha}{2}} \le \frac{\overline{X}-\mu}{\sigma}\cdot\sqrt{n} < z_{1-\frac{\alpha}{2}}$ folgt aber

$$\overline{X} - z_{1-\frac{\alpha}{2}}\cdot\frac{\sigma}{\sqrt{n}} \le \mu \le \overline{X} + z_{1-\frac{\alpha}{2}}\cdot\frac{\sigma}{\sqrt{n}}.$$

Also ist $\left[\overline{x} - z_{1-\frac{\alpha}{2}}\cdot\frac{\sigma}{\sqrt{n}},\ \overline{x} + z_{1-\frac{\alpha}{2}}\cdot\frac{\sigma}{\sqrt{n}}\right]$

ein Konfidenzintervall zum Niveau $1-\alpha$.

Beispiel 11.2:

6 Teilnehmer eines wirtschaftswissenschaftlichen Seminars wurden nach der Anzahl ihrer Semester bis zum Studienabschluß befragt. Es ergab sich folgende Stichprobe:

$$x = (12,\ 10,\ 14,\ 9,\ 10,\ 11).$$

Gesucht ist ein Konfidenzintervall I, falls die Varianz $\sigma^2 = 2$ bekannt ist.

1. für $\alpha = 0.1$ folgt mit $z_{0.95} = 1.64485$:

$$I = \left[11 - \frac{z_{0.95}\cdot\sqrt{2}}{\sqrt{6}},\ 11 + \frac{z_{0.95}\cdot\sqrt{2}}{\sqrt{6}}\right] = [10.050,\ 11.950].$$

2. für $\alpha = 0.05$ folgt mit $z_{0.975} = 1.95996$:

$$I = \left[11 - \frac{z_{0.975}\cdot\sqrt{2}}{\sqrt{6}},\ 11 + \frac{z_{0.975}\cdot\sqrt{2}}{\sqrt{6}}\right] = [9.868,\ 12.132].$$

3. für $\alpha = 0.01$ folgt mit $z_{0.995} = 2.57583$:

$$I = \left[11 - \frac{z_{0.995} \cdot \sqrt{2}}{\sqrt{6}}, \; 11 + \frac{z_{0.995} \cdot \sqrt{2}}{\sqrt{6}} \right] = [9.513, \; 12.487].$$

Durch Vergrößern des Stichprobenumfangs läßt sich die Länge des Konfidenzintervalls steuern.

Aus $l = 2 \cdot z_{1-\frac{\alpha}{2}} \cdot \frac{\sigma}{\sqrt{n}}$ ist bei gegebenem l die Anzahl n zu ermitteln.

Beispiel 11.3:

Gegeben sei die Stichprobe

$$x = (12, \; 10, \; 14, \; 9, \; 10, \; 11).$$

Gesucht ist der Stichprobenumfang n, der ein Konfidenzintervall der Länge 0.1 garantiert.

Aus $l = 2 \cdot z_{1-\frac{\alpha}{2}} \cdot \frac{\sigma}{\sqrt{n}}$ folgt $n \geq \left(\frac{2 \cdot \sigma}{l} \cdot z_{1-\frac{\alpha}{2}}\right)^2$.

1. für $\alpha = 0.1$ folgt dann: $n \geq 2\,165$.
2. für $\alpha = 0.05$ folgt dann: $n \geq 3\,074$.
3. für $\alpha = 0.01$ folgt dann: $n \geq 5\,308$.

11.2.1.2 Konfidenzintervalle bei unbekannter Varianz

Ist die Varianz nicht bekannt, so wird sie durch die Varianz s^2 der vorliegenden Stichprobe geschätzt. Diese Stichprobenvarianz ist eine Realisierung von

$$S^2 = \frac{1}{n} \cdot \sum_{i=1}^{n} (X_i - \overline{X})^2.$$

Die Zufallsvariable $\frac{\overline{X} - \mu}{S} \cdot \sqrt{n}$ ist nicht mehr $N(0, \; 1)$ – verteilt, sondern genügt einer sogenannten *t – Verteilung* mit $n - 1$ Freiheitsgraden. Da die mathematischen Werkzeuge zur Herleitung der t – Verteilung in diesem Buch nicht bereitgestellt werden, muß hier der interessierte Leser auf die weiterführende Literatur verwiesen werden.

Die Quantile der t – Verteilung können wie bei der Normalverteilung nicht explizit berechnet werden. Aus diesem Grund sind die Quantile $t_{1-\frac{\alpha}{2}, n-1}$ tabelliert (siehe Anhang IV).

Wegen $P\left(\frac{\overline{X}-\mu}{S}\cdot\sqrt{n} > t_{1-\frac{\alpha}{2}, n-1}\right) = \frac{\alpha}{2}$

und $P\left(\frac{\overline{X}-\mu}{S}\cdot\sqrt{n} < t_{\frac{\alpha}{2}, n-1}\right) = \frac{\alpha}{2}$ gilt:

$$P\left(-t_{1-\frac{\alpha}{2}, n-1} \leq \frac{\overline{X}-\mu}{S}\cdot\sqrt{n} < t_{1-\frac{\alpha}{2}, n-1}\right) = 1-\alpha.$$

Aus $-t_{1-\frac{\alpha}{2}, n-1} \leq \frac{\overline{X}-\mu}{S}\cdot\sqrt{n} < t_{1-\frac{\alpha}{2}, n-1}$ folgt aber

$$\overline{X} - t_{1-\frac{\alpha}{2}, n-1}\cdot\frac{S}{\sqrt{n}} \leq \mu \leq \overline{X} + \cdot t_{1-\frac{\alpha}{2}, n-1}\cdot\frac{S}{\sqrt{n}}.$$

Also ist $\left[\overline{x} - t_{1-\frac{\alpha}{2}, n-1}\cdot\frac{s}{\sqrt{n}}, \overline{x} + t_{1-\frac{\alpha}{2}, n-1}\cdot\frac{s}{\sqrt{n}}\right]$

ein Konfidenzintervall zum Niveau $1-\alpha$.

Beispiel 11.4:

Gegeben sei die Stichprobe

$$x = (12, 10, 14, 9, 10, 11).$$

Gesucht ist ein Konfidenzintervall I, falls die Varianz σ^2 nicht bekannt ist.

Es gilt: $\overline{x} = 11$ und $s^2 = 3.2$.

1. für $\alpha = 0.1$ folgt mit $t_{0.95, 5} = 2.015$:

$$I = \left[11 - \frac{t_{0.95, 5}\cdot\sqrt{3.2}}{\sqrt{6}}, 11 + \frac{t_{0.95, 5}\cdot\sqrt{3.2}}{\sqrt{6}}\right] = [9.528, 12.472].$$

2. für $\alpha = 0.05$ folgt mit $z_{0.975, 5} = 2.571$:

$$I = \left[11 - \frac{t_{0.975, 5}\cdot\sqrt{3.2}}{\sqrt{6}}, 11 + \frac{t_{0.975, 5}\cdot\sqrt{3.2}}{\sqrt{6}}\right] = [9.122, 12.878].$$

3. für $\alpha = 0.01$ folgt mit $t_{0.995,\,5} = 4.032$:

$$I = \left[11 - \frac{t_{0.995,\,5} \cdot \sqrt{3.2}}{\sqrt{6}},\ 11 + \frac{t_{0.995,\,5} \cdot \sqrt{3.2}}{\sqrt{6}}\right] = [8.\ 056,\ 13.945].$$

Durch Vergrößern des Stichprobenumfangs läßt sich auch hier die Länge des Konfidenzintervalls steuern.

Aus $l = 2 \cdot \frac{t_{1-\frac{\alpha}{2},\,n-1} \cdot s}{\sqrt{n}}$ ist bei gegebenem l die Anzahl n zu ermitteln.

Beispiel 11.5:

Gegeben sei die Stichprobe

$$x = (12,\ 10,\ 14,\ 9,\ 10,\ 11).$$

Gesucht ist der Stichprobenumfang n, der ein Konfidenzintervall der Länge 0.1 garantiert (bei unbekannter Varianz).

Aus $l = 2 \cdot \frac{t_{1-\frac{\alpha}{2},\,n-1} \cdot s}{\sqrt{n}}$ folgt $n \geq \left(\frac{2 \cdot s}{l} \cdot t_{1-\frac{\alpha}{2},\,n-1}\right)^2$.

1. für $\alpha = 0.1$ folgt dann: $n \geq 5\,198$.
2. für $\alpha = 0.05$ folgt dann: $n \geq 8\,461$.
3. für $\alpha = 0.01$ folgt dann: $n \geq 20\,809$.

11.2.2 Konfidenzintervalle bei der Binomialverteilung

Bei der Bestimmung von Konfidenzintervallen bei binomialverteilter Grundgesamtheit werden bei kleinem Stichprobenumfang die Grenzen direkt mit den Eigenschaften der Binomialverteilung bestimmt. Dies ist relativ aufwendig. Häufig kann jedoch mit Hilfe der Normalverteilung eine Approximation durchgeführt werden. Diese Approximation liefert brauchbare Ergebnisse, falls n groß genug ist und $np(1-p) > 9$ gilt. In diesem Fall lassen sich die Grenzen des Konfidenzintervalls direkt berechnen.

Für großes n und $np(1-p) > 9$ ist $Z = \frac{X - np}{\sqrt{np(1-p)}}$ näherungsweise

$N(0,\ 1)$ – verteilt.

Daraus folgt aber wegen $Z = \frac{\overline{X} - p}{\sqrt{\frac{p(1-p)}{n}}}$ und der Schätzung $\overline{x}(1-\overline{x})$ für den Term $p(1-p)$:

$$I = \left[\overline{x} - z_{1-\frac{\alpha}{2}} \cdot \sqrt{\frac{\overline{x}(1-\overline{x})}{n}} \, , \, \overline{x} + z_{1-\frac{\alpha}{2}} \cdot \sqrt{\frac{\overline{x}(1-\overline{x})}{n}} \right]$$

ist ein Konfidenzintervall zum Niveau $1 - \alpha$.

Beispiel 11.6:

Im Hotelgewerbe interessiert die Frage nach der Wahrscheinlichkeit p, mit der ein Zimmer nicht belegt ist.
Von 2 000 vorhandenen Zimmern sind 200 nicht belegt.

1. für $\alpha = 0.1$ folgt mit $z_{0.95} = 1.64485$:

$$I = \left[\frac{1}{10} - z_{0.95} \cdot \sqrt{\frac{\frac{1}{10} \cdot \left(1 - \frac{1}{10}\right)}{2\,000}} \, , \, \frac{1}{10} + z_{0.95} \cdot \sqrt{\frac{\frac{1}{10} \cdot \left(1 - \frac{1}{10}\right)}{2\,000}} \right] =$$

$$= [0.0890, \, 0.1110].$$

2. für $\alpha = 0.05$ folgt mit $z_{0.975} = 1.95996$:

$$I = \left[\frac{1}{10} - z_{0.975} \cdot \sqrt{\frac{\frac{1}{10} \cdot \left(1 - \frac{1}{10}\right)}{2\,000}} \, , \, \frac{1}{10} + z_{0.975} \cdot \sqrt{\frac{\frac{1}{10} \cdot \left(1 - \frac{1}{10}\right)}{2\,000}} \right] =$$

$$= [0.0869, \, 0.1131].$$

3. für $\alpha = 0.01$ folgt mit $z_{0.995} = 2.57583$:

$$I = \left[\frac{1}{10} - z_{0.995} \cdot \sqrt{\frac{\frac{1}{10} \cdot \left(1 - \frac{1}{10}\right)}{2\,000}} \, , \, \frac{1}{10} + z_{0.995} \cdot \sqrt{\frac{\frac{1}{10} \cdot \left(1 - \frac{1}{10}\right)}{2\,000}} \right] =$$

$$= [0.0827, \, 0.1173].$$

Die Länge l des Konfidenzintervalls ist:

$$l = 2 \cdot z_{1-\frac{\alpha}{2}} \cdot \sqrt{\frac{\overline{x}(1-\overline{x})}{n}} = 2 \cdot z_{1-\frac{\alpha}{2}} \cdot \frac{1}{\sqrt{n}} \cdot \sqrt{\overline{x}(1-\overline{x})}.$$

Da $\sqrt{\bar{x}(1-\bar{x})}$ von der Realisierung und vom Umfang n abhängt, muß dieser Ausdruck nach oben abgeschätzt werden:

$$\sqrt{\bar{x}(1-\bar{x})} \leq \frac{1}{2} \text{ für } 0 \leq \bar{x} \leq 1.$$

Damit folgt dann: $l \leq 2 \cdot z_{1-\frac{\alpha}{2}} \cdot \frac{1}{\sqrt{n}} \cdot \frac{1}{2} = z_{1-\frac{\alpha}{2}} \cdot \frac{1}{\sqrt{n}}$.

Also gilt $n \geq \left(\frac{z_{1-\frac{\alpha}{2}}}{l}\right)^2$.

Beispiel 11.7:

Es interessiert wieder die Frage nach der Wahrscheinlichkeit p, mit der ein Zimmer im Hotelgewerbe nicht belegt ist, falls von 2 000 vorhandenen Zimmern 200 nicht belegt sind. Gesucht ist der Stichprobenumfang für ein Konfidenzintervall der Länge 0.01.

1. für $\alpha = 0.1$ folgt dann: $n \geq 27\,056$.
2. für $\alpha = 0.05$ folgt dann: $n \geq 38\,415$.
3. für $\alpha = 0.01$ folgt dann: $n \geq 66\,350$.

11.3 Das Testen von Hypothesen

Liegt über die Verteilung der Grundgesamtheit eine Hypothese vor, so kann anhand einer Stichprobe diese Hypothese überprüft werden. Eine solche Hypothese kann etwa die Aussage $\mu = 3$ oder $\mu \leq 3$ sein. Eine Hypothese wird abgelehnt, falls das Ergebnis der Stichprobe deutlich anders ausfällt.

11.3.1 Konstruktion eines Tests

Zu Beginn wird eine Hypothese H_0 aufgestellt, die es zu überprüfen gilt. Diese Hypothese wird die *Nullhypothese* genannt. Die daraus resultierende *Alternativhypothese* wird mit H_1 bezeichnet.

Danach wird ein *Signifikanzniveau* α festgelegt. α ist die Wahrscheinlichkeit zu einer Fehlentscheidung zu gelangen, also H_0 zu unrecht abzulehnen. Je kleiner α gewählt wird, desto kleiner wird auch die Wahrscheinlichkeit, eine Fehlentscheidung zu treffen. Ganz im Gegensatz dazu wird aber die Wahrscheinlichkeit, bei falschem H_0 zu einer Ablehnung zu kommen, deutlich kleiner. Deshalb sollte α nicht zu klein gewählt werden. $\alpha = 0.1$ oder $\alpha = 0.05$ sind häufig verwendete Signifikanzniveaus.

Zum Schluß wird mit Hilfe einer *Entscheidungsregel* überprüft, ob die Hypothese H_0 abgelehnt wird oder nicht.

Kommt man zu einer Ablehnung von H_0, so ist die Wahrscheinlichkeit, falsch zu liegen, gleich α.
Kommt man dagegen zu keiner Ablehnung von H_0, so bedeutet dies nicht, daß H_0 damit bestätigt ist, sondern daß die Stichprobendaten nicht ausreichen, um H_0 abzulehnen.

11.3.2 Test eines Erwartungswertes bei bekannter Varianz und normalverteilter Grundgesamtheit

Gegeben sei eine normalverteilte Grundgesamtheit mit bekannter Varianz σ^2 und unbekanntem Erwartungswert μ.

Ist μ_0 der Erwartungswert, so ist $\frac{\overline{X} - \mu_0}{\sigma} \cdot \sqrt{n}$ $N(0,\, 1)$ – verteilt.

Sei nun eine Stichprobe vom Umfang n gegeben. Mit Hilfe der Quantile der Normalverteilung können 3 Tests samt ihren Ablehnungsbereichen angegeben werden:

1. H_0: $\mu = \mu_0$ gegen H_1: $\mu \neq \mu_0$.

   H_0 sollte dann abgelehnt werden, falls $|\overline{x} - \mu_0|$ „groß" ist.

   Deshalb gilt: H_0 wird abgelehnt, falls $\left|\frac{\overline{x} - \mu_0}{\sigma} \cdot \sqrt{n}\right| > z_{1-\frac{\alpha}{2}}$ gilt.

2. H_0: $\mu \leq \mu_0$ gegen H_1: $\mu > \mu_0$.

   H_0 sollte dann abgelehnt werden, falls $\overline{x}$ „deutlich" größer als μ_0 ist.

   Deshalb gilt: H_0 wird abgelehnt, falls $\frac{\overline{x} - \mu_0}{\sigma} \cdot \sqrt{n} > z_{1-\alpha}$ gilt.

3. H_0: $\mu \geq \mu_0$ gegen H_1: $\mu < \mu_0$.

   H_0 sollte dann abgelehnt werden, falls $\overline{x}$ „deutlich" kleiner als μ_0 ist.

   Deshalb gilt: H_0 wird abgelehnt, falls $\frac{\overline{x} - \mu_0}{\sigma} \cdot \sqrt{n} < -z_{1-\alpha}$ gilt.

Beispiel 11.8:

Gegeben sei die Stichprobe

$$x = (12,\ 10,\ 14,\ 9,\ 10,\ 11).$$

Bei bekannter Varianz $\sigma^2 = 2$ sollen Hypothesen getestet werden.

1. Es soll H_0: $\mu = 12$ gegen H_1: $\mu \neq 12$ bei $\alpha = 0.05$ getestet werden.

   Aus $\left|\frac{\bar{x} - \mu_0}{\sigma} \cdot \sqrt{n}\right| = \left|\frac{11 - 12}{\sqrt{2}} \cdot \sqrt{6}\right| = 1.732$ und

   $z_{1-\frac{\alpha}{2}} = z_{0.975} = 1.95996$ folgt: H_0 wird nicht abgelehnt.

2. Es soll H_0: $\mu = 13$ gegen H_1: $\mu \neq 13$ bei $\alpha = 0.05$ getestet werden.

   Aus $\left|\frac{\bar{x} - \mu_0}{\sigma} \cdot \sqrt{n}\right| = \left|\frac{11 - 13}{\sqrt{2}} \cdot \sqrt{6}\right| = 3.464$ und

   $z_{1-\frac{\alpha}{2}} = z_{0.975} = 1.95996$ folgt: H_0 wird abgelehnt.

3. Es soll H_0: $\mu \leq 12$ gegen H_1: $\mu > 12$ bei $\alpha = 0.05$ getestet werden.

   Aus $\frac{\bar{x} - \mu_0}{\sigma} \cdot \sqrt{n} = \frac{11 - 12}{\sqrt{2}} \cdot \sqrt{6} = -1.732$ und

   $z_{1-\alpha} = z_{0.95} = 1.64485$ folgt: H_0 wird nicht abgelehnt.

4. Es soll H_0: $\mu \geq 12$ gegen H_1: $\mu < 12$ bei $\alpha = 0.05$ getestet werden.

   Aus $\frac{\bar{x} - \mu_0}{\sigma} \cdot \sqrt{n} = \frac{11 - 12}{\sqrt{2}} \cdot \sqrt{6} = -1.732$ und

   $-z_{1-\alpha} = -z_{0.95} = -1.64485$ folgt: H_0 wird abgelehnt.

5. Es soll H_0: $\mu \geq 11.5$ gegen H_1: $\mu < 11.5$ bei $\alpha = 0.05$ getestet werden.

   Aus $\frac{\bar{x} - \mu_0}{\sigma} \cdot \sqrt{n} = \frac{11 - 11.5}{\sqrt{2}} \cdot \sqrt{6} = -0.866$ und

   $-z_{1-\alpha} = -z_{0.95} = -1.64485$ folgt: H_0 wird nicht abgelehnt.

11.3.3 Test eines Erwartungswertes bei unbekannter Varianz und normalverteilter Grundgesamtheit

Gegeben sei eine normalverteilte Grundgesamtheit mit unbekannter Varianz σ^2 und unbekanntem Erwartungswert μ. Völlig analog zu den Ausführungen bei den Konfidenzintervallen wird das Quantil $z_{1-\alpha}$ der Normalverteilung ersetzt durch das Quantil $t_{1-\alpha,\, n-1}$ der t – Verteilung. Die Varianz σ^2 wird wieder durch die Stichprobenvarianz s^2 geschätzt.

Die 3 Tests lauten dann:

1. H_0: $\mu = \mu_0$ gegen H_1: $\mu \neq \mu_0$.

   H_0 sollte dann abgelehnt werden, falls $|\bar{x} - \mu_0|$ „groß" ist.

   Deshalb gilt: H_0 wird abgelehnt, falls $\left|\frac{\bar{x} - \mu_0}{s} \cdot \sqrt{n}\right| > t_{1-\frac{\alpha}{2},\, n-1}$ gilt.

2. H_0: $\mu \leq \mu_0$ gegen H_1: $\mu > \mu_0$.

   H_0 sollte dann abgelehnt werden, falls $\bar{x}$ „deutlich" größer als μ_0 ist.

   Deshalb gilt: H_0 wird abgelehnt, falls $\frac{\bar{x} - \mu_0}{s} \cdot \sqrt{n} > t_{1-\alpha,\, n-1}$ gilt.

3. H_0: $\mu \geq \mu_0$ gegen H_1: $\mu < \mu_0$.

   H_0 sollte dann abgelehnt werden, falls $\bar{x}$ „deutlich" kleiner als μ_0 ist.

   Deshalb gilt: H_0 wird abgelehnt, falls $\frac{\bar{x} - \mu_0}{s} \cdot \sqrt{n} < -t_{1-\alpha,\, n-1}$ gilt.

Beispiel 11.9:

Gegeben sei die Stichprobe

$$x = (12,\ 10,\ 14,\ 9,\ 10,\ 11).$$

Bei unbekannter Varianz σ^2 sollen Hypothesen getestet werden.

1. Es soll H_0: $\mu = 12$ gegen H_1: $\mu \neq 12$ bei $\alpha = 0.05$ getestet werden.

   Aus $\left|\frac{\bar{x} - \mu_0}{s} \cdot \sqrt{n}\right| = \left|\frac{11 - 12}{\sqrt{3.2}} \cdot \sqrt{6}\right| = 1.3693$ und

   $t_{1-\frac{\alpha}{2},\, n-1} = t_{0.975,\, 5} = 2.571$ folgt: H_0 wird nicht abgelehnt.

2. Es soll H_0: $\mu = 13$ gegen H_1: $\mu \neq 13$ bei $\alpha = 0.05$ getestet werden.

   Aus $\left|\frac{\bar{x} - \mu_0}{s} \cdot \sqrt{n}\right| = \left|\frac{11 - 13}{\sqrt{3.2}} \cdot \sqrt{6}\right| = 2.7386$ und

   $t_{1-\frac{\alpha}{2}, n-1} = t_{0.975, 5} = 2.571$ folgt: H_0 wird abgelehnt.

3. Es soll H_0: $\mu \leq 12$ gegen H_1: $\mu > 12$ bei $\alpha = 0.05$ getestet werden.

   Aus $\frac{\bar{x} - \mu_0}{s} \cdot \sqrt{n} = \frac{11 - 12}{\sqrt{3.2}} \cdot \sqrt{6} = -1.3693$ und

   $t_{1-\alpha, n-1} = t_{0.95, 5} = 2.015$ folgt: H_0 wird nicht abgelehnt.

4. Es soll H_0: $\mu \geq 12$ gegen H_1: $\mu < 12$ bei $\alpha = 0.05$ getestet werden.

   Aus $\frac{\bar{x} - \mu_0}{s} \cdot \sqrt{n} = \frac{11 - 12}{\sqrt{3.2}} \cdot \sqrt{6} = -1.3693$ und

   $-t_{1-\alpha, n-1} = -t_{0.95, 5} = -2.015$ folgt: H_0 wird nicht abgelehnt.

5. Es soll H_0: $\mu \geq 13$ gegen H_1: $\mu < 13$ bei $\alpha = 0.05$ getestet werden.

   Aus $\frac{\bar{x} - \mu_0}{s} \cdot \sqrt{n} = \frac{11 - 13}{\sqrt{3.2}} \cdot \sqrt{6} = -2.7386$ und

   $-t_{1-\alpha, n-1} = -t_{0.95, 5} = -2.015$ folgt: H_0 wird abgelehnt.

Aufgaben zu Kapitel 11

Aufgabe 1

Zwei unterschiedliche Herstellungsmethoden A und B für dasselbe Produkt wurden miteinander verglichen, um eine eventuelle Zeitersparnis herauszufinden. Die Herstellungszeiten von Methode B waren in allen Fällen länger.
Es ergaben sich folgende Unterschiede (Zeit von B minus Zeit von A):

3.1, 0.4, 1.5, 1.8, 2.0, 1.2, 1.5, 0.2, 1.7, 4.0.

Bestimmen Sie die Konfidenzintervalle ($\alpha = 0.05$ und $\alpha = 0.01$) für den Erwartungswert, wenn die Grundgesamtheit normalverteilt ist:

a) bei bekannter Varianz von $\sigma^2 = 2$.

b) bei unbekannter Varianz.

Wie groß müßte der Stichprobenumfang mindestens sein, um in diesen Fällen Konfidenzintervalle der Längen 1 bzw. 0.1 zu erhalten?

Aufgabe 2

Ein Unternehmen erzielt in 15 aufeinanderfolgenden Arbeitsperioden folgende Gewinne: (in Mio EUR):

27.0, 26.9, 26.3, 28.5, 30.4, 25.4, 26.0, 28.5, 26.9, 30.0, 32.4, 28.0, 27.8, 30.0 und 28.4.

Bestimmen Sie die Konfidenzintervalle ($\alpha = 0.05$ und $\alpha = 0.01$) für den Erwartungswert, wenn die Grundgesamtheit normalverteilt ist:

a) bei bekannter Varianz von $\sigma^2 = 0.4$.

b) bei unbekannter Varianz.

Wie groß müßte der Stichprobenumfang mindestens sein, um in diesen Fällen Konfidenzintervalle der Längen 0.5 bzw. 0.2 zu erhalten?

Aufgabe 3

Eine Stichprobe (Grundgesamtheit normalverteilt) vom Umfang $n = 144$ ergab einen Mittelwert $\bar{x} = 20$ und eine Varianz $\sigma^2 = 0.04$. Zu welchen Konfidenzniveaus α_1 bzw. α_2 sind die Konfidenzintervalle

$I_1 = [19.9, 20.1]$ bzw. $I_2 = [19.95, 20.05]$?

Aufgabe 4

Die von einer Maschine produzierten Wäscheklammern sind mit einer unbekannten Wahrscheinlichkeit p fehlerhaft.

a) Berechnen Sie ein Vertrauensintervall für p, falls von 1 000 produzierten Klammern 25 fehlerhaft waren, $\alpha = 0.05$.

b) Wie viele Klammern müssen hergestellt werden, um ein 95%-Vertrauensintervall zu erhalten, dessen Länge höchstens 0.01 ist?

Aufgabe 5

Die von einer Maschine produzierten Schnürsenkel sind mit einer unbekannten Wahrscheinlichkeit p fehlerhaft.

a) Berechnen Sie ein Vertrauensintervall für p, falls von 500 produzierten Schnürsenkeln 10 fehlerhaft waren, $\alpha = 0.05$.

b) Wie viele Schnürsenkel müssen hergestellt werden, um ein 95 %-Vertrauensintervall zu erhalten, dessen Länge höchstens 0.1 ist?

Aufgabe 6

Der Inhalt einer Packung Fruchtbonbons wurde festgestellt. Es ergaben sich folgende Stückzahlen (Grundgesamtheit normalverteilt):

39, 37, 35, 36, 34, 36, 34, 36, 36, 37.

Testen Sie die Hypothesen $\mu = 35$ (36, 37) gegen $\mu \neq 35$ (36, 37) für $\alpha = 0.1$ bzw. 0.05 bzw. 0.01.

Aufgabe 7

Der Inhalt einer Packung einer anderen Sorte Fruchtbonbons wurde ebenfalls festgestellt. Es ergaben sich folgende Stückzahlen (Grundgesamtheit normalverteilt):

49, 47, 45, 46, 44, 46, 44, 46, 44, 39.

Testen Sie die Hypothesen $\mu = 44$ (45, 46, 47) gegen $\mu \neq 44$ (45, 46, 47) für $\alpha = 0.1$ bzw. 0.05 bzw. 0.01 bei bekannter Varianz $\sigma^2 = 4$.

Aufgabe 8

Die Anzahl der in 6 Produktionseinheiten hergestellten unbrauchbaren Stücke waren bei normalverteilter Grundgesamtheit:

400, 399, 402, 404, 407 und 410.

Testen Sie die Hypothese $\mu \leq 400$ gegen y > 400 für die Niveaus $\alpha = 0.05$ und 0.01, falls

a) die Varianz $\sigma^2 = 25$ beträgt.

b) die Varianz unbekannt ist.

Aufgabe 9

Auf einer Maschine müssen Präzissionsteile hergestellt werden. Aus langjährigen Erfahrungen ist bekannt, daß die Längen dieser Teile normalverteilt sind mit einer Varianz $\sigma^2 = 0.01$ mm^2. Um eventuelle Fehler aufzuspüren, werden zu festen Zeitpunkten jeweils vier Teile entnommen und deren Mittelwert berechnet. Weicht dieser Mittelwert bei $\alpha = 0.05$ signifikant vom Sollwert 16 mm ab, wird eine Wartung der Einstellung vorgenommen. Bei welchen Mittelwerten ist eine Wartung notwendig:

15.95, 15.85, 16.03, 16.13, 15.7, 15.99, 15.90 und 16.09?

Teil III Operations Research

Kapitel 12

Problemstellungen

Es gibt viele unterschiedliche Problemstellungen im Bereich der Wirtschaftswissenschaften, die mit Mitteln des Operations Research gelöst werden können. Viele Aufgabenstellungen und deren mathematische Formulierung und Lösung führen auf die sogenannte **Lineare Optimierung**, die in einem elementaren Spezialfall (nur 2 Variablen) schon in Kapitel 4 behandelt wurde. In diesem Teil des Buches soll ausschließlich die Lineare Optimierung behandelt werden. Dabei wird ein Verfahren vorgestellt, mit dem für n Variablen, $n \in \mathbb{N}$, Problemstellungen der Linearen Optimierung gelöst werden können.
Einige der vielen verschiedenen Problemstellungen werden hier zu Beginn vorgeführt, um zu zeigen, daß die Lineare Optimierung eine sehr breite Anwendungspalette besitzt.
Dabei soll hier vorerst nur die mathematische Formulierung des Modells behandelt werden und noch nicht die dazugehörende Lösung.

12.1 Beispiele für Problemstellungen

Im ersten Beispiel soll der Gewinn bei einem gegebenen Produktionsplan maximiert werden.

Beispiel 12.1:

Ein Lackierbetrieb soll Stühle lackieren. Es sollen zwei verschiedene Farbversionen (hell und dunkel) hergestellt werden. Insgesamt stehen 20 Stühle zur Verfügung. Von der hellen Version können höchstens 12 Stühle hergestellt werden. Für die helle Version werden 2 Arbeitsstunden benötigt, für die dunkle Version dagegen nur eine Arbeitsstunde. Insgesamt stehen 30 Arbeitsstunden zur Verfügung.

Beim anschließenden Verkauf bringt ein Stuhl der dunklen Version 75 EUR, ein Stuhl der hellen Version 100 EUR Gewinn.
Ermitteln Sie die Produktionsmengen der beiden Stuhlversionen, die den Gesamtgewinn maximieren.

Formulierung des mathematischen Modells:

Sei x_1 die Anzahl der hergestellten hellen Stühle und sei
x_2 die Anzahl der hergestellten dunklen Stühle.

Dann folgt, da 20 Stühle zur Verfügung stehen: $x_1 + x_2 \leq 20$.
Da höchstens 12 helle Stühle hergestellt werden können, folgt: $x_1 \leq 12$.
Die benötigte Arbeitszeit beträgt insgesamt $(2x_1 + x_2)$ Stunden. Also folgt: $2x_1 + x_2 \leq 30$.
Der Gesamtgewinn beträgt $100x_1 + 75x_2$ EUR.

Zusammengefaßt stellt sich folgende Aufgabe:

Für welche (x_1, x_2), die das Ungleichungssystem

$$\begin{aligned} x_1 + x_2 &\leq 20 \\ x_1 \quad\quad &\leq 12 \\ 2x_1 + x_2 &\leq 30 \end{aligned}$$

erfüllen, wird die Zielfunktion

$$z = 100x_1 + 75x_2 \text{ maximal?}$$

Das zweite Beispiel beschreibt ein Produktionsproblem mit Kapazitätsbeschränkungen.

Beispiel 12.2:

Ein Betrieb stellt ein Produkt durch 3 unterschiedliche Verfahren A, B, C her. Die Fertigungssituation ist durch folgende Tabelle gegeben, welche die verfügbaren Kapazitäten zeigt:

	A	B	C	
Rohstoff	10	8	5	Rohstoffbedarf in kg
Produktionszeit	5	10	10	Zeit in h
Lagerraum	0	5	10	Lagerraum in m^2.

Die maximal verfügbaren Einsatzmengen sind
für Rohstoff: 500 kg,
für die Zeit: 400 h und
für Lagerraum: 600 m^2.

Die Gewinne bei der Produktion durch die Verfahren A, B und C betragen 20 EUR, 25 EUR bzw. 15 EUR.
Ermitteln Sie diejenigen Produktionsmengen mit maximalem Gesamtgewinn.

Formulierung des mathematischen Modells:

Sei x_1 die Anzahl der hergestellten Produkte nach Verfahren A,
x_2 die Anzahl der hergestellten Produkte nach Verfahren B und
x_3 die Anzahl der hergestellten Produkte nach Verfahren C.

Dann folgt wegen der maximal verfügbaren Einsatzmengen

für Rohstoff: $10x_1 + 8x_2 + 5x_3 \leq 500$

für die Zeit: $5x_1 + 10x_2 + 10x_3 \leq 400$

für Lagerraum: $0x_1 + 5x_2 + 10x_3 \leq 600.$

Der Gesamtgewinn beträgt $(20x_1 + 25x_2 + 15x_3)$ EUR.

Zusammengefaßt stellt sich folgende Aufgabe:

Für welche (x_1, x_2, x_3), die das Ungleichungssystem

$$\begin{aligned} 10x_1 + 8x_2 + 5x_3 &\leq 500 \\ 5x_1 + 10x_2 + 10x_3 &\leq 400 \\ 0x_1 + 5x_2 + 10x_3 &\leq 600. \end{aligned}$$

erfüllen, wird die Zielfunktion

$$z = 20x_1 + 25x_2 + 15x_3 \text{ maximal?}$$

Das dritte Beispiel beschreibt noch ein Produktionsproblem mit Kapazitätsbeschränkungen.

Beispiel 12.3:

Ein Betrieb stellt 4 Produkte A, B, C und D her. Die tägliche Fertigungssituation ist durch folgende Tabelle gegeben:

	A	B	C	D	
Rohstoff	6	4	3	5	Rohstoffbedarf in kg
Lagerraum	6	5	4	3	Lagerraum in m^2
Produktionszeit	3	1	3	2	Zeit in h.

Die maximal verfügbaren Einsatzmengen sind
für Rohstoff: 440 kg,

für Lagerraum: 555 m^2 und
für die Zeit: 460 h.

Die Gewinne beim Verkauf der Produkte A, B, C und D betragen 10 EUR, 13 EUR, 10 EUR bzw. 11 EUR.
Ermitteln Sie diejenigen Produktionsmengen mit maximalem Gesamtgewinn.

Formulierung des mathematischen Modells:

Sei x_1 die Anzahl der hergestellten kg von Produkt A,
x_2 die Anzahl der hergestellten kg von Produkt B,
x_3 die Anzahl der hergestellten kg von Produkt C und
x_4 die Anzahl der hergestellten kg von Produkt D.

Dann folgt wegen der maximal verfügbaren Einsatzmengen

für Rohstoff: $6x_1 + 4x_2 + 3x_3 + 5x_4 \leq 440$

für Lagerraum: $6x_1 + 5x_2 + 4x_3 + 3x_4 \leq 555$

für die Zeit: $3x_1 + x_2 + 3x_3 + 2x_4 \leq 460.$

Der Gesamtgewinn beträgt $(10x_1 + 13x_2 + 10x_3 + 11x_4)$ EUR.

Zusammengefaßt stellt sich folgende Aufgabe:

Für welche (x_1, x_2, x_3, x_4), die das Ungleichungssystem

$$6x_1 + 4x_2 + 3x_3 + 5x_4 \leq 440$$

$$6x_1 + 5x_2 + 4x_3 + 3x_4 \leq 555$$

$$3x_1 + x_2 + 3x_3 + 2x_4 \leq 460$$

erfüllen, wird die Zielfunktion

$$z = 10x_1 + 13x_2 + 10x_3 + 11x_4 \text{ maximal?}$$

Das vierte Beispiel beschreibt ein Problem beim Mischen von Materialien.

Beispiel 12.4:

Aus drei Metallsorten A, B und C, in denen die Bestandteile x, y und z enthalten sind, soll eine Mischung hergestellt werden. Dabei muß diese von Bestandteil x mindestens 1.0 kg, von Bestandteil y mindestens 1.2 kg und von Bestandteil z mindestens 1.4 kg enthalten. In 1 kg von Metall A sind 0.1 kg von Bestandteil x, 0.4 kg von Bestandteil y und 0.2 kg von Bestandteil z enthalten. In 1 kg von Metall B sind 0.2 kg von Bestandteil x, 0.0 kg von Bestandteil y und 0.1 kg von Bestandteil z enthalten. In 1 kg von Metall C sind 0.0 kg von Bestandteil x, 0.1 kg von Bestandteil y und

0.3 kg von Bestandteil z enthalten.
1 kg von Metall A kostet 5 EUR, 1 kg von Metall B kostet 7 EUR und 1 kg von Metall C kostet 6 EUR.
Welche Mengen der Metallsorten A, B und C müssen gemischt werden, damit die Gesamtkosten minimal sind?

Formulierung des mathematischen Modells:

Sei x_1 die Anzahl der verwendeten kg von Metallsorte A,
x_2 die Anzahl der verwendeten kg von Metallsorte B und
x_3 die Anzahl der verwendeten kg von Metallsorte C.

Dann folgt wegen der Mindestmengen für die einzelnen Bestandteile

für Bestandteil x: $0.1x_1 + 0.2x_2 + 0.0x_3 \geq 1.0$

für Bestandteil y: $0.4x_1 + 0.0x_2 + 0.1x_3 \geq 1.2$

für Bestandteil z: $0.2x_1 + 0.1x_2 + 0.3x_3 \geq 1.4.$

Die Gesamtkosten betragen $(5x_1 + 7x_2 + 6x_3)$ EUR.

Zusammengefaßt stellt sich folgende Aufgabe:

Für welche (x_1, x_2, x_3), die das Ungleichungssystem

$$0.1x_1 + 0.2x_2 + 0.0x_3 \geq 1.0$$

$$0.4x_1 + 0.0x_2 + 0.1x_3 \geq 1.2$$

$$0.2x_1 + 0.1x_2 + 0.3x_3 \geq 1.4$$

erfüllen, wird die Zielfunktion

$$z = 5x_1 + 7x_2 + 6x_3 \text{ minimal?}$$

Das fünfte Beispiel behandelt ein Problem aus der Ernährungslehre.

Beispiel 12.5:

Aus den drei Grundnahrungsmitteln A, B und C soll eine möglichst billige Mischung hergestellt werden. Dabei sind in den Grundnahrungsmitteln A, B und C die Bestandteile Vitamine (V), Kohlenhydrate (K) und Fette (F) enthalten.
In 1 kg des Grundnahrungsmittels A sind 5 Einheiten von V, 2 Einheiten von K und 1 Einheit von F enthalten. In 1 kg des Grundnahrungsmittels B sind 4 Einheiten von V, 0 Einheiten von K und 2 Einheiten von F enthalten. In 1 kg des Grundnahrungsmittels C sind 1 Einheit von V, 2 Einheiten von K und 1 Einheit von F enthalten.
Die Mischung muß mindestens 50 Einheiten von V, 14 Einheiten von K

und 25 Einheiten von F enthalten.
1 kg von Grundnahrungsmittel A kostet 8 EUR. 1 kg von Grundnahrungsmittel B kostet 10 EUR. 1 kg von Grundnahrungsmittel C kostet 7 EUR. Welche Mengen müssen gemischt werden, damit die Kosten der Mischung minimal sind?

Formulierung des mathematischen Modells:

Sei x_1 die Anzahl der verwendeten kg von Grundnahrungsmittel A,
x_2 die Anzahl der verwendeten kg von Grundnahrungsmittel B und
x_3 die Anzahl der verwendeten kg von Grundnahrungsmittel C.

Dann folgt wegen der Mindestmengen für die einzelnen Bestandteile

für Vitamine: $5x_1 + 4x_2 + 1x_3 \geq 50$

für Kohlenhydrate: $2x_1 + 0x_2 + 2x_3 \geq 14$

für Fette: $1x_1 + 2x_2 + 1x_3 \geq 25.$

Die Gesamtkosten betragen $(8x_1 + 10x_2 + 7x_3)$ EUR.

Zusammengefaßt stellt sich folgende Aufgabe:

Für welche (x_1, x_2, x_3), die das Ungleichungssystem

$$5x_1 + 4x_2 + 1x_3 \geq 50$$

$$2x_1 + 0x_2 + 2x_3 \geq 14$$

$$1x_1 + 2x_2 + 1x_3 \geq 25$$

erfüllen, wird die Zielfunktion

$$z = 8x_1 + 10x_2 + 7x_3 \text{ minimal?}$$

Das sechste Beispiel behandelt ein Futterproblem aus der Landwirtschaft.

Beispiel 12.6:

Es soll eine Mischung aus 5 Trockenfuttersorten T_1, T_2, T_3, T_4 und T_5, welche die Bestandteile B_1, B_2, B_3 und B_4 beinhalten, hergestellt werden.
Die Trockenfuttersorte T_1 beinhaltet 4 ME von B_1, 10 ME von B_2, 3 ME von B_3 und 4 ME von B_4. Die Trockenfuttersorte T_2 beinhaltet 4 ME von B_1, 1 ME von B_2, 1 ME von B_3 und 3 ME von B_4. Die Trockenfuttersorte T_3 beinhaltet 8 ME von B_1, 6 ME von B_2, 1 ME von B_3 und 4 ME von B_4. Die Trockenfuttersorte T_4 beinhaltet 3 ME von B_1, 12 ME von B_2, 3 ME von B_3 und 9 ME von B_4. Die Trockenfuttersorte T_5 beinhaltet 3 ME von B_1, 2 ME von B_2, 2 ME von B_3 und 0 ME von B_4.
Die Mischung muß von B_1 mindestens 200 ME, von B_2 mindestens 420 ME, von B_3 mindestens 170 ME und von B_4 zwischen 270 und 450 ME

enthalten.
Die Kosten pro ME von Trockenfuttersorte T_1 betragen 3 GE, von Trockenfuttersorte T_2 2 GE, von Trockenfuttersorte T_3 3 GE, von Trockenfuttersorte T_4 2 GE und von Trockenfuttersorte T_5 3 GE.
Welche Mischung wird am billigsten?

Formulierung des mathematischen Modells:

Sei x_1 die Anzahl der verwendeten ME von Trockenfuttersorte T_1,
x_2 die Anzahl der verwendeten ME von Trockenfuttersorte T_2,
x_3 die Anzahl der verwendeten ME von Trockenfuttersorte T_3,
x_4 die Anzahl der verwendeten ME von Trockenfuttersorte T_4 und
x_5 die Anzahl der verwendeten ME von Trockenfuttersorte T_5.

Dann folgen die Einschränkungen

für B_1: $$4x_1 + 4x_2 + 8x_3 + 3x_4 + 3x_5 \geq 200$$

für B_2: $$10x_1 + x_2 + 6x_3 + 12x_4 + 2x_5 \geq 420$$

für B_3: $$3x_1 + x_2 + x_3 + 3x_4 + 2x_5 \geq 170$$

für B_4: $$4x_1 + 3x_2 + 4x_3 + 9x_4 + 0x_5 \leq 450$$
$$4x_1 + 3x_2 + 4x_3 + 9x_4 + 0x_5 \geq 270.$$

Die Gesamtkosten betragen $(3x_1 + 2x_2 + 3x_3 + 2x_4 + 3x_5)$ GE.

Zusammengefaßt stellt sich folgende Aufgabe:

Für welche $(x_1, x_2, x_3, x_4, x_5)$, die das Ungleichungssystem

$$\begin{aligned}
4x_1 + 4x_2 + 8x_3 + 3x_4 + 3x_5 &\geq 200\\
10x_1 + x_2 + 6x_3 + 12x_4 + 2x_5 &\geq 420\\
3x_1 + x_2 + x_3 + 3x_4 + 2x_5 &\geq 170\\
4x_1 + 3x_2 + 4x_3 + 9x_4 + 0x_5 &\leq 450\\
4x_1 + 3x_2 + 4x_3 + 9x_4 + 0x_5 &\geq 270
\end{aligned}$$

erfüllen, wird die Zielfunktion

$$z = 3x_1 + 2x_2 + 3x_3 + 2x_4 + 3x_5 \quad \text{minimal?}$$

Das siebte Beispiel behandelt ein Transportproblem.

Beispiel 12.7:

Eine Lastwagenfabrik hat 3 Produktionsstätten P_1, P_2 und P_3. Zwei Händler H_1 und H_2 benötigen 28 bzw. 34 Lastwagen.
Der Lagerbestand von Werk P_1 umfaßt 16 Stück, der von P_2 22 Stück und

der von P_3 24 Stück.
Die Transportkosten von P_1 zu H_1 betragen 3 000 EUR.
Die Transportkosten von P_1 zu H_2 betragen 3 500 EUR.
Die Transportkosten von P_2 zu H_1 betragen 1 500 EUR.
Die Transportkosten von P_2 zu H_2 betragen 1 500 EUR.
Die Transportkosten von P_3 zu H_1 betragen 4 500 EUR.
Die Transportkosten von P_3 zu H_2 betragen 2 500 EUR.
Wie ist der Transport vorzunehmen, damit die gesamten Transportkosten möglichst gering ausfallen?

Formulierung des mathematischen Modells:

Sei x_1 die Anzahl der Lastwagen, die von P_1 zu H_1 geliefert werden.
Sei x_2 die Anzahl der Lastwagen, die von P_1 zu H_2 geliefert werden.
Sei x_3 die Anzahl der Lastwagen, die von P_2 zu H_1 geliefert werden.
Sei x_4 die Anzahl der Lastwagen, die von P_2 zu H_2 geliefert werden.
Sei x_5 die Anzahl der Lastwagen, die von P_3 zu H_1 geliefert werden.
Sei x_6 die Anzahl der Lastwagen, die von P_3 zu H_2 geliefert werden.

Dann folgen die Einschränkungen

für P_1: $x_1 + x_2 \geq 16$

für P_2: $x_3 + x_4 \geq 22$

für P_3: $x_5 + x_6 \geq 24$

für H_1: $x_1 + x_3 + x_5 \geq 28$

für H_2: $x_2 + x_4 + x_6 \geq 34.$

Die Gesamtkosten betragen

$$(3\,000x_1 + 3\,500x_2 + 1\,500x_3 + 1\,500x_4 + 4\,500x_5 + 2\,500x_6)\ \text{EUR}.$$

Zusammengefaßt stellt sich folgende Aufgabe:

Für welche $(x_1, x_2, x_3, x_4, x_5, x_6)$, die das Ungleichungssystem

$$x_1 + x_2 \geq 16$$

$$x_3 + x_4 \geq 22$$

$$x_5 + x_6 \geq 24$$

$$x_1 + x_3 + x_5 \geq 28$$

$$x_2 + x_4 + x_6 \geq 34$$

erfüllen, wird die Zielfunktion

$$z = 3\,000x_1 + 3\,500x_2 + 1\,500x_3 + 1\,500x_4 + 4\,500x_5 + 2\,500x_6$$

minimal?

Allerdings sollte hier die Lösung im Ungleichungssystem in allen Ungleichungen das Gleichheitszeichen erfüllen!

Das achte Beispiel behandelt ein Auswahlproblem.

Beispiel 12.8:

Zur Wandgestaltung in einem Bürokomplex stehen 3 unterschiedliche Fliesensorten A, B und C zur Verfügung. Insgesamt müssen 50 000 m^2 verlegt werden. Die kompletten Einbaukosten für Sorte A betragen 70 EUR pro m^2, für Sorte B 50 EUR pro m^2 und für Sorte C 40 EUR pro m^2. Die laufenden Kosten im ersten Jahr betragen bei Sorte A 10 EUR pro m^2, bei Sorte B 20 EUR pro m^2 und bei Sorte C 30 EUR pro m^2. Die laufenden Kosten für das erste Jahr dürfen 1 000 000 EUR nicht übersteigen. Außerdem müssen von Sorte A mindestens 10 000 m^2 verlegt werden.
Wie sind die Sorten auszuwählen, damit die Einbaukosten minimal sind?

Formulierung des mathematischen Modells:

Sei x_1 die Anzahl der verlegten m^2 von Sorte A.
Sei x_2 die Anzahl der verlegten m^2 von Sorte B.
Sei x_3 die Anzahl der verlegten m^2 von Sorte C.

Dann folgen die Einschränkungen

Gesamte m^2:	$x_1 + x_2 + x_3 =$	50 000
laufenden Kosten:	$10x_1 + 20x_2 + 30x_3 \leq$	1 000 000
und	$x_1 \geq$	10 000.

Die gesamten Einbaukosten betragen

$$(70x_1 + 50x_2 + 40x_3) \text{ EUR}.$$

Zusammengefaßt stellt sich folgende Aufgabe:

Für welche (x_1, x_2, x_3), die das Ungleichungssystem

$$\begin{aligned} x_1 + x_2 + x_3 &= 50\,000 \\ 10x_1 + 20x_2 + 30x_3 &\leq 1\,000\,000 \\ x_1 &\geq 10\,000 \end{aligned}$$

erfüllen, wird die Zielfunktion

$$z = 70x_1 + 50x_2 + 40x_3 \text{ minimal?}$$

Dieses Problem, das vorläufig 3 Variablen beinhaltet, kann wegen der Gleichung $x_1 + x_2 + x_3 = 50\,000$ im Ungleichungssystem auf ein Problem mit 2 Variablen reduziert werden.

Aus $x_3 = 50\,000 - x_1 - x_2$ folgt dann:

$$10x_1 + 20x_2 + 30 \cdot (50\,000 - x_1 - x_2) \leq 1\,000\,000$$

$$x_1 \geq 10\,000$$

und $z = 70x_1 + 50x_2 + 40 \cdot (50\,000 - x_1 - x_2)$, also

$$-20x_1 - 10x_2 + 1\,500000 \leq 1\,000\,000 \text{ oder } 2x_1 + x_2 \geq 50\,000$$

$$x_1 \geq 10\,000$$

und $z = 30x_1 + 10x_2 + 2\,000\,000.$

Alle acht Beispiele aus sehr unterschiedlichen Anwendungsgebieten haben folgende Gemeinsamkeiten:

Eine lineare Zielfunktion muß auf Extremwerte untersucht werden, wobei die Menge der zulässigen Werte durch ein lineares Ungleichungssystem beschrieben wird.

Im vierten Kapitel wurde die Lösung im Fall von zwei Variablen ermittelt.

Der allgemeine Fall $n \geq 3$ wird im nächsten Kapitel mit Hilfe eines speziellen Verfahrens gelöst.

Kapitel 13

Das Simplex-Verfahren

In diesem Kapitel wird die allgemeine Problemstellung der Linearen Optimierung betrachtet:
Gesucht sind Extremwerte von linearen Funktionen mit n Variablen, $n \in \mathbb{N}$, $n \geq 2$, unter bestimmten Nebenbedingungen, die als Ungleichungssystem mit ebenfalls n Variablen, $n \in \mathbb{N}$, $n \geq 2$, gegeben sind.
Die Lösung wird rechnerisch durch einen Algorithmus möglich sein.

13.1 Lineare Ungleichungssysteme mit n Variablen ($n \geq 2$)

Zuerst wird der Fall $n = 3$ behandelt.

Gegeben sei eine lineare Ungleichung

$$a_1 \cdot x_1 + a_2 \cdot x_2 + a_3 \cdot x_3 \leq b, \text{ mit } a_1, a_2, a_3 \neq 0.$$

Löst man diese Ungleichung nach x_3 auf, so ergibt sich:

$$x_3 \leq \frac{b}{a_3} - \frac{a_1}{a_3} \cdot x_1 - \frac{a_2}{a_3} \cdot x_2 \text{ falls } a_3 > 0 \text{ und}$$

$$x_3 \geq \frac{b}{a_3} - \frac{a_1}{a_3} \cdot x_1 - \frac{a_2}{a_3} \cdot x_2 \text{ falls } a_3 < 0.$$

Da $x_3 = \frac{b}{a_3} - \frac{a_1}{a_3} \cdot x_1 - \frac{a_2}{a_3} \cdot x_2$ die Gleichung einer Ebene ist, folgt:

Im ersten Fall sind alle Punkte (x_1, x_2, x_3) Lösung, die auf oder unterhalb der Ebene mit der Gleichung

$$x_3 = \frac{b}{a_3} - \frac{a_1}{a_3} \cdot x_1 - \frac{a_2}{a_3} \cdot x_2 \text{ liegen.}$$

Im zweiten Fall sind alle Punkte (x_1, x_2, x_3) Lösung, die auf oder oberhalb der Ebene mit der Gleichung

$x_3 = \frac{b}{a_3} - \frac{a_1}{a_3} \cdot x_1 - \frac{a_2}{a_3} \cdot x_2$ liegen.

In den Fällen $n \geq 4$ ist eine geometrische Vorstellung nicht mehr möglich. Jedoch ist eine mathematische Interpretation wie oben genauso möglich.

Hat man dagegen mehrere lineare Ungleichungen simultan zu lösen, so liegt ein lineares Ungleichungssystem vor:

$$
\begin{array}{l}
a_{11} \cdot x_1 + a_{12} \cdot x_2 + a_{13} \cdot x_3 + \ldots + a_{1n} \cdot x_n \leq b_1 \\
a_{21} \cdot x_1 + a_{22} \cdot x_2 + a_{23} \cdot x_3 + \ldots + a_{2n} \cdot x_n \leq b_2 \\
a_{31} \cdot x_1 + a_{32} \cdot x_2 + a_{33} \cdot x_3 + \ldots + a_{3n} \cdot x_n \leq b_3 \\
\vdots \\
a_{m1} \cdot x_1 + a_{m2} \cdot x_2 + a_{m3} \cdot x_3 + \ldots + a_{mn} \cdot x_n \leq b_m ,
\end{array}
$$

wobei für die Zahlen a_{ij}, $1 \leq i \leq m$, $1 \leq j \leq n$ und b_i, $1 \leq i \leq m$ gilt:

$$a_{ij} \in \mathbb{R},\ b_i \in \mathbb{R}.$$

Im Fall $n = 3$ bedeutet dies geometrisch: Man sucht alle Punkte, die gleichzeitig in m Mengen liegen, wobei die Mengen ober- bzw. unterhalb von gegebenen Ebenen liegen.

Oftmals ist dieser Bereich eine „ Art" Quader, ein von n – Ecken begrenzter Körper. Man spricht dann von einem **Simplex.**

Die Fälle $n \geq 4$ können geometrisch nicht mehr veranschaulicht werden. Die Lösungsmenge des Ungleichungssystem wird ebenfalls Simplex genannt.

13.2 Lineare Optimierung mit n Variablen $(n \geq 2)$

Das **allgemeine Modell der lineare Optimierung mit n Variablen** lautet:

Gegeben sei ein lineares Ungleichungssystem

$$
\begin{array}{l}
a_{11} \cdot x_1 + a_{12} \cdot x_2 + a_{13} \cdot x_3 + \ldots + a_{1n} \cdot x_n \leq b_1 \\
a_{21} \cdot x_1 + a_{22} \cdot x_2 + a_{23} \cdot x_3 + \ldots + a_{2n} \cdot x_n \leq b_2 \\
a_{31} \cdot x_1 + a_{32} \cdot x_2 + a_{33} \cdot x_3 + \ldots + a_{3n} \cdot x_n \leq b_3 \\
\vdots
\end{array}
$$

$\vdots$

$$a_{m1} \cdot x_1 + a_{m2} \cdot x_2 + a_{m3} \cdot x_3 + \ldots + a_{mn} \cdot x_n \leq b_m,$$

wobei für die Zahlen a_{ij}, $1 \leq i \leq m$, $1 \leq j \leq n$ und b_i, $1 \leq i \leq m$ gilt:

$$a_{ij} \in \mathbb{R},\ b_i \in \mathbb{R}.$$

Für welche $(x_1, x_2, x_3, \ldots, x_n)$, $x_j \geq 0$ für $1 \leq j \leq n$, wird die lineare Zielfunktion

$$z = c_1 \cdot x_1 + c_2 \cdot x_2 + c_3 \cdot x_3 + \ldots + c_n \cdot x_n,\ c_j \in \mathbb{R},\ 1 \leq j \leq n$$

minimal?

Überlegungen zur **Lösung dieses Problems:**

Ist die Lösungsmenge beschränkt, so ist dieser Bereich ein n – dimensionaler konvexer Polyeder. Aufgrund zahlreicher bekannter Sätze aus der Mathematik wird das Minimum dann in mindestens einem Eckpunkt des Polyeders (= Simplexes) angenommen.
Da aber die Anzahl der Ecken sehr schnell groß wird, kann das im zweidimensionalen Fall bekannte Verfahren der „Eckenberechnung und Einsetzen in die Zielfunktion" nicht so ohne weiteres übernommen werden, weil dadurch die Rechenzeit sehr lange werden könnte.

Dieser Sachverhalt wird an einem Beispiel klargemacht.

Beispiel 13.1 (siehe Beispiel 12.2):

Für welche (x_1, x_2, x_3), die das Ungleichungssystem

$$\begin{aligned} 10x_1 + 8x_2 + 5x_3 &\leq 500 \\ 5x_1 + 10x_2 + 10x_3 &\leq 400 \\ 0x_1 + 5x_2 + 10x_3 &\leq 600. \end{aligned}$$

erfüllen, wird die Zielfunktion

$$z = 20x_1 + 25x_2 + 15x_3 \text{ maximal?}$$

Um die Eckpunkte zu berechnen, wird ein lineares Gleichungssystem konstruiert:

$$\begin{aligned} 10x_1 + 8x_2 + 5x_3 + z_1 \qquad\qquad &= 500 \\ 5x_1 + 10x_2 + 10x_3 \qquad + z_2 \qquad &= 400 \\ 5x_2 + 10x_3 \qquad\qquad + z_3 &= 600, \end{aligned}$$

wobei z_1, z_2 und $z_3 \geq 0$ sind.

Die Eckpunkte des zulässigen Bereichs werden dadurch bestimmt, daß drei der sechs Variablen gleich 0 gesetzt werden und die dann entstehenden linearen Gleichungssysteme (jeweils 3 Gleichungen mit 3 Unbekannten) gelöst werden. Es kommen dabei aber nur diejenigen Lösungen in Frage, bei denen alle 6 Variablen ≥ 0 sind.

Die Anzahl der Möglichkeiten, 3 Objekte aus 6 Elementen auszuwählen ist nach den Formeln der Kombinatorik: $\binom{6}{3} = 20.$

Also müssen insgesamt 20 lineare Gleichungssysteme gelöst werden.

1. Fall: $x_1 = x_2 = x_3 = 0$:

$$\begin{cases} z_1 & & & = 500 \\ & z_2 & & = 400 \\ & & z_3 & = 600 \end{cases}$$

mit den Lösungen $z_1 = 500$, $z_2 = 400$ und $z_3 = 600$.

Dieser Fall ergibt den Eckpunkt $E_1 = (0, 0, 0)$.

2. Fall: $x_1 = x_2 = z_1 = 0$:

$$\begin{cases} 5x_3 & & & = 500 \\ 10x_3 + & z_2 & & = 400 \\ 10x_3 & & + \quad z_3 & = 600 \end{cases}$$

mit den Lösungen $x_3 = 100$, $z_2 = -600$ und $z_3 = -400$.

Dieser Fall ergibt keinen Eckpunkt.

3. Fall: $x_1 = x_2 = z_2 = 0$:

$$\begin{cases} 5x_3 + & z_1 & & = 500 \\ 10x_3 & & & = 400 \\ 10x_3 & & + \quad z_3 & = 600 \end{cases}$$

mit den Lösungen $x_3 = 40$, $z_1 = 300$ und $z_3 = 200$.

Dieser Fall ergibt den Eckpunkt $E_2 = (0, 0, 40)$.

4. Fall: $x_1 = x_2 = z_3 = 0$:

$$\begin{cases} 5x_3 + & z_1 & & = 500 \\ 10x_3 & & + \quad z_2 & = 400 \\ 10x_3 & & & = 600 \end{cases}$$

mit den Lösungen $x_3 = 60$, $z_1 = 200$ und $z_2 = -200$.

Dieser Fall ergibt keinen Eckpunkt.

5. Fall: $x_1 = x_3 = z_1 = 0$:

$$\begin{cases} 8x_2 & & & = 500 \\ 10x_2 + & z_2 & & = 400 \\ 5x_3 & & + \quad z_3 & = 600 \end{cases}$$

mit den Lösungen $x_2 = 62.5$, $z_2 = -225$ und $z_3 = 287.5$.

Dieser Fall ergibt keinen Eckpunkt.

6. Fall: $x_1 = x_3 = z_2 = 0$:

$$\begin{cases} 8x_2 + & z_1 & & = 500 \\ 10x_2 & & & = 400 \\ 5x_3 & & + \quad z_3 & = 600 \end{cases}$$

mit den Lösungen $x_2 = 40$, $z_1 = 180$ und $z_3 = 400$.

Dieser Fall ergibt den Eckpunkt $E_3 = (0, 40, 0)$.

7. Fall: $x_1 = x_3 = z_3 = 0$:

$$\begin{cases} 8x_2 + & z_1 & & = 500 \\ 10x_2 & & + \quad z_2 & = 400 \\ 5x_3 & & & = 600 \end{cases}$$

mit den Lösungen $x_2 = 120$, $z_1 = -460$ und $z_2 = -800$.

Dieser Fall ergibt keinen Eckpunkt.

8. Fall: $x_1 = z_1 = z_2 = 0$:

$$\begin{cases} 8x_2 + & 5x_3 & & = 500 \\ 10x_2 + & 10x_3 & & = 400 \\ 5x_3 + & 10x_3 + & z_3 & = 600 \end{cases}$$

mit den Lösungen $x_2 = 100$, $x_3 = -60$ und $z_3 = 700$.

Dieser Fall ergibt keinen Eckpunkt.

9. Fall: $x_1 = z_1 = z_3 = 0$:

$$\begin{cases} 8x_2 + & 5x_3 & & = 500 \\ 10x_2 + & 10x_3 + & z_2 & = 400 \\ 5x_3 + & 10x_3 & & = 600 \end{cases}$$

mit den Lösungen $x_2 = \frac{400}{11}$, $x_3 = \frac{460}{11}$ und $z_2 = -\frac{4\,200}{11}$.

Dieser Fall ergibt keinen Eckpunkt.

10. Fall: $x_1 = z_2 = z_3 = 0$:

$$\begin{cases} 8x_2 + & 5x_3 + & z_1 & = 500 \\ 10x_2 + & 10x_3 & & = 400 \\ 5x_3 + & 10x_3 & & = 600 \end{cases}$$

mit den Lösungen $x_2 = -40$, $x_3 = 80$ und $z_1 = 420$.

Dieser Fall ergibt keinen Eckpunkt.

11. Fall: $x_2 = x_3 = z_1 = 0$:

$$\begin{cases} 10x_1 & & & = 500 \\ 5x_1 + & z_2 & & = 400 \\ & + & z_3 & = 600 \end{cases}$$

mit den Lösungen $x_1 = 50$, $z_2 = 150$ und $z_3 = 600$.

Dieser Fall ergibt den Eckpunkt $E_4 = (50, 0, 0)$.

12. Fall: $x_2 = x_3 = z_2 = 0$:

$$\begin{cases} 10x_1 + & z_1 & & = 500 \\ 5x_1 & & & = 400 \\ & + & z_3 & = 600 \end{cases}$$

mit den Lösungen $x_1 = 80$, $z_1 = -300$ und $z_3 = 600$.

Dieser Fall ergibt keinen Eckpunkt.

13. Fall: $x_2 = x_3 = z_3 = 0$:

$$\begin{cases} 10x_1 + & z_1 & & = 500 \\ 5x_1 & + & z_2 & = 400 \\ & & 0 & = 600 \end{cases}$$

Dieses Lineare Gleichungssystem hat keine Lösung.

14. Fall: $x_2 = z_1 = z_2 = 0$:

$$\begin{cases} 10x_1 + & 5x_3 & & = 500 \\ 5x_1 + & 10x_3 & & = 400 \\ + & 10x_3 + & z_3 & = 600 \end{cases}$$

mit den Lösungen $x_1 = 40$, $x_3 = 20$ und $z_3 = 400$.

Dieser Fall ergibt den Eckpunkt $E_5 = (40, 0, 20)$.

15. Fall: $x_2 = z_1 = z_3 = 0$:

$$\begin{cases} 10x_1 + & 5x_3 & & = 500 \\ 5x_1 + & 10x_3 + & z_2 & = 400 \\ + & 10x_3 & & = 600 \end{cases}$$

mit den Lösungen $x_1 = 20$, $x_3 = 60$ und $z_2 = -300$.

Dieser Fall ergibt keinen Eckpunkt.

16. Fall: $x_2 = z_2 = z_3 = 0$:

$$\begin{cases} 10x_1 + 5x_3 + z_1 = 500 \\ 5x_1 + 10x_3 = 400 \\ \quad + 10x_3 = 600 \end{cases}$$

mit den Lösungen $x_1 = -40$, $x_3 = 60$ und $z_1 = 600$.

Dieser Fall ergibt keinen Eckpunkt.

17. Fall: $x_3 = z_1 = z_2 = 0$:

$$\begin{cases} 10x_1 + 8x_2 = 500 \\ 5x_1 + 10x_2 = 400 \\ \quad + 5x_2 + z_3 = 600 \end{cases}$$

mit den Lösungen $x_1 = 30$, $x_2 = 25$ und $z_3 = 475$.

Dieser Fall ergibt den Eckpunkt $E_6 = (30, 25, 0)$.

18. Fall: $x_3 = z_1 = z_3 = 0$:

$$\begin{cases} 10x_1 + 8x_2 = 500 \\ 5x_1 + 10x_2 + z_2 = 400 \\ \quad + 5x_2 = 600 \end{cases}$$

mit den Lösungen $x_1 = -46$, $x_2 = 120$ und $z_2 = -570$.

Dieser Fall ergibt keinen Eckpunkt.

19. Fall: $x_3 = z_2 = z_3 = 0$:

$$\begin{cases} 10x_1 + 8x_2 + z_1 = 500 \\ 5x_1 + 10x_2 = 400 \\ \quad + 5x_2 = 600 \end{cases}$$

mit den Lösungen $x_1 = -160$, $x_2 = 120$ und $z_1 = 1\,140$.

Dieser Fall ergibt keinen Eckpunkt.

20. Fall: $z_1 = z_2 = z_3 = 0$:

$$\begin{cases} 10x_1 + 8x_2 + 5x_3 = 500 \\ 5x_1 + 10x_2 + 10x_3 = 400 \\ \quad + 5x_2 + 10x_3 = 600 \end{cases}$$

mit den Lösungen $x_1 = \frac{280}{3}$, $x_2 = -\frac{400}{3}$ und $x_3 = \frac{380}{3}$.

Dieser Fall ergibt keinen Eckpunkt.

Insgesamt ergeben diese 20 Fälle genau 6 Eckpunkte:

$E_1 = (0, 0, 0)$ mit $z = 1.$

$E_2 = (0, 0, 40)$ mit $z = 600.$

$E_3 = (0, 40, 0)$ mit $z = 1\,000.$

$E_4 = (50, 0, 0)$ mit $z = 1\,000.$

$E_5 = (40, 0, 20)$ mit $z = 1\,100.$

$E_6 = (30, 25, 0)$ mit $z = 1\,225.$

Also liegt das Maximum im Punkt $E_6 = (30, 25, 0)$ vor. Der Wert der Zielfunktion ist dann 1 225.

Dieses Beispiel zeigt, das ein Verfahren, das alle Ecken berücksichtigt, relativ schnell die Rechenzeit ins Unendliche treibt.

Deshalb war man bemüht, Verfahren zu finden, die die Anzahl der zu berechnenden Ecken deutlich reduzieren.
Das am häufigsten verwendete Lösungsverfahren wurde von G. B. Dantzig im Jahre 1947 entwickelt, die sogenannte **Simplexmethode.**

Die Idee des Verfahrens beruht auf drei Grundgedanken:

1. Man startet in einem beliebigen, bekannten Eckpunkt.
2. Man hat eine Möglichkeit zu entscheiden, ob in einem Eckpunkt das Minimum vorliegt oder nicht.
3. Liegt in einem Eckpunkt das Minimum noch nicht vor, so springt man zu einer benachbarten Ecke, die der optimalen Lösung, dem Minimum, näher liegt.

Dieses Verfahren bricht genau dann ab, wenn es in einem erreichten Eckpunkt keinen benachbarten Eckpunkt mehr gibt, in dem die Zielfunktion kleiner als in dem erreichten Eckpunkt ist.
Damit wird die Anzahl der zu berechnenden Ecken erheblich reduziert.

Bevor das Simplex-Verfahren allgemein definiert wird, werden seine Grundgedanken an zwei Beispielen aufgezeigt.

Beispiel 13.2 (Beispiel 12.1 aus Kapitel 12):

Für welche (x_1, x_2), die das Ungleichungssystem

$$\begin{aligned} x_1 + x_2 &\leq 20 \\ x_1 \quad &\leq 12 \\ 2x_1 + x_2 &\leq 30 \end{aligned}$$

erfüllen, wird die Zielfunktion

$$z = 100x_1 + 75x_2$$

maximal ?

Gleichwertig dazu ist die Frage, für welche (x_1, x_2) die Zielfunktion

$$z = -100x_1 - 75x_2$$

minimal wird?

1. Schritt: Übergang zu einem Gleichungssystem.

Mit Hilfe der zusätzlichen Variablen z_1, z_2 und z_3 wird ein lineares Gleichungssystem konstruiert:

$$\begin{aligned} x_1 + x_2 + z_1 \qquad\qquad &= 20 \\ x_1 \qquad + z_2 \qquad &= 12 \\ 2x_1 + x_2 \qquad\qquad + z_3 &= 30, \text{ wobei } z_1, z_2 \text{ und } z_3 \geq 0 \text{ sind.} \end{aligned}$$

Löst man die einzelnen Gleichungen nach z_1, z_2 und z_3 auf, so folgt:

$$\begin{aligned} z_1 &= 20 - x_1 - x_2 \\ z_2 &= 12 - x_1 \\ z_3 &= 30 - 2x_1 - x_2. \end{aligned}$$

Die Zielfunktion ist

$$z = -100x_1 - 75x_2.$$

Es werden z_1, z_2 und z_3 in Abhängigkeit von x_1 und x_2 dargestellt.

2. Schritt: Der Starteckpunkt ist (0, 0).

Dieser kann nicht optimal sein, da ein Vergrößern von x_1 oder x_2 die Zielfunktion kleiner macht.

3. Schritt: Übergang zu einem "besseren" Eckpunkt.

Da die Zielfunktion für x_1 stärker fällt als für x_2, wird x_1 so groß wie möglich gemacht.

Ist dann $x_2 = 0$, so folgt:

$$\begin{aligned} x_1 + z_1 \qquad &= 20 \\ x_1 \qquad + z_2 &= 12 \end{aligned}$$

$$\begin{aligned} 2x_1 \qquad\qquad + z_3 &= 30 \text{ oder} \\ z_1 &= 20 - x_1 \\ z_2 &= 12 - x_1 \\ z_3 &= 30 - 2x_1. \end{aligned}$$

Da z_1, z_2 und $z_3 \geq 0$ sind, folgt

$$\begin{aligned} 20 - x_1 &\geq 0 \\ 12 - x_1 &\geq 0 \\ 30 - 2x_1 &\geq 0 \text{ oder} \\ x_1 \leq 20, \; x_1 \leq 12 &\text{ und } x_1 \leq 15. \end{aligned}$$

Damit alle Ungleichungen erfüllt sind, muß gelten:

$$x_1 \leq \min(20, 12, 15) = 12, \text{ also } x_1 \leq 12.$$

Jetzt wird die Funktion von x_1 und z_2 vertauscht, also werden z_1, x_1 und z_3 in Abhängigkeit von z_2 und x_2 dargestellt!

Aus $x_1 + z_2 = 12$ folgt $x_1 = 12 - z_2$, also gilt:

$$\begin{aligned} z_1 &= 20 - (12 - z_2) - x_2 \\ x_1 &= 12 - z_2 \\ z_3 &= 30 - 2(12 - z_2) - x_2 \end{aligned}$$

und $z = -100(12 - z_2) - 75x_2$ oder

$$\begin{aligned} z_1 &= 8 + z_2 - x_2 \\ x_1 &= 12 - z_2 \\ z_3 &= 6 + 2z_2 - x_2 \text{ bzw.} \end{aligned}$$

$$\begin{aligned} -z_2 + x_2 + z_1 \qquad\qquad &= 8 \\ z_2 \qquad\qquad + x_1 \qquad &= 12 \\ -2z_2 + x_2 \qquad\qquad + z_3 &= 6 \end{aligned}$$

und $z = -1\,200 + 100z_2 - 75x_2$.

Man ist also im Eckpunkt (12, 0) mit dem Zielfunktionswert 1 200 angelangt.

4. Schritt: Der Eckpunkt ist jetzt (12, 0).

Dieser Eckpunkt ist nicht optimal, da ein Vergrößern von x_2 die Zielfunktion wieder kleiner macht.

5. Schritt: Übergang zu einem "besseren" Eckpunkt.

Da in der neuen Zielfunktion nur der Koeffizient von x_2 negativ ist, wird x_2 so groß wie möglich gemacht.

Ist dann $z_2 = 0$, so folgt:

$$\begin{aligned} x_2 + z_1 \qquad\qquad &= 8 \\ + x_1 \qquad &= 12 \\ x_2 \qquad\qquad + z_3 &= 6 \text{ oder} \end{aligned}$$

$$\begin{aligned} z_1 &= 8 - x_2 \\ x_1 &= 12 \\ z_3 &= 6 - x_2. \end{aligned}$$

Da z_1 und $z_3 \geq 0$ sind, folgt

$$8 - x_2 \geq 0$$

$$6 - x_2 \geq 0,$$

woraus dann $x_2 \leq \min(8, 6) = 6$ folgt.

Jetzt wird die Funktion von x_2 und z_3 vertauscht, also werden z_1, x_1 und x_2 in Abhängigkeit von z_2 und z_3 dargestellt!

Aus $-2z_2 + x_2 + z_3 = 6$ folgt $x_2 = 6 + 2z_2 - z_3$, also gilt:

$$\begin{aligned} z_1 &= 8 + z_2 - (6 + 2z_2 - z_3) \\ x_1 &= 12 - z_2 \\ x_2 &= 6 + 2z_2 - z_3 \end{aligned}$$

und $z = -1\,200 + 100z_2 - 75(6 + 2z_2 - z_3)$ oder

$$\begin{aligned} z_1 &= 2 - z_2 + z_3 \\ x_1 &= 12 - z_2 \\ x_2 &= 6 + 2z_2 - z_3 \text{ bzw.} \end{aligned}$$

$$\begin{aligned} z_2 - z_3 + z_1 \qquad &= 2 \\ z_2 \qquad\qquad + x_1 &= 12 \end{aligned}$$

$$-2z_2 + z_3 \qquad + x_2 = 6$$

und $z = -1\,650 - 50z_2 + 75z_3$.

Man ist also im Eckpunkt (12, 6) mit dem Zielfunktionswert 1 650 angelangt.

6. Schritt: Der Eckpunkt ist jetzt (12, 6).

Dieser Eckpunkt ist nicht optimal, da ein Vergrößern von z_2 die Zielfunktion wieder kleiner macht.

7. Schritt: Übergang zu einem "besseren" Eckpunkt.

Da in der neuen Zielfunktion nur der Koeffizient von z_2 negativ ist, wird z_2 so groß wie möglich gemacht.

Ist dann $z_3 = 0$, so folgt:

$$\begin{aligned} z_2 + z_1 \qquad\qquad &= 2 \\ z_2 \qquad + x_1 \qquad &= 12 \\ -2z_2 \qquad\qquad + x_2 &= 6 \text{ oder} \end{aligned}$$

$$\begin{aligned} z_1 &= 2 - z_2 \\ x_1 &= 12 - z_2 \\ x_2 &= 6 + 2z_2. \end{aligned}$$

Da z_1 und $x_1 \geq 0$ sind, folgt

$$\begin{aligned} 2 - z_2 &\geq 0 \\ 12 - z_2 &\geq 0, \end{aligned}$$

woraus dann $z_2 \leq \min(2, 12) = 2$ folgt.

Jetzt wird die Funktion von z_2 und z_1 vertauscht, also werden z_2, x_1 und x_2 in Abhängigkeit von z_1 und z_3 dargestellt!

Aus $z_2 - z_3 + z_1 = 2$ folgt $z_2 = 2 - z_1 + z_3$, also gilt:

$$\begin{aligned} z_2 &= 2 - z_1 + z_3 \\ x_1 &= 12 - (2 - z_1 + z_3) \\ x_2 &= 6 + 2(2 - z_1 + z_3) - z_3 \end{aligned}$$

und $z = -1\,650 - 50(2 - z_1 + z_3) + 75z_3$ oder

$$
\begin{aligned}
z_2 &= 2 - z_1 + z_3 \\
x_1 &= 10 + z_1 - z_3 \\
x_2 &= 10 - 2z_1 + z_3 \text{ bzw.}
\end{aligned}
$$

$$
\begin{aligned}
z_1 - z_3 + z_2 \qquad\qquad &= 2 \\
-z_1 + z_3 \qquad + x_1 \qquad &= 10 \\
2z_1 - z_3 \qquad\qquad + x_2 &= 10
\end{aligned}
$$

und $z = -1\,750 + 50z_1 + 25z_3$.

Man ist also im Eckpunkt (10, 10) mit dem Zielfunktionswert 1 750 angelangt.

8. Schritt: Der Eckpunkt ist jetzt (10, 10).

Dieser Eckpunkt ist optimal, da alle Koeffizienten in der Zielfunktion positiv sind und ein Vergrößern von z_1 oder z_3 die Zielfunktion nur vergrössern würde.

Also ist das Verfahren beendet und der Eckpunkt (10, 10) mit Zielfunktionswert 1 750 ist derjenige Eckpunkt, in dem das Minimum vorliegt. Dieses Ergebnis war natürlich aus Kapitel 4 schon bekannt!

Im nächsten Beispiel wird jetzt der Fall $n = 3$ behandelt.

Beispiel 13.3 (Beispiel 12.2 aus Kapitel 12):

Für welche (x_1, x_2, x_3), die das Ungleichungssystem

$$
\begin{aligned}
10x_1 + 8x_2 + 5x_3 &\leq 500 \\
5x_1 + 10x_2 + 10x_3 &\leq 400 \\
+ 5x_2 + 10x_3 &\leq 600
\end{aligned}
$$

erfüllen, wird die Zielfunktion

$$z = 20x_1 + 25x_2 + 15x_3 \text{ maximal?}$$

Gleichwertig dazu ist die Frage, für welche (x_1, x_2, x_3) die Zielfunktion

$$z = -20x_1 - 25x_2 - 15x_3 \text{ minimal wird?}$$

1. Schritt: Übergang zu einem Gleichungssystem.

Mit Hilfe der zusätzlichen Variablen z_1, z_2 und z_3 wird ein lineares Gleichungssystem konstruiert:

$$\begin{aligned} 10x_1 + 8x_2 + 5x_3 + z_1 \quad &= 500 \\ 5x_1 + 10x_2 + 10x_3 \quad + z_2 \quad &= 400 \\ + 5x_2 + 10x_3 \quad + z_3 &= 600, \end{aligned}$$

wobei z_1, z_2 und $z_3 \geq 0$ sind.

Löst man die einzelnen Gleichungen nach z_1, z_2 und z_3 auf, so folgt:

$$\begin{aligned} z_1 &= 500 - 10x_1 - 8x_2 - 5x_3 \\ z_2 &= 400 - 5x_1 - 10x_2 - 10x_3 \\ z_3 &= 600 \quad - 5x_2 - 10x_3. \end{aligned}$$

Die Zielfunktion ist

$$z = -20x_1 - 25x_2 - 15x_3.$$

Es werden z_1, z_2 und z_3 in Abhängigkeit von x_1, x_2 und x_3 dargestellt.

2. Schritt: Der Starteckpunkt ist (0, 0).

Dieser kann nicht optimal sein, da ein Vergrößern von x_1, x_2 oder x_3 die Zielfunktion kleiner macht.

3. Schritt: Übergang zu einem "besseren" Eckpunkt.

Da die Zielfunktion für x_2 stärker fällt als für x_1 oder x_3, wird x_2 so groß wie möglich gemacht.

Sind dann $x_1 = x_3 = 0$, so folgt:

$$\begin{aligned} 8x_2 + z_1 \quad &= 500 \\ 10x_2 \quad + z_2 \quad &= 400 \\ 5x_2 \quad + z_3 &= 600 \text{ oder} \end{aligned}$$

$$\begin{aligned} z_1 &= 500 - 8x_2 \\ z_2 &= 400 - 10x_2 \\ z_3 &= 600 - 5x_2. \end{aligned}$$

Da z_1, z_2 und $z_3 \geq 0$ sind, folgt

$$\begin{aligned} 500 - 8x_2 &\geq 0 \\ 400 - 10x_2 &\geq 0 \\ 600 - 5x_2 &\geq 0. \end{aligned}$$

Damit alle Ungleichungen erfüllt sind, muß gelten:

$$x_2 \le \min(\tfrac{500}{8}, 40, 120) = 40, \text{ also } x_2 \le 40.$$

Jetzt wird die Funktion von x_2 und z_2 vertauscht, also werden z_1, x_2 und z_3 in Abhängigkeit von x_1, z_2 und x_3 dargestellt!

Aus $5x_1 + 10x_2 + 10x_3 + z_2 = 400$ folgt $x_2 = 40 - \frac{1}{2}\cdot x_1 - \frac{1}{10}\cdot z_2 - x_3$, also gilt:

$$z_1 = 500 - 10x_1 - 8(40 - \tfrac{1}{2}\cdot x_1 - \tfrac{1}{10}\cdot z_2 - x_3) - 5x_3$$

$$x_2 = 40 - \tfrac{1}{2}\cdot x_1 - \tfrac{1}{10}\cdot z_2 - x_3$$

$$z_3 = 600 - 5(40 - \tfrac{1}{2}\cdot x_1 - \tfrac{1}{10}\cdot z_2 - x_3) - 10x_3$$

und $z = -20x_1 - 25(40 - \frac{1}{2}\cdot x_1 - \frac{1}{10}\cdot z_2 - x_3) - 15x_3$ oder

$$\begin{aligned} z_1 &= 180 - 6x_1 + \tfrac{4}{5}\cdot z_2 + 3x_3 \\ x_2 &= 40 - \tfrac{1}{2}\cdot x_1 - \tfrac{1}{10}\cdot z_2 - x_3 \\ z_3 &= 400 + \tfrac{5}{2}\cdot x_1 + \tfrac{1}{2}\cdot z_2 - 5x_3 \quad \text{bzw.} \end{aligned}$$

$$\begin{aligned} 6x_1 - \tfrac{4}{5}\cdot z_2 - 3x_3 + z_1 &= 180 \\ \tfrac{1}{2}\cdot x_1 + \tfrac{1}{10}\cdot z_2 + x_3 + x_2 &= 40 \\ -\tfrac{5}{2}\cdot x_1 - \tfrac{1}{2}\cdot z_2 + 5x_3 + z_3 &= 400 \end{aligned}$$

und $z = -1\,000 - \frac{15}{2}\cdot x_1 + \frac{5}{2}\cdot z_2 + 10x_3$.

Man ist also im Eckpunkt (0, 40, 0) mit dem Zielfunktionswert 1 000 angelangt.

4. Schritt: Der Eckpunkt ist jetzt (0, 40, 0).

Dieser Eckpunkt ist nicht optimal, da ein Vergrößern von x_1 die Zielfunktion wieder kleiner macht.

5. Schritt: Übergang zu einem "besseren" Eckpunkt.

Da in der neuen Zielfunktion nur der Koeffizient von x_1 negativ ist, wird x_1 so groß wie möglich gemacht.

Ist dann $z_2 = x_3 = 0$, so folgt:

$$\begin{aligned} z_1 &= 180 - 6x_1 \\ x_2 &= 40 - \tfrac{1}{2}\cdot x_1 \\ z_3 &= 400 + \tfrac{5}{2}\cdot x_1. \end{aligned}$$

Da z_1 und $x_2 \geq 0$ sind, folgt

$$\begin{aligned} 180 - 6x_1 &\geq 0 \\ 40 - \tfrac{1}{2}\cdot x_1 &\geq 0. \end{aligned}$$

Damit alle Ungleichungen erfüllt sind, muß gelten:

$$x_1 \leq \min(30,\ 80) = 30, \text{ also } x_1 \leq 30.$$

Jetzt wird die Funktion von x_1 und z_1 vertauscht, also werden x_1, x_2 und z_3 in Abhängigkeit von z_1, z_2 und x_3 dargestellt!

Aus $6x_1 - \frac{4}{5}\cdot z_2 - 3x_3 + z_1 = 180$ folgt $x_1 = 30 - \frac{1}{6}\cdot z_1 + \frac{2}{15}\cdot z_2 + \frac{1}{2}\cdot x_3$ also gilt:

$$\begin{aligned} x_1 &= 30 - \tfrac{1}{6}\cdot z_1 + \tfrac{2}{15}\cdot z_2 + \tfrac{1}{2}\cdot x_3 \\ x_2 &= 40 - \tfrac{1}{2}\cdot(30 - \tfrac{1}{6}\cdot z_1 + \tfrac{2}{15}\cdot z_2 + \tfrac{1}{2}\cdot x_3) - \tfrac{1}{10}\cdot z_2 - x_3 \\ z_3 &= 400 + \tfrac{5}{2}\cdot(30 - \tfrac{1}{6}\cdot z_1 + \tfrac{2}{15}\cdot z_2 + \tfrac{1}{2}\cdot x_3) + \tfrac{1}{2}\cdot z_2 - 5x_3 \end{aligned}$$

und $z = -1\,000 - \frac{15}{2}\cdot(30 - \frac{1}{6}\cdot z_1 + \frac{2}{15}\cdot z_2 + \frac{1}{2}\cdot x_3) + \frac{5}{2}\cdot z_2 + 10x_3$

oder

$$\begin{aligned} x_1 &= 30 - \tfrac{1}{6}\cdot z_1 + \tfrac{2}{15}\cdot z_2 + \tfrac{1}{2}\cdot x_3 \\ x_2 &= 25 + \tfrac{1}{12}\cdot z_1 - \tfrac{1}{6}\cdot z_2 - \tfrac{5}{4}\cdot x_3 \\ z_3 &= 475 - \tfrac{5}{12}\cdot z_1 + \tfrac{5}{6}\cdot z_2 - \tfrac{15}{4}\cdot x_3 \quad \text{bzw.} \end{aligned}$$

$$\begin{aligned} \tfrac{1}{6}\cdot z_1 - \tfrac{2}{15}\cdot z_2 - \tfrac{1}{2}\cdot x_3 + x_1 &= 30 \\ -\tfrac{1}{12}\cdot z_1 + \tfrac{1}{6}\cdot z_2 + \tfrac{5}{4}\cdot x_3 + x_2 &= 25 \\ \tfrac{5}{12}\cdot z_1 - \tfrac{5}{6}\cdot z_2 + \tfrac{15}{4}\cdot x_3 + z_3 &= 475 \end{aligned}$$

und $z = -1\,225 + \frac{5}{4}\cdot z_1 + \frac{3}{2}\cdot z_2 + \frac{25}{4}\cdot x_3.$

Man ist also im Eckpunkt (30, 25, 0) mit dem Zielfunktionswert 1 225 angelangt.

6. Schritt: Der Eckpunkt ist jetzt (30, 25, 0).

Dieser Eckpunkt ist optimal, da alle Koeffizienten in der Zielfunktion positiv sind und ein Vergrößern von z_1, z_2 oder x_3 die Zielfunktion nur vergrößern würde.

Also ist das Verfahren beendet und der Eckpunkt (30, 25, 0) mit Zielfunktionswert 1 225 derjenige Eckpunkt, in dem das Minimum vorliegt.

Ähnlich wie beim Lösen von linearen Gleichungssystemen kann das ganze Verfahren in einer Art Matrixschreibweise dargestellt werden. Betrachtet man in jedem Rechenschritt nur das letzte Gleichungssystem, so erhält man in **Beispiel 13.2:**

1. Gleichungssystem:

$$\begin{aligned} x_1 + x_2 + z_1 \qquad\qquad &= 20 \\ x_1 \qquad\quad + z_2 \qquad &= 12 \\ 2x_1 + x_2 \qquad\qquad + z_3 &= 30 \\ z = -100x_1 - 75x_2. \end{aligned}$$

2. Gleichungssystem:

$$\begin{aligned} -z_2 + x_2 + z_1 \qquad\qquad &= 8 \\ z_2 \qquad\quad + x_1 \qquad &= 12 \\ -2z_2 + x_2 \qquad\qquad + z_3 &= 6 \\ z = 100z_2 - 75x_2 - 1\,200. \end{aligned}$$

3. Gleichungssystem:

$$\begin{aligned} z_2 - z_3 + z_1 \qquad\qquad &= 2 \\ z_2 \qquad\quad + x_1 \qquad &= 12 \\ -2z_2 + z_3 \qquad\qquad + x_2 &= 6 \\ z = -50z_2 + 75z_3 - 1\,650. \end{aligned}$$

4. Gleichungssystem:

$$\begin{aligned} z_1 - z_3 + z_2 \qquad\qquad &= 2 \\ -z_1 + z_3 \qquad + x_1 \qquad &= 10 \\ 2z_1 - z_3 \qquad\qquad + x_2 &= 10 \\ z = 50z_1 + 25z_3 - 1\,750. \end{aligned}$$

Diese 4 Gleichungssysteme werden durch 4 Tabellen (**Simplex-Tableaus**) kürzer dargestellt:

1. Simplex-Tableau:

	x_1	x_2	
z_1	1	1	20
z_2	1	0	12
z_3	2	1	30
	– 100	– 75	0

2. Simplex-Tableau:

	z_2	x_2	
z_1	– 1	1	8
x_1	1	0	12
z_3	– 2	1	6
	100	– 75	1 200

3. Simplex-Tableau:

	z_2	z_3	
z_1	1	– 1	2
x_1	1	0	12
x_2	– 2	1	6
	– 50	75	1 650

4. Simplex-Tableau:

	z_1	z_3	
z_2	1	– 1	2
x_1	– 1	1	10
x_2	2	– 1	10
	50	25	1 750.

Völlig analog folgt dann in **Beispiel 13.3**:

1. Gleichungssystem:

$$\begin{aligned}
10x_1 + 8x_2 + 5x_3 + z_1 \quad &= 500\\
5x_1 + 10x_2 + 10x_3 \quad + z_2 \quad &= 400\\
+ 5x_2 + 10x_3 \quad + z_3 &= 600,
\end{aligned}$$

$$z = -20 \cdot x_1 - 25 \cdot x_2 - 15x_3.$$

2. Gleichungssystem:

$$\begin{aligned}
6x_1 - \tfrac{4}{5} \cdot z_2 - 3x_3 + z_1 \quad &= 180\\
\tfrac{1}{2} \cdot x_1 + \tfrac{1}{10} \cdot z_2 + x_3 \quad + x_2 \quad &= 40\\
-\tfrac{5}{2} \cdot x_1 - \tfrac{1}{2} \cdot z_2 + 5x_3 \quad + z_3 &= 400,
\end{aligned}$$

$$z = -\tfrac{15}{2} \cdot x_1 + \tfrac{5}{2} \cdot z_2 + 10x_3 - 1\,000.$$

3. Gleichungssystem:

$$\begin{aligned}
\tfrac{1}{6} \cdot z_1 - \tfrac{2}{15} \cdot z_2 - \tfrac{1}{2} \cdot x_3 + x_1 &= 30\\
-\tfrac{1}{12} \cdot z_1 + \tfrac{1}{6} \cdot z_2 + \tfrac{5}{4} \cdot x_3 \quad + x_2 &= 25\\
\tfrac{5}{12} \cdot z_1 - \tfrac{5}{6} \cdot z_2 + \tfrac{15}{4} \cdot x_3 \quad + z_3 &= 475,
\end{aligned}$$

$$z = \tfrac{5}{4} \cdot z_1 + \tfrac{3}{2} \cdot z_2 + \tfrac{25}{4} \cdot x_3 - 1\,225.$$

1. Simplex-Tableau:

	x_1	x_2	x_3	
z_1	10	8	5	500
z_2	5	10	10	400
z_3	0	5	10	600
	− 20	− 25	− 15	0

2. Simplex-Tableau:

	x_1	z_2	x_3	
z_1	6	$-\frac{4}{5}$	-3	180
x_2	$\frac{1}{2}$	$\frac{1}{10}$	1	40
z_3	$-\frac{5}{2}$	$-\frac{1}{2}$	5	400
	$-\frac{15}{2}$	$\frac{5}{2}$	10	1 000

3. Simplex-Tableau:

	z_1	z_2	x_3	
x_1	$\frac{1}{6}$	$-\frac{2}{15}$	$-\frac{1}{2}$	30
x_2	$-\frac{1}{12}$	$\frac{1}{6}$	$\frac{5}{4}$	25
z_3	$\frac{5}{12}$	$-\frac{5}{6}$	$\frac{15}{4}$	475
	$\frac{5}{4}$	$\frac{3}{2}$	$\frac{25}{4}$	1 225.

Es müssen jetzt nur noch Rechenregeln gefunden werden, mit denen die Simplex-Tableaus auseinander berechnet werden können.

Dazu wird der Übergang vom ersten zum zweiten Simplex-Tableau des zweiten Beispiels genauer betrachtet.

Die beiden Gleichungssysteme werden nochmals aufgeschrieben und das zweite System etwas umstrukturiert:

1. Gleichungssystem:

$$\begin{aligned}
10x_1 + 8x_2 + 5x_3 + z_1 \qquad\qquad &= 500\\
5x_1 + 10x_2 + 10x_3 \qquad + z_2 \qquad &= 400\\
+ 5x_2 + 10x_3 \qquad\qquad + z_3 &= 600,\\
z = -20x_1 - 25x_2 - 15x_3. &
\end{aligned}$$

2. Gleichungssystem:

$$\begin{aligned}
6x_1 - \tfrac{4}{5}\cdot z_2 - 3x_3 + z_1 &= 180\\
\tfrac{1}{2}\cdot x_1 + \tfrac{1}{10}\cdot z_2 + x_3 \quad + x_2 &= 40\\
-\tfrac{5}{2}\cdot x_1 - \tfrac{1}{2}\cdot z_2 + 5x_3 \quad + z_3 &= 400,\\
z = -\tfrac{15}{2}\cdot x_1 + \tfrac{5}{2}\cdot z_2 + 10x_3 - 1\,000.&
\end{aligned}$$

Die hier schon berechneten Koeffizienten werden ausführlich dargestellt:

$$\begin{array}{rrrl}
(10-\tfrac{1}{2}\cdot 8)\cdot x_1 & -\tfrac{1}{10}\cdot 8z_2 & +(5-1\cdot 8)\cdot x_3 = & 500-40\cdot 8\\
\tfrac{1}{10}\cdot 5x_1 & +\tfrac{1}{10}\cdot z_2 & +\tfrac{1}{10}\cdot 10\cdot x_3 = & \tfrac{1}{10}\cdot 400\\
(0-\tfrac{1}{2}\cdot 5)\cdot x_1 & -\tfrac{1}{10}\cdot 5z_2 & +(10-1\cdot 5)\cdot x_3 = & 600-40\cdot 5\\
(-20-\tfrac{1}{2}\cdot(-25) & -\tfrac{1}{10}\cdot(-25) & (-15-1\cdot(-25)) & 0-40\cdot(-25).
\end{array}$$

1. Schritt:

Das entscheidende Element in Tableau 1 ist das Element in der zweiten Zeile und in der zweiten Spalte, genau das Element, welches das Vertauschen von x_2 und z_2 anzeigt. Dieses Element ist die 10.

2. Schritt:

Im neuen Tableau wird dieses Element durch den Kehrwert $\frac{1}{10}$ ersetzt.

3. Schritt:

Die anderen Elemente der neuen zweiten Spalte ergeben sich durch Multiplikation der Elemente der alten zweiten Spalte mit dem negativen Kehrwert des entscheidenden Elements, also mit $-\frac{1}{10}$.

4. Schritt:

Die anderen Elemente der neuen zweiten Zeile ergeben sich durch Multiplikation der Elemente der alten zweiten Zeile mit dem Kehrwert des entscheidenden Elements, also mit $\frac{1}{10}$.

5. Schritt:

Die anderen Spalten werden alle nach folgendem Prinzip berechnet:
Betrachtet man die restliche erste Spalte des neuen Tableaus

$$\begin{array}{rcl} 10 & -\frac{1}{2}\cdot & 8 \\ 0 & -\frac{1}{2}\cdot & 5 \\ -20 & -\frac{1}{2}\cdot & (-25), \end{array}$$

so kann diese mit Hilfe von Vektoren geschrieben werden:

$$\begin{pmatrix} 10 \\ 0 \\ -20 \end{pmatrix} - \frac{1}{2} \cdot \begin{pmatrix} 8 \\ 5 \\ -25 \end{pmatrix}.$$

Dies bedeutet aber:

Die restlichen neuen Spalten werden berechnet, indem man spaltenweise

(alte Spalte – Zahl × Vektor)

berechnet. Dabei ist die Zahl in dieser Formel derjenige Wert, der nach Schritt 4 schon in dieser neuen Spalte steht und der Vektor ist derjenige Vektor des alten Schemas, der aus der Spalte gebildet wird, in der das entscheidende Element steht. Dieses Element wird jedoch weggelassen.

Mit diesen Vorbereitungen kann jetzt für das allgemeine Modell das **Simplex-Verfahren** angegeben werden.

Betrachtet wird die folgende **Problemstellung:**

Gegeben sei ein lineares Ungleichungssystem

$$\begin{array}{l} a_{11} \cdot x_1 + a_{12} \cdot x_2 + a_{13} \cdot x_3 + \ldots + a_{1n} \cdot x_n \leq b_1 \\ a_{21} \cdot x_1 + a_{22} \cdot x_2 + a_{23} \cdot x_3 + \ldots + a_{2n} \cdot x_n \leq b_2 \\ a_{31} \cdot x_1 + a_{32} \cdot x_2 + a_{33} \cdot x_3 + \ldots + a_{3n} \cdot x_n \leq b_3 \\ \vdots \\ a_{m1} \cdot x_1 + a_{m2} \cdot x_2 + a_{m3} \cdot x_3 + \ldots + a_{mn} \cdot x_n \leq b_m, \end{array}$$

wobei für die Zahlen a_{ij}, $1 \leq i \leq m$, $1 \leq j \leq n$ und b_i, $1 \leq i \leq m$ gilt:

$$a_{ij} \in \mathbb{R},\ b_i \in \mathbb{R}.$$

Für welche $(x_1, x_2, x_3, \ldots, x_n)$, $x_j \geq 0$, $1 \leq j \leq n$, wird die lineare Zielfunktion

$$z = c_1 \cdot x_1 + c_2 \cdot x_2 + c_3 \cdot x_3 + \ldots + c_n \cdot x_n,\ c_j \in \mathbb{R},\ 1 \leq j \leq n$$

minimal?

Bemerkung:

Sollten im Ungleichungssystem Ungleichungen mit $\geq$ auftreten, so werden diese mit -1 multipliziert!
Sollte das Maximum einer Zielfunktion gesucht werden, so wird die Zielfunktion mit -1 multipliziert. Dann ist das Minimum gesucht!
Durch diese zwei Operationen werden alle linearen Optimierungsprobleme auf das oben beschriebene Modell zurückgeführt.

Lösung des Problems:

1. Schritt:

Konstruktion eines linearen Gleichungssystems mit Hilfe der *Schlupfvariablen* $z_1, z_2, \ldots, z_m$.

Dieses lineare Gleichungssystem heißt eine *kanonische Form*.

Dabei heißen die Variablen $x_1, x_2, \ldots, x_n$ *Strukturvariablen* oder *Nichtbasisvariablen* und die Variablen $z_1, z_2, \ldots, z_m$ *Schlupfvariablen* oder *Basisvariablen.*

Eine kanonische Form heißt *zulässig*, falls alle rechten Seiten ≥ 0 sind.

2. Schritt:

Anwendung des **Simplexverfahrens:**

Aus der zulässigen kanonischen Form wird ein erstes Simplex-Tableau aufgestellt:

	x_1	x_2	$x_3 \ldots x_n$	
z_1	a_{11}	a_{12}	$a_{13} \ldots a_{1n}$	b_1
z_2	a_{21}	a_{22}	$a_{23} \ldots a_{2n}$	b_2
z_3	a_{31}	a_{32}	$a_{33} \ldots a_{3n}$	b_3
$\vdots$				
z_m	a_{m1}	a_{m2}	$a_{m3} \ldots a_{mn}$	b_m
	c_1	c_2	$c_3 \ldots c_n$	$-z$

Dabei ist $-z$ der negative Wert der Zielfunktion in Starteckpunkt.

Aus diesem Simplex-Tableau wird nun das nächste Tableau berechnet (sogenannter Basisaustausch):

1. Das entscheidende Element wird *Pivotelement* genannt.

2. Die Pivotspalte wird durch den kleinsten Wert der Zahlen c_j bestimmt. Dieser sei mit c_s bezeichnet.
   Sind alle Elemente der Pivotspalte negativ oder Null, so existiert kein Minimum.

3. Ist dies nicht der Fall, erfolgt die Auswahl der Pivotzeile:

   Für alle positiven a_{is} werden die Zahlen $d_i = \frac{b_i}{a_{is}}$ berechnet.

   Die kleinste dieser Zahlen d_r bestimmt die Pivotzeile r.

4. Das Pivotelement ist dann $p = a_{rs}$.

5. Jetzt erfolgt der Basisaustausch:

   - Die Basisvariable der $r-$ten Zeile wird mit der Nichtbasisvariablen der $s-$ten Spalte vertauscht.
   - Das Pivotelement p wird durch $\frac{1}{p}$ ersetzt.
   - Alle übrigen Elemente der Pivotspalte werden mit $-\frac{1}{p}$ multipliziert.
   - Alle übrigen Elemente der Pivotzeile werden mit $\frac{1}{p}$ multipliziert.
   - Alle restlichen Elemente werden spaltenweise ersetzt:

     Neue Spalte = Alte Spalte − Zahl × Vektor.

     Dabei ist die Zahl in dieser Formel derjenige Wert, der nach • 3 schon in dieser neuen Spalte steht und der Vektor ist derjenige Vektor des alten Schemas, der aus der Pivotspalte gebildet wird. Das Pivotelement wird jedoch weggelassen.

6. Damit ist das zweite Simplex-Tableau berechnet.
   Der neue Eckpunkt steht in der letzten Spalte, der negative Zielfunktionswert ganz unten rechts!

Dieses Verfahren ist solange fortzusetzen, bis ein Tableau entsteht, in dem alle Elemente der letzten Zeile (außer dem letzten natürlich) positiv geworden sind. Dann ist der Eckpunkt erreicht, in dem die Zielfunktion ihr Minimum annimmt.

Falls das erste Simplex-Tableau keine zulässige kanonische Form darstellt, also wenn mindestens eine rechte Seite negativ ist, muß ein etwas abgeändertes Verfahren gewählt werden. (Dies ist immer dann der Fall, wenn mindestens eine Ungleichung mit $\geq$ vorhanden ist. Dann ist der Startpunkt kein Eckpunkt des zulässigen Bereichs.)

- Pivotzeile ist eine beliebige Zeile mit negativer rechter Seite.
- Pivotspalte ist eine beliebige Spalte mit einem negativen Element in der Pivotzeile. Falls ein solches Element nicht existiert, gibt es keine Lösung.
- Der Basisaustausch wird dann genauso wie oben durchgeführt.

Dieses Verfahren wird solange durchgeführt, bis ein Tableau mit lauter positiven rechten Seiten (außer dem letzten Element) entstanden ist.

Im folgenden werden die Optimierungsaufgaben der restlichen 6 Beispiele aus Kapitel 12 mit Hilfe des Simplex-Verfahrens vollständig gelöst.

Beispiel 13.4 (Beispiel 12.3 aus Kapitel 12):

Für welche (x_1, x_2, x_3, x_4), die das Ungleichungssystem

$$6x_1 + 4x_2 + 3x_3 + 5x_4 \leq 440$$

$$6x_1 + 5x_2 + 4x_3 + 3x_4 \leq 555$$

$$3x_1 + x_2 + 3x_3 + 2x_4 \leq 460$$

erfüllen, wird die Zielfunktion

$$z = 10x_1 + 13x_2 + 10x_3 + 11x_4 \quad \text{maximal?}$$

1. Simplex-Tableau:

	x_1	x_2	x_3	x_4		
z_1	6	$\boxed{4}$	3	5	440	←
z_2	6	5	4	3	555	
z_3	3	1	3	2	460	
	−10	−13	−10	−11	0	
		↑				

2. Simplex-Tableau:

	x_1	z_1	x_3	x_4	
x_2	$\frac{3}{2}$	$\frac{1}{4}$	$\frac{3}{4}$	$\frac{5}{4}$	110
z_2	$-\frac{3}{2}$	$-\frac{5}{4}$	$\boxed{\frac{1}{4}}$	$-\frac{13}{4}$	5 ←
z_3	$\frac{3}{2}$	$-\frac{1}{4}$	$\frac{9}{4}$	$\frac{3}{4}$	350
	$\frac{19}{2}$	$\frac{13}{4}$	$-\frac{1}{4}$	$\frac{21}{4}$	1 430
			↑		

Der Eckpunkt ist (0, 110, 0, 0) mit $z = 1\,430$. Nicht optimal.

3. Simplex-Tableau:

	x_1	z_1	z_2	x_4	
x_2	6	4	−3	11	95
x_3	−6	−5	4	−13	20
z_3	15	11	−9	30	305
	8	2	1	2	1 435

Der Eckpunkt ist (0, 95, 20, 0) mit $z = 1\,435$. Das Maximum ist erreicht.

Beispiel 13.5 (Beispiel 12.4 aus Kapitel 12):

Für welche (x_1, x_2, x_3), die das Ungleichungssystem

$$0.1x_1 + 0.2x_2 + 0.0x_3 \geq 1.0$$
$$0.4x_1 + 0.0x_2 + 0.1x_3 \geq 1.2$$
$$0.2x_1 + 0.1x_2 + 0.3x_3 \geq 1.4$$

erfüllen, wird die Zielfunktion

$$z = 5x_1 + 7x_2 + 6x_3 \quad \text{minimal?}$$

Hier ist der zulässige Bereich noch nicht erreicht. Man hat insgesamt 7 Möglichkeiten, das Pivotelememt zu wählen.

Es werden 2 Möglichkeiten vorgeführt, um zu zeigen, daß die Anzahl der Tableaus von der Wahl des ersten Pivotelements abhängt.

1. Simplex-Tableau:

	x_1	x_2	x_3		
z_1	$\boxed{-1}$	-2	0	-10	←
z_2	-4	0	-1	-12	
z_3	-2	-1	-3	-14	
	5	7	6	0	
	↑				

2. Simplex-Tableau:

	z_1	x_2	x_3		
x_1	-1	2	0	10	
z_2	-4	8	-1	28	
z_3	-2	$\boxed{3}$	-3	6	←
	5	-3	6	-50	
		↑			

Der Eckpunkt ist (10, 0, 0) mit $z = 50$. Nicht optimal.

3. Simplex-Tableau:

	z_1	z_3	x_3	
x_1	$\frac{1}{3}$	$-\frac{2}{3}$	2	6
z_2	$\frac{4}{3}$	$-\frac{8}{3}$	7	12
x_2	$-\frac{2}{3}$	$\frac{1}{3}$	-1	2
	3	1	3	-44

Der Eckpunkt ist (6, 2, 0) mit z = 44. Optimal.

2. Möglichkeit:

1. Simplex-Tableau:

	x_1	x_2	x_3		
z_1	−1	−2	0	−10	
z_2	−4	0	−1	−12	
z_3	−2	[−1]	−3	−14	←
	5	7	6	0	
		↑			

2. Simplex-Tableau:

	x_1	z_3	x_3		
z_1	3	−2	6	18	
z_2	−4	0	[−1]	−12	←
x_2	2	−1	3	14	
	−9	7	−15	−98	
			↑		

Der erreichte Punkt ist (0, 14, 0) mit z = 98. Noch nicht im zulässigen Bereich.

3. Simplex-Tableau:

	x_1	z_3	z_2		
z_1	−21	[−2]	6	−54	←
x_3	4	0	−1	12	
x_2	−10	−1	3	−22	
	51	7	−15	82	
		↑			

Der erreichte Punkt ist (0, − 22, 12) mit z = − 82. Noch nicht im zulässigen Bereich.

4. Simplex-Tableau:

	x_1	z_1	z_2	
z_3	$\boxed{\frac{21}{2}}$	$-\frac{1}{2}$	-3	27 ←
x_3	4	0	-1	12
x_2	$\frac{1}{2}$	$-\frac{1}{2}$	0	5
	$-\frac{45}{2}$	$\frac{7}{2}$	6	-107
	↑			

Der Eckpunkt ist (0, 5, 12) mit z = 107. Der zulässige Bereich ist erreicht. Nicht optimal.

5. Simplex-Tableau:

	z_3	z_1	z_2	
x_1	$\frac{2}{21}$	$-\frac{1}{21}$	$-\frac{2}{7}$	$\frac{54}{21}$
x_3	$-\frac{8}{21}$	$\frac{4}{21}$	$\boxed{\frac{1}{7}}$	$\frac{36}{21}$ ←
x_2	$-\frac{1}{21}$	$-\frac{10}{21}$	$\frac{1}{7}$	$\frac{78}{21}$
	$\frac{45}{21}$	$\frac{51}{21}$	$-\frac{3}{7}$	$-\frac{1032}{21}$
			↑	

Der Eckpunkt ist $\left(\frac{54}{21}, \frac{78}{21}, \frac{36}{21}\right)$ mit $z = \frac{1032}{21} \approx 49.14$.

Nicht optimal.

6. Simplex-Tableau:

	z_3	z_1	x_3	
x_1	$-\frac{2}{3}$	$\frac{1}{3}$	2	6
z_2	$-\frac{8}{3}$	$\frac{4}{3}$	7	12
x_2	$\frac{1}{3}$	$-\frac{2}{3}$	-1	2
	1	3	3	-44

Der Eckpunkt ist (6, 2, 0) mit $z = 44$. Optimal.

Bei der ersten Möglichkeit sind nur 3 Simplex-Tableaus erforderlich, während bei der zweiten Möglichkeit 6 Simplex-Tableaus notwendig sind. Der Rechenaufwand ist hier offensichtlich sehr verschieden. Leider kann man keine Regel angeben, welches Pivotelement am schnellsten zum Ziel führt, falls mehrere zur Auswahl stehen.

Beispiel 13.6 (Beispiel 12.5 aus Kapitel 12):

Für welche (x_1, x_2, x_3), die das Ungleichungssystem

$$5x_1 + 4x_2 + 1x_3 \geq 50$$

$$2x_1 + 0x_2 + 2x_3 \geq 14$$

$$1x_1 + 2x_2 + 1x_3 \geq 25$$

erfüllen, wird die Zielfunktion

$$z = 8x_1 + 10x_2 + 7x_3 \text{ minimal?}$$

1. Simplex-Tableau:

	x_1	x_2	x_3		
z_1	-5	-4	-1	-50	
z_2	-2	0	-2	-14	
z_3	$\boxed{-1}$	-2	-1	-25	←
	8	10	7	0	
	↑				

2. Simplex-Tableau:

	z_3	x_2	x_3		
z_1	-5	6	4	75	
z_2	-2	$\boxed{4}$	0	36	←
x_1	-1	2	1	25	
	8	-6	-1	-200	
		↑			

Der Eckpunkt ist (25, 0, 0) mit $z = 200$. Der zulässige Bereich ist erreicht. Nicht optimal.

3. Simplex-Tableau:

	z_3	z_2	x_3		
z_1	-2	$-\frac{3}{2}$	$\boxed{4}$	21	←
x_2	$-\frac{1}{2}$	$\frac{1}{4}$	0	9	
x_1	0	$-\frac{1}{2}$	1	7	
	5	$\frac{3}{2}$	-1	-146	
			↑		

Der Eckpunkt ist (7, 9, 0) mit $z = 146$. Nicht optimal.

4. Simplex-Tableau:

	z_3	z_2	z_1	
x_3	$-\frac{1}{2}$	$-\frac{3}{8}$	$\frac{1}{4}$	$\frac{21}{4}$
x_2	$-\frac{1}{2}$	$\frac{1}{4}$	0	9
x_1	$\frac{1}{2}$	$-\frac{1}{8}$	$-\frac{1}{4}$	$\frac{7}{4}$
	$\frac{9}{2}$	$\frac{9}{8}$	$\frac{1}{4}$	-140.75

Der Eckpunkt ist $\left(\frac{7}{4}, 9, \frac{21}{4}\right)$ mit $z = 140.75$. Optimal.

Beispiel 13.7 (Beispiel 12.6 aus Kapitel 12):

Für welche $(x_1, x_2, x_3, x_4, x_5)$, die das Ungleichungssystem

$$\begin{aligned}
4x_1 + 4x_2 + 8x_3 + 3x_4 + 3x_5 &\geq 200\\
10x_1 + x_2 + 6x_3 + 12x_4 + 2x_5 &\geq 420\\
3x_1 + x_2 + x_3 + 3x_4 + 2x_5 &\geq 170\\
4x_1 + 3x_2 + 4x_3 + 9x_4 + 0x_5 &\leq 450\\
4x_1 + 3x_2 + 4x_3 + 9x_4 + 0x_5 &\geq 270
\end{aligned}$$

erfüllen, wird die Zielfunktion

$$z = 3x_1 + 2x_2 + 3x_3 + 2x_4 + 3x_5 \quad \text{minimal?}$$

1. Simplex-Tableau:

	x_1	x_2	x_3	x_4	x_5		
z_1	−4	−4	−8	−3	−3	−200	
z_2	−10	−1	−6	−12	−2	−420	
z_3	−3	−1	$\boxed{-1}$	−3	−2	−170	←
z_4	4	3	4	9	0	450	
z_5	−4	−3	−4	−9	0	−270	
	3	2	3	2	3	0	
			↑				

2. Simplex-Tableau:

	x_1	x_2	z_3	x_4	x_5		
z_1	20	4	−8	21	13	1 160	
z_2	8	5	−6	6	10	600	
x_3	3	1	−1	3	2	170	
z_4	$\boxed{-8}$	−1	4	−3	−8	−230	←
z_5	8	1	−4	3	8	410	
	−6	−1	3	−7	−3	−510	
	↑						

Der erreichte Punkt ist (0, 0, 170, 0, 0) mit $z = 510$. Noch nicht im zulässigen Bereich.

3. Simplex-Tableau:

	z_4	x_2	z_3	x_4	x_5	
z_1	$\frac{5}{2}$	$\frac{3}{2}$	2	$\boxed{\frac{27}{2}}$	-7	585 ←
z_2	1	4	-2	3	2	370
x_3	$\frac{3}{8}$	$\frac{5}{8}$	$\frac{1}{2}$	$\frac{15}{8}$	-1	$\frac{335}{4}$
x_1	$-\frac{1}{8}$	$\frac{1}{8}$	$-\frac{1}{2}$	$\frac{3}{8}$	1	$\frac{115}{4}$
z_5	1	0	0	0	0	180
	$-\frac{3}{4}$	$-\frac{1}{4}$	0	$-\frac{19}{4}$	3	-337.5
				↑		

Der Eckpunkt ist $\left(\frac{115}{4}, 0, \frac{335}{4}, 0, 0\right)$ mit $z = 337.5$. Der zulässige Bereich ist erreicht. Nicht optimal.

4. Simplex-Tableau:

	z_4	x_2	z_3	z_1	x_5	
x_4	$\frac{5}{27}$	$\frac{1}{9}$	$\frac{4}{27}$	$\frac{2}{27}$	$-\frac{14}{27}$	$\frac{130}{3}$
z_2	$\frac{4}{9}$	$\frac{10}{3}$	$-\frac{22}{9}$	$-\frac{2}{9}$	$\frac{32}{9}$	240
x_3	$\frac{1}{36}$	$\frac{35}{108}$	$\frac{2}{9}$	$-\frac{5}{36}$	$-\frac{1}{36}$	$\frac{5}{2}$
x_1	$-\frac{7}{36}$	$\frac{1}{12}$	$-\frac{5}{9}$	$-\frac{1}{36}$	$\frac{7}{36}$	$\frac{25}{2}$
z_5	1	0	0	0	0	180
	$\frac{7}{54}$	$\frac{5}{18}$	$\frac{19}{27}$	$\frac{19}{54}$	$\frac{29}{54}$	$-\frac{395}{3}$

Der Eckpunkt ist $\left(\frac{25}{2}, 0, \frac{5}{2}, \frac{130}{3}, 0\right)$ mit $z = \frac{395}{3}$. Optimal.

Beispiel 13.8 (Beispiel 12.7 aus Kapitel 12):

Für welche $(x_1, x_2, x_3, x_4, x_5, x_6)$, die das Ungleichungssystem

$$x_1 + x_2 \geq 16$$
$$x_3 + x_4 \geq 22$$
$$x_5 + x_6 \geq 24$$
$$x_1 + x_3 + x_5 \geq 28$$
$$x_2 + x_4 + x_6 \geq 34$$

erfüllen, wird die Zielfunktion

$$z = 3\,000x_1 + 3\,500x_2 + 1\,500x_3 + 1\,500x_4 + 4\,500x_5 + 2\,500x_6$$

minimal?

1. Simplex-Tableau:

	x_1	x_2	x_3	x_4	x_5	x_6	
z_1	$\boxed{-1}$	−1	0	0	0	0	(←) −16
z_2	0	0	−1	−1	0	0	−22
z_3	0	0	0	0	−1	−1	−24
z_4	−1	0	−1	0	−1	0	−28
z_5	0	−1	0	−1	0	−1	−34
	3 000	3 500	1 500	1 500	4 500	2 500	0
	↑						

2. Simplex-Tableau:

	z_1	x_2	x_3	x_4	x_5	x_6	
x_1	−1	1	0	0	0	0	16
z_2	0	0	$\boxed{-1}$	−1	0	0	(←) −22
z_3	0	0	0	0	−1	−1	−24
z_4	−1	1	−1	0	−1	0	−12
z_5	0	−1	0	−1	0	−1	−34
	3 000	500	1 500	1 500	4 500	2 500	−48 000
			↑				

Der erreichte Punkt ist (16, 0, 0, 0, 0, 0) mit $z = 48\,000$. Noch nicht im zulässigen Bereich.

3. Simplex-Tableau:

	z_1	x_2	z_2	x_4	x_5	x_6	
x_1	−1	1	0	0	0	0	16
x_3	0	0	−1	1	0	0	22
z_3	0	0	0	0	−1	−1	−24
z_4	−1	1	−1	1	−1	0	10
z_5	0	−1	0	−1	0	$\boxed{-1}$	(←) −34
	3 000	500	1 500	0	4 500	2 500	−81 000
						↑	

Der erreichte Punkt ist (16, 0, 22, 0, 0, 0) mit $z = 81\,000$. Noch nicht im zulässigen Bereich.

4. Simplex-Tableau:

	z_1	x_2	z_2	x_4	x_5	z_5	
x_1	−1	1	0	0	0	0	16
x_3	0	0	−1	1	0	0	22
z_3	0	1	0	$\boxed{1}$	−1	−1	(←) 10
z_4	−1	1	−1	1	−1	0	10
x_6	0	1	0	1	0	−1	34
	3 000	−2 000	1 500	−2 500	4 500	2 500	-166 000
				↑			

Der Eckpunkt ist (16, 0, 22, 0, 0, 34) mit $z = 166\,000$. Der zulässige Bereich ist erreicht. Nicht optimal.

5. Simplex-Tableau:

	z_1	x_2	z_2	z_3	x_5	z_5	
x_1	-1	1	0	0	0	0	16
x_3	0	-1	-1	-1	1	1	12
x_4	0	1	0	1	-1	-1	10
z_4	-1	0	-1	-1	0	1	0
x_6	0	0	0	-1	1	0	24
	3 000	500	1 500	2 500	2 000	0	-141 000

Der Eckpunkt ist (16, 0, 12, 10, 0, 24) mit $z = 141\,000$. Optimal.

Beispiel 13.9 (Beispiel 12.8 aus Kapitel 12):

Für welche (x_1, x_2), die das Ungleichungssystem

$$2x_1 + x_2 \geq 50\,000$$
$$x_1 \geq 10\,000$$

erfüllen, wird die Zielfunktion

$$z = 30x_1 + 10x_2 + 2\,000\,000 \text{ minimal?}$$

1. Simplex-Tableau:

	x_1	x_2		
z_1	-2	-1	$-50\,000$	
z_2	$\boxed{-1}$	0	$-10\,000$	←
	30	10	0	
	↑			

2. Simplex-Tableau:

	z_2	x_2		
z_1	-2	$\boxed{-1}$	$-30\,000$	←
x_1	-1	0	10 000	
	30	10	$-300\,000$	
		↑		

Der Eckpunkt ist (10 000, 0) mit $z = 300\,000 + 2\,000\,000 = 2\,300\,000$. Der zulässige Bereich ist noch nicht erreicht.

3. Simplex-Tableau:

	z_2	z_1	
x_2	2	– 1	30 000
x_1	– 1	0	10 000
	10	10	– 600 000

Der Eckpunkt ist (10 000, 30 000) mit $z = 600\,000 + 2\,000\,000 = 2\,600\,000$. Das Minimum wird in diesem Punkt angenommen.

Aufgaben zu Kapitel 13

Aufgabe 1

Lösen Sie die Aufgaben 1 – 4 aus Kapitel 12 mit dem Simplex-Verfahren.

Aufgabe 2

Lösen Sie die Aufgaben 5 – 7 aus Kapitel 12 mit dem Simplex-Verfahren.

Aufgabe 3

Lösen Sie die Aufgaben 8 – 10 aus Kapitel 12 mit dem Simplex-Verfahren.

Aufgabe 4

a) Für welche (x_1, x_2, x_3), die das Ungleichungssystem

$$\begin{aligned} 2x_1 + 2x_2 + x_3 &\leq 10 \\ x_1 + 6x_2 + 2x_3 &\leq 17 \\ + 3x_3 &\leq 8 \\ 3x_1 + 2x_2 &\leq 12 \end{aligned}$$

erfüllen, wird die Zielfunktion

$z = 5x_1 + 4x_2 + 7x_3$ maximal?

b) Für welche (x_1, x_2, x_3), die das Ungleichungssystem

$$\begin{aligned} 2x_1 + 2x_2 + x_3 &\geq 10 \\ x_1 + 6x_2 + 2x_3 &\leq 17 \\ + 3x_3 &\leq 8 \\ 3x_1 + 2x_2 &\leq 12 \end{aligned}$$

erfüllen, wird die Zielfunktion

$z = 2x_1 + 3x_2 + 4x_3$ minimal?

Aufgabe 5

Für welche (x_1, x_2, x_3, x_4), die das Ungleichungssystem

$$\begin{aligned} 2x_1 + x_2 + x_3 + 8x_4 &\leq 33 \\ 2x_1 + 0.5x_2 + 5x_3 + 2x_4 &\leq 37 \end{aligned}$$

$$2x_1 \qquad + x_3 + 2x_4 \leq 15$$

erfüllen, wird

a) die Zielfunktion $z = 2x_1 + 5x_2 + 3x_3 + 2x_4$ maximal?

b) die Zielfunktion $z = 3x_1 + x_2 + x_3 + 3x_4$ maximal?

Aufgabe 6

Für welche $(x_1, x_2, x_3, x_4, x_5)$, die das Ungleichungssystem

$$\begin{array}{lllll} 10x_1 & +30x_2 & +10x_3 & & +10x_5 \leq 500 \\ 20x_1 & & & +40x_4 & +10x_5 \leq 300 \\ 10x_2 & & +20x_3 & +10x_4 & +10x_5 \leq 200 \end{array}$$

erfüllen, wird die Zielfunktion $z = 5x_1 + 3x_2 + 4x_3 + 6x_4 + 4x_5$ maximal?

Aufgabe 7

Eine Firma stellt drei Produkte A, B und C her. Alle Produkte müssen aus Gründen der Qualitätssicherung durch jeweils 3 Kontrollen. Für Produkt A werden bei der ersten Kontrolle 8 ZE, bei der zweiten Kontrolle 16 ZE und bei der dritten Kontrolle 10 ZE benötigt. Für Produkt B werden bei der ersten Kontrolle 0 ZE, bei der zweiten Kontrolle 4 ZE und bei der dritten Kontrolle 10 ZE benötigt. Für Produkt C werden bei der ersten Kontrolle 16 ZE, bei der zweiten Kontrolle 0 ZE und bei der dritten Kontrolle 10 ZE benötigt.
Für die erste Kontrolle stehen 500 ZE, für die zweite Kontrolle 300 ZE und für die dritte Kontrolle 800 ZE zur Verfügung.

a) Der Gewinn für eine Einheit von Produkt A beträgt 100 EUR, für eine Einheit von Produkt B 120 EUR und für eine Einheit von Produkt C 90 EUR. Wie viele Einheiten der einzelnen Produkte müssen produziert werden, wenn der Gesamtgewinn maximiert werden soll?

b) Der Gewinn für eine Einheit von Produkt A beträgt 250 EUR, für eine Einheit von Produkt B 120 EUR und für eine Einheit von Produkt C 90 EUR. Wie viele Einheiten der einzelnen Produkte müssen produziert werden, wenn der Gesamtgewinn maximiert werden soll?

Aufgabe 8

Aus den vier Grundnahrungsmitteln A, B C und D soll eine möglichst billige Mischung hergestellt werden. Dabei sind in den Grundnahrungsmitteln A, B C und D die Bestandteile Vitamine (V), Kohlenhydrate (K), Ballaststoffe (S) und Fette (F) enthalten.
In 1 ME des Grundnahrungsmittels A sind 2 Einheiten von V, 2 Einheiten von K, 1 Einheit von S und 0 Einheiten von F enthalten.

In 1 ME des Grundnahrungsmittels B sind 3 Einheiten von V, 0 Einheiten von K, 1 Einheit von S und 3 Einheiten von F enthalten.
In 1 ME des Grundnahrungsmittels C sind 3 Einheiten von V, 4 Einheiten von K, 0 Einheiten von S und 0 Einheiten von F enthalten.
In 1 ME des Grundnahrungsmittels D sind 6 Einheiten von V, 2 Einheiten von K, 3 Einheiten von S und 1 Einheit von F enthalten.
Die Mischung muß mindestens 40 Einheiten von V, 50 Einheiten von K, 30 Einheiten von S und 40 Einheiten von F enthalten.
1 ME von Grundnahrungsmittel A kostet 4.8 EUR. 1 kg von Grundnahrungsmittel B kostet 5.5 EUR. 1 kg von Grundnahrungsmittel C kostet 3.5 EUR. 1 kg von Grundnahrungsmittel D kostet 6 EUR.
Welche Mengen müssen gemischt werden, damit die Kosten der Mischung minimal sind?

Aufgabe 9

Ein Betrieb kann ein Produkt durch 6 unterschiedliche Verfahren A, B, C, D, E und F herstellen. Die Fertigungssituation ist durch folgende Tabelle gegeben, welche die verfügbaren Kapazitäten zeigt:

	A	B	C	D	E	F
Rohstoffbedarf in kg	3	2	4	2	3	2
Produktionszeit in h	5	0	4	2	6	3
Lagerraum in m^2	4	6	0	2	0	3

Die maximal verfügbaren Einsatzmengen sind:

für Rohstoff: 100 kg,
für die Zeit: 180 h und

für Lagerraum: 200 m^2.

a) Die Gewinne bei der Produktion durch die Verfahren A, B, C, D, E und F betragen 5 TEuro, 5 TEuro, 6 TEuro, 4 TEuro, 5 TEuro bzw. 4 TEuro.
Ermitteln Sie diejenigen Produktionsmengen mit maximalem Gesamtgewinn.

b) Die Gewinne bei der Produktion durch die Verfahren A, B, C, D, E und F betragen 7 TEuro, 5 TEuro, 6 TEuro, 4 TEuro, 5 TEuro bzw. 4 TEuro.
Ermitteln Sie diejenigen Produktionsmengen mit maximalem Gesamtgewinn.

Anhang I

Lösungen zu den Aufgaben zum Teil I Mathematik

Lösungen der Aufgaben zu Kapitel 1

Aufgaben zur Mengenlehre

Aufgabe 1: M_1, M_2 und M_4 sind Mengen. M_3 und M_6 sind keine Mengen wegen falscher Klammern, M_5 weil ein Element doppelt vorkommt.

Aufgabe 2: $A = \{x \mid x = a \text{ oder } x = d \text{ oder } x = 11 \text{ oder } x = \bigstar\}$ oder graphische Darstellung durch ein Venn-Diagramm.

Aufgabe 3: $A \cap B = \{4\}$, $A \cup B = \{1, 3, 4, 5, 9\}$, $B \setminus C = \{3, 5\}$, $C \setminus B = \{2, 6, 8\}$ und $A \cap (B \cup C) = \{4\}$.

Aufgabe 4:
Es werden hier nur eine Auswahl von 4 der 13 Mengen angegeben. Alle anderen Mengen werden auf analoge Weise gezeichnet.

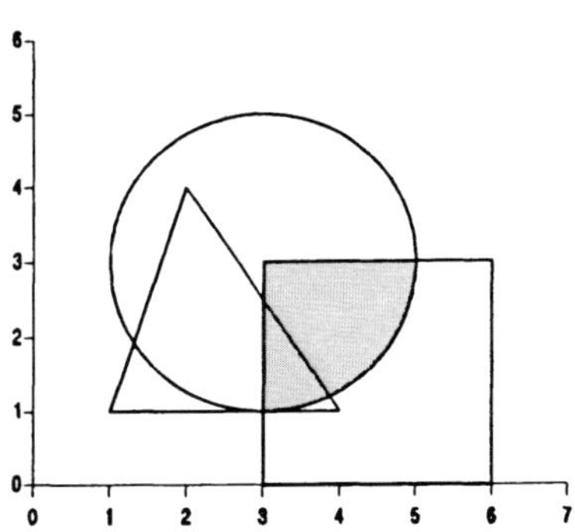

$A \cap B$

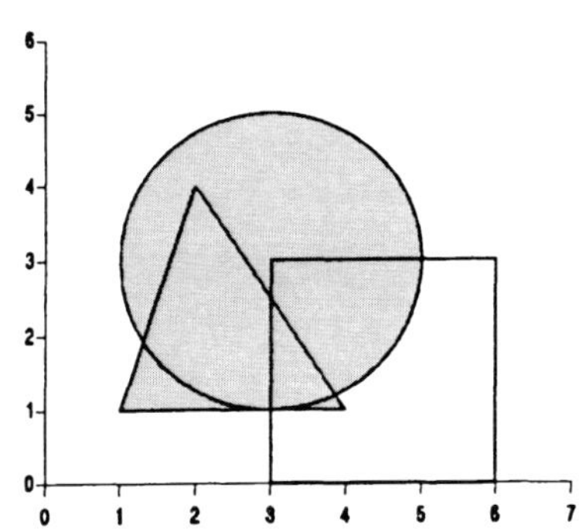

$A \cup C$

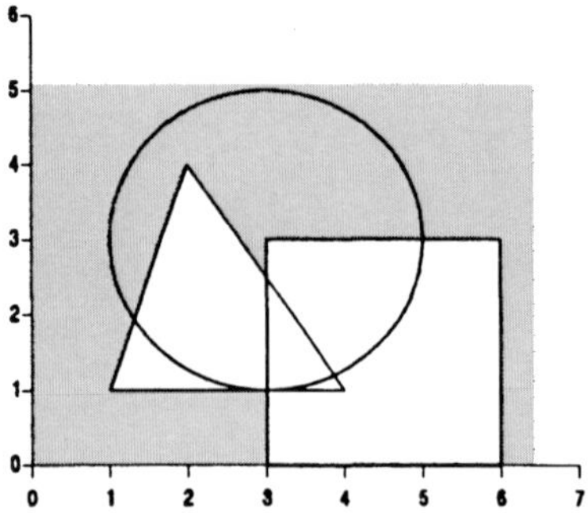

$\overline{B \cup C}$

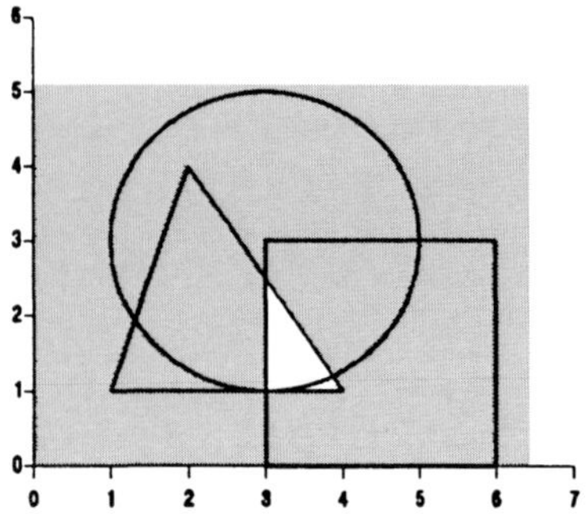

$\overline{A \cap B \cap C}$

Aufgabe 5:

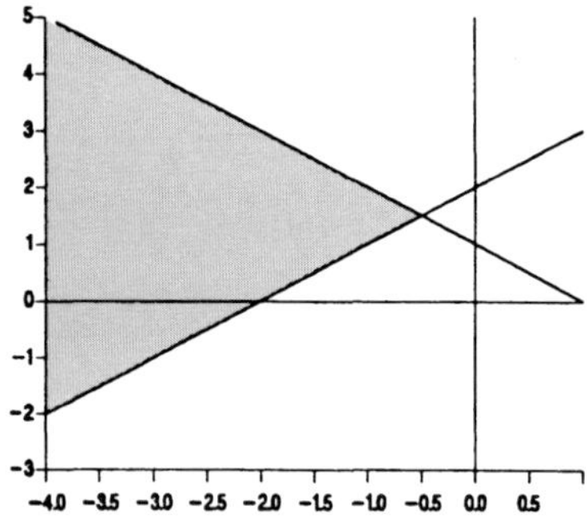

Aufgabe 6:

Grundmenge $\mathbb{N}$: $A = \{1, 2, 3, 4, 5, 6, 7\}$.
Grundmenge $\mathbb{Z}$: $A = \{-3, -2, -1, 0, 1, 2, 3, 4, 5, 6, 7\}$.
Grundmenge $\mathbb{R}$: $A = [-3, 7]$.

Aufgabe 7:

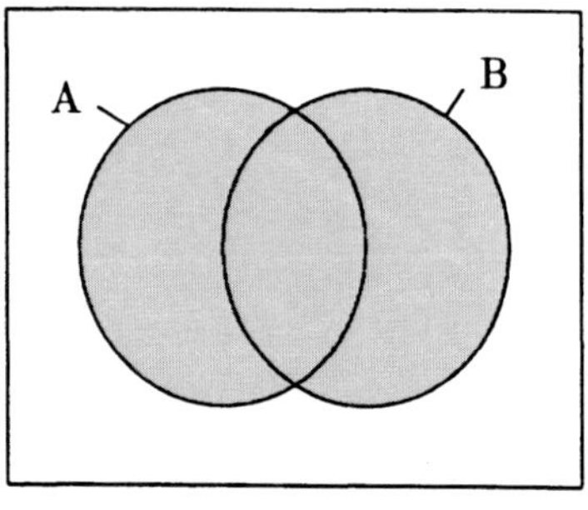

$A \cup B$

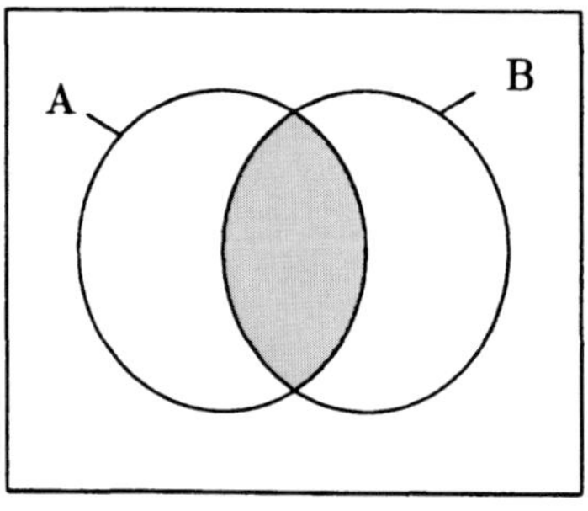

$A \cap B$

Aufgabe 8:

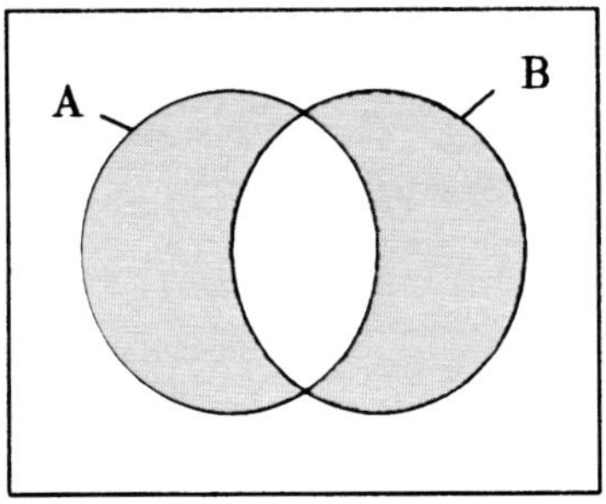

$C = (A/B) \cup (B/A)$

Aufgabe 9: Richtig sind: $A \neq B$, $\{b, d\} \subseteq B$, $b \in A$.
Falsch sind: $A \subseteq B$, $A \supseteq B$, $A = B$, $d \subseteq B$, $\{b, \{c, d\}\} \subseteq B$.

Aufgabe 10: $A \subseteq A$, $B \subseteq B$, $C \subseteq C$, $D \subseteq D$, $B \subseteq A$, $D \subseteq A$ und $D \subseteq B$.

Aufgabe 11:

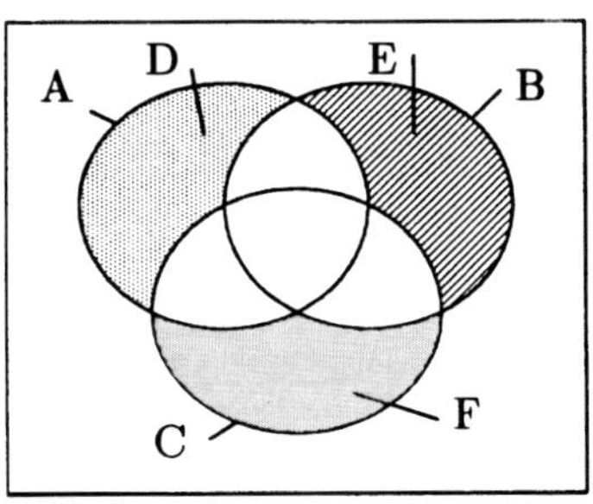

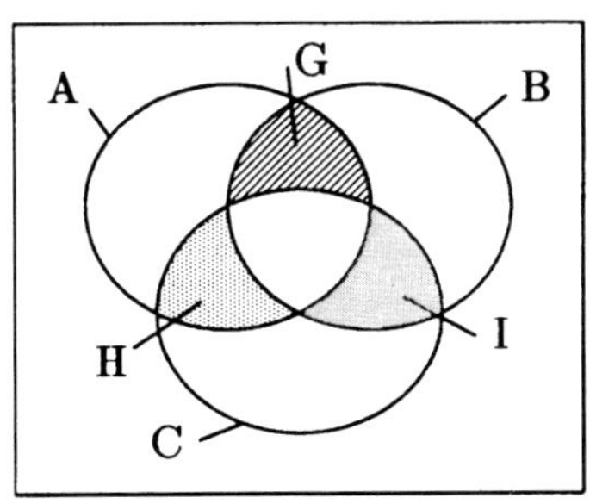

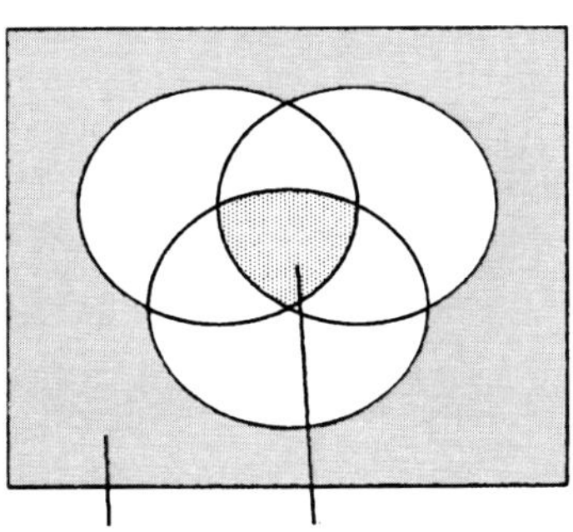

$\overline{A \cup B \cup C}$ $A \cap B \cap C$

$D = A \cap \overline{B} \cap \overline{C}$
$E = \overline{A} \cap B \cap \overline{C}$
$F = \overline{A} \cap \overline{B} \cap C$
$G = A \cap B \cap \overline{C}$
$H = A \cap \overline{B} \cap C$
$I = \overline{A} \cap B \cap C$

Aufgabe 12: Insgesamt gibt es 32 Teilmengen: $\emptyset$, $\{1\}$, $\{2\}$, $\{3\}$, $\{4\}$, $\{5\}$, $\{1, 2\}$, $\{1, 3\}$, $\{1, 4\}$, $\{1, 5\}$, $\{2, 3\}$, $\{2, 4\}$, $\{2, 5\}$, $\{3, 4\}$, $\{3, 5\}$, $\{4,$

5}, {1, 2, 3}, {1, 2, 4}, {1, 2, 5}, {1, 3, 4}, {1, 3, 5}, {1, 4, 5}, {2, 3, 4}, {2, 3, 5}, {2, 4, 5}, {3, 4, 5}, {1, 2, 3, 4}, {1, 2, 3, 5}, {1, 2, 4, 5}, {1, 3, 4, 5}, {2, 3, 4, 5}, {1, 2, 3, 4, 5}.

Aufgabe 13: $\mathbb{N} \subseteq \mathbb{N}$, $\mathbb{N} \subseteq \mathbb{Z}$, $\mathbb{Z} \subseteq \mathbb{Z}$, $\mathbb{N} \subseteq \mathbb{Q}$, $\mathbb{Z} \subseteq \mathbb{Q}$, $\mathbb{Q} \subseteq \mathbb{Q}$, $\mathbb{N} \subseteq \mathbb{R}$, $\mathbb{Z} \subseteq \mathbb{R}$, $\mathbb{Q} \subseteq \mathbb{R}$, $\mathbb{R} \subseteq \mathbb{R}$.

Aufgabe 14: $A \times A = \{(1, 1), (1, 2), (1, 3), (1, 4), (1, 5), (1, 6), \ldots (6, 1), (6, 2), (6, 3), (6, 4), (6, 5), (6, 6)\}$.
Diese Menge hat $6 \cdot 6 = 36$ Elemente.

Aufgabe 15: $A \times B$ ist ein Rechteck mit den Eckpunkten (2, 1), (2, 4), (5, 1) und (5, 4) und allen Rändern.

Aufgabe 16: $A \times B$ hat 20 Elemente, $A \times C$ hat 8 Elemente und $C \times B$ hat 10 Elemente. $C \times C = \{(1, 1), (1, 10), (10, 1), (10, 10)\}$.

Aufgabe 17:

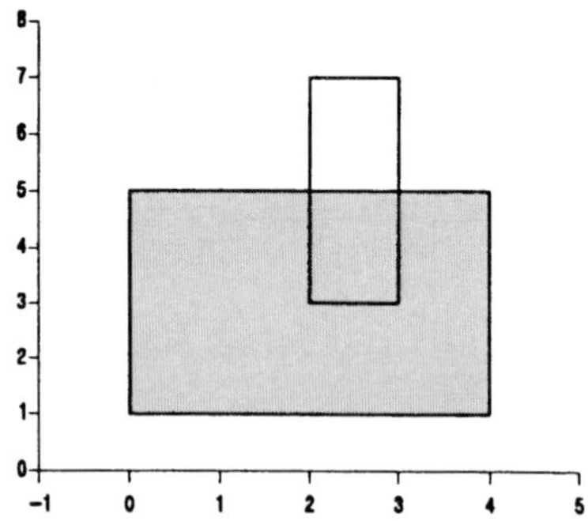

A

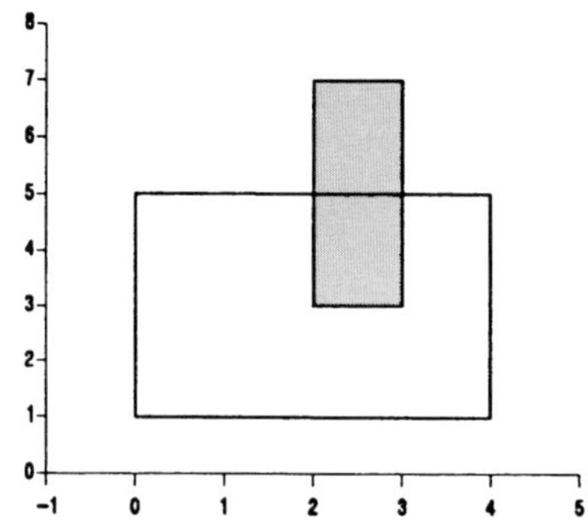

B

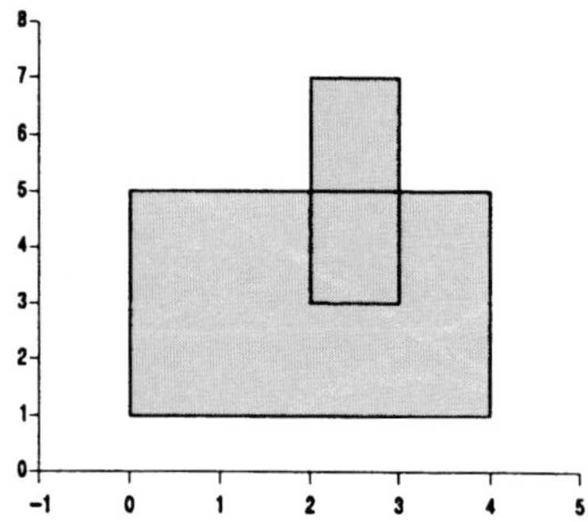

A ∪ B

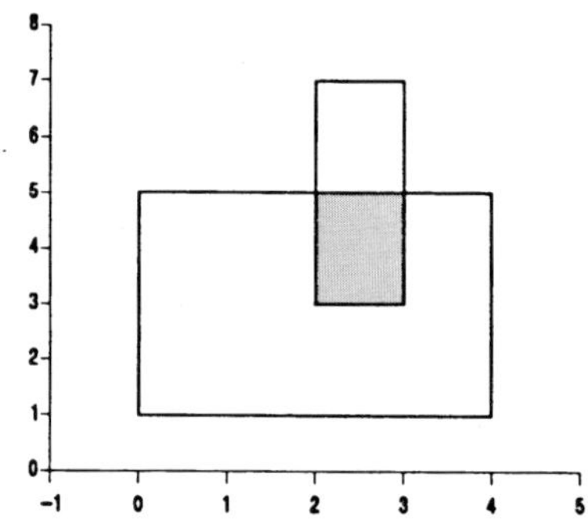

A ∩ B

Aufgabe 18: $A \times B$ sind 4 Strecken zwischen den Punkten (0, − 2) und (2, − 2), . . . und zwischen den Punkten (0, 1) und (2, 1).

Aufgabe 19: a) 36% b) 6%.

Aufgabe 20:

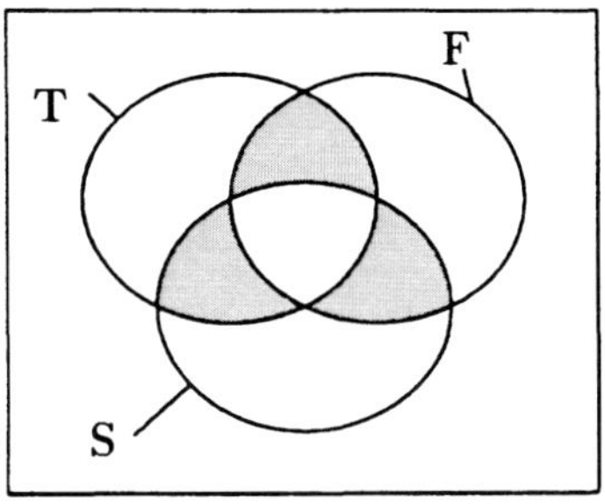

Alle schraffierten Mengen haben zusammen 10 Elemente.
a) $80 - (14 + 12 + 17 + 10) = = 27$.
b) $80 - 50 - (12 + 17) = 1$.

Aufgaben zu den rationalen Zahlen

Aufgabe 21: a) $\frac{11}{21}$ b) $\frac{2b \cdot (16a - 5c)}{3d \cdot (16a - 5c)} = \frac{2b}{3d}$ c) $\frac{3b - 2a}{2a - 3b} = -1$
d) $\frac{a + b}{b - a}$.

Aufgabe 22: a) $\frac{-b + a + bc + ab - ab - a}{b} = c - 1$

b) $\frac{9 + 8z - 4y}{12a} \cdot \frac{24a}{9 + 8z - 4y} = 2$ c) $\frac{x + 2y}{\frac{x^2 + 4xy + 4y^2}{xy}} = \frac{xy}{x + 2y}$

d) $\frac{\frac{x - 1 - x - 1 + x^2 - x}{x^2 - 1}}{\frac{-4x - 2 + x^2 + 3x}{(x + 3) \cdot (4x + 2)}} = \frac{(x + 3) \cdot (4x + 2)}{x^2 - 1}$.

Aufgaben zu Beträgen

Aufgabe 23:

a) $|2x + 25| = \begin{cases} 2x + 25 & \text{für } x \geq -12.5 \\ -2x - 25 & \text{für } x < -12.5 \end{cases}$

b) $|x - 0.33| = \begin{cases} x - 0.33 & \text{für } x \geq 0.33 \\ -x + 0.33 & \text{für } x < 0.33 \end{cases}$

c) $|x^2 - 3x + 2| = \begin{cases} x^2 - 3x + 2 & \text{für } x \geq 2 \text{ oder } x \leq 1 \\ -x^2 + 3x - 2 & \text{für } 1 < x < 2 \end{cases}$

d) $|u - v| = \begin{cases} u - v \text{ für } u \geq v \\ -u + v \text{ für } u < v. \end{cases}$

Aufgabe 24:

1. Fall: $x \geq -\frac{7}{3} \Rightarrow 3x + 7 \leq 4 \Rightarrow \mathbb{L}_1 = [-\frac{7}{3}, -1]$. 2. Fall: $x < -\frac{7}{3} \Rightarrow -3x - 7 \leq 4 \Rightarrow \mathbb{L}_2 = [-\frac{11}{3}, -\frac{7}{3}) \Rightarrow \mathbb{L} = [-\frac{11}{3}, -1]$.
b) $\mathbb{L} = (-\infty, -\frac{7}{2}) \cup (\frac{13}{2}, \infty)$.

Aufgabe 25: a) 1. Fall: $x \leq -2 \Rightarrow -x - 2 \leq -x + 7 \Rightarrow \mathbb{L}_1 = (-\infty, -2]$. 2. Fall: $-2 < x < 7 \Rightarrow x + 2 \leq -x + 7 \Rightarrow \mathbb{L}_2 = (-2, 2.5]$. 3. Fall: $x \geq 7 \Rightarrow x + 2 \leq x - 7 \Rightarrow \mathbb{L}_3 = \emptyset$. Also ist $\mathbb{L} = (-\infty, 2.5]$.
b) $\mathbb{L} = (-0.6, 3)$.

Aufgaben zu Potenzen und Logarithmen

Aufgabe 26: a) 3^{17} b) $(-5)^{-16}$ c) 7^4 d) -7^4.

Aufgabe 27: a) $8 \cdot \sqrt{2}$ b) $3 \cdot \sqrt[3]{3}$ c) $\sqrt[12]{2^{10}}$.

Aufgabe 28: a) $\frac{\sqrt{x}}{x}$ b) $\frac{a \cdot (\sqrt{a} + \sqrt{b})}{a - b}$ c) $\sqrt[3]{b \cdot y} - \sqrt[4]{a \cdot x}$.

Aufgabe 29: a) 2 b) 0 c) $\sqrt[7]{34}$.

Aufgabe 30: a) 4 b) -3 c) 1 d) 0.5.

Aufgabe 31: a) $\log_a \frac{v^5}{w^3}$ b) $\log_a \frac{x \cdot (x - y^2)}{y}$

Aufgabe 32: a) 2^{16} b) $0.5 \cdot (5^{-4} + 1)$ c) 4.

Aufgaben zu Summen und Produkten

Aufgabe 33: a) 13.35 b) 624 c) $\frac{1023}{512}$.

Aufgabe 34: a) $\sum_{n=1}^{7} 3n$ b) $\sum_{n=1}^{7} (9n - 5)$ c) $\sum_{n=5}^{11} \frac{n}{n+1}$ d) $\sum_{n=2}^{10} (n^2 - 1)$.

Aufgabe 35: a) $7! = 5\,040$ b) 231 c) 0.

Aufgaben zu den binomischen Formeln

Aufgabe 36: a) $2x^2 + 2y^2$ b) $16a^2x^2 - 9b^2y^2$ c) $x - 2 \cdot \sqrt{xy} + y$
d) $x - y$.

Aufgabe 37: a) $(4x+7y)^2$ b) $(5ax^2+6by^3)(-5ax^2+6by^3)$
c) $(2\sqrt{x}+3\sqrt{y})^2$.

Aufgabe 38: a) $-2b^4-2a^2\cdot b^2$ b) $-15a^2+56ab-19b^2$.

Aufgabe 39: a) $3x+5y$ b) $\sqrt{x}+1$.

Aufgabe 40: a) 190 b) 9 880 c) 3 921 225 d) 3 921 225.

Aufgabe 41: a) $a^9+9a^8b+36a^7b^2+84a^6b^3+126a^5b^4+126a^4b^5$
$+84a^3b^6+36a^2b^7+9ab^8+b^9$ b) analog.

Aufgabe 42: a) $\sum_{i=0}^{n}\binom{n}{i}\cdot 1^i\cdot 1^{n-i}=(1+1)^n=2^n$.
b) analog folgt: $(1-1)^n=0$.

Aufgaben zu Gleichungen und Ungleichungen

Aufgabe 43: a) $x=\frac{31}{5}$ b) keine Lösung.

Aufgabe 44: a) $x=-13$ b) $x=-\frac{49}{32}$ c) $x=\frac{8}{9}$ d) $x=\frac{1}{7}$.

Aufgabe 45: a) $x_1=2,\ x_2=-4$ b) $x_1=-1,\ x_2=\frac{20}{9}$ c) $x=-5$.

Aufgabe 46: a) $x=3^9$ b) $x=4^{14}$ c) $x_1=6,\ x_2=-6$.

Aufgabe 47: a) $x=-3$ b) $x=3$ c) $x=\log_5 12\approx 1.544$.

Aufgabe 48: a) $x=0$ b) $x=\frac{7\cdot\ln 3+2\cdot\ln 2}{\ln 3-\ln 2}\approx 22.3856$
c) $x=\frac{\ln 2}{\ln 7-\ln 5}\approx 2.06004$.

Aufgabe 49: a) $x=0$ b) $x=\frac{\ln 7+\ln 5+\ln 3}{\ln 5-\ln 2}\approx 5.07913$.

Aufgabe 50: a) $x<5$. b) 1. Fall: $x>0\Rightarrow 1\le 4x\Rightarrow \mathbb{L}_1=\left[\frac{1}{4},\infty\right]$.
2. Fall: $x<0\Rightarrow 1\ge 4x\Rightarrow \mathbb{L}_2=[-\infty,0)\Rightarrow \mathbb{L}=\mathbb{R}\backslash[0,\frac{1}{4})$.
c) 1. Fall: $x>\frac{7}{3}\Rightarrow \mathbb{L}_1=(\frac{7}{3},16]$. 2. Fall: $x<\frac{7}{3}\Rightarrow \mathbb{L}_2=\emptyset\Rightarrow \mathbb{L}=\mathbb{L}_1$.
d) 1. Fall: $x>0\Rightarrow -x^2<1-2x\Rightarrow 0<(x-1)^2\Rightarrow \mathbb{L}_1=(0,\infty)\backslash\{1\}$.
2. Fall: $x<0\Rightarrow \mathbb{L}_2=\{\}\Rightarrow \mathbb{L}=(0,\infty)\backslash\{1\}$. e) $x^2-x-2\le 0\Rightarrow$
$|x-\frac{1}{2}|\le\frac{3}{2}\Rightarrow -1\le x\le 2$. f) 1. Fall: $x>0\Rightarrow x\le\frac{1}{2}\Rightarrow \mathbb{L}_1=(0,\frac{1}{2}]$.
2. Fall: $x<0\Rightarrow \mathbb{L}_2=\emptyset\Rightarrow \mathbb{L}=\mathbb{L}_1$.

Aufgabe 51: a) $-2 < x-5 < 2 \Rightarrow 3 < x < 7$.
b) $2x+3 \geq 2 \cdot |4x-5| \Rightarrow$ 1. Fall: $x > \frac{5}{4} \Rightarrow x \leq \frac{13}{6} \Rightarrow \mathbb{L}_1 = (\frac{5}{4}, \frac{13}{6})$.
2. Fall: $x < \frac{5}{4} \Rightarrow \mathbb{L}_2 = \emptyset \Rightarrow \mathbb{L} = \mathbb{L}_1$. c) 3 Fälle und es folgt: $x < 2$.
d) 1. Fall: $x \geq 0 \Rightarrow x > -3 \Rightarrow \mathbb{L} = [0, \infty)$. 2. Fall: $x < 0 \Rightarrow x > -1$ $\Rightarrow \mathbb{L}_2 = (-1, 0) \Rightarrow \mathbb{L} = (-1, \infty)$. e) 1. Fall: $|x| > 1 \Rightarrow |x| < 2 \Rightarrow$ $\mathbb{L}_1 = (-2, -1) \cup (1, 2)$. 2. Fall: $|x| < 1 \Rightarrow |x| > 2 \Rightarrow \mathbb{L}_2 = \emptyset \Rightarrow$ $\mathbb{L} = \mathbb{L}_1$.

Aufgabe 52: a) $|1+3x| \geq 1+x^2 \Rightarrow$ 1. Fall: $x \geq -\frac{1}{3} \Rightarrow$
$1+3x \geq 1+x^2 \Rightarrow \mathbb{L}_1 = [0, 3]$. 2. Fall: $x < -\frac{1}{3} \Rightarrow$
$-1-3x \geq 1+x^2 \Rightarrow \mathbb{L}_2 = [-2, -1] \Rightarrow \mathbb{L} = [-2, -1] \cup [0, 3]$.
b) 1. Fall: $x > 1 \Rightarrow \mathbb{L}_1 = [6, \infty)$. 2. Fall: $x < 1 \Rightarrow \mathbb{L}_2 = (-\infty, 1) \Rightarrow$ $\mathbb{L} = \mathbb{R}/[1, 6)$. c) $\mathbb{L} = (-\infty, -1) \cup \left[-\frac{1}{2} \cdot \sqrt{2}, \frac{1}{2} \cdot \sqrt{2}\right] \cup (1, \infty)$.

Lösungen der Aufgaben zu Kapitel 2

Aufgaben zu Vektoren

Aufgabe 1: a) $5 \cdot \vec{a} = (5, 0, 10)^T$, $\vec{a} + \vec{b} = (2, 0, 5)^T$, $3 \cdot \vec{c} - 7 \cdot \vec{b} =$ $(-7, 6, -21)^T$ und $4 \cdot \vec{a} + 3 \cdot \vec{b} - 5 \cdot \vec{c} = (7, -10, 17)^T$.
b) $|\vec{a}| = \sqrt{5}$, $|\vec{b}| = \sqrt{10}$ und $|\vec{c}| = 2$.
c) $\vec{a} \cdot \vec{a} = 5$, $\vec{b} \cdot \vec{b} = 10$, $\vec{c} \cdot \vec{c} = 4$, $\vec{a} \cdot \vec{b} = 7$, $\vec{a} \cdot \vec{c} = 0$ und $\vec{b} \cdot \vec{c} = 0$.

Aufgabe 2: $\sqrt{a^2 + 4a^2 + 4} = 5 \Rightarrow a_1 = \sqrt{4.2}$ und $a_2 = -\sqrt{4.2}$.

Aufgabe 3: Aus $a - 2 = 0$, $3a + 2b - c = 0$ und $3 - b = 0$ folgt: $a = 2$, $b = 3$ und $c = 12$.

Aufgabe 4: Aus $t + 2 + 2t = 0$ folgt $t = -\frac{2}{3}$.

Aufgabe 5: ja.

Aufgabe 6: $\vec{a} = -6 \cdot \vec{x} - 2 \cdot \vec{y} + 7 \cdot \vec{z}$, $\vec{b} = -10 \cdot \vec{x} + 15 \cdot \vec{y} - 3 \cdot \vec{z}$, $\vec{c} = -\vec{x} + 2 \cdot \vec{y}$.

Aufgabe 7: Aus $\sqrt{4 + a^2 + 9} = 7$ folgt $a_1 = 6$ und $a_2 = -6$.

Aufgabe 8: $\vec{x} = (-2, 1, 0)^T$ und $\vec{y} = (0, -1, 1)^T$. Hier gibt es noch viele andere Möglichkeiten.

Aufgabe 9: $\vec{a} = -7 \cdot \vec{x} - 3 \cdot \vec{y}$. $\vec{a}$, $\vec{x}$ und $\vec{y}$ sind linear abhängig.

Aufgabe 10: a) $\overrightarrow{AB} = (2, -4, 3)^T$ und $\overrightarrow{AC} = (-4, 8, -6)^T$ zeigen in die gleiche Richtung. Also liegen A, B und C auf einer Geraden:
g: $\vec{x} = (1, 4, -2)^T + \lambda \cdot (2, -4, 3)^T$.

b) E: $\vec{x} = (1, 4, -2)^T + \lambda \cdot (2, -4, 3)^T + \mu \cdot (-2, 6, 3)^T$ oder $15x_1 + 6x_2 - 2x_3 = 43$.

Aufgabe 11: E: $\vec{x} = (0, -1, 2)^T + \lambda \cdot (1, 1, -1)^T + \mu \cdot (2, 0, -6)^T$ oder $3x_1 - 2x_2 + x_3 = 4$.

Aufgaben zu Matrizen

Aufgabe 12:

a) $A^2 - 3 \cdot A = \begin{pmatrix} 12 & 11 & -8 \\ -1 & 42 & -23 \\ -14 & -11 & 6 \end{pmatrix}$ b) $\begin{pmatrix} -4 & 0 & 4 \\ 0 & -10 & 4 \\ 4 & 4 & 0 \end{pmatrix}$

c) $\begin{pmatrix} 6 & 6 & -7 \\ 6 & 35 & -2 \\ -7 & -2 & 10 \end{pmatrix}$.

Aufgabe 13:

$D = \begin{pmatrix} 5 & -25 & 10 \\ -5 & 20 & -10 \end{pmatrix}$.

Aufgabe 14: a) $A \cdot B$ und $A^T \cdot B^T$.

b) $A^T \cdot A - B \cdot B^T = \begin{pmatrix} -52 & -116 \\ -116 & 50 \end{pmatrix}$.

Aufgabe 15

a) $\begin{pmatrix} -4 & 12 & 6 \\ -4 & 4 & 10 \\ 6 & -4 & 6 \end{pmatrix}$

b) $\vec{d} = (-1, 13, 17)$, $\vec{e} = (11, 12, 18)^T$ und $f = 46$.

c) $\vec{g} = (1, -3, -5)^T$

$$E = \begin{pmatrix} 12 & -2 & 16 \\ -6 & 25 & 23 \\ 5 & 18 & 30 \end{pmatrix}, \qquad F = \begin{pmatrix} 1 & 14 & -3 \\ 2 & 17 & -2 \\ 11 & 0 & 49 \end{pmatrix}$$

$$G = \begin{pmatrix} 6 & 5 & -4 & 4 \\ 12 & 0 & -2 & 4 \\ 14 & 4 & -3 & 8 \end{pmatrix}.$$

Aufgabe 16: M gibt die Rohstoff-Endprodukt-Matrix an:

$$M = \begin{pmatrix} 24 & 24 & 36 \\ 41 & 67 & 80 \\ 25 & 32 & 48 \end{pmatrix}.$$

Aufgaben zu Determinanten

Aufgabe 17: det (A) = 1, det (B) = − 7.

Aufgabe 18: det (A) = 13.

Aufgabe 19: det (A) = 13, det (C) = − 22.

Aufgabe 20: − 112.

Aufgabe 21: 49a − 58. $a_1 = \frac{62}{49}$ und $a_2 = \frac{52}{49}$.

Lösungen der Aufgaben zu Kapitel 3

Aufgabe 1: a) rg (A) = 2 b) rg (B) = 1 c) rg (C) = 2
d) rg (D) = 3 e) rg (E) = 3.

Aufgabe 2: rg (A) = 2 falls a=0 und b = 3.5. rg (A) = 3 sonst.

Aufgabe 3:

$$A^{-1} = \begin{pmatrix} -7 & 3 \\ 5 & -2 \end{pmatrix} \text{ und } B^{-1} = \begin{pmatrix} 1 & 0 \\ -2 & 0.5 \end{pmatrix}.$$

Aufgabe 4: C^{-1} existiert nicht, da rg (C) = 2.

$$D^{-1} = \begin{pmatrix} -2 & 1 & 1 \\ 1 & 1 & 1 \\ 1 & 1 & 2 \end{pmatrix}.$$

Aufgabe 5:

$$E^{-1} = \begin{pmatrix} -1 & 0 & 0 & 0 \\ 0 & 0 & 1 & 0 \\ 0 & 0 & 0 & 1 \\ 0 & -1 & 0 & 0 \end{pmatrix} \text{ und}$$

$$F^{-1} = \begin{pmatrix} -\frac{1}{7} & -\frac{2}{7} & -\frac{1}{7} & 1 \\ -\frac{1}{7} & -\frac{2}{7} & \frac{5}{14} & \frac{1}{2} \\ \frac{2}{7} & \frac{4}{7} & -\frac{3}{14} & -\frac{1}{2} \\ \frac{1}{7} & -\frac{5}{7} & \frac{1}{7} & 0 \end{pmatrix}.$$

Aufgabe 6: a) Rg A = 3 und Rg ($A_{erw.}$) = 3 $\Rightarrow$ genau eine Lösung.
b) Rg A = 2 und Rg ($A_{erw.}$) = 3 $\Rightarrow$ keine Lösung.

Aufgabe 7: a) $x_1 = -1$, $x_2 = 1$ und $x_3 = 4$.
b) keine Lösung.

Aufgabe 8: a) keine Lösung. b) $x_1 = 3$, $x_2 = 2$ und $x_3 = 10$.

Aufgabe 9: a) $\vec{x} = (12, 0, -27)^T + \lambda \cdot (-3, 1, 10)^T$.
b) $\vec{x} = (4, 0, -\frac{2}{7}, 0)^T + \lambda \cdot (-3, 0, -\frac{13}{7}, 1)^T + \mu \cdot (0, 1, -\frac{4}{7}, 0)^T$.

Aufgabe 10: a) $x_1 = -6$, $x_2 = -3$ und $x_3 = -7$.
b) $x_1 = \frac{11}{2}$, $x_2 = 0$, $x_3 = \frac{5}{2}$ und $x_4 = 2$.

Aufgabe 11:

a) $$A^{-1} = \begin{pmatrix} \frac{8}{7} & \frac{2}{7} & -1 \\ \frac{4}{7} & \frac{1}{7} & -1 \\ \frac{5}{7} & \frac{3}{7} & -1 \end{pmatrix} \Rightarrow x_1 = \frac{6}{7}, x_2 = \frac{24}{7} \text{ und } x_3 = \frac{37}{7}.$$

b) $$A^{-1} = \begin{pmatrix} -4 & 2 & -1 \\ -3 & 1 & 0 \\ -5 & 2 & -1 \end{pmatrix} \Rightarrow x_1 = 20, x_2 = 2 \text{ und } x_3 = 15.$$

Aufgabe 12:

$$A^{-1} = \begin{pmatrix} 2 & 2 & 4 \\ 1 & 1 & 3 \\ 3 & 1 & 5 \end{pmatrix}$$

a) $x_1 = 6$, $x_2 = 4$ und $x_3 = 6$.
b) $x_1 = 28$, $x_2 = 14$ und $x_3 = 24$.
c) $x_1 = 78$, $x_2 = 60$ und $x_3 = 100$.
d) $x_1 = \frac{151}{3}$, $x_2 = \frac{223}{6}$ und $x_3 = \frac{373}{6}$.
e) $x_1 = 2\pi + 2$, $x_2 = \pi + 1$ und $x_3 = 3\pi + 1$.

Aufgabe 13:

$$\left(\begin{array}{ccc|c} 1 & 2 & -1 & 0 \\ -2 & -3 & 0 & -3 \\ 1 & 3 & t & t \end{array}\right) \begin{array}{l} \text{I} \\ \text{II} \\ \text{III} \end{array} \sim$$

$$\left(\begin{array}{ccc|c} 1 & 2 & -1 & 0 \\ 0 & 1 & -2 & -3 \\ 0 & -1 & -1-t & -t \end{array}\right) \begin{array}{l} \text{I} \\ 2\cdot\text{I}+\text{II} \mathrel{\widehat{=}} \text{IV} \\ \text{I}-\text{III} \mathrel{\widehat{=}} \text{V} \end{array} \sim$$

$$\left(\begin{array}{ccc|c} 1 & 2 & -1 & 0 \\ 0 & 1 & -2 & -3 \\ 0 & 0 & -3-t & -3-t \end{array}\right) \begin{array}{l} \text{I} \\ \text{IV} \\ \text{IV}+\text{V} \end{array}$$

Die Interpretation der letzten Zeile liefert: $(-3-t)\cdot x_3 = -3-t$.

$\Rightarrow \infty$ – viele Lösungen falls $t = -3$ und $\vec{x} = (6, -3, 0)^T + \lambda\cdot(-3, 2, 1)^T$.

$\Rightarrow$ genau eine Lösung falls $t \neq -3$ und $x_1 = 3$, $x_2 = -1$ und $x_3 = 1$.

Aufgabe 14:

$$\left(\begin{array}{ccc|c} 1 & 2 & 1 & -200 \\ 2 & 8 & 6 & -600 \\ 3 & -2 & s & 50t-500 \end{array}\right) \begin{array}{l} \text{I} \\ \text{II} \\ \text{III} \end{array} \sim$$

$$\left(\begin{array}{ccc|c} 1 & 2 & 1 & -200 \\ 0 & -4 & -4 & 200 \\ 0 & 8 & 3-s & -100-50t \end{array}\right) \begin{array}{l} \text{I} \\ 2\cdot\text{I}-\text{II} \mathrel{\widehat{=}} \text{IV} \\ 3\cdot\text{I}-\text{III} \mathrel{\widehat{=}} \text{V} \end{array} \sim$$

$$\left(\begin{array}{ccc|c} 1 & 2 & 1 & -200 \\ 0 & 1 & 1 & -50 \\ 0 & 0 & -5-s & 300-50t \end{array}\right) \begin{array}{l} \text{I} \\ -0.25\cdot\text{IV} \\ 2\cdot\text{IV}+\text{V} \end{array}$$

Die Interpretation der letzten Zeile liefert: $(-5-s)\cdot x_3 = 300 - 50t$.

$\Rightarrow$ genau eine Lösung falls $s \neq 5$ und $x_1 = -\frac{50(2s-t+16)}{s+5}$,
$x_2 = \frac{50(6-t)}{s+5} - 50$ und $x_3 = \frac{50(t-6)}{s+5}$.

$\Rightarrow$ keine Lösung falls $s = -5$ und $t \neq 6$.

$\Rightarrow$ ∞ – viele Lösungen falls $s = -5$ und $t = 6$ und

$\vec{x} = (-100, -50, 0)^T + \lambda \cdot (1, -1, 1)^T$.

Lösungen der Aufgaben zu Kapitel 4

Aufgabe 1: Ungleichungssystem: $y \leq 5$, $y \leq \frac{23}{3} - \frac{4}{3} \cdot x$, $y \geq x - 4$, $y \geq -\frac{1}{6} \cdot x - \frac{5}{3}$ und $y \leq 11 + 3x$.

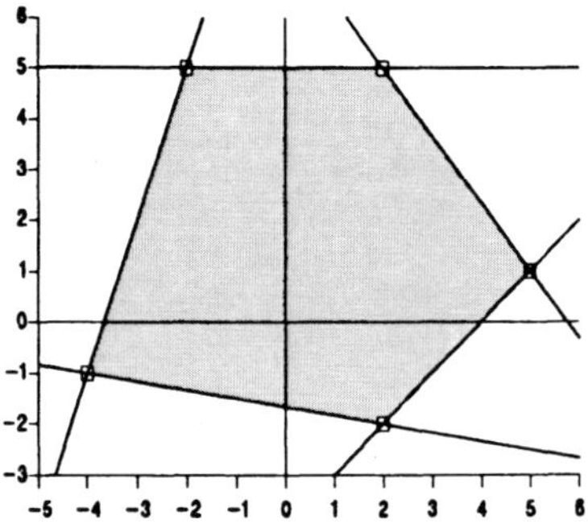

Die Eckpunkte lauten:
$E_1 = (2, -2)$, $E_2 = (5, 1)$, $E_3 = (2, 5)$, $E_4 = (-2, 5)$ und $E_5 = (-4, -1)$.

a) Max. in E_3 und Min. in E_5

b) Max. in E_2 und Min. auf $\overline{E_4 E_5}$.

Aufgabe 2: A: x, B: y. Ungleichungssystem: $x \geq 50$, $y \geq 60$, $x \leq 400$, $y \leq 200$ und $y \leq 500 - x$.

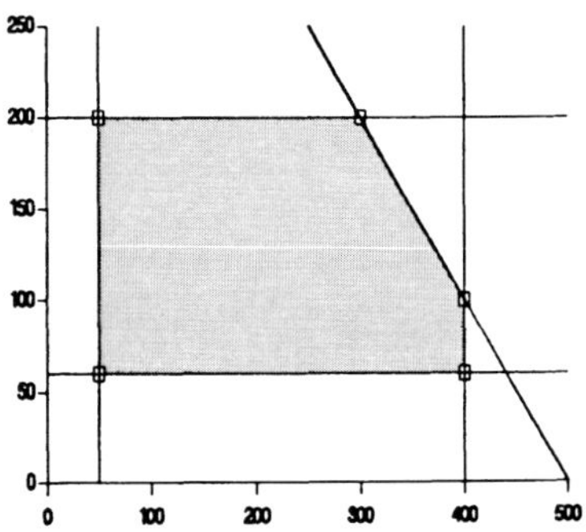

Die Eckpunkte lauten:
$E_1 = (50, 60)$, $E_2 = (400, 60)$, $E_3 = (400, 100)$, $E_4 = (300, 200)$ und $E_5 = (50, 200)$.

a) $z = 600x + 400y$
Max. in E_3.

b) $z = 600x + 600y$
Max. auf $\overline{E_3 E_4}$.

Aufgabe 3: A: x, B: y. Ungleichungssystem: $x + y \geq 230\,000$, $x \leq 160\,000$, $0.08x + 0.1y \leq 20\,000$.

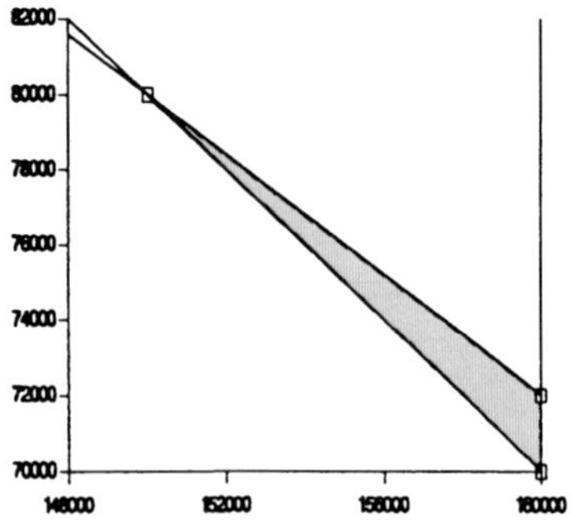

Die Eckpunkte lauten:
$E_1 = (150\,000, 80\,000)$, $E_2 = (160\,000, 70\,000)$ und $E_3 = (160\,000, 72\,000)$.
$z = 0.06x + 0.05y$
Min. bei E_1.

Aufgabe 4: A: x, B: y. Ungleichungssystem: $4x + 3y \leq 360$, $5x + 4y \leq 475$, $\frac{1}{10} \cdot x + \frac{1}{20} \cdot y \leq 8$.

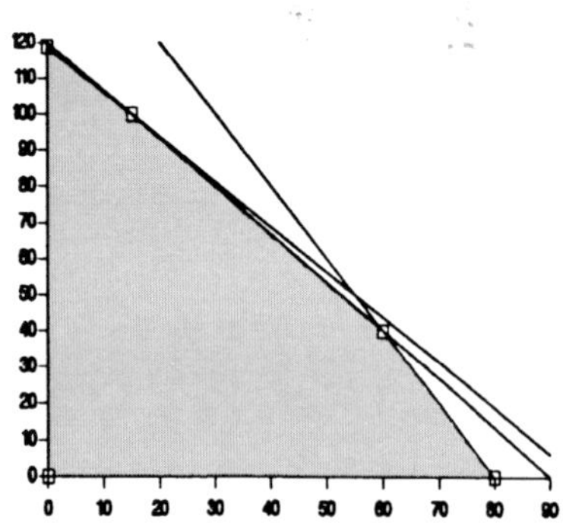

Die Eckpunkte lauten:
$E_1 = (0, 0)$, $E_2 = (80, 0)$, $E_3 = (60, 40)$, $E_4 = (15, 100)$ und $E_5 = (118.75, 0)$.
$z = 14x + 10y$
Max. bei E_3.

Aufgabe 5: Prod.1: x, Prod.2: y. Ungleichungssystem: $x + 0.5y \leq 300$, $0.5x + y \leq 300$.

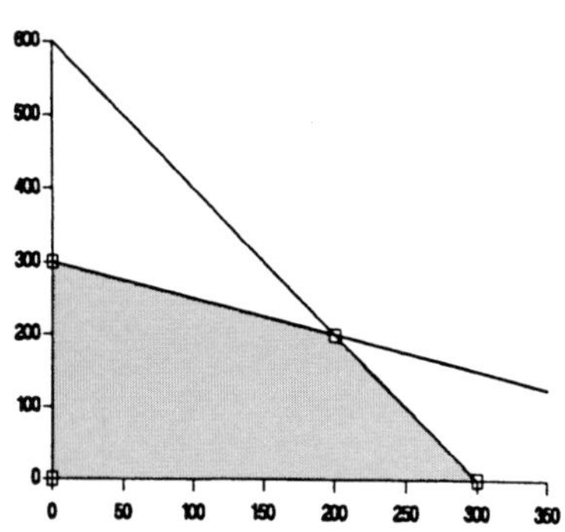

Die Eckpunkte lauten:
$E_1 = (0, 0)$, $E_2 = (300, 0)$, $E_3 = (200, 200)$ und $E_4 = (0, 300)$.
$z = 20x + 20y$
Max. bei E_3.

Aufgabe 6: Prod.1: x, Prod.2: y. Ungleichungssystem:
$3x + y \leq 24$, $x + 2y \leq 24$, $x + y \leq 13$ und $x \geq 1$.

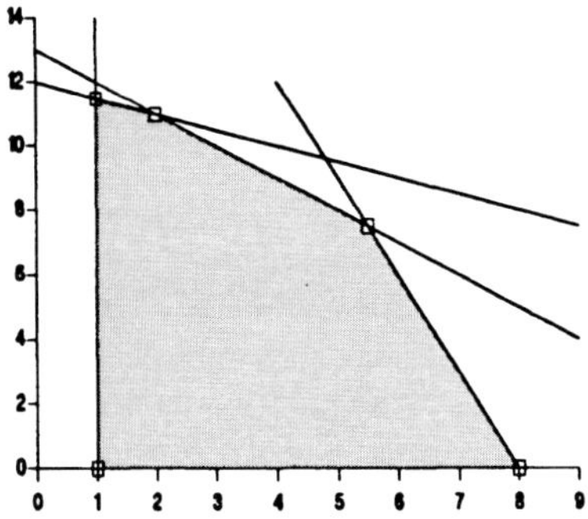

Die Eckpunkte lauten:
$E_1 = (1, 0)$, $E_2 = (8, 0)$,
$E_3 = (5.5, 7.5)$, $E_4 = (2, 11)$ und
$E_5 = (1, 11.5)$.
$z = 30x + 20y$
Max. bei E_3.

Aufgabe 7: A: x, B: y. Ungleichungssystem:
$3.5x + 4y \leq 84$, $x + y \leq 23$ und $y \leq 14$.

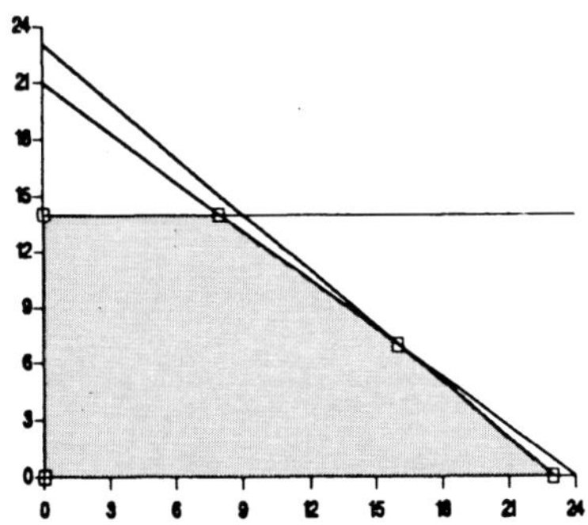

Die Eckpunkte lauten:
$E_1 = (0, 0)$, $E_2 = (23, 0)$,
$E_3 = (16, 7)$, $E_4 = (8, 14)$ und
$E_5 = (0, 14)$.
$z = 180x + 200y$
Max. bei E_3.

Aufgabe 8: Sorte 1: x, Sorte 2: y. Ungleichungssystem:
$2x + y \geq 6$, $2x + 4y \geq 12$ und $4y \geq 4$.

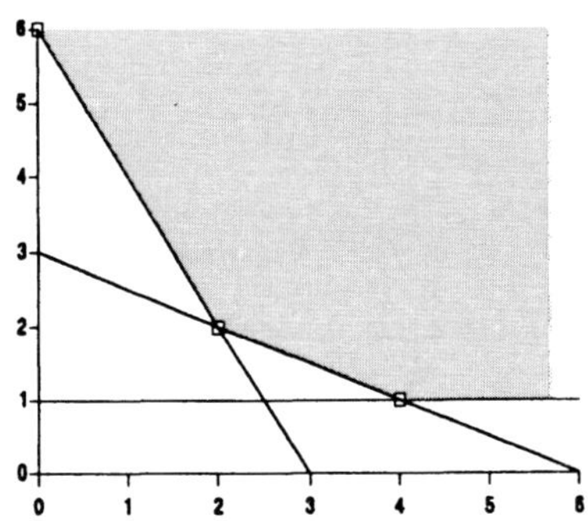

Die Eckpunkte lauten:
$E_1 = (4, 1)$, $E_2 = (2, 2)$ und
$E_3 = (0, 6)$.
$z = 2.5x + 3y$
Min. bei E_2.

Aufgabe 9: Teil A: x, Teil B: y. Ungleichungssystem: $9x + 3y \geq 18$, $3x + 3y \geq 12$ und $6x + 18y \geq 36$.

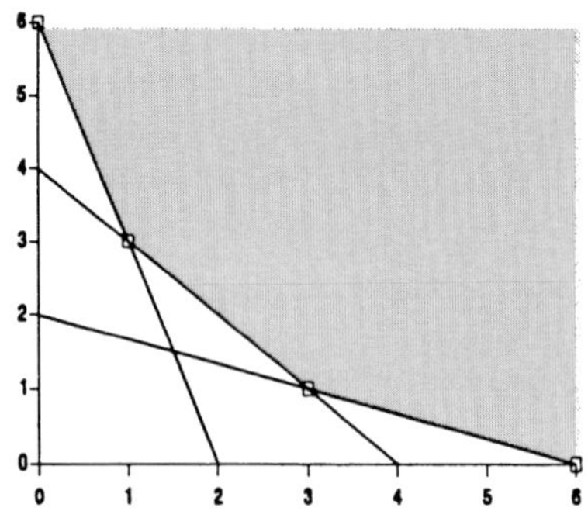

Die Eckpunkte lauten:
$E_1 = (6, 0)$, $E_2 = (0, 6)$
$E_3 = (1, 3)$ und $E_4 = (3, 1)$.
$z = 30\,000x + 20\,000y$
Min. bei E_3.

Aufgabe 10: Türen: x, Motorh.: y. Ungleichungssystem: $3x + 2.5y \leq 50$, $1.75x + 2.5y \leq 37.5$, $x \leq 13$ und $y \leq 10$.

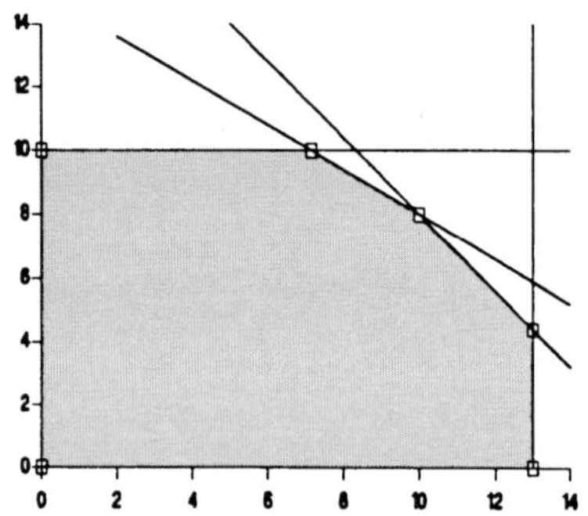

Die Eckpunkte lauten:
$E_1 = (0, 0)$, $E_2 = (13, 0)$
$E_3 = (13, 4.4)$, $E_4 = (10, 8)$,.
$E_5 = (7.142, 10)$ und $E_6 = (0, 10)$.
$z = 180x + 250y$
Max. bei E_4.

Lösungen der Aufgaben zu Kapitel 5

Aufgabe 1: $105 + 112 + \ldots + 994 =$

$= 7 \cdot 15 + \ldots + 7 \cdot 142 = \frac{128}{2} \cdot (105 + 994) = 70\,336.$

Aufgabe 2: $20 + 22 + \ldots + (20 + 21 \cdot 2) = \frac{22}{2} \cdot (20 + 62) = 902.$

Aufgabe 3: arithm. Folge: $a_1 = 500$ und $d = 50$.
a) $a_n = 1\,550 = 500 + (n - 1) \cdot 50 = n = 22.$

b) $s_{22} = \frac{22}{2} \cdot (500 + 1\,550) = 22\,550.$

Aufgabe 4: $K_5 = 10\,000 = K \cdot 1.08^5 \Rightarrow K = 6\,805.83.$

Aufgabe 5: $2K = K \cdot 1.07^n \Rightarrow n = 10.24$.

Aufgabe 6: analog Beispiel 5.5. a) 14 728.51 b) 15 595.70 c) 16 064.00 d) 16 390.21 e) 16 552.10 f) 16 557.49 g) 16 557.72 h) 16 557.73 i) 16 557.73.

Aufgabe 7: a) $3\,000 = 1\,000 \cdot 1.005^n \Rightarrow n = 220.27$ Monate $\approx$ ≈ 18.36 Jahre. b) $3\,000 = 1\,000 \cdot e^{0.06n} \Rightarrow \ln 3 = 0.06n \Rightarrow n = 18.31$ Jahre.

Aufgabe 8: a) $8\,000 \cdot 1.03 \cdot \frac{1.03^{20}-1}{0.03} \cdot 1.035^{20} +$ $+ 8\,000 \cdot 1.035 \cdot \frac{1.035^{20}-1}{0.035} = 674\,718.67$. b) $M_e = 1\,659.82$.

Aufgabe 9: a) $K_{20} = 300 \cdot (12 + \frac{7}{200} \cdot 13) \cdot \frac{1.07^{20}-1}{0.07} = 153\,179.66$. b) $M_e = 499.77$.

Aufgabe 10: a) $K_{20} = 1\,000 \cdot (12 + \frac{8}{200} \cdot 13) \cdot \frac{1.08^{20}-1}{0.08} = 572\,939.79$.

b) $K_{20} = 1\,000 \cdot (3 + \frac{2}{200} \cdot 4) \cdot \frac{1.02^{80}-1}{0.02} = 589\,066.75$.

c) $K_{20} = 1\,000 \cdot (1 + \frac{1}{150}) \cdot \frac{(1+\frac{1}{150})^{240}-1}{\frac{1}{150}} = 592\,947.22$.

Aufgabe 11: $K = \dfrac{500 \cdot (12 + \frac{4}{200} \cdot 13) \cdot \frac{1.04^5-1}{0.04}}{1.04^5} = 27\,289.67$.

Aufgabe 12: $0 = 100\,000 \cdot 1.06^n - 5\,000 \cdot (12 + \frac{6}{200} \cdot 13) \cdot \frac{1.06^n-1}{0.06}$ $\Rightarrow n = 1.748$ Jahre.

Aufgabe 13: $K = 300 \cdot (12 + \frac{6}{200} \cdot 13) \cdot \frac{1.06^{13}-1}{0.06} \cdot 1.06^2 = 78\,859.76$. $R_6 = 0 = 78\,859.76 \cdot 1.06^6 - B \cdot (12 + \frac{6}{200} \cdot 13) \cdot \frac{1.06^6-1}{0.06} \Rightarrow B = 1\,294.36$.

Aufgabe 14: $K = M_e \cdot (1\,200 + 6.5p) \cdot \frac{1}{p} = 1\,016\,250 =$ $= E \cdot \left((12 + \frac{5}{200} \cdot 13) \cdot \frac{1.05^{20}-1}{0.05} \cdot 1.045^{20} + (12 + \frac{4.5}{200} \cdot 13) \cdot \frac{1.045^{20}-1}{0.045}\right)$ $\Rightarrow E = 742.60$.

Aufgabe 15: a) $0 = K \cdot q^n - A \cdot \frac{q^n-1}{q-1} \Rightarrow n = \dfrac{\ln \frac{A}{A-(q-1)\cdot K}}{\ln q} = 57.82$. b) $A = K \cdot q^n \cdot \frac{q-1}{q^n-1} = 2\,493.02$.

Aufgabe 16: $A = 19\,171.35$.

Lösungen der Aufgaben zu Kapitel 6

Aufgabe 1:

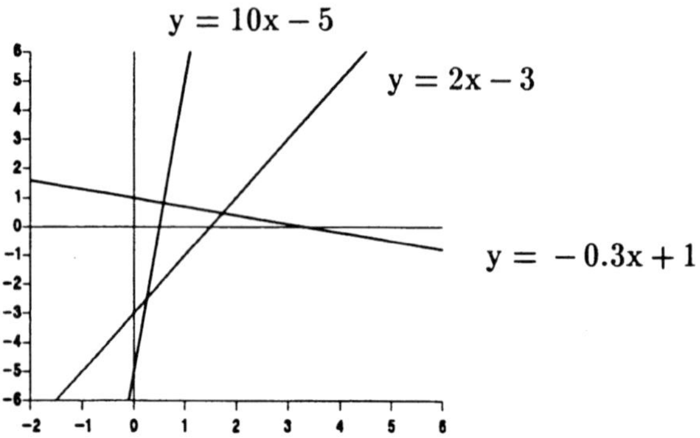

Aufgabe 2:

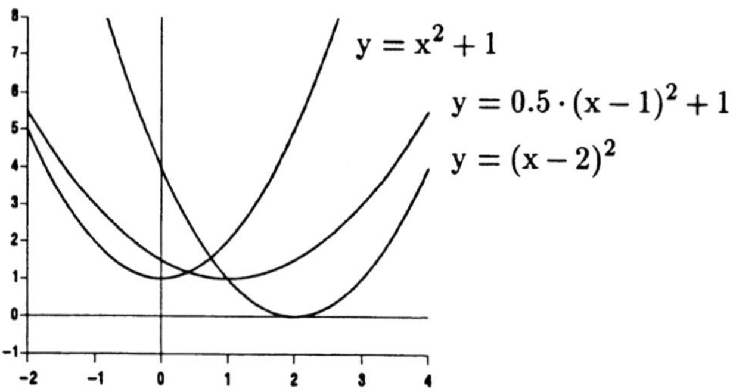

Aufgabe 3:

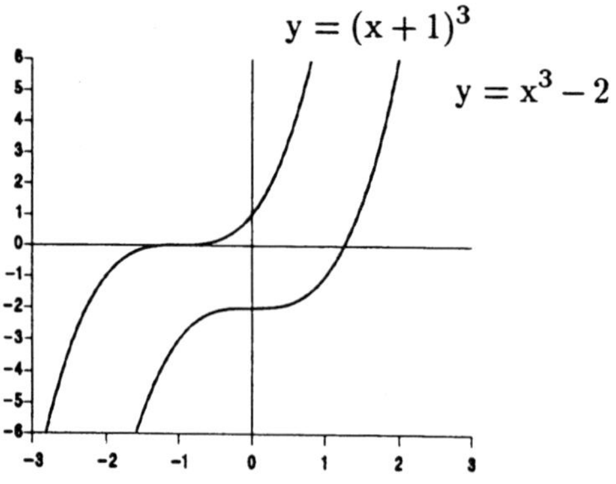

Aufgabe 4:

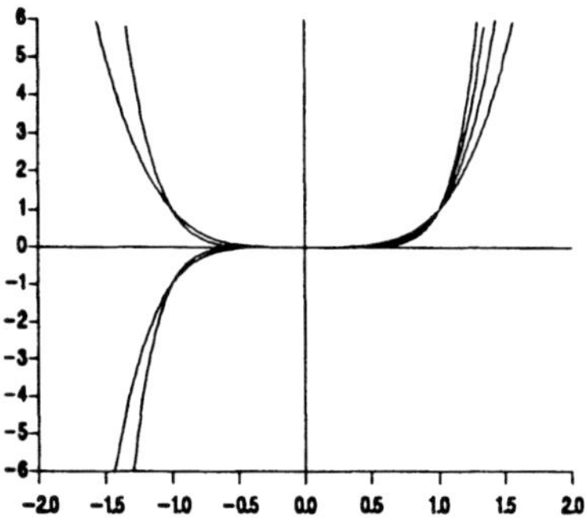

von links nach rechts im ersten Quadranten:

$y = x^7$

$y = x^6$

$y = x^5$

$y = x^4$

Aufgabe 5:

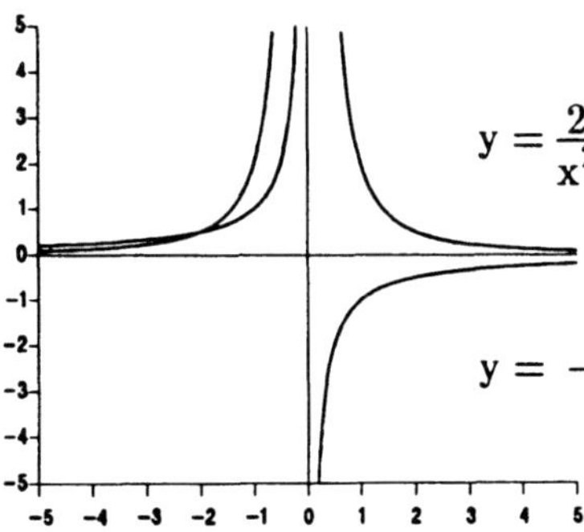

$y = \frac{2}{x^2}$

$y = -\frac{1}{x}$

Aufgabe 6:

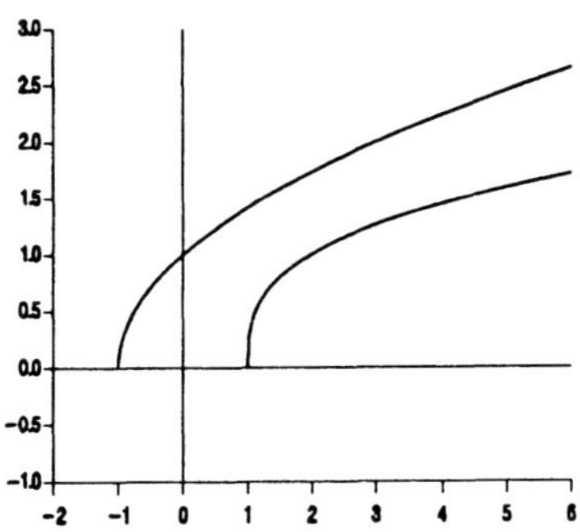

$y = \sqrt{x+1}$

$y = \sqrt[3]{x-1}$

Aufgabe 7:

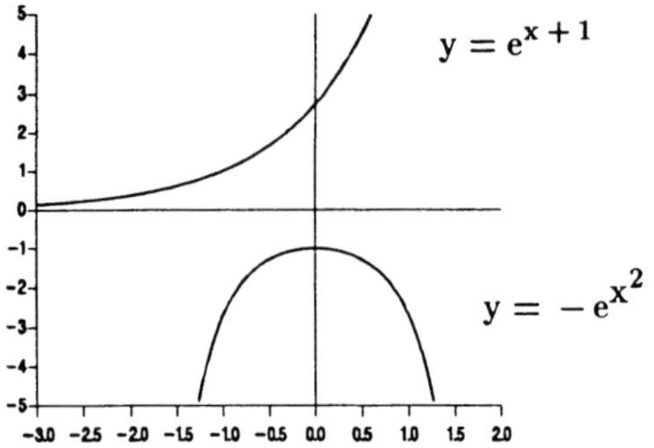

Aufgabe 8:

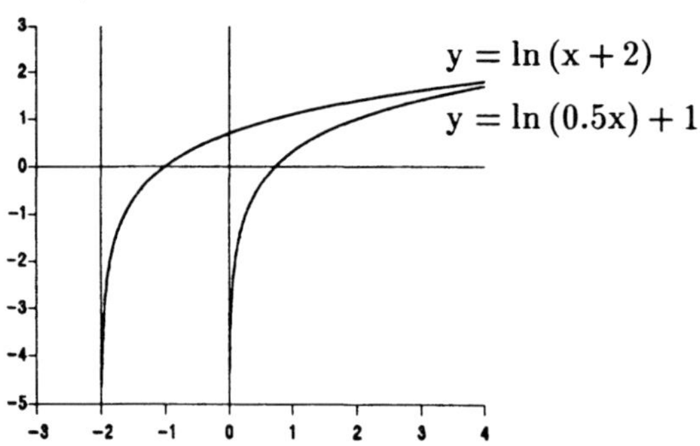

Aufgabe 9: a) $f'(x) = 5x^4 - 12.9x^{3.3}$ b) $f'(x) = \frac{-1.5}{x^{2.5}}$

c) $f'(x) = \frac{1}{3 \cdot \sqrt[3]{x^2}}$.

Aufgabe 10: a) $f'(x) = 2x \cdot \ln x + x$ b) $f'(x) = x \cdot \cos x + \sin x$

c) $f'(x) = e^x \cdot \cos x + x \cdot e^x \cdot \cos x - x \cdot e^x \cdot \sin x$.

Aufgabe 11: a) $f'(x) = -\frac{x^2 - 2x - 2}{(x^2 + 2)^2}$ b) $f'(x) = \frac{xe^x - 2e^x + 2}{x^3}$.

Aufgabe 12: a) $f'(x) = 25 \cdot (x^2 - 1)^{24} \cdot 2x$ b) $f'(x) = \frac{2e^{2x} - 2x}{e^{2x} - x^2}$

c) $f'(x) = -\frac{1}{(x-1)^2} \cdot \cos\frac{1}{x-1}$.

Aufgabe 13: a) $f'(x) = x^{x^{-3}} \cdot (1 - 3 \cdot \ln x)$

b) $f'(x) = (2 - \ln x)^2 \cdot (1 + \ln x)$ c) $f'(x) = \dfrac{6}{(2-3x)^3}$.

Aufgabe 14a:

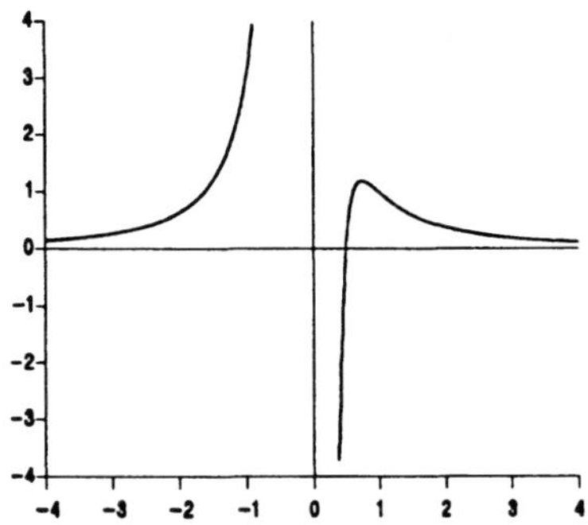

$f'(x) = \frac{3}{x^4} - \frac{4}{x^3}$

$f''(x) = \frac{12}{x^4} - \frac{12}{x^5}$

$\mathbb{D} = \mathbb{R}\backslash\{0\}$, Pol bei $x = 0$,

N(0.5, 0), H$(\frac{3}{4}, \frac{32}{27})$, W(1, 1).

Aufgabe 14b:

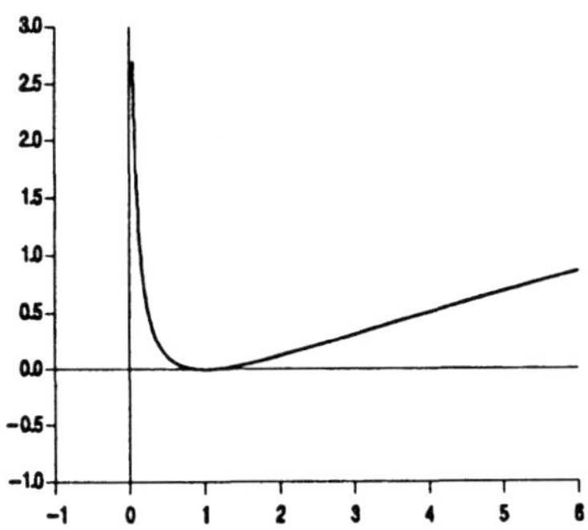

$f'(x) = \dfrac{x-1}{2 \cdot \sqrt{x^3}}$

$f''(x) = \dfrac{3-x}{4 \cdot \sqrt{x^5}}$

$\mathbb{D} = \mathbb{R}^+$, Pol bei $x = 0$,
N(1, 0), T(1, 0), W$(3, \frac{4}{\sqrt{3}} - 2)$.

Aufgabe 14c:

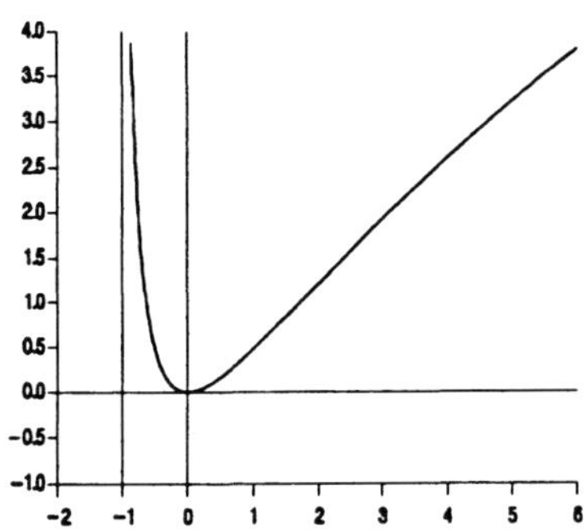

$f'(x) = \dfrac{2 \cdot \ln(x+1)}{x+1}$

$f''(x) = \dfrac{2 - 2 \cdot \ln(x+1)}{(x+1)^2}$

$\mathbb{D} = (-1, \infty)$, Pol bei $x = -1$,
N(0, 0), T(0, 0), W(e − 1, 1).

Aufgabe 14d:

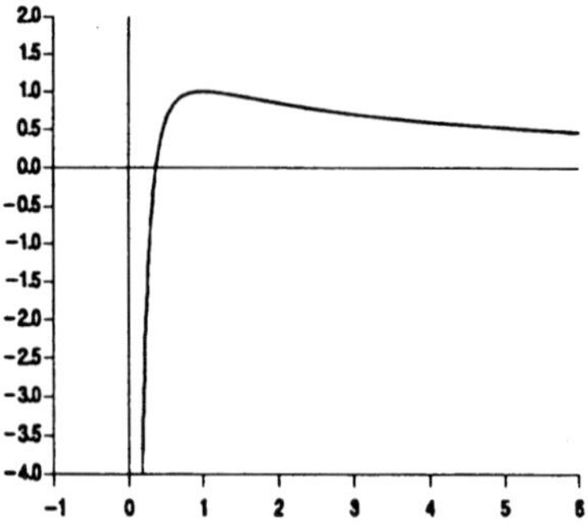

$$f'(x) = \frac{-\ln x}{x^2}$$

$$f''(x) = \frac{-1 + 2 \cdot \ln x}{x^3}$$

$\mathbb{D} = \mathbb{R}^+$, Pol bei $x = 0$,

$N\left(\frac{1}{e}, 0\right)$, $H(1, 1)$, $W\left(\sqrt{e}, \frac{3}{2 \cdot \sqrt{e}}\right)$.

Aufgabe 14e:

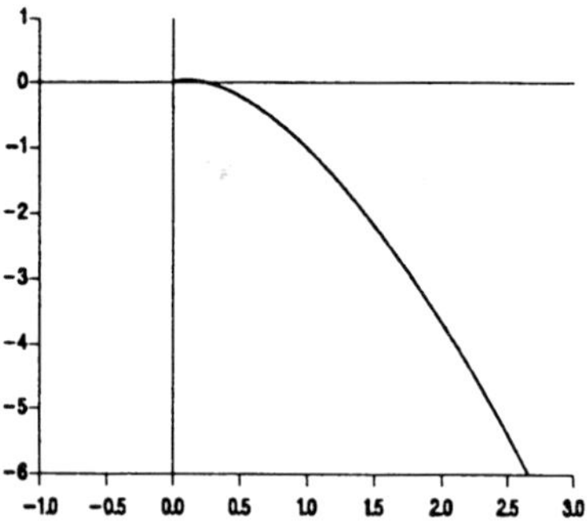

$$f'(x) = 1 - 3 \cdot \sqrt{x}$$

$$f''(x) = -\frac{3}{2 \cdot \sqrt{x}}$$

$\mathbb{D} = \mathbb{R}_0^+$, kein Pol bei $x = 0$,

$N_1(0,0)$, $N_2(0.25, 1)$, $H\left(\frac{1}{9}, \frac{1}{27}\right)$.

Aufgabe 14f:

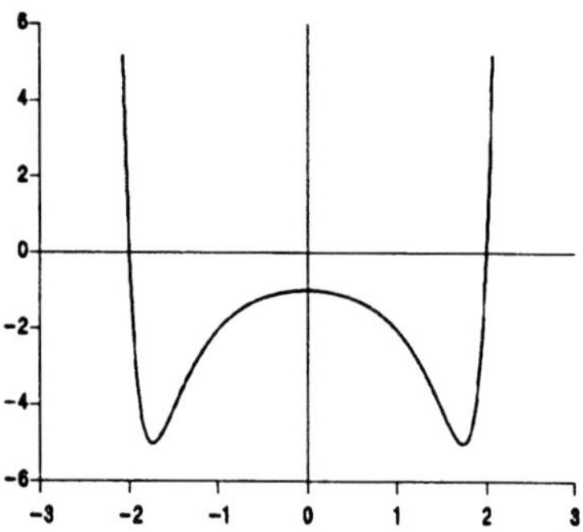

$$f'(x) = 0.5x \cdot (x^2 - 3) \cdot e^{x^2}$$

$$f''(x) = 0.5 \cdot (2x^4 - 3x^2 - 3) \cdot e^{x^2}$$

$\mathbb{D} = \mathbb{R}$,

$N_1(2, 0)$, $N_2(-2, 0)$, $H(0, -1)$,

$T_1(\sqrt{3}, -0.25 \cdot e^3)$,

$T_2(-\sqrt{3}, -0.25 \cdot e^3)$,

$$W_{1/2}\left(\pm\sqrt{\frac{\sqrt{33}}{4} + \frac{3}{4}}, \left(\frac{\sqrt{33}}{16} - \frac{13}{16}\right) \cdot e^{\frac{\sqrt{33}}{4} + \frac{3}{4}}\right).$$

Aufgabe 14g:

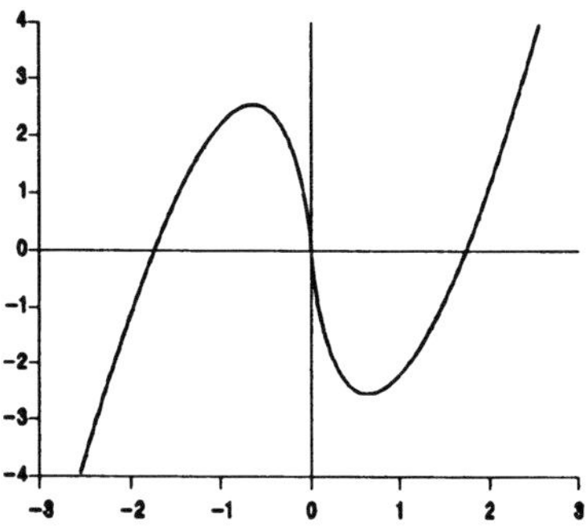

$f'(x) = 4 \cdot \ln|x| + 4 - 2 \cdot \ln 3$

$f''(x) = \frac{4}{|x|}$

$\mathbb{D} = \mathbb{R} \setminus \{0\}$, Lücke bei $x = 0$

$N_1(\sqrt{3},0)$, $N_2(-\sqrt{3}, 0)$, $H(-\frac{\sqrt{3}}{e}, \frac{4 \cdot \sqrt{3}}{e})$,

$T(\frac{\sqrt{3}}{e}, -\frac{4 \cdot \sqrt{3}}{e})$.

Aufgabe 15: a) $x_{n+1} = x_n - \frac{x_n^3 - x_n + 5}{3x_n^2 - 1}$. Mit $x_1 = -2$ folgen:

$x_2 = -1.909090909$, $x_3 = -1.904174860$ und $x_4 = -1.904160859$.

b) $x_{n+1} = x_n - \frac{e^{x_n} - x_n^2}{e^{x_n} - 2 \cdot x_n}$. Mit $x_1 = -1$ folgen:

$x_2 = -0.7330436052$, $x_3 = -0.7038077863$, $x_4 = -0.7034674683$ und $x_5 = -0.7034674225$.

c) $x_{n+1} = x_n - \frac{\ln(x_n + 1) + x_n^3 + x_n + 1}{\frac{1}{x_n + 1} + 3x_n^2 + 1}$. Mit $x_1 = -0.5$ folgen:

$x_2 = -0.\ 4151607519$, $x_3 = -0.4079912895$ und $x_4 = -0.4079479523$.

d) $x_{n+1} = x_n - \frac{\sin x_n - x_n - 1}{\cos x_n - 1}$. Mit $x_1 = -2$ folgen:

$x_2 = -1.935951152$ und $x_3 = -1.934563874$.

e) $x_{n+1} = x_n - \frac{x_n^5 - x_n + 3}{5x_n^4 - 1}$. Mit $x_1 = -1.5$ folgen:

$x_2 = -1.372750643$, $x_3 = -1.342786669$, $x_4 = -1.341297066$ und $x_5 = -1.341293532$.

Aufgabe 16: a) $x_0 = 1$: $T_2(x) = -2 + 3(x-1) + 9(x-1)^2$,

$T_3(x) = -2 + 3(x-1) + 9(x-1)^2 + 10(x-1)^3$,

$T_4(x) = -2 + 3(x-1) + 9(x-1)^2 + 10(x-1)^3 + 5(x-1)^4$.

$x_0 = 3$: $T_2(x) = 232 + 399(x-3) + 269(x-3)^2$,

$T_3(x) = 232 + 399(x-3) + 269(x-3)^2 + 90(x-3)^3$,

$T_3(x) = 232 + 399(x-3) + 269(x-3)^2 + 90(x-3)^3 + 15(x-3)^4$.

b) $x_0 = 0$: $T_2(x) = 2 - 2x + 2x^2$, $T_3(x) = 2 - 2x + 2x^2 - 2x^3$,

$T_4(x) = 2 - 2x + 2x^2 - 2x^3 + 2x^4$.

$x_0 = 5$: $T_2(x) = \frac{1}{3} - \frac{1}{18}\cdot(x-5) + \frac{1}{108}\cdot(x-5)^2$,

$T_3(x) = \frac{1}{3} - \frac{1}{18}\cdot(x-5) + \frac{1}{108}\cdot(x-5)^2 - \frac{1}{648}\cdot(x-5)^3$,

$T_4(x) = \frac{1}{3} - \frac{1}{18}\cdot(x-5) + \frac{1}{108}\cdot(x-5)^2 - \frac{1}{648}\cdot(x-5)^3 + \frac{1}{3888}\cdot(x-5)^4$.

c) $x_0 = 0$: $T_2(x) = 2x$, $T_3(x) = 2x - \frac{1}{3}\cdot x^3$, $T_4(x) = 2x - \frac{1}{3}\cdot x^3$.

$x_0 = \frac{\pi}{2}$: $T_2(x) = 2 - (x - \frac{\pi}{2})^2$, $T_3(x) = 2 - (x - \frac{\pi}{2})^2$,

$T_4(x) = 2 - (x - \frac{\pi}{2})^2 + \frac{1}{12}\cdot(x - \frac{\pi}{2})^4$.

d) $x_0 = 0$: $T_2(x) = 1 + x + \frac{1}{2}\cdot x^2$, $T_3(x) = 1 + x + \frac{1}{2}\cdot x^2 + \frac{1}{6}\cdot x^3$,

$T_4(x) = 1 + x + \frac{1}{2}\cdot x^2 + \frac{1}{6}\cdot x^3 + \frac{1}{24}\cdot x^4$.

$x_0 = 1$: $T_2(x) = e + e(x-1) + \frac{1}{2}\cdot e\cdot(x-1)^2$,

$T_3(x) = e + e(x-1) + \frac{1}{2}\cdot e\cdot(x-1)^2 + \frac{1}{6}\cdot e\cdot(x-1)^3$,

$T_4(x) = e + e(x-1) + \frac{1}{2}\cdot e\cdot(x-1)^2 + \frac{1}{6}\cdot e\cdot(x-1)^3 + \frac{1}{24}\cdot e\cdot(x-1)^4$.

Aufgabe 17: a) $f(x) = (1+x)^{\frac{6}{5}}$, $f'(x) = \frac{6}{5}\cdot(1+x)^{\frac{1}{5}}$, $f''(x) = \frac{6}{25}\cdot(1+x)^{-\frac{4}{5}}$ und $f'''(x) = -\frac{24}{125}\cdot(1+x)^{-\frac{9}{5}}$.

$\Rightarrow\quad f(0) = 1,\quad f'(0) = \frac{6}{5},\quad f''(0) = \frac{6}{25} \quad\Rightarrow\quad T_2(x) = 1 + \frac{6}{5}\cdot x + \frac{3}{25}\cdot x^2$.

b) $\left(\sqrt[5]{\frac{6}{5}}\right)^6 = \left(\frac{6}{5}\right)^{\frac{6}{5}} = f(\frac{1}{5}) \approx T_2(\frac{1}{5}) = 1 + \frac{6}{25} + \frac{3}{625} = \frac{778}{625} = 1.2448$.

c) Fehler $\le \max\limits_{\eta\in(0,\frac{1}{5})} \left| -\frac{24}{125}\cdot\frac{1}{(1+\eta)^{\frac{9}{5}}}\cdot\left(\frac{1}{5}\right)^3\cdot\frac{1}{3!}\right| = \frac{24}{125}\cdot\frac{1}{125}\cdot\frac{1}{3!} =$

$= \frac{4}{5^6} = 0.000256$.

Aufgabe 18: a) $T_2(x) = 1 + x - \frac{1}{2}\cdot x^2$. b) $T_2(x) = 0 \;\Rightarrow\; x_1 = 1 - \sqrt{3}$ und $x_2 = 1 + \sqrt{3}$ c) an x_1: Fehler $\le \max\limits_{\eta\in(1-\sqrt{3},\,0)} \left| e^{\eta}\cdot\frac{1}{6}\cdot(1-\sqrt{3})^3\right| =$

$= e^0\cdot\frac{1}{6}\cdot(-1+\sqrt{3})^3 = 0.065384$.

an x_2: Fehler $\le \max\limits_{\eta\in(0,\,1+\sqrt{3})} \left| e^{\eta}\cdot\frac{1}{6}\cdot(1+\sqrt{3})^3\right| = e^{1+\sqrt{3}}\cdot\frac{1}{6}\cdot(1+\sqrt{3})^3 =$

$= 52.219$. Folglich ist die Näherung x_1 relativ gut, während die Näherung x_2 nicht zu gebrauchen ist.

Lösungen der Aufgaben zu Kapitel 7

Aufgabe 1: a) $F(x) = \frac{1}{4}\cdot x^4 + \frac{2}{5}\cdot x^{2.5} + \frac{10}{3}\cdot x^{1.5}$

b) $f(x) = x^4 + 6x^3 + 9x^2 \Rightarrow F(x) = \frac{1}{5}\cdot x^5 + \frac{3}{2}\cdot x^4 + 3x^3$

c) $F(x) = \frac{4}{3}\cdot x^{1.5} - 6\cdot\sqrt{x}$ d) $F(x) = e^x + 2\cdot\sin x - e^{-x}$

e) $F(x) = -\frac{1}{x} + \frac{1}{2x^2}$.

Aufgabe 2: a) $f(x) = x,\ g'(x) = \cos x \Rightarrow$
$\int_0^{\pi} x\cdot\cos x\,dx = [\cos x + x\cdot\sin x]_0^{\pi} = -2$ b) $f(x) = \ln x,\ g'(x) = x^2 \Rightarrow$
$\int_1^{e} x^2\cdot\ln x\,dx = \left[-\frac{x^3}{9} + \frac{x^3\cdot\ln x}{3}\right]_1^{e} = \frac{2}{9}\cdot e^3 + \frac{1}{9}$ c) zweimalige partielle Integration jeweils mit $g'(x) = e^{-x}$ führt auf $\int_0^1 (x^2+x)\cdot e^{-x}\,dx =$
$= \left[-e^{-x}\cdot(x^2+3x+3)\right]_0^1 = 3 - \frac{7}{e}$ d) $f(x) = \ln\frac{x^3}{4},\ g'(x) = 1 \Rightarrow$
$\int_1^2 \ln\frac{x^3}{4}\,dx = [x\cdot\ln x^3 - 3x - 2x\cdot\ln 2]_1^2 = 4\cdot\ln 2 - 3$

e) $\int\sin^2 x\,dx = \int\sin x\cdot\sin x\,dx$. Mit $f(x) = \sin x$ und $g'(x) = \sin x$ folgt $f'(x) = \cos x$ und $g(x) = -\cos x \Rightarrow \int\sin^2 x\,dx = [-\sin x\cdot\cos x] +$
$+ \int\cos^2 x\,dx = [-\sin x\cdot\cos x] + \int(1-\sin^2 x)\,dx = [-\sin x\cdot\cos x + x] +$
$- \int\sin^2 x\,dx \Rightarrow 2\cdot\int\sin^2 x\,dx = [-\sin x\cdot\cos x + x] \Rightarrow \int\sin^2 x\,dx =$
$= \frac{1}{2}\cdot[-\sin x\cdot\cos x + x] \Rightarrow \int_0^{2\pi}\sin^2 x\,dx = \frac{1}{2}\cdot[-\sin x\cdot\cos x + x]_0^{2\pi} = \pi$.

Aufgabe 3: a) Mit $u = x^2$ und $\frac{du}{dx} = 2x$ folgt: $\int_0^2 x\cdot e^{x^2}\,dx =$
$= \int_0^2 x\cdot e^u\cdot\frac{du}{2x} = \int_0^2 e^u\cdot\frac{du}{2} = \left[\frac{1}{2}\cdot e^u\right]_{x=0}^{x=2} = \left[\frac{1}{2}\cdot e^{x^2}\right]_{x=0}^{x=2} = \frac{1}{2}\cdot e^4 - \frac{1}{2}$

b) Mit $u = -x^2$ und $\frac{du}{dx} = -2x$ folgt: $\int_0^1 x\cdot e^{-x^2}\,dx =$
$= \int_0^1 x\cdot e^u\cdot\left(-\frac{du}{2x}\right) = \int_0^1 -e^u\cdot\frac{du}{2} = \left[-\frac{1}{2}\cdot e^u\right]_{x=0}^{x=1} = \left[-\frac{1}{2}\cdot e^{-x^2}\right]_{x=0}^{x=1} = \frac{1}{2} - \frac{1}{2e}$

c) Mit $u = x^2 + 1$ und $\frac{du}{dx} = 2x$ folgt: $\int_0^1 \frac{x}{x^2+1}\,dx = \int_0^1 \frac{x}{u}\cdot\frac{du}{2x} = \int_0^1 \frac{du}{2u} =$
$= \left[\frac{1}{2}\cdot\ln u\right]_{x=0}^{x=1} = \left[\frac{1}{2}\cdot\ln(x^2+1)\right]_0^1 = \frac{1}{2}\cdot\ln 2$.

Aufgabe 4: a) Nullstellen: $(0, 0)$, $(\frac{\pi}{4}, 0)$, $(\frac{\pi}{2}, 0)$, $(\frac{3\pi}{4}, 0)$ und $(\pi, 0)$.

$$\Rightarrow \quad A = \int_0^{\frac{\pi}{4}} \sin 4x\,dx + \left| \int_{\frac{\pi}{4}}^{\frac{\pi}{2}} \sin 4x\,dx \right| + \int_{\frac{\pi}{2}}^{\frac{3\pi}{4}} \sin 4x\,dx + \left| \int_{\frac{3\pi}{4}}^{1} \sin 4x\,dx \right| = 4 \cdot \tfrac{1}{2} = 2.$$

b) Nullstelle: $(0, 0)$ $\Rightarrow$ $A = \int_{-1}^{0} e^x - e^{3x}\,dx + \left| \int_0^2 e^x - e^{3x}\,dx \right| =$

$= \frac{1}{3} \cdot e^6 - e^2 + \frac{4}{3} - e^{-1} + \frac{1}{3} \cdot e^{-3}$. c) Nullstelle: $(0, 0)$

$$\Rightarrow A = \left| \int_{-0.5}^{0} \frac{x^3}{1+x^4}\,dx \right| + \int_0^1 \frac{x^3}{1+x^4}\,dx = \left[\tfrac{1}{4} \cdot \ln(1+x^4)\right]_0^{-0.5} +$$

$$+ \left[\tfrac{1}{4} \cdot \ln(1+x^4)\right]_0^1 = \tfrac{1}{4} \cdot \ln \tfrac{17}{8} \approx 0.188442.$$

Aufgabe 5: a) $\int_0^{\infty} 2 \cdot e^{-2x}\,dx = \lim\limits_{b \to \infty} \left[-e^{-2x}\right]_0^b =$

$= \lim\limits_{b \to \infty} (-e^{-2b} + 1) = 1$ b) $\int_1^{\infty} \frac{2}{x^3}\,dx = \lim\limits_{b \to \infty} \left[-\frac{1}{x^2}\right]_0^b = 1$

c) $\int_2^{\infty} \frac{1}{\sqrt{x}}\,dx = \lim\limits_{b \to \infty} \left[2\sqrt{x}\right]_2^b = +\infty$ d) $\int_0^1 \frac{1}{x^2}\,dx = \lim\limits_{a \to 0} \left[-\frac{1}{x}\right]_a^1 = +\infty$

e) $\int_2^3 \frac{x}{\sqrt{x^2-4}}\,dx = \lim\limits_{a \to 2} \left[\sqrt{x^2-4}\right]_a^3 = \sqrt{5}$ f) $\int_0^{\infty} x \cdot e^{-x}\,dx =$

$= \lim\limits_{b \to \infty} \left[-x \cdot e^{-x} - e^{-x}\right]_0^b = 1.$

Anhang II

Lösungen zu den Aufgaben zum Teil II Statistik

Lösungen der Aufgaben zu Kapitel 8

Aufgabe 1: a) metrisch skaliert/stetig b) metrisch skaliert/stetig c) nominal/diskret d) ordinal/diskret e) metrisch skaliert/diskret f) nominal/diskret g) ordinal/diskret h) metrisch skaliert/diskret i) nominal/diskret j) nominal/diskret k) metrisch skaliert/diskret l) nominal/diskret.

Aufgabe 2: a) Mittelwert = arithmetisches Mittel einer Stichprobe, Median = „mittlerer" Wert einer geordneten Stichprobe. b) Median, da stabiler gegenüber Ausreißern. c) Aus $s^2 = 0$ folgt $R = 0$ und $\overline{x} = \widetilde{x} = 3$.

Aufgabe 3: a) Aus $0.5 \cdot (x_2 + x_3) = 50$, $0.25 \cdot (x_1 + x_2 + x_3 + x_4) = 70$ und $x_4 - x_1 = 120$ folgen z. B. $x_1 = 30$, $x_2 = 40$, $x_3 = 60$ und $x_4 = 150$. Hier sind auch andere Lösungen möglich.
b) Aus $\frac{1}{3} \cdot (a + b + c) = 10$, $b = 12$ und $0.5 \cdot ((a-10)^2 + (b-10)^2 + (c-10)^2)$ folgt $a + c = 18$, $b = 12$ und $a^2 - 18a = 0$, also $a = 0$, $b = 12$ und $c = 18$.

Aufgabe 4: Da das Merkmal Güteklasse ordinal ist, eignet sich nur das Stabdiagramm.

Aufgabe 5:

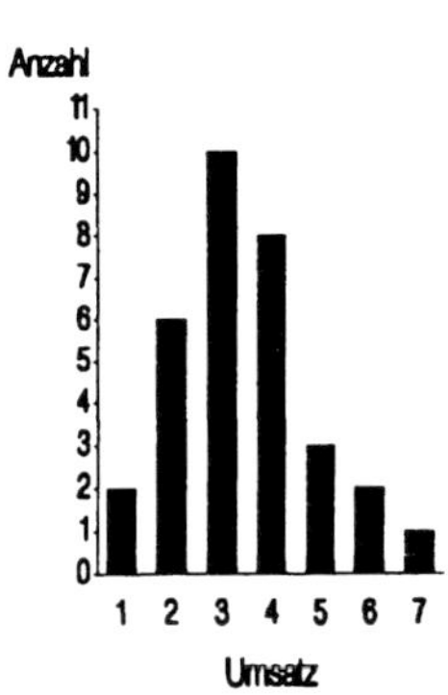

$h(1) = 2$, $h(2) = 6$, $h(3) = 10$, $h(4) = 8$, $h(5) = 3$, $h(6) = 2$, $h(7) = 1$.

$r(1) = \frac{2}{32}$, $r(2) = \frac{6}{32}$, $r(3) = \frac{10}{32}$, $r(4) = \frac{8}{32}$, $r(5) = \frac{3}{32}$, $r(6) = \frac{2}{32}$, $r(7) = \frac{1}{32}$.

Aufgabe 6: $\overline{x} = 63.75$, $x_{Mod} =$ alle Werte, $x_{0.5} = 65$, $s^2 = 122.9167$, $x_{0.25} = 55$ und $x_{0.75} = 72.5$.

Aufgabe 7:

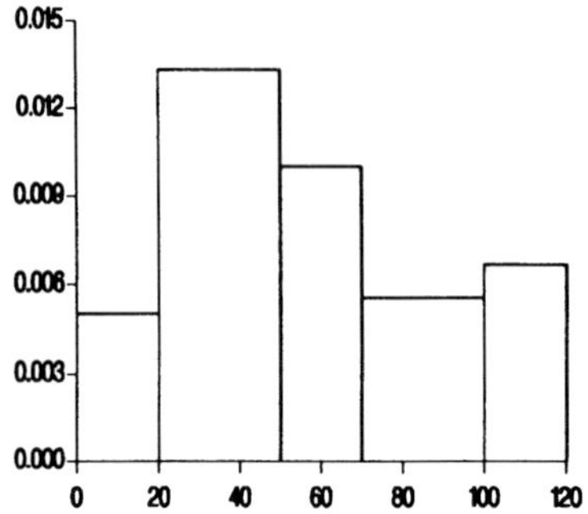

$\overline{x} = 55.833$, $x_{0.5} = 50$, $s^2 = 951.868$, $x_{0.25} = 31.25$ und $x_{0.75} = 79$.

Aufgabe 8: $\overline{x} = 3\,220$, $x_{0.5} = 3\,175$, $s = 785.494$, $R = 2\,350$, $x_{0.25} = 2\,800$ und $x_{0.75} = 3\,520$.

Aufgabe 9: $\overline{x} = \frac{1}{80} \cdot (12 \cdot 1.5 + 27 \cdot 5 + 41 \cdot 16.5) = 10.368$.

Aufgabe 10: a) $\overline{x} = -300$

b)

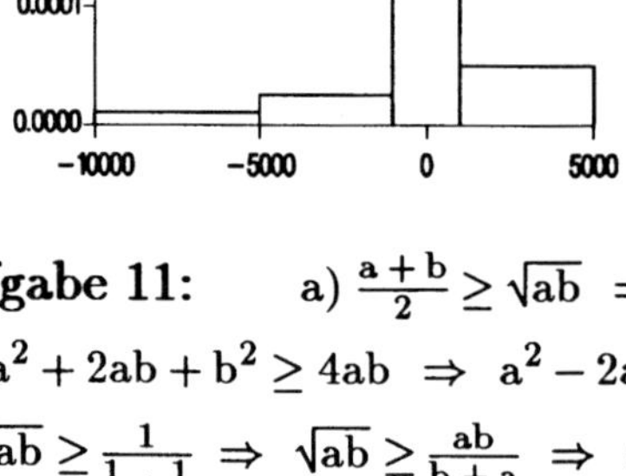

$\overline{x} = -75$, $x_{0.5} = 76.92$, $s^2 = 5\,796\,711$, $x_{0.8} = 1\,000$.

Aufgabe 11: a) $\frac{a+b}{2} \geq \sqrt{ab} \Rightarrow a + b \geq 2 \cdot \sqrt{ab} \Rightarrow$

$\Rightarrow a^2 + 2ab + b^2 \geq 4ab \Rightarrow a^2 - 2ab + b^2 \geq 0 \Rightarrow (a+b)^2 \geq 0.$

b) $\sqrt{ab} \geq \frac{1}{\frac{1}{a} + \frac{1}{b}} \Rightarrow \sqrt{ab} \geq \frac{ab}{b+a} \Rightarrow a + b \geq \sqrt{ab}$ richtig nach a).

Aufgabe 12: harmonisches Mittel: 2.686 EUR.

Aufgabe 13: harmonisches Mittel: 1.368 EUR.

Aufgabe 14: mittlerer Preis $= \frac{30}{\frac{5}{1.8} + \frac{5}{1.9} + \frac{10}{1.5} + \frac{10}{1.4}} = 1.56096$ EUR.

Aufgabe 15: a) $\overline{x} = 116.667$ EUR.
b) harmonisches Mittel = 85.714 EUR.

Aufgabe 16: $q = (1.25 \cdot 1.4 \cdot 1.15 \cdot 1.1)^{0.25} = 1.191 \Rightarrow$ 19.1%.

Aufgabe 17:

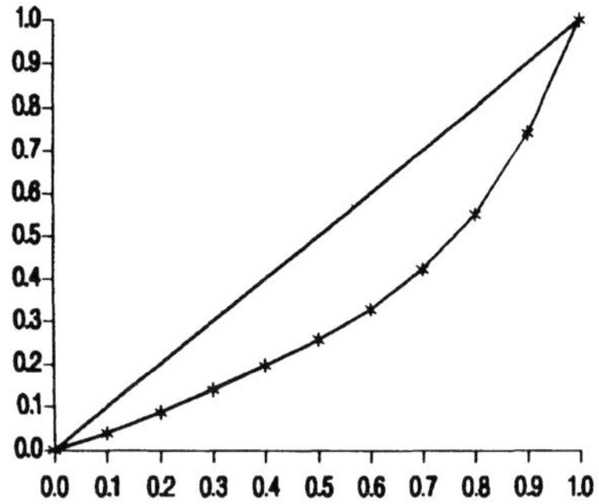

$\overline{x} = 38$, $x_{0.5} = 25$,
$s = 27.35771$, $R = 83$,
$x_{0.25} = 20$, $x_{0.75} = 49$.

Die Lorenzkurve besteht aus den Punkten:
(0, 0), (0.1, 0.039474),
(0.2, 0.086842), (0.3, 0.139474),
(0.4, 0.197368), (0.5, 0.257895),
(0.6, 0.328947), (0.7, 0.423684),
(0.8, 0.552632), (0.9, 0.742105),
(1, 1).

Aufgabe 18: a) Geordnete Stichprobe: 46, 48, 49, 50, 51, 52, 53, 54, 54, 54, 55, 55. $\overline{x} = 51.75$, $x_{0.5} = 52.5$, $s = 2.95804$, $R = 9$.
Die Lorenzkurve besteht aus den Punkten: (0, 0), (0.08333, 0.74074), (0.16667, 0.151368), (0.25, 0.230274), (0.33333, 0.310789), (0.41667, 0.39297), (0.5, 0.476651), (0.58888, 0.561997), (0.83333, 0.82287), (1, 1).
$G = 0.0308296$.

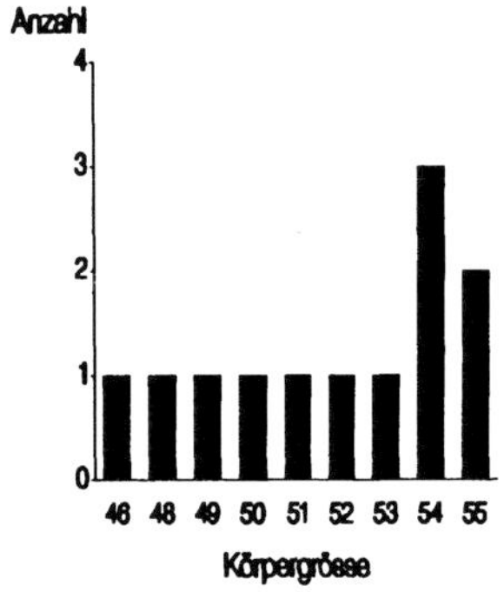

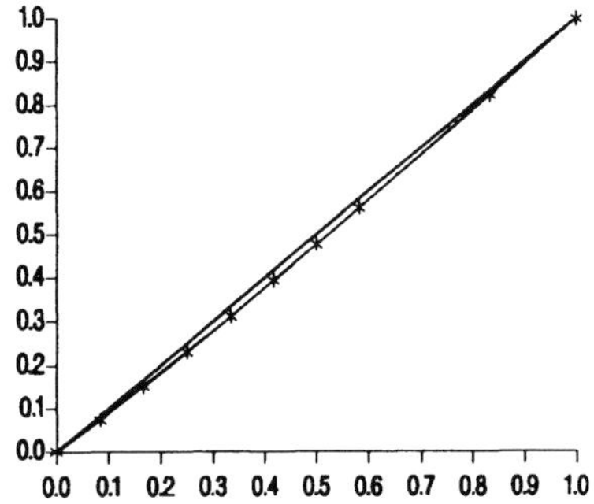

b) $K_1 = [45, 50)$, $h_1 = 3$, $K_2 = [50, 53)$, $h_2 = 3$, $K_3 = [53, 56)$, $h_3 = 6$.
$\overline{x} = 52$, $x_{0.5} = 53$, $s = 3$, $R = 11$.
Die Lorenzkurve besteht aus den Punkten: (0, 0), (0.25, 0.230274), (0.5, 0.476651), (1, 1).
$G = 0.027374$.

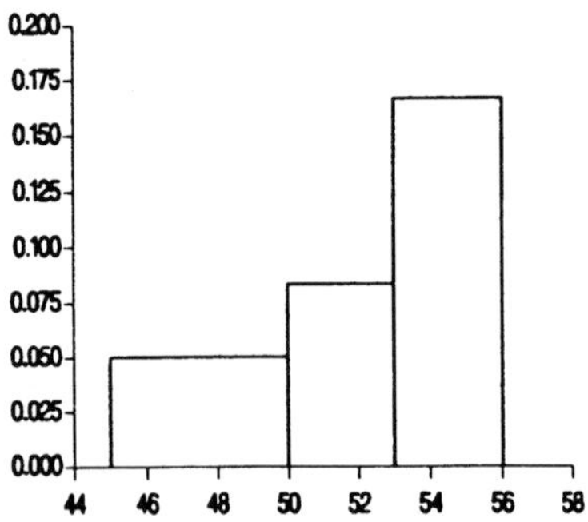

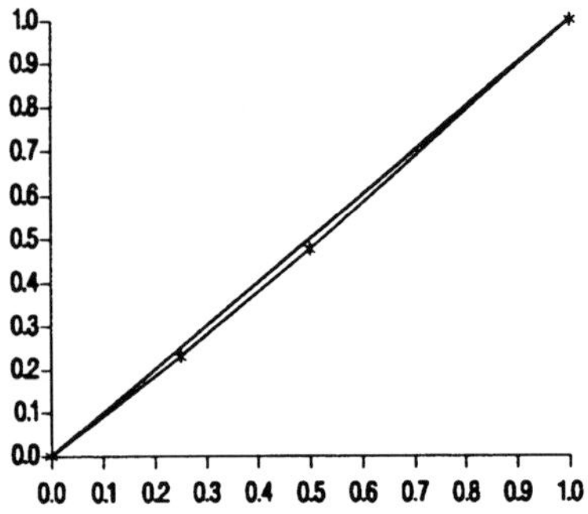

Aufgabe 19:

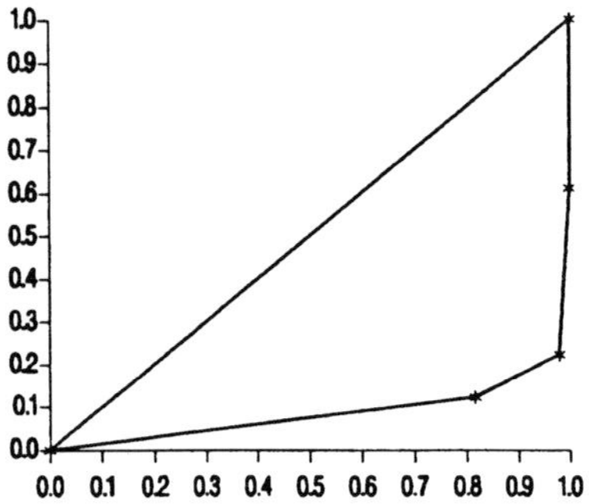

Die Lorenzkurve besteht aus den Punkten: (0, 0), (0.81566, 0.12121), (0.97879, 0.22222), (0.99918, 0.61111), (1, 1). G = 0.8267974.

Aufgabe 20:

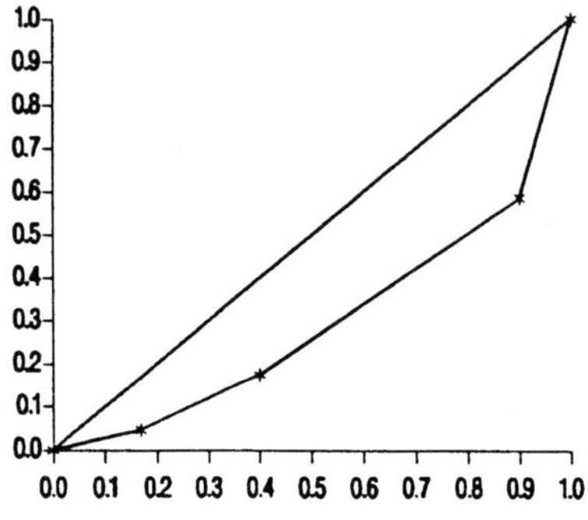

Die Lorenzkurve besteht aus den Punkten: (0, 0), (0.16667, 0.04587), (0.4, 0.17431), (0.9, 0.58716), (1, 1). G = 0.4015293.

Aufgabe 21:

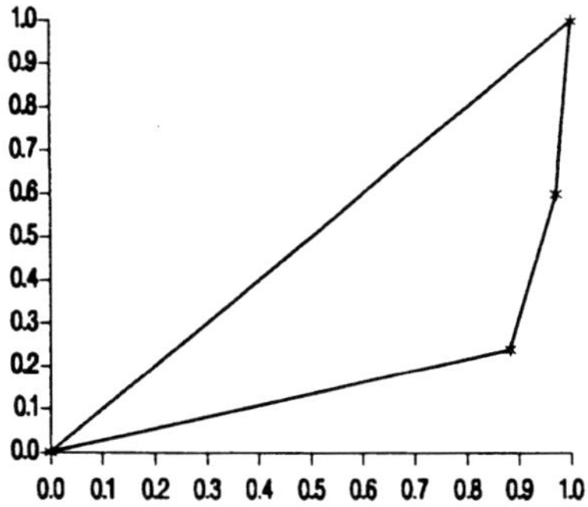

Die Lorenzkurve besteht aus den Punkten: (0, 0), (0.88235, 0.24), (0.97059, 0.6), (1, 1). $G = 0.6670584$.

Aufgabe 22: $\bar{x} = 75$, $s_x = 15.81139$, $s_x^2 = 250$, $\bar{y} = 5.05$, $s_y = 1.39642$, $s_y^2 = 1.95$, $s_{xy} = 20$, $r = 0.90582$, $r_s = 0.7$.

Aufgabe 23: $\bar{x} = 1.6$, $s_x = 0.49235$, $s_x^2 = 0.24241$, $\bar{y} = 1.45$, $s_y = 0.5$, $s_y^2 = 10.25$, $r = -0.28721$, $r_s = -0.28721$.

Aufgabe 24: $r_s = -0.94286$.

Aufgabe 25:

	1	2	3	4	Summe
1	2	2	0	0	4
2	2	1	4	0	7
3	0	1	6	2	9
4	0	1	4	0	5
Summe	4	5	14	2	25

$\bar{x} = 2.6$, $s_x = 1$, $s_x^2 = 1$,
$\bar{y} = 2.56$, $s_y = 0.86987$,
$s_y^2 = 0.75667$, $s_{xy} = 0.48333$,
$r = 0.55564$, $r_s = 0.53831$.

Aufgabe 26:

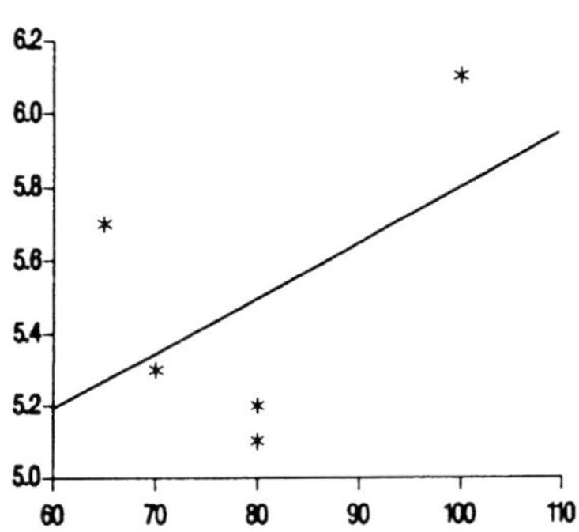

$r = 0.48974$,
Regressionsgerade:
$y = 4.28403 + 0.015139 \cdot x$.

Aufgabe 27: $r = 0.99999$
Regressionsgerade: $y = 23.45 \cdot x + 371.5$.

Aufgabe 28:

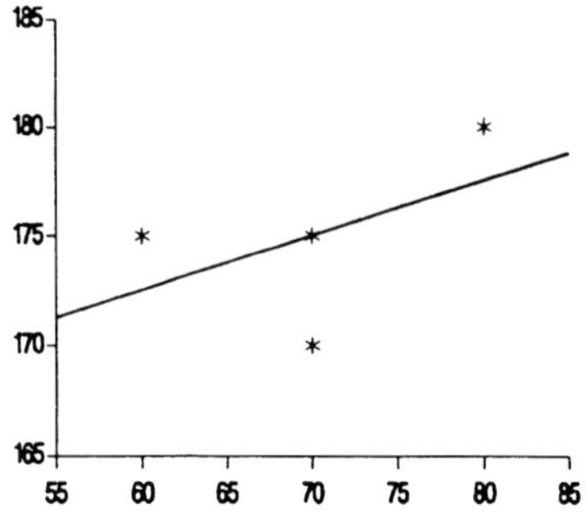

$\bar{x} = 70$, $s_x = 8.16497$, $s_x^2 = 66.6667$,

$\bar{y} = 175$, $s_y = 4.0825$, $s_y^2 = 16.6667$,

$s_{xy} = 16.6667$,

$r = 0.5$, $r_s = 0.5$,

Regressionsgerade:
$y = 0.25 \cdot x + 157.75$.

Aufgabe 29:

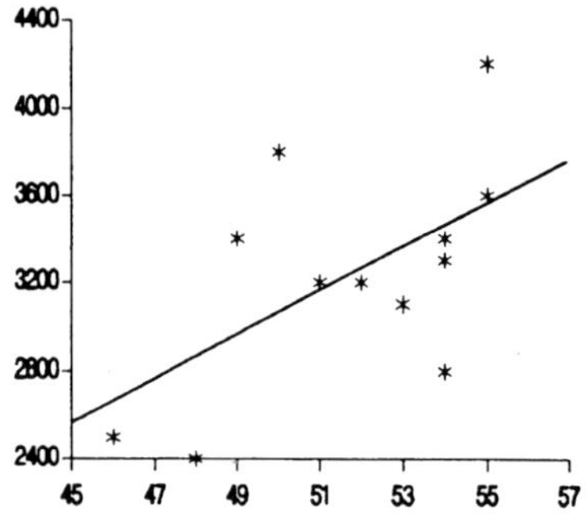

$\bar{x} = 51.75$, $s_x = 2.95804$, $s_x^2 = 8.75$,

$\bar{y} = 3242$, $s_y = 512.495$,

$s_y^2 = 262\,651.51$,

$s_{xy} = 875$,

$r = 0.57718$, $r_s = 0.52744$,

Regressionsgerade:
$y = 100 \cdot x - 1933.33$.

Aufgabe 30:

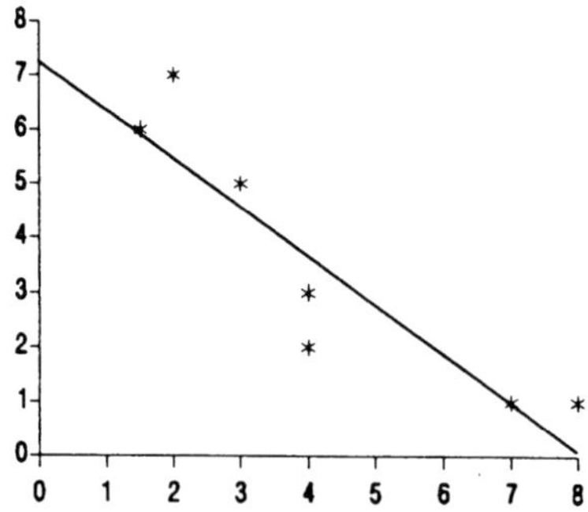

$r = -0.89622$, $r_s = -0.95069$,

Regressionsgerade:
$y = -0.896612 \cdot x + 7.254561$.

Aufgabe 31:

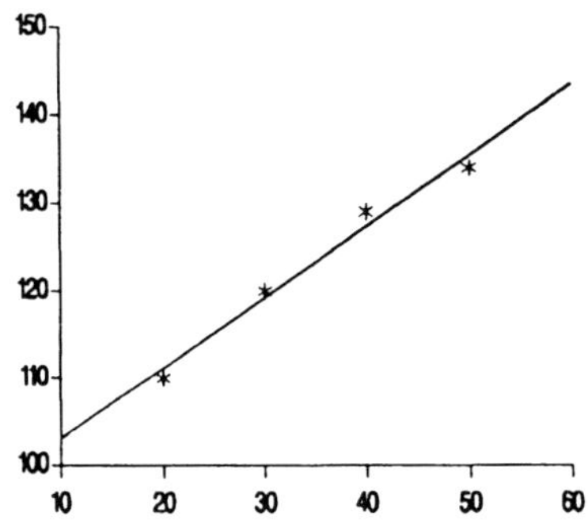

Regressionsgerade:
$y = 0.81 \cdot x + 94.9.$

Summe der vertikalen Abstandsquadrate ist =
$= 1.1^2 + 0.8^2 + 1.7^2 + 1.4^2 = 6.7.$

Aufgabe 32:

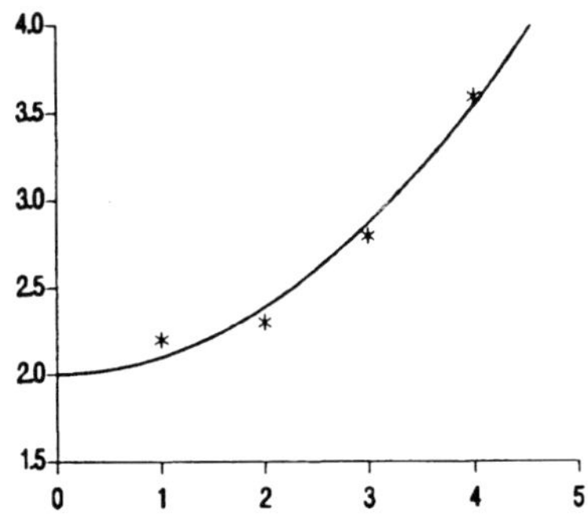

Die Transformation $X = x^2$ führt auf das lineare Modell

$Y = A + B \cdot X.$

Eine lineare Regression ergibt dann: $y = 2.00116 + 0.09651 \cdot x^2.$

Aufgabe 33:

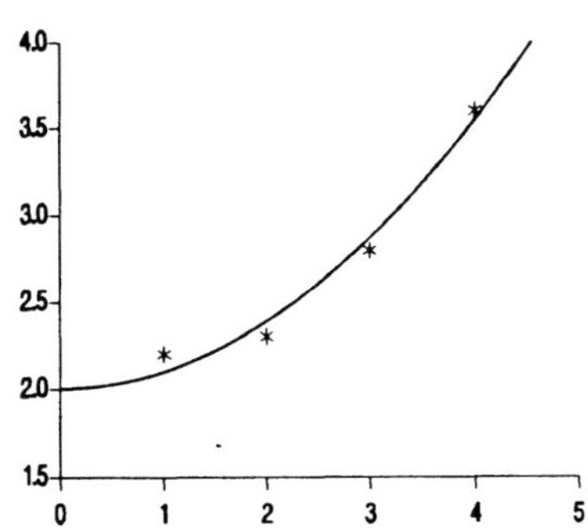

Die Transformation $X = \frac{1}{x^2}$ führt auf das lineare Modell

$Y = A + B \cdot X.$

Eine lineare Regression ergibt dann: $y = 2.09797 + 3.717124 \cdot \frac{1}{x^2}.$

Lösungen der Aufgaben zu Kapitel 9

Aufgabe 1: $(\vec{p}^V)^T \cdot \vec{m}^V = 3\,040\,000$, $(\vec{p}^B)^T \cdot \vec{m}^B = 6\,222\,000$, $(\vec{p}^V)^T \cdot \vec{m}^B = 15\,264\,000$ und $(\vec{p}^B)^T \cdot \vec{m}^V = 1\,450\,000$.

$\Rightarrow$ $W = 0.48859$, $P_L = 2.45323$, $P_P = 2.09655$, $M_L = 0.23304$ und $M_P = 0.19916$.

Aufgabe 2: $(\vec{p}^V)^T \cdot \vec{m}^V = 96\,500$, $(\vec{p}^B)^T \cdot \vec{m}^B = 99\,000$, $(\vec{p}^V)^T \cdot \vec{m}^B = 135\,000$ und $(\vec{p}^B)^T \cdot \vec{m}^V = 76\,500$.

$\Rightarrow$ $W = 0.97475$, $P_L = 1.36364$, $P_P = 1.26144$, $M_L = 0.77273$ und $M_P = 0.71481$.

Aufgabe 3: $(\vec{p}^V)^T \cdot \vec{m}^V = 36\,305$, $(\vec{p}^B)^T \cdot \vec{m}^B = 47\,000$, $(\vec{p}^V)^T \cdot \vec{m}^B = 47\,640$ und $(\vec{p}^B)^T \cdot \vec{m}^V = 36\,300$.

$\Rightarrow$ $W = 0.77245$, $P_L = 1.01362$, $P_P = 1.00014$, $M_L = 0.77234$ und $M_P = 0.76207$.

Aufgabe 4: a) Wertindex b) Laspeyres – Preisindex c) Paasche – Preisindex d) Laspeyres – Mengenindex e) Paasche – Mengenindex.

Aufgabe 5: $p_i^B \cdot m_i^B$ und $\frac{m_i^V}{m_i^B}$ bekannt $\Rightarrow$ $p_i^B \cdot m_i^V$ bekannt $\Rightarrow$ nur Laspeyres – Mengenindex berechenbar.

Aufgabe 6: $(\vec{p}^B)^T \cdot \vec{m}^B = 800\,000$ und $(\vec{p}^V)^T \cdot \vec{m}^V = 1\,200\,000$ und $P_L = 1.35$ $\Rightarrow$ $(\vec{p}^V)^T \cdot \vec{m}^B = 1.35 \cdot (\vec{p}^B)^T \cdot \vec{m}^B$ $\Rightarrow$

$$P_P = \frac{(\vec{p}^V)^T \cdot \vec{m}^V}{(\vec{p}^B)^T \cdot \vec{m}^V} = \frac{1\,200\,000}{1.35 \cdot 800\,000} = 1.1111.$$

Aufgabe 7: Regression: $y = -2.482517 \cdot x + 148.6364$.

Reihenhälftung: $P = (3.5, \frac{940}{6})$, $Q = (9.5, \frac{650}{6})$, also

$y = -8.055 \cdot x + 184.8618$.

Aufgabe 8: a) Regression: $y = 682.2579 - 4.20075 \cdot x$.

b)

i	m = 2	m = 3	m = 4	m = 6
3	696.750			
5	673.750	679.2500		
6	659.625	657.5000	666.8125	
7	624.875	627.5833	630.1250	637.0833

8	610.625	615.1667	619.3125	626.3750
9	600.625	615.2500	609.5000	619.4167
10	595.375	597.9167	602.6875	614.5417
11	594.125	595.2500	599.3125	611.0000
12	594.750	597.2500	600.1875	609.0833
13	598.000	601.5000	604.0625	609.5417
14	605.000	606.8333	608.5000	612.7500
15	614.000	613.1667	614.0000	
16	622.250	621.1667	621.4375	
17	630.000	630.2500		
18	637.875			

c)

i	x_i	$\overline{x}_i$	t_i	z_i	s_i'
7	628	637.1	652.8	− 15.7	− 09.1
8	600	626.4	648.7	− 22.3	− 26.4
9	594	619.4	644.5	− 25.5	− 25.4
10	597	614.5	640.3	− 25.8	− 17.5
11	595	611.0	636.0	− 25.0	− 16.0
12	591	609.1	631.8	− 22.7	− 18.1
13	593	609.5	627.6	− 18.1	− 16.5
14	603	612.8	623.4	− 10.6	− 09.8

Aufgabe 9: a) glatte Komponente = gleitende Mittel

3	26 625	14	29 250	25	30 125
4	26 875	15	28 875	26	30 750
5	26 875	16	28 625	27	31 375
6	27 000	17	28 375	28	32 000
7	27 250	18	28 500	29	32 125
8	27 500	19	28 875	30	31 750
9	28 000	20	29 125	31	31 375
10	28 750	21	29 500	32	31 375
11	29 375	22	29 875	33	31 500
12	29 375	23	29 875	34	31 625
13	29 375	24	29 750		

b) Regression: $y = 26\,086 + 182.497 \cdot x$.
Reihenhälftung: $y = 26\,247.09 + 172.833 \cdot x$.

Lösungen der Aufgaben zu Kapitel 10

Aufgabe 1: A = rote Kugel bei einmaligen Ziehen $\Rightarrow$ $P(A) = \frac{12}{25}$.

B = zwei rote Kugeln bei dreimaligem Ziehen ohne Zurücklegen $\Rightarrow$

$P(B) = \frac{12}{25} \cdot \frac{11}{24} \cdot \frac{13}{23} \cdot 3 \approx 0.37304$.

Aufgabe 2: Es sind die Lose 1, 10 bis 19, 100 bis 199 und 1 000 bis 1 999, also insgesamt 1 111 Lose $\Rightarrow$ P(Gewinn) $= \frac{1\,111}{3\,000} \approx 0.3703$.

Aufgabe 3: $\text{P(Drei)} = \frac{\binom{6}{3}\cdot\binom{43}{3}}{\binom{49}{6}} = \frac{246\,820}{13\,983\,816} \approx 0.01765.$

$\text{P(Vier)} = \frac{\binom{6}{4}\cdot\binom{43}{2}}{\binom{49}{6}} = \frac{13\,545}{13\,983\,816} \approx 0.000968.$

$\text{P(Fünf)} = \frac{\binom{6}{5}\cdot\binom{43}{1}}{\binom{49}{6}} = \frac{258}{13\,983\,816} \approx 0.00001845.$

$\text{P(Sechs)} = \frac{\binom{6}{6}\cdot\binom{43}{0}}{\binom{49}{6}} = \frac{1}{13\,983\,816} \approx 0.000000429.$

Aufgabe 4: $\text{P(K. neben M.)} = 2\cdot\frac{10\cdot 8!}{10!} = \frac{2}{9}.$

Aufgabe 5: Ist $n \geq 366$, dann ist P(mind. 2 gleiche Geburtstage) = = 1. Ist $n \leq 365$, dann gilt:

$\text{P(alle Geb. verschieden)} = \frac{365\cdot 364\cdot\ \ldots\ \cdot(365-n+1)}{365^n}$. Dann gilt aber:

$\text{P(mind. 2 gleiche Geburtstage)} = 1 - \frac{365\cdot 364\cdot\ \ldots\ \cdot(365-n+1)}{365^n}.$

Aufgabe 6: $\text{P(mindestens eine Sechs)} = 1 - \left(\frac{5}{6}\right)^4 \approx 0.5177.$
$\Rightarrow$ Spieler gewinnt auf Dauer.

$\text{P(mindestens eine Doppel – Sechs)} = 1 - \left(\frac{35}{36}\right)^{24} \approx 04914.$
$\Rightarrow$ Spieler verliert auf Dauer.

Aufgabe 7: a) Die Wahrscheinlichkeit, das Auto direkt auszuwählen, ist $\frac{1}{3}$. Also gewinnt er mit Wahrscheinlichkeit $\frac{1}{3}$ das Auto, falls er seine Wahl beibehält.
b) Die Wahrscheinlichkeit, das Auto zu verfehlen, ist $\frac{2}{3}$. In diesen Fällen aber gewinnt er das Auto, falls er seine erste Auswahl verändert. Also gewinnt er mit Wahrscheinlichkeit $\frac{2}{3}$ das Auto, falls er sich umentscheidet.

Aufgabe 8: $P(X=1) = \frac{1}{6}$, $P(X=2) = \frac{5}{6}\cdot\frac{1}{6}$, usw., also folgt
$P(X=k) = \left(\frac{5}{6}\right)^{k-1}\cdot\frac{1}{6}.$

Aufgabe 9: $P(X=2) = \frac{1}{36}$ und $P(X=11) = \frac{2}{36}$.
$\Rightarrow\ EX = 15\cdot\frac{1}{36} + 13\cdot\frac{2}{36} + (-5)\cdot\frac{33}{36} = -\frac{124}{36} \approx -3.44$ EUR.

Aufgabe 10: Wegen $10 \cdot 2^{11} = 20\,480$ EUR kann er höchstens 10 Mal verdoppeln, also pro Serie 11 mal spielen. Gewinnt er, so gewinnt er pro Serie 10 EUR. Verliert er aber, so verliert er

$$10 + 20 + \ ... \ + 10\,240 \text{ EUR} = 10 \cdot \frac{2^{11}-1}{2-1} = 20\,470 \text{ EUR}.$$

Die Wahrscheinlichkeit, daß bei 11 Spielen keine rote Zahl erscheint, ist $\left(\frac{19}{37}\right)^{11} \approx 0.0006547$. Also folgt:

$$\text{erwarteter Gewinn} = \left(1 - \left(\tfrac{19}{37}\right)^{11}\right) \cdot 10 + \left(\tfrac{19}{37}\right)^{11} \cdot (-20\,470) = -3.41 \text{ EUR}.$$

Deshalb führt die Verdopplungsstrategie auf lange Sicht nicht zum Erfolg.

Aufgabe 11: a) $P(\text{A gewinnt}) = \frac{1}{6} + \left(\frac{5}{6}\right)^3 \cdot \frac{1}{6} = \frac{126}{216} \approx 0.263.$

$P(\text{B gewinnt}) = \frac{5}{6} \cdot \frac{1}{6} + \left(\frac{5}{6}\right)^4 \cdot \frac{1}{6} = \frac{630}{1\,296} \approx 0.219.$

$P(\text{C gewinnt}) = \left(\frac{5}{6}\right)^2 \cdot \frac{1}{6} + \left(\frac{5}{6}\right)^5 \cdot \frac{1}{6} + \left(\frac{5}{6}\right)^6 \approx 0.518.$

Also verliert A im Mittel 2.11 EUR. Also verliert B im Mittel 3.43 EUR. Also gewinnt C im Mittel 5.54 EUR.

b) $P(\text{A gewinnt}) = \frac{1}{6} + \left(\frac{5}{6}\right)^3 \cdot \frac{1}{6} + \left(\frac{5}{6}\right)^6 \cdot \frac{1}{6} + \ ... = \frac{1}{6} \cdot \frac{1}{1 - \left(\frac{5}{6}\right)^3} \approx 0.3956.$

$P(\text{B gewinnt}) = \frac{5}{6} \cdot P(\text{A gewinnt}) \approx 0.3297.$

$P(\text{C gewinnt}) = \left(\frac{5}{6}\right)^2 \cdot P(\text{A gewinnt}) \approx 0.2747.$

Also gewinnt A im Mittel 1.87 EUR. Also verliert B im Mittel 0.10 EUR. Also verliert C im Mittel 1.77 EUR.

Aufgabe 12: a) $P(\text{A gewinnt}) = \frac{1}{3} + \left(\frac{2}{3}\right)^3 \cdot \frac{1}{3} \approx 0.4321.$

$P(\text{B gewinnt}) = \frac{2}{3} \cdot \frac{1}{3} + \left(\frac{2}{3}\right)^4 \cdot \frac{1}{3} \approx 0.28807.$

$P(\text{C gewinnt}) = \left(\frac{2}{3}\right)^2 \cdot \frac{1}{3} + \left(\frac{2}{3}\right)^5 \cdot \frac{1}{3} + \left(\frac{2}{3}\right)^6 \approx 0.2798.$

Also verliert A im Mittel 1.48 EUR. Also verliert B im Mittel 0.68 EUR. Also gewinnt C im Mittel 0.80 EUR.

b) $P(\text{A gewinnt}) = \frac{1}{3} + \left(\frac{2}{3}\right)^3 \cdot \frac{1}{3} + \left(\frac{2}{3}\right)^6 \cdot \frac{1}{3} + \ ... = \frac{1}{3} \cdot \frac{1}{1 - \left(\frac{2}{3}\right)^3} \approx 0.4737.$

$P(\text{B gewinnt}) = \frac{2}{3} \cdot P(\text{A gewinnt}) \approx 0.3158.$

$P(\text{C gewinnt}) = \left(\frac{2}{3}\right)^2 \cdot P(\text{A gewinnt}) \approx 0.2105.$

Also gewinnt A im Mittel 2.11 EUR. Also verliert B im Mittel 0.26 EUR. Also verliert C im Mittel 1.84 EUR.

Aufgabe 13: a) Aus $p^2 + \frac{1}{4} \cdot p + \frac{1}{4} \cdot p + \frac{1}{2} = 1$ folgt $p = \frac{1}{2}$.
b) $E(X) = \frac{1}{4} \cdot a + \frac{1}{8} \cdot 2a + \frac{5}{8} \cdot 4a = 3a$. c) $a = 4$.

Aufgabe 14: a) Aus $p^2 + \frac{1}{4} \cdot p + \frac{1}{4} \cdot p + \frac{1}{2} = 1$ folgt $p = \frac{1}{2}$.
b) $E(X) = \frac{1}{4} \cdot b + \frac{1}{8} \cdot 2b + \frac{5}{8} \cdot 3b = \frac{21}{8} \cdot b$. c) $b = \frac{32}{7}$.

Aufgabe 15: Sei X die Anzahl der geborenen Mädchen. Dann gilt:
$P(1 \leq X \leq 8) = 1 - (P(X = 0) + P(X = 9) + P(X = 10)) =$
$= 1 - (0.48^{10} + \binom{10}{9} \cdot 0.52^9 \cdot 0.48 + 0.52^{10}) = 0.9845.$

Aufgabe 16: Sei X die Anzahl der geworfenen Wappen. Dann gilt:
$P(X = 4) = \binom{10}{4} \cdot 0.5^4 \cdot 0.5^6 \approx 0.20507.$

Aufgabe 17: $P(X = 1) = \frac{1}{2}$, $P(X = 2) = \frac{1}{4}$, $P(X = 3) = \frac{1}{8}$ und
$P(X = 4) = \frac{1}{8}$. $E(X) = \frac{15}{8}$ und $Var(X) = \frac{71}{64}$.

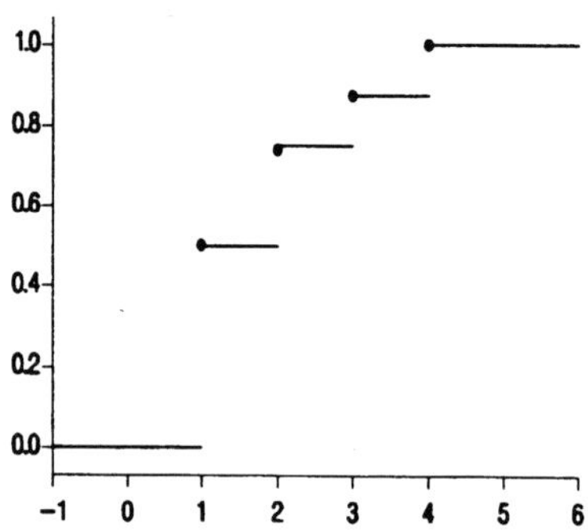

Aufgabe 18: a) $\int_1^9 \frac{b}{\sqrt{x}} \, dx = 1 \Rightarrow b = \frac{1}{4}$.

b)

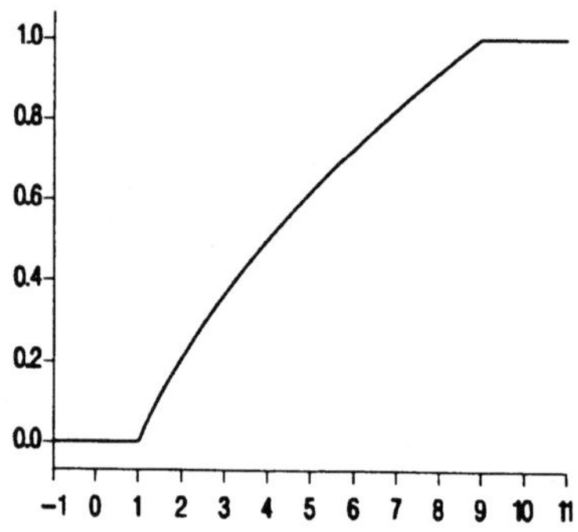

$F(x) = 0, \ x < 1$

$F(x) = 0.5 \cdot (\sqrt{x} - 1), \ 1 \leq x \leq 9$

$F(x) = 1, \ x > 1.$

c) $E(X) = \int_1^9 0.25 \cdot \sqrt{x}\,dx = \frac{13}{3}$. $Var(X) = \int_1^9 0.25 \cdot \sqrt{x^3}\,dx - \left(\frac{13}{3}\right)^2 \approx 5.422$.

d) $P(4 \leq X \leq 12) = 1 - F(4) = 0.5$.

Aufgabe 19: a) $\int_1^4 \frac{a}{x^3}\,dx = 1 \Rightarrow a = \frac{32}{15}$.

b)

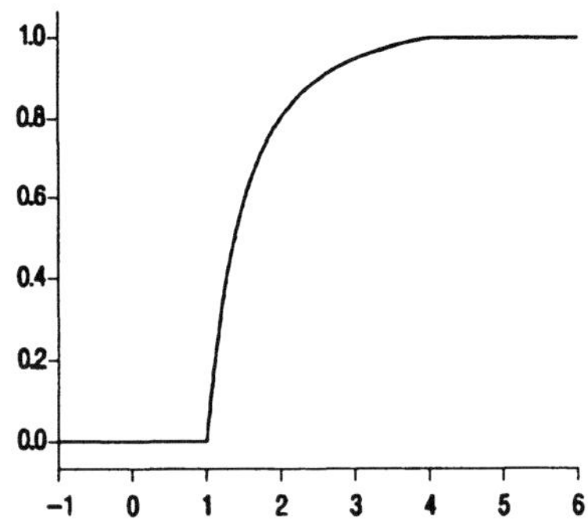

$F(x) = 0,\ x < 1$

$F(x) = \frac{16}{15} \cdot \left(1 - \frac{1}{x^2}\right),\ 1 \leq x \leq 4$

$F(x) = 1,\ x > 4$.

c) $E(X) = \int_1^4 x \cdot \frac{32}{15} \cdot \frac{1}{x^3}\,dx = \frac{8}{5}$. $Var(X) = \int_1^4 x^2 \cdot \frac{32}{15} \cdot \frac{1}{x^3}\,dx - \left(\frac{8}{5}\right)^2 \approx 0.39742$.

d) $P(-1 \leq X \leq 2) = F(2) = \frac{4}{5}$.

Aufgabe 20: a) mit Binomialverteilung:
P(Maschine erreicht 300 h) $= 1 - 0.9^{50} \approx 0.994846$.

b) mit Poisson – Verteilung:
P(Maschine erreicht 300 h) $= 1 - \frac{5^0}{0!} \cdot e^{-5} \approx 0.99326$. $(\lambda = 50 \cdot 0.1)$.

Aufgabe 21: $P\left(\frac{X-\mu}{\sigma} \leq \frac{25-\mu}{\sigma}\right) = 0.3 \Rightarrow \frac{25-\mu}{\sigma} = z_{0.3} = -0.5244$,
$P\left(\frac{X-\mu}{\sigma} \leq \frac{75-\mu}{\sigma}\right) = 0.7 \Rightarrow \frac{75-\mu}{\sigma} = z_{0.7} = 0.5244. \Rightarrow \mu = 50$ und
$\sigma = 47.6735$.

Aufgabe 22: a) $P\left(\frac{X-10}{4} \leq \frac{a-10}{4}\right) = 0.75 \Rightarrow$
$\frac{a-10}{4} = z_{0.75} = 0.67749 \Rightarrow a = 12.6980$.

b) $P(X \geq a) = 0.3 \Leftrightarrow P(X \leq a) = 0.7 \Rightarrow a = 12.0976$.

c) $P\left(X \leq \frac{10+a-10}{4}\right) = 0.95 \Rightarrow a = 6.5794$.

Aufgabe 23: a) Binomialverteilung, $n = 30$, $p = \frac{1}{6}$.

$P(X = 15) = \binom{30}{15} \cdot \left(\frac{1}{6}\right)^{15} \cdot \left(\frac{5}{6}\right)^{15} \approx 0.0000214$.

b) $P(X = 0) = \left(\frac{5}{6}\right)^{30} \approx 0.004213$.

Lösungen der Aufgaben zu Kapitel 11

Aufgabe 1: a) Stichprobe: $\bar{x} = 1.74$ und $s = 1.135488$.

für $\alpha = 0.05$ folgt mit $z_{0.975} = 1.95996$:

$$I = \left[1.74 - \frac{z_{0.975} \cdot \sqrt{2}}{\sqrt{10}},\ 1.74 + \frac{z_{0.975} \cdot \sqrt{2}}{\sqrt{10}}\right] = [0.8636,\ 2.6164].$$

für $\alpha = 0.01$ folgt mit $z_{0.995} = 2.57583$: $I = [0.5881,\ 2.8919]$.

b) für $\alpha = 0.05$ folgt mit $t_{0.975,\,9} = 2.262$:

$$I = \left[1.74 - \frac{t_{0.975,\,9} \cdot 1.135488}{\sqrt{10}},\ 1.74 + \frac{t_{0.975,\,9} \cdot 1.135488}{\sqrt{10}}\right] =$$

$= [0.92778,\ 2.55222]$.

für $\alpha = 0.01$ folgt mit $t_{0.995,\,9} = 3.25$: $I = [0.5730,\ 2.9070]$.

zu a) $n \geq \left(\frac{2 \cdot \sigma}{l} \cdot z_{1-\frac{\alpha}{2}}\right)^2$.

Länge = 1: Für $\alpha = 0.05$: $n = 31$, für $\alpha = 0.01$: $n = 54$.
Länge = 0.1: Für $\alpha = 0.05$: $n = 3074$, für $\alpha = 0.01$: $n = 5308$.

zu b) $n \geq \left(\frac{2 \cdot s}{l} \cdot t_{1-\frac{\alpha}{2},\, n-1}\right)^2$.

Länge = 1: Für $\alpha = 0.05$: $n = 27$, für $\alpha = 0.01$: $n = 55$.
Länge = 0.1: Für $\alpha = 0.05$: $n = 2639$, für $\alpha = 0.01$: $n = 5448$.

Aufgabe 2: a) Stichprobe: $\bar{x} = 28.1667$ und $s = 1.898746$.
für $\alpha = 0.05$ folgt mit $z_{0.975} = 1.95996$:

$$I = \left[28.1667 - \frac{z_{0.975} \cdot \sqrt{0.4}}{\sqrt{15}},\ 28.1667 + \frac{z_{0.975} \cdot \sqrt{0.4}}{\sqrt{15}}\right] =$$

$= [27.847,\ 28.487]$.

für $\alpha = 0.01$ folgt mit $z_{0.995} = 2.57583$: $I = [27.746,\ 28.587]$.

b) für $\alpha = 0.05$ folgt mit $t_{0.975,\,14} = 2.145$:

$$I = \left[28.1667 - \frac{t_{0.975,\,9} \cdot 1.898746}{\sqrt{15}},\ 28.1667 + \frac{t_{0.975,\,9} \cdot 1.898746}{\sqrt{15}}\right] =$$

$= [27.115,\ 29.218]$.

für $\alpha = 0.01$ folgt mit $t_{0.995,\,14} = 2.977$: $I = [26.707,\ 29.626]$.

zu a) $n \geq \left(\frac{2 \cdot \sigma}{l} \cdot z_{1-\frac{\alpha}{2}}\right)^2$.

Länge = 0.5: Für $\alpha = 0.05$: $n = 25$, für $\alpha = 0.01$: $n = 43$.
Länge = 0.2: Für $\alpha = 0.05$: $n = 154$, für $\alpha = 0.01$: $n = 266$.

zu b) $n \geq \left(\frac{2 \cdot s}{l} \cdot t_{1-\frac{\alpha}{2},\, n-1}\right)^2$.

Länge = 0.5: Für $\alpha = 0.05$: $n = 265$, für $\alpha = 0.01$: $n = 512$.
Länge = 0.2: Für $\alpha = 0.05$: $n = 1659$, für $\alpha = 0.01$: $n = 3196$.

Aufgabe 3: Varianz bekannt: $z_{1-\frac{\alpha}{2}} \cdot \frac{\sigma}{\sqrt{n}} = \frac{l}{2} \Rightarrow z_{1-\frac{\alpha}{2}} = \frac{l \cdot \sqrt{n}}{2 \cdot \sigma}$
$\Rightarrow 1 - \frac{\alpha}{2} = \phi\left(\frac{l \cdot \sqrt{n}}{2 \cdot \sigma}\right)$.
also folgt für I_1: $\alpha_1 = 0.9974$, I_2: $\alpha_2 = 0.8664$.

Aufgabe 4: a) $\bar{x} = 0.025$.

$$I = \left[\bar{x} - z_{1-\frac{\alpha}{2}} \cdot \sqrt{\frac{\bar{x}(1-\bar{x})}{n}},\ \bar{x} + z_{1-\frac{\alpha}{2}} \cdot \sqrt{\frac{\bar{x}(1-\bar{x})}{n}}\right] = [0.01532,\ 0.03468].$$

b) $n = 38\,415$.

Aufgabe 5: a) $\bar{x} = 0.02 \Rightarrow I = [0.007728,\ 0.03227]$.
b) $n = 385$.

Aufgabe 6: $\bar{x} = 36$, $s = 1.490712$

$\alpha = 0.1$: $\mu = 35$: $\left|\frac{36-35}{1.490712} \cdot \sqrt{10}\right| = 2.1122 > 1.833 \Rightarrow$ ablehnen.

$\alpha = 0.1$: $\mu = 36$: $\left|\frac{36-36}{1.490712} \cdot \sqrt{10}\right| = 0 < 1.833 \Rightarrow$ nicht ablehnen.

$\alpha = 0.1$: $\mu = 37$: $\left|\frac{36-37}{1.490712} \cdot \sqrt{10}\right| = 2.1122 > 1.833 \Rightarrow$ ablehnen.

$\alpha = 0.05$: $\mu = 35$: $\left|\frac{36-35}{1.490712} \cdot \sqrt{10}\right| = 2.1122 < 2.262 \Rightarrow$ nicht ablehnen.

$\alpha = 0.05$: $\mu = 36$: $\left|\frac{36-36}{1.490712} \cdot \sqrt{10}\right| = 0 < 2.262 \Rightarrow$ nicht ablehnen.

$\alpha = 0.05$: $\mu = 37$: $\left|\frac{36-37}{1.490712} \cdot \sqrt{10}\right| = 2.1122 < 2.262 \Rightarrow$ nicht ablehnen.

$\alpha = 0.01$: $\mu = 35$: $\left|\frac{36-35}{1.490712} \cdot \sqrt{10}\right| = 2.1122 < 3.25 \Rightarrow$ nicht ablehnen.

$\alpha = 0.01$: $\mu = 36$: $\left|\frac{36-36}{1.490712} \cdot \sqrt{10}\right| = 0 < 3.25 \Rightarrow$ nicht ablehnen.

$\alpha = 0.01$: $\mu = 37$: $\left|\frac{36-37}{1.490712}\cdot\sqrt{10}\right| = 2.1122 < 3.25 \Rightarrow$ nicht ablehnen.

Aufgabe 7: $\bar{x} = 45$, $\sigma = 2$.

$\alpha = 0.1$: $\mu = 44$: $\left|\frac{45-44}{2}\cdot\sqrt{10}\right| = 1.5811 < 1.64485 \Rightarrow$ nicht ablehnen.

$\alpha = 0.1$: $\mu = 45$: $\left|\frac{45-45}{2}\cdot\sqrt{10}\right| = 0 < 1.64485 \Rightarrow$ nicht ablehnen.

$\alpha = 0.1$: $\mu = 46$: $\left|\frac{45-46}{2}\cdot\sqrt{10}\right| = 1.5811 < 1.64485 \Rightarrow$ nicht ablehnen.

$\alpha = 0.1$: $\mu = 47$: $\left|\frac{45-47}{2}\cdot\sqrt{10}\right| = 3.1623 > 1.64485 \Rightarrow$ ablehnen.

$\alpha = 0.05$: $\mu = 44$: $\left|\frac{45-44}{2}\cdot\sqrt{10}\right| = 1.5811 < 1.95996 \Rightarrow$ nicht ablehnen.

$\alpha = 0.05$: $\mu = 45$: $\left|\frac{45-45}{2}\cdot\sqrt{10}\right| = 0 < 1.95996 \Rightarrow$ nicht ablehnen.

$\alpha = 0.05$: $\mu = 46$: $\left|\frac{45-46}{2}\cdot\sqrt{10}\right| = 1.5811 < 1.95996 \Rightarrow$ nicht ablehnen.

$\alpha = 0.05$: $\mu = 47$: $\left|\frac{45-47}{2}\cdot\sqrt{10}\right| = 3.1623 > 1.95996 \Rightarrow$ ablehnen.

$\alpha = 0.01$: $\mu = 44$: $\left|\frac{45-44}{2}\cdot\sqrt{10}\right| = 1.5811 < 2.57583 \Rightarrow$ nicht ablehnen.

$\alpha = 0.01$: $\mu = 45$: $\left|\frac{45-45}{2}\cdot\sqrt{10}\right| = 0 < 2.57583 \Rightarrow$ nicht ablehnen.

$\alpha = 0.01$: $\mu = 46$: $\left|\frac{45-46}{2}\cdot\sqrt{10}\right| = 1.5811 < 2.57583 \Rightarrow$ nicht ablehnen.

$\alpha = 0.01$: $\mu = 47$: $\left|\frac{45-47}{2}\cdot\sqrt{10}\right| = 3.1623 > 2.57583 \Rightarrow$ ablehnen.

Aufgabe 8: $\bar{x} = 403.667$

a) $\sigma = 5$: $\alpha = 0.05$: $\frac{403.667-400}{5}\cdot\sqrt{6} = 1.7965 > 1.64485 \Rightarrow$ ablehnen.

$\alpha = 0.01$: $\frac{403.667-400}{5}\cdot\sqrt{6} = 1.7965 < 2.32635 \Rightarrow$ nicht ablehnen.

b) $s = 4.226898$: $\alpha = 0.05$: $\frac{403.667-400}{4.226898}\cdot\sqrt{6} = 2.125 > 2.015 \Rightarrow$ ablehnen.

$\alpha = 0.01$: $\frac{403.667-400}{4.226898}\cdot\sqrt{6} = 2.125 < 3.365 \Rightarrow$ nicht ablehnen.

Aufgabe 9: $\left|\frac{\bar{x}-16}{0.1}\cdot\sqrt{4}\right| > 1.95996 \Rightarrow \bar{x} > 16.0980$ oder $\bar{x} < 15.9020$

$\Rightarrow$ Wartung bei 15.85, 16.13, 15.7 und 15.90.

Anhang III

Lösungen zu den Aufgaben zum Teil III Operations Research

Lösungen der Aufgaben zu Kapitel 13

Aufgaben 1 – 3: Lösungen siehe Kapitel 4.

Aufgabe 4: a) ausführliche Lösung:

	x_1	x_2	x_3	
z_1	2	2	1	10
z_2	1	6	2	17
z_3	0	0	$\boxed{3}$	8
z_4	3	2	0	12
	−5	−4	−7	0

	x_1	x_2	z_3		
z_1	$\boxed{2}$	2	−1/3	22/3	
z_2	1	6	−2/3	35/3	
x_3	0	0	1/3	8/3	
z_4	3	2	0	12	
	−5	−4	7/3	56/3	Punkt (0, 0, 8/3), $z = 56/3$.

	z_1	x_2	z_3		
x_1	1/2	1	−1/6	11/3	
z_2	−1/2	5	−1/2	8	
x_3	0	0	1/3	8/3	
z_4	−3/2	−1	1/2	1	Punkt (11/3, 0, 8/3),
	5/2	1	3/2	37	$z = 37$, Maximum erreicht.

b) ausführliche Lösung:

	x_1	x_2	x_3	
z_1	−2	−2	$\boxed{-1}$	−10
z_2	1	6	2	17

z_3	0	0	3	8	
z_4	3	2	0	12	
	2	3	4	0	

	x_1	x_2	z_1		
x_3	2	2	− 1	10	
z_2	− 3	2	2	− 3	
z_3	− 6	− 6	3	− 22	
z_4	3	2	0	12	
	− 6	− 5	4	− 40	noch nicht im zul. Bereich.

	z_2	x_2	z_1		
x_3	2/3	10/3	1/3	8	
x_1	− 1/3	− 2/3	− 2/3	1	
z_3	− 2	− 10	− 1	− 16	
z_4	1	4	2	9	
	− 2	− 9	0	− 34	noch nicht im zul. Bereich.

	z_2	z_3	z_1		
x_3	0	1/3	0	8/3	
x_1	− 1/5	− 1/15	− 2/5	31/15	
x_2	1/5	− 1/10	1/10	8/5	
z_4	1/5	2/5	8/5	13/5	Punkt (31/15, 8/15, 8/3),
	− 1/5	− 9/10	9/10	− 19.6	z = 19.6.

	z_2	z_4	z_1		
x_3	− 1/6	− 5/6	− 4/3	1/2	
x_1	− 1/6	1/6	− 1/3	5/2	
x_2	1/4	1/4	1/2	9/4	
z_3	1/2	5/2	4	13/2	Punkt (5/2, 9/4, 1/2),
	1/4	9/4	9/2	− 13.75	z = 13.75, Min. erreicht.

Aufgabe 5: a) $x_1 = 0$, $x_2 = 33$, $x_3 = 0$ und $x_4 = 0$. $z = 165$.
b) $x_1 = 7.5$, $x_2 = 18$, $x_3 = 0$ und $x_4 = 0$. $z = 40.5$.

Aufgabe 6: a) $x_1 = 10$, $x_2 = 10$, $x_3 = 0$, $x_4 = 0$ und $x_5 = 10$. $z = 120$.

Aufgabe 7: x_1: Anzahl ME von A, x_2: Anzahl ME von B, x_3: Anzahl ME von C.

$$
\begin{array}{lllll}
8x_1 & & +16x_3 & \leq 500 & \text{(1. Kontrolle)} \\
16x_1 & +\ 4x_2 & & \leq 300 & \text{(2. Kontrolle)} \\
10x_2 & +10x_2 & +10x_3 & \leq 800 & \text{(3. Kontrolle)}
\end{array}
$$

a) $z = 100 \cdot x_1 + 120 \cdot x_2 + 90 \cdot x_3 \Rightarrow x_1 = 0,\ x_2 = 75$ und $x_3 = 5$.
$z = 9\,450$.
b) $z = 250 \cdot x_1 + 120 \cdot x_2 + 90 \cdot x_3 \Rightarrow x_1 = 7.5,\ x_2 = 45$ und $x_3 = 27.5$.
$z = 9\,750$.

Aufgabe 8: x_1: Anzahl ME von A, x_2: Anzahl ME von B, x_3: Anzahl ME von C, x_4: Anzahl ME von D.

$$
\begin{array}{lllll}
2x_1 + & 3x_2 + & 3x_3 + & 6x_4 \geq 40 & \text{(Bedingung für V)} \\
2x_1 & & +\ 4x_3 + & 2x_4 \geq 50 & \text{(Bedingung für K)} \\
x_1 + & x_2 & & 3x_4 \geq 30 & \text{(Bedingung für S)} \\
 & 3x_2 & + & x_4 \geq 40 & \text{(Bedingung für F)}
\end{array}
$$

$z = 4.8 \cdot x_1 + 5.5 \cdot x_2 + 3.5 \cdot x_3 + 6 \cdot x_4$.

Minimum bei $x_1 = 0$, $x_2 = 11.25$, $x_3 = 9.375$ und $x_4 = 6.25$. $z = 132.1575$.

Aufgabe 9: a) ausführliche Lösung:
x_1: Anzahl der prod. Produkte durch Verfahren A, x_2: Anzahl der prod. Produkte durch Verfahren B, usw.

	x_1	x_2	x_3	x_4	x_5	x_6	
z_1	3	2	$\boxed{4}$	2	3	2	100
z_2	5	0	4	2	6	3	180
z_3	4	6	0	2	0	3	200
	−5	−5	−6	−4	−5	−4	0

	x_1	x_2	z_1	x_4	x_5	x_6	
x_3	3/4	1/2	1/4	1/2	3/4	1/2	25
z_2	2	−2	−1	0	3	1	80
z_3	4	$\boxed{6}$	0	2	0	3	200
	−1/2	−2	3/2	−1	−1/2	−1	150

Punkt (0, 0, 25, 0, 0, 0), $z = 150$.

	x_1	z_3	z_1	x_4	x_5	x_6	
x_3	5/12	−1/12	1/4	1/3	$\boxed{3/4}$	1/4	25/3
z_2	10/3	1/3	−1	2/3	3	2	440/3
x_2	2/3	1/6	0	1/3	0	1/2	100/3
	5/6	1/3	3/2	−1/3	−1/2	0	650/3

Punkt (0, 100/3, 25/3, 0, 0, 0), $z = 650/3$.

	x_1	z_3	z_1	x_4	x_3	x_6	
x_5	5/9	− 1/9	1/3	[4/9]	4/3	1/3	100/9
z_2	5/3	2/3	− 2	− 2/3	− 4	1	340/3
x_2	2/3	1/6	0	1/3	0	1/2	100/3
	10/9	5/18	5/3	− 1/9	2/3	1/6	2000/9

Punkt (0, 100/3, 0, 0, 100/9, 0), z = 2000/9.

	x_1	z_3	z_1	x_5	x_3	x_6	
x_4	5/4	− 1/4	3/4	9/4	3	3/4	25
z_2	5/2	1/2	− 3/2	3/2	− 2	3/2	130
x_2	1/4	1/4	− 1/4	− 3/4	− 1	1/4	25
	5/4	1/4	7/4	1/4	1	1/4	225

Punkt (0, 25, 0, 25, 0, 0), z = 225. Maximum erreicht.

b) ausführliche Lösung:
x_1: Anzahl der prod. Produkte durch Verfahren A, x_2: Anzahl der prod. Produkte durch Verfahren B, usw.

	x_1	x_2	x_3	x_4	x_5	x_6	
z_1	[3]	2	4	2	3	2	100
z_2	5	0	4	2	6	3	180
z_3	4	6	0	2	0	3	200
	− 7	− 5	− 6	− 4	− 5	− 4	0

	z_1	x_2	x_3	x_4	x_5	x_6	
x_1	1/3	2/3	4/3	2/3	1	2/3	100/3
z_2	− 5/3	− 10/3	− 8/3	− 4/3	1	− 1/3	40/3
z_3	− 4/3	[10/3]	− 16/3	− 2/3	− 4	1/3	200/3
	10/3	− 1/3	10/3	2/3	2	2/3	700/3

Punkt (100/3, 0, 0, 0, 0, 0), z = 700/3.

	z_1	z_3	x_3	x_4	x_5	x_6	
x_1	3/5	− 1/5	12/5	4/5	9/5	3/5	20
z_2	− 3	1	− 8	− 2	− 3	0	80
x_2	− 2/5	3/10	− 8/5	− 1/5	− 6/5	1/10	20
	11/2	1/10	14/5	3/5	8/5	7/10	240

Punkt (20, 20, 0, 0, 0, 0), z = 240. Maximum erreicht.

Anhang IV

Statistische Tabellen

Tabelle 1: Verteilungsfunktion $\Phi(x)$ der Standard-Normalverteilung $N(0, 1)$

z	0.0	0.01	0.02	0.03	0.04	0.05	0.06	0.07	0.08	0.09
0.0	0.5000	0.5040	0.5080	0.5120	0.5160	0.5199	0.5239	0.5279	0.5319	0.5359
0.1	0.5398	0.5438	0.5478	0.5517	0.5557	0.5596	0.5636	0.5675	0.5714	0.5753
0.2	0.5793	0.5832	0.5871	0.5910	0.5948	0.5987	0.6026	0.6064	0.6103	0.6141
0.3	0.6179	0.6217	0.6255	0.6293	0.6331	0.6368	0.6406	0.6443	0.6480	0.6517
0.4	0.6554	0.6591	0.6628	0.6664	0.6700	0.6736	0.6772	0.6808	0.6844	0.6879
0.5	0.6915	0.6950	0.6985	0.7019	0.7054	0.7088	0.7123	0.7157	0.7190	0.7224
0.6	0.7257	0.7291	0.7324	0.7357	0.7389	0.7422	0.7454	0.7486	0.7517	0.7549
0.7	0.7580	0.7611	0.7642	0.7673	0.7704	0.7734	0.7764	0.7794	0.7823	0.7852
0.8	0.7881	0.7910	0.7939	0.7967	0.7995	0.8023	0.8051	0.8078	0.8106	0.8133
0.9	0.8159	0.8186	0.8212	0.8238	0.8264	0.8289	0.8315	0.8340	0.8365	0.8389
1.0	0.8413	0.8438	0.8461	0.8485	0.8508	0.8531	0.8554	0.8577	0.8599	0.8621
1.1	0.8643	0.8665	0.8686	0.8708	0.8729	0.8749	0.8770	0.8790	0.8810	0.8830
1.2	0.8849	0.8869	0.8888	0.8907	0.8925	0.8944	0.8962	0.8980	0.8997	0.9015
1.3	0.9032	0.9049	0.9066	0.9082	0.9099	0.9115	0.9131	0.9147	0.9162	0.0177
1.4	0.9192	0.9207	0.9222	0.9236	0.9251	0.9265	0.9279	0.9292	0.9306	0.9319
1.5	0.9332	0.9345	0.9357	0.9370	0.9382	0.9394	0.9406	0.9418	0.9429	0.9441
1.6	0.9452	0.9463	0.9474	0.9484	0.9495	0.9505	0.9515	0.9525	0.9535	0.9545
1.7	0.9554	0.9564	0.9573	0.9582	0.9591	0.9599	0.9608	0.9616	0.9625	0.9633
1.8	0.9641	0.9649	0.9656	0.9664	0.9671	0.9678	0.9686	0.9693	0.9699	0.9706
1.9	0.9713	0.9719	0.9726	0.9732	0.9738	0.9744	0.9750	0.9756	0.9761	0.9767

Tabelle 1: Fortsetzung

z	0.00	0.01	0.02	0.03	0.04	0.05	0.06	0.07	0.08	0.09
2.0	0.9772	0.9778	0.9783	0.9788	0.9793	0.9798	0.9803	0.9808	0.9812	0.9817
2.1	0.9821	0.9826	0.9830	0.9834	0.9838	0.9842	0.9846	0.9850	0.9854	0.9857
2.2	0.9861	0.9864	0.9868	0.9871	0.9875	0.9878	0.9881	0.9884	0.9887	0.9890
2.3	0.9893	0.9896	0.9898	0.9901	0.9904	0.9906	0.9909	0.9911	0.9913	0.9916
2.4	0.9918	0.9920	0.9922	0.9925	0.9927	0.9929	0.9931	0.9932	0.9934	0.9936
2.5	0.9938	0.9940	0.9941	0.9943	0.9945	0.9946	0.9948	0.9949	0.9951	0.9952
2.6	0.9953	0.9955	0.9956	0.9957	0.9959	0.9960	0.9961	0.9962	0.9963	0.9964
2.7	0.9965	0.9966	0.9967	0.9968	0.9969	0.9970	0.9971	0.9972	0.9973	0.9974
2.8	0.9974	0.9975	0.9976	0.9977	0.9977	0.9978	0.9979	0.9979	0.9980	0.9981
2.9	0.9981	0.9982	0.9982	0.9983	0.9984	0.9984	0.9985	0.9985	0.9986	0.9986
3.0	0.9987	0.9987	0.9987	0.9988	0.9988	0.9989	0.9989	0.9989	0.9990	0.9990
3.1	0.9990	0.9991	0.9991	0.9991	0.9992	0.9992	0.9992	0.9992	0.9993	0.9993
3.2	0.9993	0.9993	0.9994	0.9994	0.9994	0.9994	0.9994	0.9995	0.9995	0.9995
3.3	0.9995	0.9995	0.9995	0.9996	0.9996	0.9996	0.9996	0.9996	0.9996	0.9997
3.4	0.9997	0.9997	0.9997	0.9997	0.9997	0.9997	0.9997	0.9997	0.9997	0.9998
3.5	0.9998	0.9998	0.9998	0.9998	0.9998	0.9998	0.9998	0.9998	0.9998	0.9998
3.6	0.9998	0.9998	0.9999	0.9999	0.9999	0.9999	0.9999	0.9999	0.9999	0.9999
3.7	0.9999	0.9999	0.9999	0.9999	0.9999	0.9999	0.9999	0.9999	0.9999	0.9999
3.8	0.9999	0.9999	0.9999	0.9999	0.9999	0.9999	0.9999	0.9999	0.9999	0.9999
3.9	1.0000	1.0000	1.0000	1.0000	1.0000	1.0000	1.0000	1.0000	1.0000	1.0000

Tabelle 2: Quantile $z_{1-\alpha}$ der Standard-Normalverteilung N(0, 1)

$1-\alpha$	$z_{1-\alpha}$	$1-\alpha$	$z_{1-\alpha}$	$1-\alpha$	$z_{1-\alpha}$	$1-\alpha$	$z_{1-\alpha}$
0.50	**0.00000**	**0.75**	**0.67449**	**0.950**	**1.64485**	0.9975	2.80703
0.51	0.02507	0.76	0.70630	0.955	1.69540	0.9976	2.82016
0.52	0.05015	0.77	0.73885	0.960	1.75069	0.9977	2.83379
0.53	0.07527	0.78	0.77219	0.965	1.81191	0.9978	2.84796
0.54	0.10043	0.79	0.80642	0.970	1.88079	0.9979	2.86274
0.55	0.12566	0.80	0.84162	**0.975**	**1.95996**	0.9980	2.87816
0.56	0.15097	0.81	0.87790	0.980	2.05375	0.9981	2.89430
0.57	0.17637	0.82	0.91537	0.985	2.17009	0.9982	2.91124
0.58	0.20189	0.83	0.95416			0.9983	2.92905
0.59	0.22754	0.84	0.99446			0.9984	2.94784

Tabelle 2: **Fortsetzung**

$1-\alpha$	$z_{1-\alpha}$	$1-\alpha$	$z_{1-\alpha}$	$1-\alpha$	$z_{1-\alpha}$	$1-\alpha$	$z_{1-\alpha}$
0.60	0.25335	0.85	1.03643	**0.9900**	**2.32635**	0.9985	2.96774
0.61	0.27932	0.85	1.08032	0.9905	2.34553	0.9986	2.98888
0.62	0.30548	0.87	1.12639	0.9910	2.36562	0.9987	3.01145
0.63	0.33185	0.88	1.17499	0.9915	2.38671	0.9988	3.03567
0.64	0.35846	0.89	1.22653	0.9920	2.40891	0.9989	3.06181
0.65	0.38532	**0.900**	**1.28155**	0.9925	2.43238	**0.9990**	**3.09023**
0.66	0.41246	0.905	1.31058	0.9930	2.45726	0.9991	3.12139
0.67	0.43991	0.910	1.34076	0.9935	2.48377	0.9992	3.15591
0.68	0.46770	0.915	1.37220	0.9940	2.51214	0.9993	3.19465
0.69	0.49585	0.920	1.40507	0.9945	2.54270	0.9994	3.23888
0.70	0.52440	0.925	1.43953	**0.9950**	**2.57583**	0.9995	3.29053
0.71	0.55338	0.930	1.47579	0.9955	2.61205	0.9996	3.35279
0.72	0.58284	0.935	1.51410	0.9960	2.65207	0.9997	3.43161
0.73	0.61281	0.940	1.55477	0.9965	2.69684	0.9998	3.54008
0.74	0.64335	0.945	1.59819	0.9970	2.74778	**0.9999**	**3.71902**

Tabelle 3: **Quantile $t_{1-\alpha, n}$ der t-Verteilung mit n Freiheitsgraden ($\gamma = 1 - \alpha$)**

n	$\gamma = 0.90$	**0.950**	**0.975**	**0.990**	**0.995**	**0.999**
1	3.078	6.314	12.706	31.821	63.657	318.309
2	1.886	2.920	4.303	6.965	9.925	22.327
3	1.638	2.353	3.182	4.541	5.841	10.215
4	1.533	2.132	2.776	3.747	4.604	7.173
5	1.476	2.015	2.571	3.365	4.032	5.893
6	1.440	1.943	2.447	3.143	3.707	5.208
7	1.415	1.895	2.365	2.998	3.500	4.785
8	1.397	1.860	2.306	2.897	3.355	4.501
9	1.383	1.833	2.262	2.822	3.250	4.297
10	1.372	1.812	2.228	2.764	3.169	4.144
11	1.363	1.796	2.201	2.718	3.106	4.025
12	1.356	1.782	2.179	2.681	3.055	3.930
13	1.350	1.771	2.160	2.650	3.012	3.852
14	1.345	1.761	2.145	2.625	2.977	3.787
15	1.341	1.753	2.131	2.603	2.947	3.733

Tabelle 3: Fortsetzung

n	$\gamma = 0.90$	0.950	0.975	0.990	0.995	0.999
16	1.337	1.746	2.120	2.584	2.921	3.686
17	1.333	1.740	2.110	2.567	2.898	3.646
18	1.330	1.734	2.101	2.552	2.878	3.610
19	1.328	1.729	2.093	2.540	2.861	3.579
20	1.325	1.725	2.086	2.528	2.845	3.552
21	1.323	1.721	2.080	2.518	2.831	3.527
22	1.321	1.717	2.074	2.508	2.819	3.505
23	1.319	1.714	2.069	2.500	2.807	3.485
24	1.318	1.711	2.064	2.492	2.797	3.467
25	1.316	1.708	2.060	2.485	2.787	3.450
26	1.315	1.706	2.056	2.479	2.779	3.435
27	1.314	1.703	2.052	2.473	2.771	3.421
28	1.313	1.701	2.048	2.467	2.763	3.408
29	1.311	1.699	2.045	2.462	2.756	3.396
30	1.310	1.697	2.042	2.457	2.750	3.385
31	1.309	1.696	2.040	2.453	2.744	3.375
32	1.309	1.694	2.037	2.449	2.739	3.365
40	1.303	1.684	2.021	2.423	2.705	3.307
50	1.299	1.676	2.009	2.403	2.678	3.261
60	1.296	1.671	2.000	2.390	2.660	3.232
70	1.294	1.667	1.994	2.381	2.648	3.211
80	1.292	1.664	1.990	2.374	2.639	3.195
90	1.291	1.662	1.987	2.369	2.632	3.183
100	1.290	1.660	1.984	2.364	2.626	3.174
200	1.286	1.653	1.972	2.345	2.601	3.131
500	1.283	1.648	1.965	2.334	2.586	3.107
1000	1.282	1.646	1.962	2.330	2.581	3.098
∞	1.282	1.645	1.960	2.326	2.576	3.090

Für die Quantile $t_{\alpha,n}$ gilt: $t_{1-\alpha,n} = -t_{\alpha,n}$.

Literaturverzeichnis

Mathematik

Bosch, K.	Mathematik für Wirtschaftswissenschaftler Oldenbourg – Verlag, 9. Auflage 1994.
Bosch, K.	Übungs – und Arbeitsbuch Mathematik für Ökonomen Oldenbourg – Verlag, 4. Auflage 1993.
Bosch, K.	Mathematik – Taschenbuch Oldenbourg – Verlag, 4. Auflage 1993.
Pfuff, F.	Mathematik für Wirtschaftswissenschaftler Band I, II und III Vieweg – Verlag, 1979.
Schwarze, J.	Mathematik für Wirtschaftswissenschaftler Band I, II und III Verlag Neue Wirtschaftsbriefe, 1974.

Statistik

Bamberg, G. und Baur, F.	Statistik Oldenbourg – Verlag, 8. Auflage 1993.
Bosch, K.	Statistik für Nichtstatistiker Oldenbourg – Verlag, 2. Auflage 1994.
Bosch, K.	Statistik – Taschenbuch Oldenbourg – Verlag, 2. Auflage 1993.
Deutler, T., Schaffranek, M. u. Steinmetz, D.	Statistik – Übungen Springer – Verlag, 2. Auflage 1988.

Operations Research

Dück, W und Bliefernich, M.	Operationsforschung, Mathematische Grundlagen, Methoden und Modelle VEB Deutscher Verlag der Wissenschaften, 1972.
Kistner, K. – P.	Optimierungsmethoden Physica – Verlag Heidelberg, 1988.
Schick, K.	Lineares Optimieren Diesterweg Salle, 2. Auflage 1977.
Witte, T., Deppe, J. F. und Born, A.	Lineare Programmierung Gabler – Verlag, 1975.

Weitere Hilfsmittel

EXP	ein faszinierendes mathematisches Textverarbeitungssystem.
DERIVE	ein algebraisches Computerprogramm, erstaunlich gut für den sehr geringen Platzbedarf auf der Festplatte.
MAPLE V	ein leistungsstarkes algebraisches Computerprogramm, großer Platzbedarf auf der Festplatte.
SAS	ein Statistik – Software – Paket, sehr großer Platzbedarf auf der Festplatte.

Sachregister